高等学校土木类专业新工科数智化系列教材

钢结构基本原理

主　编　舒兴平
副主编　周　云　袁智深
主　审　王元清

湖南大学出版社
·长沙·

内 容 提 要

本书是高等院校土木工程专业的教材,全书共 11 章,内容包括:绪论、钢结构的分析和设计方法、钢结构的材料及其性能、轴心受力构件、受弯构件、拉弯及压弯构件、钢结构的连接、塑性及弯矩调幅设计、钢结构抗震性能化设计、钢结构的疲劳和脆性断裂、钢结构防护。

本书可作为高等院校土木工程及相关专业本科和专科学生的教材,也可供从事土木工程设计、施工、科研的技术人员参考。

图书在版编目(CIP)数据

钢结构基本原理/舒兴平主编 . —长沙:湖南大学出版社,2022.8
ISBN 978-7-5667-2503-5

Ⅰ.①钢⋯　Ⅱ.①舒⋯　Ⅲ.①钢结构—高等学校—教材
Ⅳ.①TU391

中国版本图书馆 CIP 数据核字(2022)第 056807 号

钢结构基本原理
GANGJIEGOU JIBEN YUANLI

主　　编:舒兴平
策划编辑:卢　宇
责任编辑:张佳佳
印　　装:长沙鸿和印务有限公司
开　　本:787 mm×1092 mm　1/16　　印　　张:24　字　　数:653 千字
版　　次:2022 年 8 月第 1 版　　　　印　　次:2022 年 8 月第 1 次印刷
书　　号:ISBN 978-7-5667-2503-5
定　　价:58.00 元

出 版 人:李文邦
出版发行:湖南大学出版社
社　　址:湖南・长沙・岳麓山　　　　邮　　编:410082
电　　话:0731-88822559(营销部),88820006(编辑室),88821006(出版部)
传　　真:0731-88822264(总编室)
网　　址:http://www.hnupress.com
电子邮箱:371771872@qq.com

序

　　湖南大学土木工程学院舒兴平教授从事钢结构基本理论研究与工程实践 30 余年，不仅有丰硕的科研成果，而且具有非常丰富的钢结构设计、制造与施工经验，是我国多部钢结构国家标准、行业规范及技术规程的主编或参编专家。根据高等学校土木工程学科专业指导委员会的专业培养方案和《钢结构设计标准》（GB 50017—2017），舒兴平教授组织编写了这部钢结构专业教材。全书紧密结合钢结构建筑行业的发展趋势，组织合理，内容丰富。

　　第 2 章"钢结构的分析和设计方法"对钢结构的设计方法进行了全面介绍。钢结构分析方法由最初的一阶弹性分析、二阶弹性分析发展为目前各国普遍引入的直接分析方法，这是对钢结构稳定认识的不断深入的结果，也是科技进步使得软件对结构计算方法提供支持的结果。一阶分析以结构未发生变形时的状态建立稳定方程，因而设计时要考虑结构的 $P\text{-}\Delta$ 效应和构件 $P\text{-}\delta$ 效应。二阶分析考虑了结构的 $P\text{-}\Delta$ 效应，因而不需要再考虑与之相应的构件计算长度系数，但仍需考虑结构的 $P\text{-}\delta$ 效应。直接分析考虑了结构的 $P\text{-}\Delta$ 效应和 $P\text{-}\delta$ 效应，因而设计时无需再考虑稳定系数而可直接将计算结果用于设计。需要说明的是，直接分析法目前对应的是压弯构件的弯曲失稳，即并没有考虑构件的扭转二阶效应，因而在应用直接分析法时，要保证结构构件不发生面外扭转失稳。

　　第 4 章"轴心受力构件"是钢结构构件稳定的核心内容。欧拉公式是结构稳定计算的基石，适用于构件的弹性失稳。对于结构中常用的构件，其受力范围通常在非弹性阶段，因而恩格塞尔的切线模量理论的提出，对于结构设计来说无疑是又一个里程碑式的贡献。认真阅读那个时代恩格塞尔、卡门等力学和工程前辈的文献，对理解结构稳定概念非常有帮助。对于实际的轴压杆，一般发生压弯失稳，表现为截面内外力达到极限平衡状态，但它既不是截面外端进入屈服，也不是整个截面进入屈服，而是部分截面屈服、部分截面保持弹性从而达到内外力平衡的状态。

　　第 5 章"受弯构件"的"梁的扭转"一节，详细地对梁的自由扭转和约束扭转进行了论述。《钢结构设计标准》（GB 50017—2017）未将梁的扭转设计内容列入其中，借此对梁的扭转问题做一个补充说明：受弯构件受扭包括自由扭转和约束扭转。对于开口截面，二者影响都很大，因而要避免采用开口截面受扭。闭口截面的扭转以自由扭转为主，约束扭转为辅。美国钢结构标准（AISC 360-16）仅引入了闭口截面抗扭设计内容。

　　第 9 章"钢结构抗震性能化设计"是《钢结构设计标准》（GB 50017—2017）新增的钢结构抗震内容。本书对这部分内容做了详尽的介绍。结构抗震以抵御设防地震为目标，可采用低强度、高延性的延性设计法，也可采用高强度、低延性的弹性设计法，前者用于高烈度区或地震组合工况起控制作用的情况，后者用于低烈度区或地震组合工况不起控制作用的情况。《建筑抗震设计规范》（GB 50011—2010）（2016 版）对应的是前一种情况，因而《钢结构设计标准》（GB 50017—2017）推出的抗震设计方法是对《建筑抗震设计规范》（GB 50011—2010）（2016 版）的一个很好的补充。

本书编写人员均为高校一线钢结构授课教师，教学经验丰富。本书涵盖了我国钢结构设计的最新理论和方法，是高等院校土木工程专业的一部实用教材，也可供从事钢结构设计、制作、施工、监理以及相关工程技术人员参考。

《钢结构设计标准》主编　　　王立军

全国工程勘察设计大师

2022 年 5 月

前　言

　　根据高等学校土木工程学科专业指导委员会制定的专业培养方案，钢结构基本原理为土木工程专业的一门专业基础课（或称为平台课）。根据该专业委员会关于这一门课程的教学大纲要求，结合《钢结构设计标准》（GB 50017—2017），本书以阐述钢结构的基本原理为重点，内容主要包括钢材性能、连接和各种基本构件的设计原理。同时，书中还介绍了钢结构的塑性及弯矩调幅设计、钢结构抗震性能化设计、钢结构的疲劳计算及防脆断设计、钢结构防护等内容。

　　参加本书编写的人员有：湖南大学舒兴平、湖南科技大学李毅（第1章），长沙理工大学蒋友宝（第2章），湖南大学杜运兴（第3章），中南林业科技大学袁智深、湖南城市学院贺冉（第4章），中南大学王莉萍、周期石（第5章），长沙理工大学陈伏彬、湖南工学院曾欢艳（第6章），湖南科技大学卢倍嵘、国防科技大学刘希月（第7章），湖南大学贺拥军、湖南城市学院王继新（第8章），湖南城市学院张再华、重庆大学柯珂（第9章），湖南大学刘艳芝、浙江树人大学姚尧（第10章），湖南大学周云、山东科技大学邓芃（第11章）。

　　全书由舒兴平统稿、周云和袁智深协助主编整理了全部书稿；清华大学王元清教授仔细审阅了本书，湖南大学沈蒲生教授对本书的编写给予了宝贵的指导。本书在编写过程中得到了湖南大学出版社卢宇老师的大力支持和帮助，在此对各位老师的倾心付出表示衷心的感谢；还引用了其他有关单位的资料，对此一并致谢。

　　本书可作为土木工程专业本科生的专业基础课教材，也可作为钢结构技术工作者和土建人员的学习参考书。

　　限于编者水平，书中不妥之处在所难免，敬请读者批评指正。

编　者

2022 年 3 月

目　录

第1章 绪 论

（Introduction）

本章学习目标

熟悉钢结构的基本概念及优缺点；

了解钢结构的应用及发展；

掌握钢结构设计规范、规程及标准；

掌握钢结构原理课程的特点和学习方法。

1.1 钢结构的基本概念及优缺点（Basic Concepts of Steel Structures and Their Advantages and Disadvantages）

1.1.1 钢结构的基本概念（Basic Concepts of Steel Structures）

钢结构是以钢材为主要材料制作的结构，通常由型钢和钢板等制作成构件，然后用焊缝、螺栓或铆钉连接而成。其中，由带钢或钢板经冷加工形成的薄壁型材制作的结构称为**冷弯薄壁型钢结构**。

钢结构与钢筋混凝土结构、砌体结构等都是工程结构的重要组成部分。它们之间有许多共同点，例如在结构体系、内力计算分析等方面大体是相同的；但由于材料性质不同，构件的截面形状也有其特殊性，钢结构构件的设计计算、构件之间连接的设计与构造等方面都与其他结构有显著的差别。

钢结构所用的钢材属于金属材料，其物质结构为**晶体结构**。金属晶体是由排列成一定规则的金属原子或离子构成的。钢材的晶体结构都具有不同大小的空隙，并可能存在气孔、杂质等，但这些空隙的大小与钢结构的尺寸相比，都是极其微小的，因而其影响可以略去不计。通常认为钢材的晶体结构是密实的，钢材符合材料力学的**连续性假设**，即钢材在其整个体积内连续地充满了物质而毫无空隙。根据这一假设，就可以在受力钢构件内任意一点处截取一体积单元来进行研究。同理，钢材也符合材料力学中的**均匀性假设**，即认为钢材内任意一点处取出的体积单元，其**力学性能**（钢材受力后呈现的特性）能代表整个钢材的力学性能。构成钢材的晶体的力学性能是有方向性的，但由成千上万个随机排列的晶体所组成的金属材料，其力学性能是无数个随机排列的晶体的力学性能的统计平均值，这个统计平均值一般情况下为统计各向同性，因而钢材也符合材料力学中的**各向同性假设**，即认为钢材沿各个方向的力学性能是相同的。至于钢板、型钢等金属材料，由于轧制过程中造成晶体排列择优取向，沿轧制方向和垂直于轧制方向的力学性能存在一定的差别，且随轧制加工程度不同而异，但在钢结构的受力计算中，通常不考虑这种差别，仍按各向同性进行计算。

钢结构设计计算的任务就是要保证组成钢结构的构件及连接能够安全可靠地工作。要做到这一点需满足以下三个方面的要求：

1

①应具有足够的**强度**。即在荷载作用下,钢构件和连接应不至于破坏(断裂或失效)。

②应具有足够的**刚度**。即在荷载作用下,钢构件和结构所产生的变形应不超过工程上允许的范围。

③要满足**稳定性**的要求。即钢构件和结构承受荷载时在其原有形态下的平衡应保持为稳定的平衡。

1.1.2 钢结构的优缺点(Advantages and Disadvantages of Steel Structures)

钢结构和其他材料的结构相比,有如下一些优缺点:

(1)轻质高强

建筑钢材的强度远大于混凝土材料等建筑材料,提供相同强度时所需钢材质量远小于这些材料,因而钢结构在大跨度和超高层建筑结构中具有广泛的应用前景。

(2)塑性和韧性好

钢结构的塑性好是指结构在超载时能够产生明显的变形,这种变形有利于人们在结构破坏之前安全逃生;韧性好是指结构在承受动力荷载情况下具有良好的能量耗散能力。

(3)材质均匀

建筑钢材在冶炼和轧制过程中会产生受力比较均匀的组织,且组织在不同方向的受力十分接近,因而钢材的实际受力状态和力学计算的假定基本一致,为理想的弹塑性材料。

(4)抗震性能好

建筑钢材轻质高强,钢结构构件在地震作用下具有良好的塑性变形能力,可以有效地吸收地震作用的能量,从而降低地震作用造成的破坏程度,因而具有较好的抗震性能。

(5)构件加工制造简便,施工周期短

钢结构构件通常在大型加工厂制作,加工过程中精细化程度较高;构件均为钢板或型材通过焊接连成,制作较为简便。同时,钢结构构件在施工现场的安装也较为方便,有利于缩短施工周期。

(6)具有良好的水密性和气密性

建筑钢材在热轧过程中消除了钢材内部绝大部分的水分和气体,形成的组织紧密,具有良好的气密性和水密性。

(7)耐腐蚀性较差

钢材的化学组成中包含大量的铁元素,在潮湿的环境中容易出现锈蚀现象,因而钢结构需要进行防腐处理,且须定期进行检查维修。

(8)耐热但不耐火

钢材强度在 200 ℃以上的环境中大幅下降,而且有蓝脆和徐变现象;当温度超过 600 ℃时,钢材完全进入塑性状态,失去承载能力。因此,对高温环境下使用的钢结构,需要进行防火保护处理。

(9)低温下易发生脆性断裂

钢材在温度较低时容易发生低温冷脆现象,在设计、材料选用及构件加工安装等环节应采取措施避免这种脆性破坏现象发生。

1.2 钢结构的应用及发展(The Application and Development of Steel Structures)

1.2.1 钢结构的应用(Application of Steel Structures)

钢结构因其强度高、自重轻、抗震性能好、易安装等优势,在工程中得到了广泛的应用。钢结构目前主要应用于以下几个方面:

(1)多高层建筑

框架结构的多高层建筑可采用纯钢结构。对于超高层建筑则往往采用钢结构和混凝土结构的组合结构。

(2)空间结构

空间结构常运用于跨度较大的建筑,如停车场、会议厅、火车站、仓库等。目前采用的钢结构形式主要有网架结构、网壳结构、门式刚架、拉索结构及以上不同结构的组合。

(3)工业厂房

早期的工业厂房采用钢筋混凝土结构较多,近年来随着我国钢材产量的不断增加以及钢结构制作安装的日益便捷,越来越多的工业厂房采用钢结构形式,特别是门式刚架结构形式。

(4)高耸结构

高耸结构包括塔架和桅杆结构,包括电视塔、输电塔、通信塔、气象塔等,这类结构一般采用角钢或钢管结构。

(5)轻钢结构

轻钢结构包括轻型门式刚架结构和冷弯薄壁型钢结构,常用于跨度较小的厂房、仓库等建筑。近年来,轻钢结构开始向低层住宅发展应用。

(6)板壳结构

考虑到钢材具有良好的密封性,许多板壳结构,包括油罐、煤气库、水塔等,都采用钢结构的形式。

(7)其他特种结构

许多特种结构,包括海上石油平台、管道支架、栈桥等,也都采用钢结构的形式。

1.2.2 钢结构的发展(Development of Steel Structures)

冶炼技术在中国有着悠久的历史。从江苏六合和湖南长沙等地春秋时期的墓葬和遗址中,发现人工冶炼的铁块、铁条、铁销等,说明我国在春秋时期已开始人工制铁。这表明,我国比外国使用生铁的时间早 1 800 余年。我国也是最早用铁建造承重结构的国家。在公元前二百多年(秦始皇时代)就已经用铁建造桥墩。在公元前六七十年,就成功地用熟铁建造铁链桥。之后建造的铁链桥不胜枚举,其中,清代建造的贵州盘江桥及四川泸定大渡河桥最有特色。大渡河铁链桥净跨 100 m,桥宽 2.8 m,可供两辆马车并行,由9 根桥面铁链和 4 根桥栏铁链构成。铁链是由生铁铸成,每根铁链重达 1.5 t,锚固在直径为 20 cm、长 4 m 的锚桩上。此外,我国还建造了不少铁塔,如湖北荆州玉泉寺铁塔、山东济宁崇觉寺铁塔和江苏镇江甘露寺铁塔等。这些建筑物都表明了我国古代建筑和冶金技术方面的先进水平。

新中国成立后,钢结构建筑发展大体可分为三个阶段:一是初盛时期(20 世纪 50—60 年代),二是低潮时期(20世纪60年代中后期至70年代),三是发展时期(20世纪80年代至今)。20世纪50年代以苏联156个援建项目为契机,钢结构取得了卓越的建设成就。20世纪60年代国家提出在建筑业节约钢材的政策,限制了钢结构建筑的使用与发展。改革开放以来,随着科学技术的发展,我国建筑钢结构产业得到了迅猛发展。生产的钢材品种、规格越来越齐全,钢材质量也有了很大的提高,钢结构形式越来越新颖,钢结构设计与施工技术越来越成熟。如"鸟巢"、"水立方"、中央电视台新址大楼、广州新电视塔、上海环球金融中心、杭州湾跨海大桥等具有代表性的钢结构建筑在世界上均达到了领先水平,表现出高、大、奇、新等特点。美国《时代》周刊评选出2007年世界十大建筑奇迹,其中第六、七、八位分别是"鸟巢"、中央电视台新址大楼和北京当代万国城。

在国外,早在20世纪20年代,钢结构就在各行各业得到了广泛的应用,许多机场、桥梁等大型公共设施都采用了钢结构。据相关资料介绍,美国有70%的非民居和两层以下的建筑均采用钢结构体系。钢结构的广泛应用,加大了建筑业对钢材的需求。在欧美等发达国家,钢结构用钢量已占到钢材产量的30%以上,钢结构建筑面积占到了总建筑面积的40%以上。

21世纪是钢结构快速发展的时期。长期以来,由混凝土结构和砌体结构"一统天下"的局面必将发生变化。从事钢结构制作安装的施工企业前景广阔,各个建筑设计院也面临着新的机遇和挑战。钢结构建筑以其自身的优越性,在我国的工程建设中所占的市场份额必将越来越大,应用范围也将越来越广。国家扩大内需的政策、北京申奥的成功、西部大开发战略的实施和城市化进程的加快,都为国内的钢结构建筑提供广阔的市场空间和良好的发展机遇。只要加强领导,合理规划,积极组织,政府、行业和企业共同努力,产学研紧密协作,全面提高行业素质和科技水平,我国钢结构建筑市场的发展前景将非常广阔。

1.3　钢结构设计规范、规程及标准(Design Codes, Specifications and Standards for Steel Structures)

我国的建筑结构设计和施工有一套完整的规范体系,它们对工程建设的质量、安全和效益起着重要的保证作用。

按照适用范围,我国的工程建设标准可分为国家标准、行业标准、地方标准、团体标准和企业标准。按执行效力,可分为强制性标准和推荐性标准。代号GB和GBJ表示国家标准,JGJ表示行业标准,DBJ表示地方标准,T/CECS、T/CSUS等表示团体标准,QB表示企业标准。

我国建筑钢结构设计施工方面的标准主要有《钢结构设计标准》(GB 50017—2017)、《冷弯薄壁型钢结构技术规范》(GB 50018—2002)、《钢结构工程施工质量验收标准》(GB 50205—2020)、《高层民用建筑钢结构技术规程》(JGJ 99—2015)、《门式刚架轻型房屋钢结构技术规范》(GB 51022—2015)、《空间网格结构技术规程》(JGJ 7—2010)等。

各个国家也有相应的设计规范。有关房屋建筑钢结构设计方面的规范,在美国是由美国钢结构学会(简称AISC)制订的,在日本由日本建筑学会制订,在英国则由英国标准学会(简称BSJI)制订。国际标准化组织(ISO)也制订了《钢结构 第1部分:材料和设计》(ISO 10721-1—1997),供各会员国参考。欧洲标准化委员会(CEN)制订了《欧洲标准3:钢结构设计》(EN 1993)。各国的设计规范各有其特点,可供我们借鉴参考。

1.4 钢结构原理的学习方法(Learning Methods of Steel Structures)

钢结构原理主要是对建筑工程中钢结构的设计方法、钢结构材料的力学性能、钢结构构件和连接的受力性能与计算方法、钢结构塑性及弯矩调幅设计、钢结构抗震性能化设计、钢结构疲劳计算及防脆断设计、钢结构的防护等内容进行系统的介绍。

在学习钢结构原理时,应该注意以下几点:

①钢材的金属材料接近于连续、均匀、各向同性,符合工程力学所采用的假定。因此,钢结构的计算理论注重材料力学、结构力学、弹塑性力学等力学理论的应用。

②钢材由于强度高、构件截面小,一般情况下为宽肢薄壁截面。因此,钢构件设计时不仅要考虑强度、刚度、整体稳定性,还要考虑组成钢构件的板件的局部稳定性。因而钢结构的整体稳定与局部稳定计算是本课程的重要特色。

③钢结构是一门应用学科,虽然钢结构的理论体系比较完整,但由于实际工程结构与理论计算模型不完全一致,其计算理论还须结合试验和通过工程实践来不断完善。

④钢材虽然具有良好的塑性性能,但当钢材处于复杂受力状态且为承受三向或二向同号应力或受有较大应力集中时,均会由塑性转变为脆性;当钢材处于低温工作条件下,也会由塑性转变为脆性,产生突然的脆性破坏。因此设计钢结构时如何防止钢材的脆性破坏是一个必须重视的问题。

⑤钢材的耐腐蚀性较差,因而需采取防腐措施。我国《钢结构设计标准》(GB 50017—2017)对钢结构的防护作了如下规定:"钢结构除必须采取防腐蚀措施外,尚应尽量避免加速腐蚀的不良设计。""避免出现难于检查、清理和涂漆之处,以及能积留湿气和大量灰尘的死角或凹槽;闭口截面构件应沿全长和端部焊接封闭。""钢材表面原始锈蚀等级和钢材除锈等级标准应符合现行国家标准《涂覆材料前钢材表面处理 表面清洁度的目视评定》GB/T 8923 的规定。""在钢结构设计文件中应注明防腐蚀方案,如采用涂(镀)层方案,须注明所要求的钢材除锈等级和所要用的涂料(或镀层)及涂(镀)层厚度"。

⑥钢结构有一定的耐热性但不防火,当其温度到达 450~650 ℃时,强度下降极快,在600 ℃时已不能承重,在 200 ℃以下时钢材的性质变化不大。因此当钢结构表面长期受辐射热≥150 ℃或在短期内可能受到火焰作用时,应采取有效的防护措施。我国《钢结构设计标准》(GB 50017—2017)中对钢结构的防火作了如下规定:"建筑钢构件的设计耐火极限应符合现行国家标准《建筑设计防火规范》GB 50016 中的有关规定。""当钢构件的耐火时间不能达到规定的设计耐火极限要求时,应进行防火保护设计,建筑钢结构应按现行国家标准《建筑钢结构防火技术规范》GB 51249 进行抗火性能验算。"

⑦进行钢结构设计计算时,一般只考虑荷载效应,其他如钢材在冶炼、轧制、制造等过程中产生的内部缺陷和残余应力及残余变形的影响、螺栓连接中撬力的影响、钢构件端部实际约束的影响等,都难以用计算公式来表达。我国钢结构的设计规范、规程和标准,根据长期的工程实践经验,都提出了一些构造要求来考虑这些因素的影响。钢结构的**构造要求**是指除计算以外,满足钢结构安全的附加措施。因此,在学习本课程时,除了要对钢结构各种设计计算公式了解和掌握以外,对于钢结构的各种构造措施也必须给予足够的重视。在设计钢结构时,除了进行各种计算之外,还必须检查各项构造要求是否得到满足。

1.5　小结(Summary)

①本章阐述了钢结构的基本概念、特点及应用范围,介绍了相关设计规范。

②通过学习本章,可以加深对钢结构的力学性能和相关优缺点的理解,进而了解钢结构在土木工程领域的应用范围及发展趋势。

③通过学习现行钢结构设计规范、规程和标准,掌握钢结构在设计、制作及施工时应重点关注的内容。

思考题(Questions)

1-1　什么是钢结构?

1-2　什么是冷弯薄壁型钢结构?

1-3　为什么钢材符合连续、均匀、各向同性假设?

1-4　钢结构要安全可靠地工作须满足什么要求?

1-5　什么是钢材的晶体结构?

1-6　什么是钢材的力学性能?

1-7　钢结构的优缺点是什么?

1-8　钢结构的应用范围有哪些?

1-9　钢结构有哪些设计规范、规程和标准?

1-10　什么是钢结构的构造要求?

第 2 章 钢结构的分析和设计方法

（Analysis and Design Methods of Steel Structures）

本章学习目标

了解建筑结构的功能要求；

掌握钢结构的分析与稳定性设计方法；

熟悉结构可靠度和以概率理论为基础的极限状态设计方法的基本原理，并掌握极限状态设计法。

2.1 概述（Introduction）

随着社会经济和建筑科技的持续发展，钢结构在工程实践中得到了广泛应用。为使钢结构在正常设计、正常施工和正常使用的条件下，满足其各项预定的功能要求，合理的结构设计方法非常必要。本章主要介绍了建筑结构的功能要求和两类极限状态，详细阐述了钢结构的一阶弹性和二阶弹性分析方法，介绍了我国现行规范所采用的以概率理论为基础的极限状态设计方法的基本概念，讲述了概率极限状态设计表达式的内涵和相关发展趋势。

2.2 建筑结构的功能要求和极限状态（Performance Requirements and Limit States of Building Structures）

建筑结构和结构构件在建造和使用过程中既应满足预定功能要求，又要做到技术先进、经济合理、安全适用。

2.2.1 建筑结构的功能要求（Performance Requirements of Building Structures）

建筑结构在设计使用年限内应具有足够的**安全性**、**适用性**和**耐久性**。

（1）安全性

结构安全性指的是结构能承受在正常施工和正常使用时有可能出现的各种荷载、外加变形等作用，在偶然事件发生时或发生后仍能保持必要的整体稳定性。

（2）适用性

结构适用性是指结构在正常使用荷载作用下具有良好的工作性能，满足预定的使用要求，如不产生过大的影响正常使用的变形等。

（3）耐久性

结构的耐久性是指结构在正常维护下，随时间的变化仍能满足预定的功能要求，如不发生严重的腐蚀而影响结构的使用寿命等。

上述所提及的各种"作用"是指使结构产生内力或变形的各种原因,包括直接施加在结构上的各种荷载(称直接作用),如恒荷载、活荷载等,或引起结构外加变形或约束变形的其他原因(称间接作用),如地震、温度变化、地基沉降等。

2.2.2　结构极限状态(Limit States of Structures)

当整个结构或结构的一部分超过某一特定状态就不能满足设计规定的某一功能要求时,这个特定状态称为该功能的**极限状态**。

按照功能要求,可以将钢结构的极限状态分为**承载能力极限状态**和**正常使用极限状态**。

(1)承载能力极限状态

承载能力极限状态指的是整个结构或结构中的构件达到了最大承载能力或者产生了不适于继续承载的不可恢复的变形的状态。若结构或者结构的任一构件出现下述状态之一时,即可认为结构或构件达到了承载能力极限状态。

①构件和连接发生强度破坏、脆性断裂。

②因变形过度而不适合继续承载。

③结构或构件已经丧失稳定。

④结构转变为机动体系。

⑤结构发生倾覆。

(2)正常使用极限状态

正常使用极限状态指的是结构或构件达到正常使用或耐久性能的某项规定限值时的极限状态。结构或构件如果出现下列任一状态时,即可认为结构或构件达到了正常使用极限状态。

①影响结构、构件和非结构构件正常使用或外观的变形。

②影响正常使用的振动。

③影响正常使用或耐久性能的局部破坏。

当整个结构或部分结构构件达到了承载能力极限状态时,结构将会立即发生破坏。当达到正常使用极限状态时,结构或部分结构会不适于正常使用,但并不一定马上产生破坏。结构超过承载能力极限状态很可能导致人员伤亡和大量的财产损失,应给予足够重视。

2.3　钢结构分析与稳定性设计(Analysis and Stability Design of Steel Structures)

2.3.1　结构分析方法(Structural Analysis Method)

1)一阶弹性分析和二阶弹性分析方法

忽略几何非线性对于结构的内力和变形产生的影响,依据未变形时的结构建立平衡条件,根据弹性阶段来分析结构的内力和位移,称之为**一阶弹性分析**。

考虑几何非线性对结构内力和变形产生的影响,依据已经发生变形的结构建立平衡条件,根据弹性阶段来分析结构的内力以及位移,称之为**二阶弹性分析**。

相比于一阶弹性分析,二阶弹性分析力的平衡条件是根据结构或构件在发生变形之后的杆件轴线建立的。现以图 2-1 所示的悬臂柱为例,来说明两者的不同。

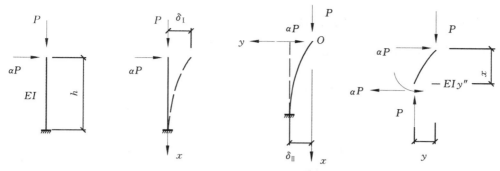

| (a)悬臂柱受力 | (b)一阶弹性分析简图 | (c)二阶弹性分析简图 | (d)二阶弹性分析隔离体受力平衡 |

图 2-1 悬臂柱分析

图 2-1(b)为悬臂柱结构按一阶弹性分析时的计算简图。可计算得悬臂柱的柱顶侧向位移为

$$\delta_{\mathrm{I}} = \frac{\alpha P h^3}{3EI} \tag{2-1}$$

固端弯矩(内力公式)为

$$M_{\mathrm{I}} = \alpha P h \tag{2-2}$$

式中,α 为水平荷载系数,P 为竖向荷载,h 为柱高,EI 为柱的抗弯刚度。

由位移公式(2-1)和内力公式(2-2)可知,在进行一阶弹性分析时,结构的位移和内力都与施加的水平荷载 αP 成线性关系,而与竖向的荷载 P 无关。

图 2-1(c)为悬臂柱按照二阶弹性分析时的计算简图。图 2-1(d)为按照悬臂柱进行二阶弹性分析时的隔离体受力平衡图。此时隔离体的平衡方程为

$$EIy'' + Py + \alpha P x = 0 \tag{2-3}$$

由二阶微分方程知识可求得结构的弹性位移曲线 $y = f(x)$,取 $x = h$ 时,求得柱顶位移为

$$\delta_{\mathrm{II}} = \frac{\alpha P h^3}{3EI} \cdot \frac{3(\tan u - u)}{u^3} \tag{2-4}$$

式中,δ_{II} 为按二阶弹性分析时的柱顶侧向位移,$u = h\sqrt{\dfrac{P}{EI}}$。

固端弯矩为

$$M_{\mathrm{II}} = \alpha P h + P \delta_{\mathrm{II}} \tag{2-5}$$

式中,M_{II} 为在竖向荷载和水平荷载共同作用下的二阶弯矩。

由式(2-4)可知,位移 δ_{II} 与竖向荷载 P 成非线性关系,这是二阶弹性分析与一阶弹性分析的根本不同之处。

2)框架结构的近似二阶弹性分析

(1)P-Δ 效应的基本概念

图 2-2(a)所示为单跨对称框架在竖向荷载 P 和水平荷载 H 共同作用下的最终变形状态。根据上述分析,柱顶侧向水平位移量 Δ 与竖向荷载 P 两者之间呈现非线性关系。假设 Δ 已知,则其竖向荷载 P 会对框架柱的柱底产生一个值为 $P\Delta$ 的附加弯矩,相当于在该单跨框架柱顶施加了一个假想的数值为 $\dfrac{P\Delta}{h}$ 的水平力,如图 2-2(b)(c)所示。如果将框架的假想水平

力 $\dfrac{P\Delta}{h}$ 和水平荷载 H 施加于柱子顶部,就可以按一阶分析的方式来考虑由于竖向荷载而造成的二阶影响,其最终计算简图可以按图 2-2(d)分析。

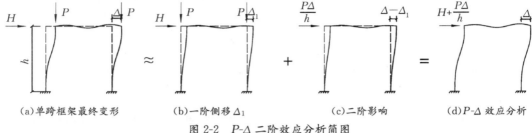

$$\text{(a)单跨框架最终变形} \qquad \text{(b)一阶侧移 }\Delta_1 \qquad \text{(c)二阶影响} \qquad \text{(d)}P\text{-}\Delta \text{ 效应分析}$$

图 2-2 P-Δ 二阶效应分析简图

该框架中抗侧移刚度定义为使该框架发生单位侧移量时所需要施加的水平力。由图 2-2(b)可知该抗侧移刚度为 H/Δ_1,由图 2-2(d)可知该刚度为 $(H+P\Delta/h)/\Delta$。在一阶分析中,假设框架的刚度与轴力无关,则

$$\frac{H}{\Delta_1}=\frac{H+P\Delta/h}{\Delta} \tag{2-6}$$

可得

$$\Delta=\frac{\Delta_1}{1-\dfrac{\Delta_1 P}{hH}}=\alpha_2\Delta_1 \tag{2-7}$$

式中

$$\alpha_2=\frac{1}{1-\dfrac{\Delta_1 P}{hH}} \tag{2-8}$$

称为考虑 P-Δ 二阶效应的侧移增大系数。因此可以用一阶侧移 Δ_1 乘以 α_2 来考虑二阶效应影响下的最终侧移量 Δ。

由图 2-2(a)可得,框架结构将由于变形的影响而产生一个大小为 $P\Delta=\alpha_2 P\Delta_1$ 的二阶弯矩作用。由计算公式可以看出二阶弯矩作用,即在一阶弯矩的基础上,增加 α_2 倍的一阶侧移弯矩的作用。

（2）多层框架的近似二阶弹性分析

多层框架可以同样采用上述的 P-Δ 分析方法,在一阶分析的基础上考虑二阶效应的影响。

图 2-3 为一个典型的多层框架一阶分析时的计算简图。原结构一阶弯矩值 M_1 可以由无

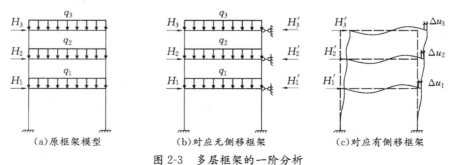

$$\text{(a)原框架模型} \qquad\qquad \text{(b)对应无侧移框架} \qquad\qquad \text{(c)对应有侧移框架}$$

图 2-3 多层框架的一阶分析

侧移框架[图 2-3(b)为结构力学中位移法的基本结构,框架无侧移]的弯矩 M_{Ib} 和有侧移框架[图 2-3(c)为撤走各层约束后的框架位移]弯矩 M_{Is} 叠加来求得:

$$M_I = M_{Ib} + M_{Is} \tag{2-9}$$

如果考虑近似二阶分析,每一层的二阶层间侧移就等于 $P\text{-}\Delta$ 效应的增大系数 α_{2i} 再乘以每一层的一阶层间侧移 Δu_i。同时,有侧移框架的各层弯矩也会增大 α_{2i} 倍,其值为 $\alpha_{2i}M_{Is}$。因此,当采用二阶近似分析时,框架杆件的弯矩值 M_{II} 为

$$M_{II} = M_{Ib} + \alpha_{2i}M_{Is} \tag{2-10}$$

式中, M_{Ib} 是假定框架无侧移时,通过一阶弹性分析求得的各杆弯矩; M_{Is} 是框架各节点侧移时,通过一阶弹性分析求得的杆件弯矩; α_{2i} 是考虑二阶效应时,第 i 层杆件的侧移弯矩增大系数,其计算式为

$$\alpha_{2i} = \cfrac{1}{1 - \cfrac{\Delta u \sum N}{h \sum H}} \tag{2-11}$$

式中, $\sum H$ 指产生一阶层间侧移 Δu 时,其计算楼层及以上各层的水平荷载之和; $\sum N$ 是所在层的所有柱轴力总和。

由分析可知,当 $\cfrac{\Delta u \sum N}{h \sum H} \leqslant 0.1$ 时,二阶弹性分析和一阶弹性分析的结果差别很小,不超过 10%,可采用一阶弹性分析;当 $0.1 < \cfrac{\Delta u \sum N}{h \sum H} \leqslant 0.25$ 时,宜采用二阶弹性分析;当 $\cfrac{\Delta u \sum N}{h \sum H} > 0.25$ 时,框架顶点侧移值或者层间位移角值可能会超限,应增大结构的侧移刚度。

2.3.2 初始缺陷(Initial Imperfections)

初始缺陷是与理论的计算模型相比,在未受荷载作用前即已存在于实际杆件中的各种缺陷,包括结构的整体初始几何缺陷和构件初始几何缺陷(初弯曲)、残余应力及初偏心。结构的初始几何缺陷主要包括节点位置的安装偏差、杆件对节点的偏心和杆件的初始弯曲等。

1)构件初始缺陷

构件初始缺陷的代表值(初始变形值)可根据式(2-12)计算得出。该缺陷值考虑了残余应力的影响[图 2-4(a)]。构件初始缺陷也可以采用假想的均布荷载[图 2-4(b)]进行等效的简化计算,其中假想的均布荷载可按式(2-13)确定。

$$\delta_0 = e_0 \sin\frac{\pi x}{l} \tag{2-12}$$

$$q_0 = \frac{8N_k e_0}{l^2} \tag{2-13}$$

式中, δ_0 为离构件端部 x 处的初始变形值, e_0 为构件中点处的初始变形值, x 为离构件端部的距离, l 为构件的总长度, q_0 为等效分布荷载, N_k 为构件承受的轴力标准值。

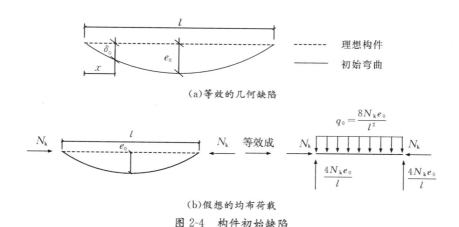

(a)等效的几何缺陷

(b)假想的均布荷载

图 2-4　构件初始缺陷

当不考虑材料弹塑性发展采用直接分析时,构件中点初始弯曲缺陷值$\frac{e_0}{l}$可按表 2-1 取值。

表 2-1　构件中点初始弯曲缺陷值

不同截面形式的柱子曲线	二阶弹性分析采用的$\frac{e_0}{l}$值
a 类	1/400
b 类	1/350
c 类	1/300
d 类	1/250

2)结构的整体初始几何缺陷

结构的整体初始几何缺陷模式可以根据最低阶的整体屈曲模态来确定。框架及支撑结构整体初始几何缺陷代表值的最大值Δ_0(图 2-5)可取为 $H/250$,H 为结构总高度。框架及支撑结构整体初始几何缺陷代表值也可按式(2-14)确定;或可通过在每层柱顶施加假想水平力H_{ni}等效考虑,假想水平力可按式(2-15)计算。

$$\Delta_i = \frac{h_i}{250}\sqrt{0.2+\frac{1}{n_s}} \tag{2-14}$$

$$H_{ni} = \frac{G_i}{250}\sqrt{0.2+\frac{1}{n_s}} \tag{2-15}$$

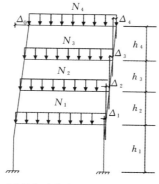

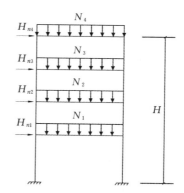

(a)框架的整体初始几何缺陷代表值　　(b)框架结构的等效水平力

图 2-5　框架结构的整体初始几何缺陷的代表值及其等效水平力

式中，Δ_i 为所计算 i 楼层的初始几何缺陷代表值；n_s 为结构总层数，当 $\sqrt{0.2+\dfrac{1}{n_s}}<\dfrac{2}{3}$ 时，取此根号值为 $\dfrac{2}{3}$，当 $\sqrt{0.2+\dfrac{1}{n_s}}>1.0$ 时，取此根号值为 1.0；h_i 为所计算楼层的高度；G_i 为第 i 楼层的总重力荷载设计值。

2.3.3 稳定性设计方法(Stability Design Method)

1)一阶弹性分析与设计

一阶弹性分析所得的变形-荷载关系是线性的。当结构的形式及受力较复杂，且采用一阶弹性分析的方法来对结构进行分析与设计时，应该根据结构弹性稳定理论来确定构件的计算长度系数。

2)二阶弹性 $P\text{-}\Delta$ 分析与设计

采用仅考虑 $P\text{-}\Delta$ 效应的二阶弹性分析时，应该考虑结构的整体初始缺陷，并且需要计算结构在各种荷载或者作用设计值下的内力以及标准值下的位移。当计算构件在轴心受压时的稳定承载力时，构件的计算长度系数 μ 的值可取为 1.0 或者其他一些被认可的值。

3)直接分析设计法

直接考虑对结构稳定性和强度性能有显著影响的初始几何缺陷、残余应力、材料非线性、节点连接刚度等因素，以整个结构体系为对象进行二阶非线性分析的设计方法，叫作直接分析设计法。

直接分析设计法应该考虑二阶 $P\text{-}\Delta$ 和 $P\text{-}\delta$ 效应，且需要同时考虑结构和构件的初始缺陷、节点连接刚度等其他对结构稳定性有重大影响的因素，允许材料发生内力重分布和弹塑性变形，获得不同荷载(作用)标准值下的位移和荷载(作用)设计值下的内力；同时在分析的所有阶段，每个结构构件的设计都应该符合有关规定，但是可以不需要按照计算长度法来进行构件轴心受压时的稳定承载力验算。

当直接分析法不考虑材料弹塑性发展时，结构分析应该被限制于第一个塑性铰的形成，相应的荷载水平不应该低于荷载的设计值，并且不允许进行内力重分布。当直接分析法需要考虑材料弹塑性发展时应采用塑性铰法或塑性区法，在塑性铰形成的区域内，节点和构件应该具有足够的延性，以便内力重分布，并且允许一个或者多个塑性铰的产生，构件的极限状态应该按照设计目标和构件在整个结构中的作用确定。

当采用直接分析设计法对结构和构件进行分析设计时，计算结果可以直接作为正常使用极限状态下和承载能力极限状态下的设计依据。

2.3.4 截面板件宽厚比分级(Classification of Width-to-Thickness Ratio of Section Plates)

钢构件一般由板件构成，板件的宽厚比将直接决定钢构件的承载能力、受弯及压弯构件的塑性转动变形能力，因此，合理的钢构件截面分类，是钢结构设计技术的基础，尤其是钢结构抗震设计方法的基础。截面可根据其板件宽厚比分为 5 个等级，分别为 S1 级、S2 级、S3 级、S4 级和 S5 级。

S1 级截面：能够达到全截面塑性，保证塑性铰具有塑性设计要求的转动能力，并且在转动过程中承载力不降低，称为一级塑性截面，也可称为塑性转动截面。其弯矩和曲率之间的关系

13

可以由图 2-6 中的曲线 1 表示,曲率 ϕ_P 由塑性弯矩 M_P 除以弹性初始刚度而得到,ϕ_{P2} 一般要求达到 ϕ_P 的 8~15 倍。

S2 级截面:能够达到全截面塑性,由于局部屈曲,塑性铰的转动能力受限,称为二级塑性截面。此时的曲率和弯矩的关系如图 2-6 中的曲线 2,ϕ_{P1} 是 ϕ_P 的 2~3 倍。

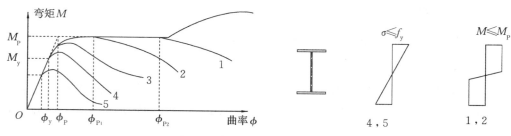

图 2-6　截面的分类及其转动能力

S3 级截面:翼缘均全部屈曲,腹板可发展不超过 1/4 的截面高度的塑性,称为弹塑性截面。作为梁时,其弯矩和曲率的关系如图 2-6 中的曲线 3。

S4 级截面:边缘纤维能够达到屈服强度,但是由于局部屈曲以至于无法发展塑性,称为弹性截面。作为梁时,其弯矩和曲率的关系如图 2-6 中的曲线 4。

S5 级截面:当边缘纤维达到屈服应力之前,腹板可能会发生局部的屈曲,称为薄壁截面。作为梁时,其弯矩和曲率的关系如图 2-6 中的曲线 5。

截面的分类决定于组成截面板件的分类,详见《钢结构设计标准》(GB 50017—2017)。

2.4　概率极限状态设计法 (Design Methods of Probabilistic Limit States)

目前钢结构设计方法,除了疲劳计算和抗震设计之外,均采用以概率理论为基础的极限状态设计方法。

2.4.1　结构可靠性(Structural Reliability)

结构的可靠性包括结构的安全性、适用性、耐久性。结构的可靠性是指结构在规定的时间内、在规定的条件下完成预定功能的能力。结构可靠度则是对结构可靠性的概率度量。

结构设计的使用年限,按《建筑结构可靠性设计统一标准》(GB 50068—2018)的规定:临时建筑的使用年限为 5 年,易于替换的结构构件的使用年限为 25 年,普通房屋和构筑物的使用年限为 50 年,标志性建筑和特别重要的建筑结构的使用年限为 100 年。

影响结构可靠性的因素主要有荷载和结构抗力(包括材料性能、几何参数和计算模式)。而这些因素都是随机变量,设计时的取值与结构的实际状况具有一定的差别。例如,荷载采用的计算值和结构实际承受的数值会存在一定的差异,钢材机械性能的取值和材料的实际数值也不会完全相同,计算截面尺寸和实际截面尺寸之间、计算所得应力数值和实际应力数值之间都会存在一定的差异。这些差异不能事先确定,故较科学的方法是用概率来描述它们。

2.4.2 结构的功能函数和极限状态方程(Structural Performance Function and Limit State Equations)

结构极限状态可以采用下列的极限状态方程描述:

$$Z = g(x_1, x_2, \cdots, x_n) = 0 \tag{2-16}$$

式中,$g(x)$为结构的功能函数;x_i为影响结构或构件可靠的基本变量,包括结构上的各种作用和材料性能、几何参数等。

通常来说,结构的功能函数还可以用 S 和 R 两个基本随机变量来表达,可写为

$$Z = g(R, S) = R - S \tag{2-17}$$

式中,S 为荷载效应,指荷载、温度变化、基础不均匀沉降、地震等引起结构或构件的内力变化、变形等;R 为结构或构件的抗力,是指结构或构件的承受荷载效应的能力,如承载力、刚度等。

R 和 S 都是随机变量,故函数 Z 也是一个随机变量。当 $Z>0$ 时,抗力大于荷载效应,此时结构能满足预定功能的要求,处于可靠状态;当 $Z<0$ 时,荷载效应大于抗力,结构无法实现预定的功能,处于失效状态;当 $Z=0$ 时,结构处于可靠与失效的临界状态,一旦超过这一临界状态,结构将不再满足设计要求,因此也称为极限状态。现行《钢结构设计标准》(GB 50017—2017)中采用的是基于概率理论的分项系数表达的极限状态设计方法,简称概率极限状态设计法。

2.4.3 失效概率与可靠指标(Failure Probability and Reliability Index)

根据概率极限状态设计方法,结构可靠度是指结构在规定的时间内、在规定的条件下完成预定功能的概率。这里提到的"完成预定功能"指的是对于规定的某种功能来说结构不失效($Z \geqslant 0$)。若使用 P_s 表示结构的可靠度(可靠概率),则上述定义可以表述为

$$P_s = P(Z \geqslant 0) \tag{2-18}$$

与 P_s 对应的结构失效概率用 P_f 表示,即

$$P_f = P(Z < 0) \tag{2-19}$$

事件($Z<0$)和事件($Z \geqslant 0$)是对立的,所以结构的可靠概率 P_s 与结构的失效概率 P_f 满足下式:

$$P_s + P_f = 1 \tag{2-20}$$

或

$$P_s = 1 - P_f \tag{2-21}$$

因此,结构可靠度的计算可以通过结构失效概率转换得到。结构失效概率的计算过程中涉及的基本变量具有不确定性,作用于结构上的荷载可能出现潜在的高值,用于结构的材料性能可能出现潜在的低值,因此绝对可靠的结构,即 $P_s=1$ 或失效概率 $P_f=0$ 的结构是不存在的。在结构设计过程中,使失效概率尽可能小,小到人们可以接受的程度即可称之为可靠的结构设计。

假定结构抗力 R 和荷载效应 S 是两个独立的正态分布随机变量,根据概率理论,则功能函数 $Z=R-S$ 也是服从正态分布的随机变量。图 2-7 表示功能函数 Z 的概率密度 $f(Z)$ 曲线,它的平均值、标准差和变异系数分别为

$$\mu_Z = \mu_R - \mu_S \tag{2-22}$$

$$\sigma_Z = \sqrt{\sigma_R^2 + \sigma_S^2} \tag{2-23}$$

$$\delta_Z = \frac{\sigma_Z}{\mu_Z} = \frac{\sqrt{\sigma_R^2 + \sigma_S^2}}{\mu_R - \mu_S} \tag{2-24}$$

图 2-7 中阴影部分的面积可代表失效概率 P_f 的大小,即

$$P_f = P(Z < 0) = \int_{-\infty}^{0} f(Z) \mathrm{d}Z \tag{2-25}$$

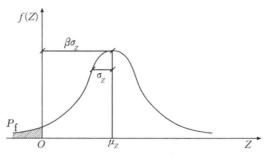

图 2-7　Z 的概率密度

由图 2-7 可知阴影部分的面积与 Z 的平均值 μ_Z 和标准差 σ_Z 的大小有关。增大 μ_Z,曲线右移,阴影区的面积将减小;减小 σ_Z,曲线将变高变窄,阴影区的面积也将减小。

$$\beta = \frac{\mu_Z}{\sigma_Z} = \frac{\mu_R - \mu_S}{\sqrt{\sigma_R^2 + \sigma_S^2}} \tag{2-26}$$

式中,β 为可靠指标。则

$$\mu_Z = \beta \sigma_Z \tag{2-27}$$

可见,β 和失效概率 P_f 存在着对应关系,β 值越大则失效概率就越小。故 β 和失效概率 P_f 一样,可以作为衡量结构可靠度的一个指标,称为可靠指标。根据概率理论,可求得 β 和 P_f 之间的关系式:

$$P_f = \Phi(-\beta) \tag{2-28}$$

式中,$\Phi(\cdot)$ 为标准正态分布函数。

P_f 与 β 的对应关系见表 2-2。

表 2-2　可靠指标与失效概率的对应关系

β	2.5	2.7	3.2	3.7	4.2
P_f	5×10^{-3}	3.5×10^{-3}	6.9×10^{-4}	1.1×10^{-4}	1.3×10^{-5}

已知 β 值即可由标准正态分布函数值的表中查得 P_f 值。确定 β 值并不要求知道 S 和 R 的分布,只要知道它们的平均值和标准差,就可由式(2-22)、式(2-23)和式(2-26)算得 β 值。当 S 和 R 不服从正态分布时,可做当量正态变换,求出其当量正态分布的平均值和标准差后,就可按正态随机变量一样对待。

上述的 β 值的计算不需要 Z 的全分布推求,而仅需采用分布的特征值即一阶原点矩(平均值)和二阶中心矩(方差)来表示,且把影响结构满足功能要求的各个随机变量归纳和简化为两个基本变量 S 和 R,S、R 遵循线性关系(一次式),所以称这种方法为考虑基本变量概率分布类型的一次二阶矩极限状态设计方法。这种方法在结构可靠度分析中还存在一定的近似性,故又称为近似概率极限状态设计法。

按照此种方法,结构设计应以预先规定的可靠指标为依据,称其为目标可靠指标,也称为

设计可靠指标。目前,可靠指标的取值可以通过校准法求得。所谓校准法是对现有结构进行反演计算和综合分析,得出其平均可靠指标,以确定未来设计时采用的目标可靠指标。不同的工程结构,具有不同的目标可靠指标。《建筑结构可靠性设计统一标准》(GB 50068—2018)根据安全等级和破坏类型(延性破坏和脆性破坏),分别规定了结构构件按承载能力极限状态设计计算的目标可靠指标$[\beta]$值(表2-3)。

表2-3 结构构件承载能力极限状态的目标可靠指标

破坏类型	安全等级		
	一级	二级	三级
延性破坏	3.7	3.2	2.7
脆性破坏	4.2	3.7	3.2

注:延性破坏指的是结构或构件在破坏前有明显变形或者其他征兆的破坏类型,也称为塑性破坏;脆性破坏是指结构或构件在破坏前没有明显变形或者其他征兆的破坏类型。

以概率论为基础的极限状态设计法,用可靠指标进行设计时,应满足

$$\beta \geqslant [\beta] \tag{2-29}$$

式中,β 为所设计的结构构件的可靠指标,$[\beta]$ 为《建筑结构可靠性设计统一标准》(GB 50068—2018)规定的结构构件的目标可靠指标。

2.5 极限状态设计表达式(Limit States Equations)

2.5.1 承载能力极限状态设计表达式(Bearing Capacity Limit States Equations)

若使用给定的可靠指标按式(2-29)进行结构设计,则计算会十分繁杂,不便应用于实际工程设计。为了方便实际工程设计,采用以分项系数表达的概率极限状态设计表达式,现说明如下:

为了简化计算,将式(2-26)变换如下:

$$\mu_S = \mu_R - \beta\sqrt{\sigma_R^2 + \sigma_S^2}$$

由于

$$\sqrt{\sigma_R^2 + \sigma_S^2} = \frac{\sigma_R^2 + \sigma_S^2}{\sqrt{\sigma_R^2 + \sigma_S^2}}$$

故得

$$\mu_S + \alpha_S \beta \sigma_S = \mu_R - \alpha_R \beta \sigma_R \tag{2-30}$$

式中,$\alpha_S = \dfrac{\sigma_S}{\sqrt{\sigma_R^2 + \sigma_S^2}}$,$\alpha_R = \dfrac{\sigma_R}{\sqrt{\sigma_R^2 + \sigma_S^2}}$。

式(2-30)左、右分别为荷载效应 S 和结构抗力 R 的设计验算点坐标 S^* 和 R^*,为了保证结构的可靠性,应取

$$S^* \leqslant R^* \tag{2-31}$$

对于工程设计的简单荷载线性组合情况,与式(2-31)对应的分项系数设计式可写为

$$\frac{R_k}{\gamma_R} \geqslant \gamma_G S_{Gk} + \gamma_Q S_{Qk} \tag{2-32}$$

式中,R_k 为抗力标准值,S_{Gk} 为按标准值计算的永久荷载(G)效应值,S_{Qk} 为按标准值计

算的可变荷载（Q）效应值，γ_R 为抗力分项系数，γ_G 为永久荷载分项系数，γ_Q 为可变荷载分项系数。

按照《钢结构设计标准》（GB 50017—2017），应该考虑作用效应的基本组合，必要时还需要考虑作用效应的偶然组合。

1）作用效应的基本组合

对于作用效应的基本组合，应按照如下的极限状态设计表达式来进行验算：

$$\gamma_0 S \leqslant R \tag{2-33}$$

在荷载作用效应的基本组合条件下，将式（2-33）转化为等效的以基本变量标准值、分项系数和组合系数表达的极限状态公式。对于钢结构，荷载效应一般取为应力形式，则上式可转化为

$$\gamma_0 \sigma (\sum_{i \geqslant 1} \gamma_{G_i} G_{ik} + \gamma_{Q_1} \gamma_{L_1} Q_{1k} + \sum_{j>1} \gamma_{Q_j} \psi_{c_j} \gamma_{L_j} Q_{jk}) \leqslant f \tag{2-34}$$

式中，$\sigma(\cdot)$ 为作用组合的应力效应函数，其中符号"Σ"和"＋"均表示组合，即同时考虑所有作用对结构的共同影响，而不表示代数相加；γ_0 为结构的重要性系数，对于安全等级为一级的结构构件，不应该小于 1.1，对于安全等级为二级的结构构件，不应该小于 1.0，对于安全等级为三级的结构构件，不应该小于 0.9；G_{ik} 为第 i 个永久作用的标准值；Q_{1k} 为第 1 个可变作用的标准值；Q_{jk} 为第 j 个可变作用的标准值；γ_{G_i} 为第 i 个永久作用的分项系数，按现行相关规范有关规定采用；γ_{Q_1} 为第 1 个可变作用的分项系数，按现行相关规范有关规定采用；γ_{Q_j} 为第 j 个可变作用的分项系数，按现行相关规范有关规定采用；γ_{L_1}、γ_{L_j} 为第 1 个和第 j 个考虑结构设计使用年限的调整系数，按相关规范有关规定采用；ψ_{c_j} 为第 j 个可变作用的组合值系数，按相关规范有关规定采用；f 为钢材或连接强度设计值，对钢材为屈服强度标准值除以抗力分项系数的商，对于端面承压和连接则为极限强度标准值除以抗力分项系数的商。

各抗力分项系数见表 2-4。各种钢材和连接强度设计值见附录 2。

表 2-4　不同情形下抗力分项系数

钢材种类	Q235	Q345	Q390	Q420	端面承压和连接
γ_R	1.087	1.111	1.111	1.111	1.538

2）作用效应的偶然组合

在偶然组合（考虑如爆炸、火灾、撞击和地震等偶然事件下的组合）下，极限状态设计表达式应该按照下列原则确定：偶然作用的代表值不乘以分项系数；与偶然作用同时出现的可变荷载，应该根据观测资料和工程经验来选用适当的代表值；具体的设计表达式及各种系数，需符合专门规范的规定。

2.5.2　正常使用极限状态表达式（Serviceability Limit States Equations）

对于正常使用极限状态，按照《建筑结构可靠性设计统一标准》（GB 50068—2018）的规定要求分别采用荷载的标准组合、频遇组合和准永久组合进行设计，并使变形等设计不超过相应的规定限值。

若钢结构仅考虑荷载的标准组合，则其设计表达式为

$$\sum_{j=1}^{m} \nu_{G_{jk}} + \nu_{Q_{1k}} + \sum_{i=2}^{n} \nu_{Q_{ik}} \leqslant [\nu] \tag{2-35}$$

式中，$\nu_{G_{jk}}$ 为第 j 个永久荷载的标准值在结构或构件中产生的变形值；$\nu_{Q_{1k}}$、$\nu_{Q_{ik}}$ 分别为起控制作用的第一个可变荷载和第 i 个可变荷载的标准值在结构或构件中产生的变形值；$[\nu]$ 为结构或构件的挠度容许值，见附录 1。

2.6 钢结构设计方法的改进(Improved Design Methods of Steel Structures)

由于规范校准目标可靠度时考虑的可变荷载效应比值不高,使得可变荷载效应占高比重时设计分项系数取值仍需改进;同时,其计算的可靠度还只是构件或者某一截面的可靠度,而不是结构体系的可靠度,因此概率极限状态设计方法有待进一步的发展。近些年来,一些学者对此进行了较多研究,提出了一些改进的设计方法。

2.6.1 基于整体可靠性的钢结构设计方法(Design Method of Steel Structure Based on Integral Reliability)

为了确保结构整体的可靠度水平,使其尽可能接近于设计的目标值,有研究者提出了基于整体承载极限状态的钢结构可靠度设计方法。

基于结构整体可靠度设计的公式为

$$R_k/\gamma_R \geqslant \sum \gamma_i S_{ki} \tag{2-36}$$

式中,R_k为结构整体抗力(极限承载力),可采用结构材料及尺寸的标准值进行结构整体非线性分析得到;S_{ki}为荷载的标准值;γ_R和γ_i分别代表结构整体抗力分项系数和荷载分项系数。

以门式钢刚架结构为例,研究者提出了基于结构整体可靠度的设计方法,具体步骤如下:

①确定结构尺寸、所用钢材类型以及结构荷载的标准值和体系目标可靠度指标。

②根据体系目标可靠度指标,确定整体可靠度设计验算公式(2-36)中的荷载和抗力分项系数。

③选择结构构件的截面尺寸,并进行结构的整体非线性分析以确定不同工况下所选结构抗力的标准值。

④验算结构抗力的标准值和荷载的标准值是否满足选定的设计公式。

⑤重复步骤③和④直到所选结构经济地满足设计公式要求。

这种设计方法克服了现行钢结构设计方法对整体可靠度考虑不足的缺陷,简化了计算过程,使设计更为经济合理,具有较好的应用前景。

为克服现行钢结构设计方法对不对称荷载下大跨空间结构体系可靠性考虑较少的不足,研究者提出了一种改进的设计方法。该设计方法基于结构实例分析得到的荷载效应函数模型,在结构体系层次上建立极限状态方程,然后通过可靠度校准分析确定与体系目标可靠度相对应的荷载分项系数值。结果表明:原构件设计用荷载分项系数$\gamma_G=1.2$和$\gamma_Q=1.4$较不适用于大跨空间结构体系可靠度设计;若要实现较高的体系可靠性,可变荷载分项系数值需要有大幅度的提升。

2.6.2 可变荷载效应占高比重时荷载分项系数取值(Selection of Load Partial Factors with Large Ratios of Variable Load Effects)

对于永久荷载效应和一种可变荷载效应组合的情形,承载能力极限状态方程一般如式(2-37)所示。

$$R-S_G-S_Q=0 \tag{2-37}$$

可变荷载效应比值ρ的计算式一般表示为

$$\rho=S_{Qk}/S_{Gk} \tag{2-38}$$

《建筑结构可靠性设计统一标准》(GB 50068—2001)中永久荷载分项系数值 1.2 和可变

荷载分项系数值1.4是通过对混凝土、钢结构、砌体等构件在ρ取值范围$0.1\sim2.0$内经校准优化后确定的。研究者对全跨恒载与不利半跨雪载组合下轻型钢拱结构等若干结构设计实例进行了分析,结果表明实际钢结构工程中可变荷载效应比值较大,会大幅超出$0.1\sim2.0$的范围。此时1.2和1.4的分项系数取值将会使设计可靠度偏离目标可靠度较多,因而需加以改进。

一般情况下,最优荷载分项系数需使各种情形下安全系数的误差累计和I最小。

$$I = \sum_{i=1}^{n}(K - [K])^2 \tag{2-39}$$

式中,K为选定荷载分项系数时,对应的总安全系数;$[K]$为给定目标可靠度时,由可靠度算法确定的安全系数。

研究者考虑目标可靠指标为3.2,分析了12种可变荷载效应比值(取值范围为$1\sim12$)下钢结构构件的误差累计和I随荷载分项系数值的变化。结果表明,当$\gamma_G=1.1$、$\gamma_Q=1.8$时,可使误差累积和I最小,因此钢结构的最佳分项系数可取该组值。由于可变荷载效应占高比重时,永久荷载效应在总体荷载效应中所占比重较低,若将上述永久荷载分项系数值提高至1.2,并不会使永久荷载效应设计值增大较多;且考虑到与《建筑结构可靠度设计统一标准》(GB 50068—2001)衔接的一致性,因而建议当可变荷载效应占高比重时钢结构构件荷载分项系数取值为$\gamma_G=1.2$和$\gamma_Q=1.8$。

需要指出的是,《建筑结构可靠性设计统一标准》(GB 50068—2018)已将荷载分项系数取值提高为$\gamma_G=1.3$和$\gamma_Q=1.5$。这一方面说明原可靠度统一标准中荷载分项系数值的确较低,需提升设计可靠性;另一方面也是为了响应国家"一带一路"倡议,与国际主流结构设计规范接轨,如欧洲钢结构设计规范等。

2.7 小结(Summary)

①建筑结构的功能要求主要包括安全性、适用性和耐久性。结构的极限状态包括正常使用极限状态和承载能力极限状态。承载能力极限状态可以理解为结构或者构件发挥允许的最大承载功能的状态;正常使用极限状态可理解为结构或者构件达到使用功能上允许的某个限值的状态。

②结构内力分析一般可以采用一阶弹性分析方法、二阶弹性分析方法或直接分析方法。而钢结构的稳定性设计主要包括一阶弹性分析与设计、二阶弹性分析与设计以及直接分析设计法。结构的初始缺陷包含结构的整体初始几何缺陷和构件初始几何缺陷、残余应力及初偏心。结构的初始几何缺陷包括节点位置的安装偏差、杆件对节点的偏心、杆件的初弯曲等。

③在规定的时间内和规定的条件下完成预定功能的能力称为结构的可靠性,而可靠度是对结构可靠性的概率度量。以相应于结构各种功能要求的极限状态作为结构设计依据的设计方法称为极限状态设计法。在极限状态设计中,若以结构的失效概率或可靠指标来度量结构的可靠度,并且建立结构可靠度与结构极限状态之间的关系,称为概率极限状态设计法。这种方法能够充分考虑各有关因素的客观变异性,使所设计的结构比较符合预期的可靠度要求。

④概率极限状态设计表达式分为承载能力极限状态设计表达式和正常使用极限状态设计表达式。概率极限状态设计表达式与以往的多系数极限状态设计表达式在形式上相似,但二者有本质上的区别。前者的各项系数是根据结构构件基本变量的统计特性,在进行可靠度分析后经过优化选择而确定的,这些分项系数相当于设计可靠指标$[\beta]$的作用;而后者采用的各种安全系数主要根据工程经验确定。

⑤随着钢结构在现实生活中的应用越来越广,以及人类社会经济和科学技术的进步,钢结

构领域取得了不少的新进展。例如可变荷载效应占高比重时规范中分项系数的取值改进,以及基于整体承载极限状态的钢结构可靠度设计方法的提出,使得钢结构设计更为稳定、安全。

思考题(Questions)

2-1 说明建筑结构的功能要求包括哪些内容。

2-2 钢结构的极限状态分为哪几种? 各自的判断依据主要有哪些?

2-3 试解释什么是一阶弹性分析,什么是二阶弹性分析。两者有何区别?

2-4 初始缺陷是什么? 包含哪几种情况?

2-5 什么是失效概率? 什么是可靠指标? 二者有何联系?

2-6 什么是结构的可靠性? 什么是可靠度?

2-7 什么是概率极限状态设计法? 其主要特点是什么?

2-8 试说明承载能力极限状态设计表达式是如何保证结构可靠度的。

第 3 章　钢结构的材料及其性能

（Materials and Properties of Steel Structures）

本章学习目标

了解钢材的组织构造；

掌握钢材的主要性能；

熟悉钢材的种类和规格。

3.1　概述（Introduction）

钢是一种以铁元素和碳元素为主要组成元素的合金，其中铁元素所占比例更高。然而，碳和其他元素会对钢材的物理、化学性能产生较大影响。根据用途，钢材分为不同种类。土木工程中钢结构所用的钢材具有较高的强度，较好的塑性、韧性、加工性以及可焊性等性能，宜采用Q235、Q345、Q390、Q420、Q460 和 Q345GJ 钢材。因而，土木工程中钢结构采用的钢材种类只是众多钢材种类中的一小部分。高强度的钢材可以减少钢材用量；良好的塑性、韧性则有利于提高结构的安全性，降低脆性破坏的危险性。

现行《钢结构设计标准》（GB 50017—2017）中推荐的承重钢结构用钢分别为碳素结构钢、低合金高强度结构钢及建筑结构用钢板等。

3.2　钢材的生产（Production of Steel）

铁元素分布广泛，主要以铁矿石的形态存在于自然界中。与铜、黄金这些材料相比，人们利用铁材料的历史相对短些。主要原因是铁材料容易氧化，熔点比铜高，而且自然界中很难找到单质铁，目前发现的单质铁主要存在于铁陨石（陨铁）中，其主要组成元素为铁和镍。

中国是掌握炼铁技术较早的国家之一。文物考古证明，在中国的春秋战国时期就出现了人工炼铁。中国最早的生铁工具是江苏六合县出土的铁条、铁丸以及河南洛阳出土的铁锛。在封建社会时代，生铁冶炼技术大大提高了社会的生产力。

人类在之后的实践中发明了炼钢技术，进一步改善了生铁的物理、化学、机械性能。在工业革命以后，由于钢材冶炼技术的提高，钢材产量快速增长，这使得钢材的广泛应用成为可能。

3.2.1　钢材的冶炼（Steel Smelting）

1）炼铁

炼铁是将铁矿石、焦炭、石灰石和少量的锰矿石加热，在高温下发生一系列反应，生成熔融的生铁和漂浮其上的熔渣的过程。考虑到铁矿石是以氧化物的形式存在的，因此在炼铁时需要采用和氧的亲和力更大的还原剂，将氧去除，将铁还原。常见的还原剂有碳、一氧化碳等。另外，在炼铁时一般会加入石灰石，将砂土和黏土等杂质转化为熔渣。

2)炼钢

炼钢是将生铁或铁水中的碳和杂质锰、硅、硫、磷等氧化成炉渣后得到满足要求钢液的过程。常见的炼钢设备有电炉、平炉和转炉等。电炉炼钢根据电热原理将废钢、生铁在电弧炉内冶炼,炼成的钢质量好,但是耗电量大、成本高,建筑用钢材较少采用这种设备。平炉炼钢的原料包括废钢、生铁、铸铁块等,炼钢时的热能主要由燃料供应。平炉冶炼的优点是工艺简单,产量高,易于控制化学成分,钢材质量好;缺点是造价高、效率低、生产周期长。转炉炼钢是在高温高压下利用空气或者氧气将铁液变成钢液。氧气顶吹转炉的优点是钢材质量好,钢材中有害元素和杂质少,而且可以按需要添加各种元素冶炼碳素钢和合金钢。氧气顶吹转炉由于效率高、炼钢质量好、成本低等优点而得到快速发展,成为了重要的炼钢工艺。

3)钢材的浇注和脱氧

为了提高钢材的质量,在浇铸钢锭时需要加入脱氧剂去除氧。因为钢液中氧的残留会导致钢材晶粒粗细不均匀而产生热脆。根据脱氧程度,钢材可分为**沸腾钢**、**镇静钢**和**特殊镇静钢**。沸腾钢的脱氧剂为锰,其脱氧能力较弱,脱氧不完全,钢的质量较差。镇静钢的脱氧剂是锰和硅,脱氧较为完全,而且在炼钢过程中产热多,钢液冷却速度慢,气体可以充分逸出,没有沸腾现象。镇静钢的质量好,但是造价高。特殊镇静钢的脱氧剂除了锰、硅外,还有铝,脱氧程度高于镇静钢。

随着冶炼技术的不断发展,连续铸造法生产钢坯逐渐成为一种主要的生产方法。连续铸造法是指将钢液通过中间包连续注入被水冷却的铸模内,然后等钢液冷却后,将冷却的坯材切割成半成品。连续铸造法具有机械化、自动化程度高,钢坯质量好的优点,但是只适用于生产镇静钢。

3.2.2 钢材的组织构造和缺陷(Microstructure and Defects of Steel)

1)钢材的组织构造

纯铁的塑性好而强度低。为了提高强度,会在纯铁中添加适量的碳,得到**碳素结构钢**。为了提高钢材性能,在碳素结构钢中添加总量不超过 5% 的其他合金元素,可以获得**低合金结构钢**。

碳素结构钢的主要成分是铁素体和渗碳体。将碳溶入体心立方晶体(图 3-1)结构的 α 铁后,得到的固溶体即为铁素体。铁素体的强度低、硬度小,但是塑性、韧性好。铁素体约占钢材质量的 99%,在钢材中会形成取向不同的结晶群。渗碳体是一种熔点高、硬度大、可塑性低的铁碳化合物,其中碳含量为 6.67%。珠光体是由渗碳体与铁素体晶粒形成的机械混合物,不仅硬度大、强度高,而且富有弹性,会填充于铁素体晶粒的空隙中形成网状间层(图 3-2)。铁素体与珠光体的比例对碳素钢的力学性能影响较大。另外,随着铁素体的晶粒变得细小,珠光体的分布变得均匀,钢材的性能也将更好。

(a)刚球模型

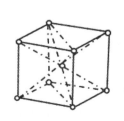
(b)晶格模型

(c)晶胞原子数

图 3-1　体心立方晶胞

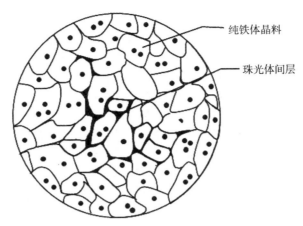

图 3-2　碳素钢多晶体结构示意图

2)钢材的铸造缺陷

如图 3-3 所示,采用铸模浇铸钢锭冷却时,由钢锭中心向周边散热的各部分冷却速度不同,形成了不同的结晶区。表层形成的是细小晶区,中心形成的是粗大晶区,处于上述两个晶区之间的是柱状晶区。这种晶区组织结构的不均匀性会影响钢材的性能。除此以外,炼钢过程中还会产生其他缺陷,如裂纹、缩孔、非金属夹杂、气孔和偏析等。在凝固过程中不同位置的钢液凝固次序不同,可能会引起内部较大的拉应力进而产生裂纹;缩孔是钢液在钢锭模中自外而内、由下而上凝固时体积收缩,液面下降,最后凝固部位得不到钢液补充而形成的;非金属夹杂是指钢材中的杂质,如硫化物和氧化物等;气孔是指气体在浇筑时不能完全逸出,留在钢锭中而形成的微小孔洞;偏析是指各化学成分在钢内分布不均,尤其是有害物质如磷、硫等在钢锭中的富集现象。

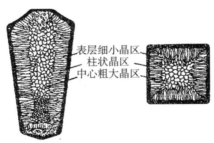

图 3-3　钢锭组织示意图

3.2.3　钢材的加工(Steel Processing)

钢材的加工可以分为热加工、冷加工和热处理。热加工是将钢坯加热至塑性状态,然后用外力改变其形状,产出各种厚度的钢板和型钢。冷加工则是在常温下加工钢材。热处理是对钢材采用加热、保温、冷却的操作方法,使钢的组织结构发生变化,进而获得所需钢材性能的一种加工工艺。

1)热加工

热轧钢板和**热轧型钢**是我国的主要钢材。**热轧**是指将钢锭加热至塑性状态(1 150~1 300 ℃),通过轧钢机将其轧成钢胚,再经过一系列不同形状和孔径的轧机,最后轧成所需形状和尺寸的钢材,如图 3-4 所示。热轧成型将提高钢材质量,原因是在热轧成型过程中,一些存在于钢锭中的微观缺陷,如小气泡和裂纹等,经多次辊轧而弥合,细化了钢材中的晶粒,使钢材组织更加紧密。

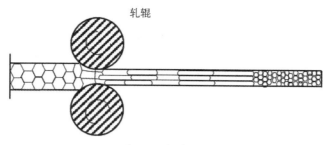

图 3-4 钢的轧制

钢材的强度按板厚分组,原因是经过多次辊轧的热轧薄板和壁厚较薄的热轧型钢,钢材性能得到显著改善,其强度、塑性、韧性和焊接性能均优于厚板和厚壁型钢。

图 3-5 是钢材轧制时在 3 个方向的示意图,钢材材质在顺轧制方向轧制时最强,横轧制方向略次,而在厚度方向最差。钢材在厚度方向产生应变但是变形又不受约束时,板将发生弯曲,如图 3-6(a)所示;当变形受到约束时,厚板中可能产生层状撕裂,如图 3-6(b)所示。图 3-6中沿板厚度方向产生了应变是因为焊缝冷却造成横向收缩。

图 3-5 热轧钢材的轧制方向、横向和厚度方向

(a)薄板 T 形节点的弯曲变形　　　　(b)厚板 T 形节点的层状撕裂

图 3-6 薄板弯曲及厚板层状撕裂

为了避免层状撕裂,正确布置焊缝是关键。两块钢板组成的两个角节点的两种焊缝布置如图 3-7 所示。当焊缝布置如图 3-7(a)(c)所示时,钢板易产生层状撕裂。但是,当焊缝形式变为图 3-7(b)(d)后,钢板的层状撕裂不易产生。

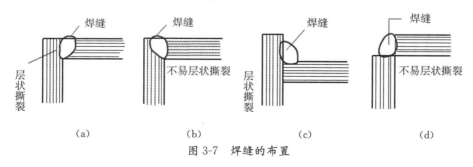

(a)　　　　　　(b)　　　　　　(c)　　　　　　(d)

图 3-7 焊缝的布置

在实际工程中,厚钢板受到沿厚度方向的拉力作用而可能产生层状撕裂。因此,如果钢板厚度大于 40 mm,宜根据国家标准《厚度方向性能钢板》(GB/T 5313—2010)采用在厚度方向有抗层状撕裂性能的 Z 向钢板。Z 向钢板分为 Z15、Z25、Z35 三个级别,其含硫量分别不大于 0.01%、0.007% 和 0.005%;单个试件的断面收缩率分别不小于 10%、15% 和 25%,同时三个试件断面收缩率的平均值分别不小于 15%、25% 和 35%。

2)冷加工

冷加工是指在常温或低于再结晶温度下,通过机械的力量,使钢材产生永久塑性变形,得到所需薄板或型钢的一种工艺。冷轧、冷弯、冷拔等延伸性加工,以及剪、冲、钻、刨等切削性加工都属于冷加工。将热轧卷板或热轧薄板通过带钢冷轧机进一步加工即可得到冷轧卷板和冷轧钢板。其中经辊轧或模压冷弯后制成的冷弯薄壁型钢和压型钢板被广泛应用于轻钢结构中。

钢材经冷加工会产生不同程度的塑性变形,金属晶粒沿变形方向被拉长,局部晶粒破碎,位错密度增加,并使残余应力增加。钢材经冷加工后会产生**冷作硬化**现象,即钢材的强度和硬度在局部或整体上有所提高,但塑性和韧性却降低。广泛应用于悬索结构中的冷拔高强度钢丝就是充分利用了冷作硬化现象。验算冷弯薄壁型钢结构的强度时,可有条件地利用由冷弯效应而提高的强度。但是截面复杂的钢构件是无法利用的,钢材的冷硬变脆常常导致钢结构脆性断裂。所以,设计中对于比较重要的结构,应避免发生局部冷加工硬化。

3)热处理

钢的**热处理**是通过加热、保温和冷却固态范围的钢,改变其内部组织结构,进而提高钢材性能的一种加工工艺。热处理的四种基本工艺是**退火**、**正火**、**淬火**和**回火**。

退火和正火应用广泛,可以细化晶粒、软化钢材、消除加工硬化、改善组织以提高钢的机械性能,消除残余应力以防钢件的变形和开裂,为接下来的热处理做好准备。一般低碳钢和低合金钢的操作方法是:在炉中将钢材加热至 850～950 ℃,保温一段时间后,随炉温冷却至 500 ℃以下,再放至空气中冷却。该工艺称为完全退火。保温后将钢材从炉中取出,在空气中冷却的工艺称为正火。相比于退火,正火的冷却速度更快,钢材组织更细,强度和硬度有所提高。当钢材在终止热轧时的温度正好控制在上述范围内时,可得到正火的效果,称为控轧。当热轧卷板的成卷温度正好在上述范围内,则热轧卷板内部的钢材会变软,达到退火的效果。

另一种去应力退火,即低温退火,主要用来消除热轧件、铸件、焊接件、锻件和冷加工件中的残余应力。去应力退火的操作是将钢件缓慢加热至 500～600 ℃,保温一段时间后,随炉温逐渐冷却到 200 ℃以下出炉。在去应力退火过程中,钢中的残余应力在加热、保温和冷却过程中消除,但是钢材组织并无变化。

淬火工艺是指将钢件加热到 900 ℃以上保温一段时间后,在水中或油中快速冷却。在快速冷却过程中,原子来不及扩散,形成了含有较多碳原子面心立方晶格的奥氏体。奥氏体通过无扩散方式会变成碳原子过饱和的 α 铁固溶体,即马氏体。由于 α 铁含碳量过饱和,体心正方晶格被歪曲地撑长。晶格的畸变有利于提高钢材的强度和硬度,但是会使塑性和韧性降低。马氏体不宜用于建筑结构,其内部组织不稳定。

回火工艺是将淬火后的钢材加热到某一温度进行保温,然后在空气中冷却。回火工艺可以消除残余应力,增加钢材的塑性和韧性,降低脆性,调整强度和硬度,形成较为稳定的组织。高温回火是将淬火后的钢材加热至 500～600 ℃,保温一段时间后在空气中冷却。高温回火后的马氏体转化为铁素体和粒状渗碳体的机械混合物,称为索氏体。索氏体的强度、塑性、韧性都较好。一般将淬火和高温回火的工艺称为调质处理。高强度的钢材,如 Q420 中的 C、D、E 级钢和高强度螺栓的钢材都要经过调质处理。

3.3 钢材的主要性能(Main Properties of Steel)

3.3.1 拉伸性能(Tensile Properties)

常温下,将标准的试件在拉力试验机上进行单向拉伸,拉伸时由零开始缓慢加载直到试件断裂,此为**拉伸试验**。图 3-8(a)是从试验中得到的应力-应变曲线(σ-ε 曲线)。图中的 OA 段为直线段,此时 σ 与 ε 成比例,符合虎克定律,A 点的应力称为**比例极限**,记作 f_p。A 点以后曲线不再是直线,当到达图中的 B 点时,荷载不增加,但是变形持续增大,σ-ε 曲线接近水平,即发生了塑性流动,此时 B 点的应力称为**屈服强度**(也称屈服点),记作 f_y。当到达图中 C 点时,曲线继续上升,应力 σ 随着应变 ε 的增大而增大,但是其斜率逐渐减小。当到达图中 D 点时,σ-ε 曲线开始下降,即发生**颈缩现象**。D 点的应力称为**抗拉强度**或**强度极限**,记作 f_u。最后到达图中的 E 点时,试件被拉断。

弹性极限是指在 σ-ε 曲线 A 点附近的一点。当应力小于弹性极限时,卸去荷载后试件的应变将恢复到零。实际上,弹性极限与比例极限十分接近,而且弹性极限不易在试验中准确测得,因此经常将比例极限作为弹性极限。因此,如图 3-8(a)所示,将小于比例极限的阶段 1 称为**弹性变形阶段**。过了比例极限,应变在卸去荷载时将产生残余应变,不能恢复为零。图 3-8(a)中的阶段 2 为**弹塑性变形阶段**,卸荷后,弹性变形将恢复为零,但是塑性变形将产生残余应变。过了屈服点后,σ-ε 曲线发生抖动,如图 3-8(b)所示。其中**上屈服点**是抖动区的最高点,**下屈服点**是抖动区的最低点。由于受到加荷速率、试件形状等因素的影响,不易准确测量上屈服点的值,因此一般将下屈服点作为屈服点,并把抖动区的曲线简化成一水平线段。图 3-8(a)中的 BC 段称为**塑性变形阶段**,CD 段称为**应变硬化阶段**。到达曲线上的 D 点时,应变硬化结束,试件开始发生颈缩,DE 段称为**颈缩阶段**。

如图 3-8(c)所示,钢材的 σ-ε 曲线可以简化为两段折线,即将钢材看作是理想的弹塑性体,在屈服点以前为弹性体,在到达屈服点后立即转为理想的塑性体。钢材延性的大小可以用延性系数($\varepsilon_{st}/\varepsilon_y$)衡量,其值为 10~25。

当钢材的含碳量较高时,拉伸试验经常不出现塑性流动,即无明显的屈服点。此时习惯上将产生残余应变为 0.2% 时的应力作为**名义上的屈服强度**,记作 $f_{0.2}$。

由钢材的拉伸试验曲线可以得到相关的力学性能指标:

①**屈服强度** f_y:钢材的强度指标。弹性设计时,一般当纤维应力达到屈服点时,可以认为强度已经达到限值。将试件开始屈服时的荷载 N 除以试件变形前的原截面面积 A_0 即可得到屈服点的数值。

②**抗拉强度** f_u:钢材的强度指标,是 σ-ε 曲线上最高点的应力,即由试件拉伸时最大荷载除以试件未变形前的截面积 A_0 而得。实际工程中一般以屈服强度为限值,所以 f_u 与 f_y 的差值可作为构件的强度储备。

③**弹性模量** E:弹性阶段应力 σ 与应变 ε 的比值。图 3-8(a)所示 σ-ε 曲线上弹性阶段直线段 OA 的倾角为 $\arctan E$,由倾角的大小可求得弹性模量 E。钢材的弹性模量变化不大,通常可取 $E = 206 \times 10^3$ N/mm^2。

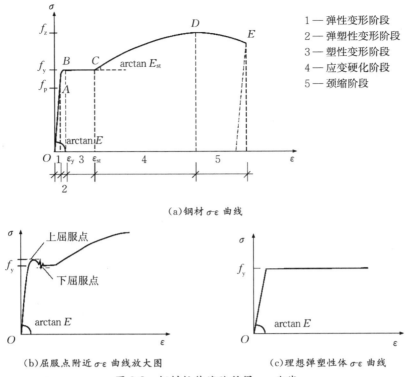

1——弹性变形阶段
2——弹塑性变形阶段
3——塑性变形阶段
4——应变硬化阶段
5——颈缩阶段

（a）钢材 σ-ε 曲线

（b）屈服点附近 σ-ε 曲线放大图　　（c）理想弹塑性体 σ-ε 曲线

图 3-8　钢材拉伸试验所得 σ-ε 曲线

此外，在钢材 σ-ε 曲线 C 点处的切线模量，称为**应变硬化模量**，记作 E_{st}，在拉伸试验中也可同时得到。

④**伸长率** δ 由下式求取：

$$\delta = \frac{l - l_0}{l_0} \times 100\% \tag{3-1}$$

式中，l_0 和 l 各为试件拉伸前和拉断后的标距（图 3-9）。伸长率可以衡量钢材的塑性性能，伸长率越大，钢材断裂前发生塑性变形的能力越好。当钢材的塑性性能良好时，应力集中处的应力高峰可以得到调整，而且构件破坏前具有较大变形，可以起到预警作用。

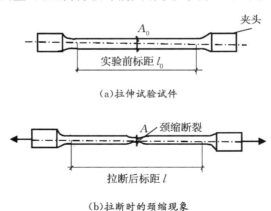

（a）拉伸试验试件

（b）拉断时的颈缩现象

图 3-9　拉伸试验试件及拉断时的颈缩现象

必须注意的是,拉伸试件有长短之分,国家标准规定:长试件是 $l_0=10d$(d 为圆形截面试件的直径)或 $l_0=10\sqrt{4A_0/\pi}$(A_0 为矩形截面试件的截面积);短试件是 $l_0=5d$ 或 $l_0=5\sqrt{4A_0/\pi}$,其伸长率分别为 δ_{10} 和 δ_5。试件拉伸试验时,首先产生均匀的拉伸变形,此时未到达抗拉强度。但是当颈缩变形代替均匀拉伸变形时,试件进入颈缩阶段。颈缩变形在长试件和短试件中是相同的,因而同一钢材由短试件求得的 δ_5 将大于由长试件求得的 δ_{10}。

断面收缩率 ψ 是钢材塑性的另一个指标,是指试件横断面面积在试验前后的相对缩减,即

$$\psi=\frac{A_0-A}{A_0}\times100\%\qquad(3\text{-}2)$$

式中,A_0 和 A 分别为试件在试验前和拉断后断口处的横截面面积。

3.3.2 冷弯性能(Cold-Bending Properties)

冷弯试验可以衡量钢材的弯曲变形性能和抗分层性能。如图 3-10(a)所示,在常温下,将厚度为 a 的试件置于支座上,试验时加压直到试件弯曲 180°,如图 3-10(b)所示。对试件弯曲处的外面及侧面进行观察,若无裂缝、断裂或起层,则试件合格。**弯心直径** d 根据钢材种类及其厚度可以采用 $1.5a$、$2a$ 或 $3a$ 等,但应符合相关技术条件规定。冷弯试验是衡量钢材质量优劣的一个综合性指标,合格的钢材具有良好的塑性,没有或极少有冶炼缺陷。根据《钢结构设计标准》(GB 50017—2017),焊接承重结构以及重要的非焊接承重结构的钢材应具有冷弯试验合格的保证。

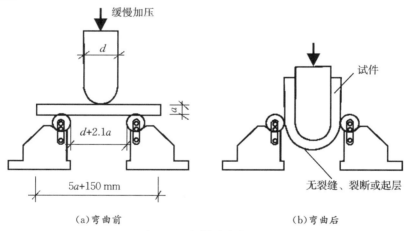

图 3-10 钢材的冷弯试验

3.3.3 冲击韧性(Impact Ductility)

在冲击试验机上用摆锤击断带缺口的钢材标准试件(图 3-11)时所吸收的机械能为**冲击韧性**。根据《钢结构设计标准》(GB 50017—2017),直接承受动力荷载或需验算疲劳的钢材构件应具有冲击韧性的合格保证。一般冲击试验中将击断标准试件所消耗的冲击功作为衡量钢材抗脆性破坏能力的指标。冲击功即冲击韧性,用 A_{kv} 表示,单位是 J。A_{kv} 值越大,说明试件所代表的钢材断裂前吸收的能量越大,韧性越好。通常情况下,当钢材强度提高时,韧性降低,钢材脆性增强。

一般做了钢材的拉伸试验后,就不再需要做压缩试验,因为钢材压缩实验与拉伸试验得到

的 σ-ε 曲线基本相同,拉伸和压缩时的屈服强度 f_y 也相同。

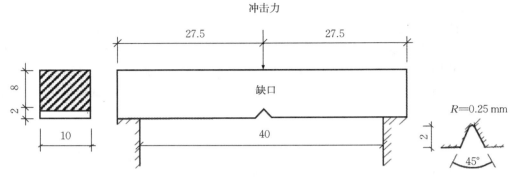

图 3-11　夏比 V 形缺口冲击试验和标准试件

3.3.4　复杂应力下钢材的性能(Properties of Steel Under Complex Stress)

钢材在单向拉应力或单向压应力状态下,可借助于试验得到屈服条件,即当 $\sigma = f_y$ 时,材料料开始屈服,进入塑性状态。在复杂应力状态下(图 3-12)钢材的屈服条件就不可能由试验得出其普遍适用的表达式,一般只能借助于材料力学中的强度理论得出。对钢材最适用的是第四强度理论,即**畸变能量理论**。第四强度理论屈服准则认为:当复杂应力状态的单元体达到屈服时,单位体积的单元体发生畸变时的应变能与单向拉伸时单位体积的单元体屈服时的畸变应变能相等。由材料力学可推导出图 3-12 所示复杂应力状态下单位体积的单元体畸变应变能为

$$U = \frac{1+\mu}{3E}\left\{\frac{1}{2}\left[(\sigma_x-\sigma_y)^2+(\sigma_y-\sigma_z)^2+(\sigma_z-\sigma_x)^2\right]+3(\tau_{xy}^2+\tau_{yz}^2+\tau_{zx}^2)\right\} \tag{3-3a}$$

式中,μ 为钢材的泊松比,E 为钢材的弹性模量。

单向受力时单位体积的单元体畸变应变能可由式(3-3a)中对除 σ_x 以外的其他应力分量均取为零得出,即

$$U_1 = \frac{1+\mu}{3E}\sigma_x^2 \tag{3-3b}$$

单向受力下达到屈服时的单元体畸变应变能可由式(3-3b)中取 $\sigma_x = f_y$ 得出,即

$$U_1 = \frac{1+\mu}{3E}f_y^2 \tag{3-3c}$$

令式(3-3a)等于式(3-3c),得

$$\frac{1}{2}\left[(\sigma_x-\sigma_y)^2+(\sigma_y-\sigma_z)^2+(\sigma_z-\sigma_x)^2\right]+3(\tau_{xy}^2+\tau_{yz}^2+\tau_{zx}^2)=f_y^2 \tag{3-4}$$

把式(3-4)左边的平方根记作 σ_0 并称之为折算应力,则式(3-4)可写为

$$\sigma_0 = \sqrt{\frac{1}{2}\left[(\sigma_x-\sigma_y)^2+(\sigma_y-\sigma_z)^2+(\sigma_z-\sigma_x)^2\right]+3(\tau_{xy}^2+\tau_{yz}^2+\tau_{zx}^2)}=f_y \tag{3-5}$$

式(3-4)或式(3-5)就是根据畸变能量理论得出的复杂应力状态下钢的屈服准则。$\sigma_0 < f_y$ 和 $\sigma_0 > f_y$ 分别表示复杂应力状态下钢材未屈服和已进入屈服状态。

若改用主应力 σ_1、σ_2 和 σ_3 表示复杂应力状态,则屈服条件为

$$\sigma_0 = \sqrt{\frac{1}{2}\left[(\sigma_1-\sigma_2)^2+(\sigma_2-\sigma_3)^2+(\sigma_3-\sigma_1)^2\right]}=f_y \tag{3-6}$$

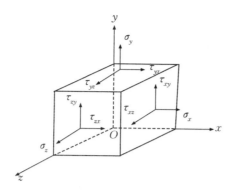

图 3-12　复杂应力状态

下面根据式(3-5)、式(3-6)对钢材在复杂应力状态下的屈服条件进行说明：

①由式(3-6)可见，当三向主应力同号、三主应力的相互差值不大时，σ_0 值不会太大，通常 $\sigma_0 < f_y$，即钢材不易屈服而处于弹性工作状态，钢材呈脆性。反之，钢材在异号应力作用下易屈服而进入塑性状态，将呈塑性破坏。

②当 $\sigma_1 = \tau_{zx} = \tau_{zy} = 0$ 时，钢材变为平面应力状态，屈服条件式(3-5)可得

$$\sigma_0 = \sqrt{\sigma_x^2 + \sigma_y^2 - \sigma_x \sigma_y + 3\tau_{xy}^2} = f_y \tag{3-7}$$

式(3-7)在今后讨论梁是否已进入塑性状态时将要用到。

当钢材为平面纯剪切时，$\sigma_x = \sigma_y = 0$，$\tau_{xy} = \tau$，则得剪切屈服条件为

$$\sigma_0 = \sqrt{3\tau^2} = f_y$$

即

$$\tau = \frac{f_y}{\sqrt{3}} = 0.58 f_y = f_{vy} \tag{3-8}$$

此时的剪应力记为 f_{vy}，称为**剪切屈服强度**。《钢结构设计标准》(GB 50017—2017)中采用 $f_{vy} = 0.58 f_y$。

最后，必须注意，在应用式(3-4)~(3-7)时，所有应力分量都必须是指发生在钢材同一地点由同一种荷载情况所产生的应力。

3.3.5　钢材的硬化特性(Hardening Properties of Steel)

在第3.3.1节中已述及，当加荷不超过弹性阶段，在此范围内重复卸荷和加荷，不会产生残余应变，σ-ε 线始终保持原来的直线。如加荷到图3-13中的 B 点再卸荷。曲线将循 BC 下降到 C 点，产生残余应变 OC；重新加荷，曲线将循 $CBDF$ 进行。这相当于将曲线原点 O 移至 C 点，结果是减小了钢的变形能力，亦即降低了钢的塑性。又如加荷到图中的 D 点再卸荷，则曲线将循 DE 下降到 E 点，产生残余应变 OE；重新加荷，曲线将循 EDF 进行，相当于把曲线原点由 O 点移至 E 点，结果是变形能力更小，钢的塑性更加降低。但与此同时，钢的屈服点则由 A 点移到 D 点。

冷作硬化或应变硬化是指钢材经冷拉、冷弯等冷加工而产生塑性变形，在卸荷后重新加荷时，钢材的屈服强度提高，但是塑性和韧性大大降低。钢结构中一般不利用冷作硬化现象提高钢材强度，因为冷作硬化后的钢材不具有良好的塑性和韧性。对于重级工作制吊车梁截面，当钢板为剪切边时，一般需将剪切边刨去 3~5 mm，目的是去除冷加工硬化部分的钢材。

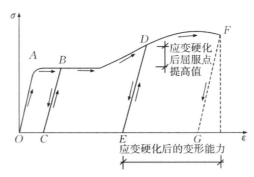

图 3-13　超过弹性阶段后应变的影响

注:该图未严格按照比例绘制,仅为示例。

与应变硬化现象相似的,还有一种**时效硬化**现象,即对钢材进行加荷,到达应变硬化阶段后卸载,然后经过一定时间,重新进行加载,此时钢材的强度将有所提高,如图 3-14 所示。$\sigma\varepsilon$ 曲线将沿图中曲线 $EDHK$ 进行,此时屈服点将由 D 点上移到 H 点,然后经一小段水平的塑性区后在更高的应力水平上出现一个新的应变硬化区。曲线恢复了原来的形状,然而塑性区和应变硬化区的范围却大大减小,这对钢结构是不利的。时效过程可长达几年,但**人工时效**可以在几小时内完成,其操作方法是将塑性变形后的钢材加热到 $200\sim300\ ℃$。

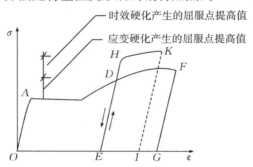

图 3-14　在应变硬化区卸载后的时效硬化现象

注:该图未严格按照比例绘制,仅为示例。

3.4　影响钢材性能的主要因素(Main Factors Affecting the Properties of Steel)

3.4.1　化学成分的影响(Effects of Chemical Composition)

锰是钢液的弱脱氧剂,可以消除钢液中所含的氧,又能与硫化合,消除硫对钢的热脆影响。当含有适量的锰时,可提高钢的强度的同时不降低塑性和冲击韧性。但是锰的含量过高时,会降低钢的可焊性。

硅为强脱氧剂,对钢是有益的。硅能使钢中铁的晶粒变细、变均匀,改善钢的质量。钢中含适量的硅,可提高钢的强度而不影响其塑性、韧性和可焊性。但含量过高(约超过 1%),对钢的塑性、韧性、可焊性和抗锈性将有不利影响。在低碳钢中其含量应不超过 0.30%,在低合金钢中其含量应为 0.2%~0.55%。

适量的钒、铌、钛元素可以提高钢材的强度和韧性,同时塑性良好,是由于这些元素在钢中形成微细碳化物,具有细化晶粒和弥散强化作用。

铝作为强脱氧剂,具有细化晶粒的作用,可提高钢的强度和低温韧性。为了满足低合金钢的低温冲击韧性要求,铝的含量一般不小于0.015%。

铜和铬、镍、钼等元素的加入使金属基体表面形成保护层,所以抗腐蚀能力有所提高。铜的加入使钢材焊接性能良好,如焊接结构用耐候钢中,铜的含量为0.20%～0.40%。

对钢而言,硫和磷都是有害杂质。硫与铁能生成易于熔化的硫化铁。含硫量增大,会降低钢的塑性、冲击韧性、疲劳强度和抗锈性等。硫化铁的熔化温度为1 170～1 185 ℃。比钢的熔点低得多,其与铁形成的共晶体,熔点更低,约为935 ℃。在钢材热加工或电焊过程中,硫化铁的熔化会在钢内形成微小裂纹,产生"**热脆**"。磷可以可提高钢的强度和抗锈性,但是会降低钢的塑性。尤其是磷会使钢材在低温时变脆,称为"**冷脆**"。所以承重结构的钢材应具有硫和磷含量的合格保证。

对钢而言,氧、氮和氢也都是有害杂质。氧在炼钢过程中可能以氧化铁的形式残留于钢液中,氮和氢则可能从空气进入高温的钢液中。氧和氮都会使钢的晶粒粗细不均,氧和硫一样还会使钢热脆,氮则与磷相似会使钢冷脆。氢使钢产生裂纹。因此在炼钢过程中,应将这些有害杂质从钢液析出或防止这些物质从空气中进入钢液。

3.4.2 温度的影响(Effects of Temperature)

图3-15是低碳钢在不同温度下的单调拉伸试验结果。当温度小于150 ℃时,钢材的各项性能与常温时相比,变化不大。但是当温度在250 ℃左右时,出现了**蓝脆现象**(钢材表面氧化

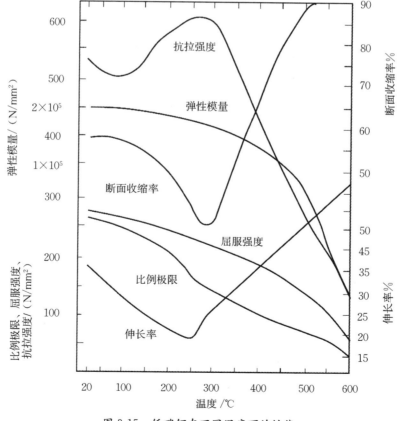

图3-15　低碳钢在不同温度下的性能

膜呈蓝色),即抗拉强度有局部性提高,但是伸长率和断面收缩率均降至最低。所以对钢材进行热加工时应避开这一温度区段。当温度大于 300 ℃时,钢材的抗拉强度和弹性模量均开始显著降低,但是塑性显著提高。当温度上升到 600 ℃时,此时塑性急剧上升,但是强度几乎为零,钢材处于热塑性状态。

由以上可知,当温度达到 600 ℃及以上时,钢结构会由于热塑而瞬间倒塌。因此应根据具体情况对受高温作用的钢结构采取防护措施:对可能受到炽热熔化金属侵害的结构,采用由砖或耐热材料构成的隔热层进行保护;对长期受辐射热达 150 ℃以上或在短时间内可能受到火焰作用的结构,采取加隔热层或水套等防护措施对钢材表面进行保护。

低温冷脆是指温度低于常温时,钢材的强度随着温度的降低而提高,但是塑性和韧性均降低。图 3-16 是冲击韧性与温度的关系曲线,表明钢材的冲击韧性对温度十分敏感。图中实线是冲击功与温度的变化曲线,虚线是试件断口结晶区面积与温度的变化曲线。温度 T_1 为 NDT(nil ductility temperature),也称为**脆性转变温度**或**零塑性转变温度**。当温度小于 T_1 时,试件断口由 100% 的晶粒状组成,试件是完全脆性破坏状态。温度 T_2 称为 FTP(fracture transition of plastic),也称为**全塑性转变温度**。当温度大于 T_2 时,试件断口由 100%

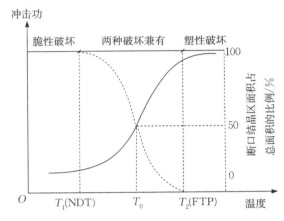

图 3-16　冲击韧性与工作温度的关系

的纤维状组成,试件为完全塑性破坏状态。T_2 与 T_1 之间的温度区间称为**脆性转变温度区**,在这一温度区间,随着温度的降低,钢材的冲击功急剧下降,试件也从韧性破坏变为脆性破坏。冲击功曲线上反弯点(或最陡点)所对应的温度 T_0,称为转变温度。转变温度区和转变温度因钢材牌号和等级而有所差异,需通过试验确定。

为了避免结构出现脆性破坏,对于直接承受动力作用的钢结构,其工作温度应大于 T_1、接近 T_0,可以小于 T_2。由于 T_1、T_2 和 T_0 的准确测量十分复杂,因此我国有关标准对不同牌号和等级的钢材,规定了在不同温度下的冲击韧性指标。例如对于低合金高强度钢,当为 A 级时不做要求,当为 F 级钢时应满足 $A_{kv} \geqslant 27$ J,其他各级钢均应满足 $A_{kv} \geqslant 34$ J。对 Q235 钢,当为 A 级时不做要求,其他各级钢均应满足 $A_{kv} \geqslant 27$ J。

3.4.3　荷载类型的影响(Effects of Load Type)

静力荷载和**动力荷载**是荷载的两大类。其中永久荷载和活荷载可以分别看作是静力荷载的一次加载和重复加载。**冲击荷载**属于动力荷载中的一次快速加载。吊车荷载以及地震作用等属于动力荷载中的**循环荷载**。

1)加载速率的影响

在冲击荷载作用下,钢材的屈服强度有所提高,这是因为在加载瞬间,加载率过快,钢材的塑性滑移跟不上应变速率。然而,当温度为 20 ℃左右时,试验研究结果显示,随着应变速率的增加,钢材的屈服强度和抗拉强度有所提高,但是塑性变形能力不仅没有降低,反而有所提高,即钢材在常温下受冲击荷载作用,仍具有良好的强度和塑性变形能力。

相比于常温,在温度较低时,应变速率对钢材性能的影响要大很多。三种应变速率下缺口韧性试验结果与温度的关系曲线如图 3-17 所示。图中的中等加载速率与应变速率 $\varepsilon = 10^{-3}\,\mathrm{s}^{-1}$ 相当,即每秒施加应变 $\varepsilon = 0.000\,1$。由图可知,当加载速率减小时,曲线向温度较低的一侧移动。当温度较高或较低时,应变速率对韧性的影响较小,三条曲线趋于接近。然而,当温度处于中间的常用温度范围时,应变速率对韧性的影响显著。缺口试件断裂时吸收的能量随着应变速率的增大而降低,即脆性增强。所以在防止钢结构的低温脆性破坏时,应考虑加载速率的影响。

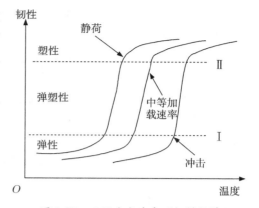

图 3-17　不同应变速率下钢材断裂吸收能量随温度的变化

2)循环荷载的影响

在连续交变荷载作用下,由于裂纹的出现、扩展以及损伤累积,最后导致钢材破坏,这种现象称为**钢材疲劳**(fatigue)。根据断裂寿命和应力高低,疲劳可分为两类,即**高周疲劳**(high-cycle fatigue)和**低周疲劳**(low-cycle fatigue)。结构设计中常见的疲劳是高周疲劳,也称**低应力疲劳**,即断裂前的应力循环次数 $n \geqslant 5 \times 10^4$,其断裂寿命较长,但是断裂应力水平较低,$\sigma < f_y$。低周疲劳与高周疲劳相反,即破坏前的循环次数 n 为 $10^2 \sim 5 \times 10^4$,其断裂寿命较短,但是断裂应力水平较高,$\sigma \geqslant f_y$,同时伴有塑性应变发生,所以也称为**应变疲劳**或**高应力疲劳**。以下主要介绍低周疲劳的相关概念。

试验表明,对钢材施加拉力直到其产生塑性变形,卸载后,继续施加拉力,钢材的屈服强度将提高至卸载点(冷作硬化现象),但是当卸载后对钢材施加压力,相比于钢材一次受压时的屈服强度,此时的屈服强度要低一些。钢材这种经预拉后抗拉强度提高,但是抗压强度降低的现象称为**包辛格效应**(Bauschinger effect),如图 3-18(a)所示。如图 3-18(b)所示,钢材受到交变荷载作用,其 σ-ε 曲线将随着应变幅值的增加形成**滞回环线**(hysteresis loops)。滞回环所围的面积代表荷载循环一次单位体积的钢材所吸收的能量。其中低碳钢的滞回环丰满而稳定,吸收能量大,抗震能力好。

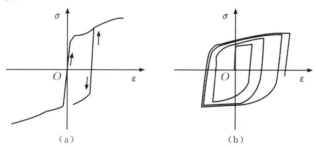

（a）　　　　　　　　　　　（b）

图 3-18　钢材的包辛格效应和滞回曲线

3)疲劳的影响

钢材或钢构件在连续反复荷载作用下发生疲劳破坏时,其应力小于极限强度甚至是屈服强度。疲劳破坏属于脆性破坏,对结构的危害性大,应在结构设计中给予重视。疲劳破坏发生的原因是构件及连接的内部或表面存在微细裂痕或其他缺陷,当承受多次重复荷载作用时,这些微细裂痕将逐渐扩展,削弱原有截面,最终使得构件或连接因净截面强度不足而突然破坏。

疲劳破坏有以下特点:

①疲劳破坏是脆性断裂,但是不同于一般脆断的瞬间断裂,疲劳破坏是有寿命的破坏,即延时破坏。疲劳破坏是在低应力循环下,经历了裂纹的萌生、裂纹的缓慢扩展两个阶段后,最后由于长期的损伤累积出现脆性断裂。

②不同于一般脆性断口，疲劳破坏的断口可分为光滑区和粗糙区两部分（图 3-19），光滑区是由于微观裂纹在连续反复作用力下逐步扩展，裂纹两侧的材料时而相互挤压时而分离形成的；表面呈颗粒状的粗糙区是由撕裂作用形成的。裂纹在长期连续反复应力作用下日益扩展使构件截面被逐渐削弱，直至截面残余部分不足以抵抗破坏时，构件会突然断裂。

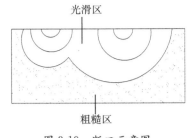

图 3-19　断口示意图

③缺陷对疲劳的影响很大。这是因为缺陷部位会加重应力集中现象，加剧裂纹的萌生和扩展。应力集中是影响疲劳强度的重要因素。应力集中程度越严重，钢构件越容易发生疲劳破坏，相应的疲劳强度就越低。

疲劳破坏是多因素的随机现象，钢构件一般尺寸比较大，只能采用带有残余应力的实际试件（甚至足尺试件）进行试验确定其疲劳强度的大小，试验数据的处理也必须采用统计的方法。研究表明，钢构件疲劳强度与钢材的屈服强度 f_y 之间的影响关系并不明显。因此，当构件或连接的承载力由疲劳强度起控制作用时，采用高强度钢材并不经济。

3.4.4　应力集中的影响（Effects of Stress Concentration）

应力集中是指构件的局部由于截面面积急剧改变而产生应力高峰的现象。钢构件产生应力集中的原因远比钢材的复杂，因此集中应力的计算也比钢材的困难得多。钢构件产生应力集中的原因主要有三类：第一类是构件形状变化引起的，如截面形状突变、截面削弱（包括螺栓孔对截面的削弱）、构建表面凹凸不平等；第二类是由钢构件内部存在的残余应力造成的；第三类是钢构件的冷加工过程（如剪切、冲切、切割等）所导致的。

内部存在圆孔的钢板承受均匀拉力时，板内的应力分布如图 3-20（a）所示。对于离圆孔较远的 1-1 截面处，截面上的应力分布均匀，如图 3-20（b）所示。但是对于通过圆孔中心的 2-2 截面处，截面上的应力分布不再均匀，因为截面受到圆孔的削弱而突然改变，在孔边缘处出现应力高峰，如图 3-20（c）所示。应力高峰 σ_{max} 的大小与截面突然改变的程度（即图中圆孔的相

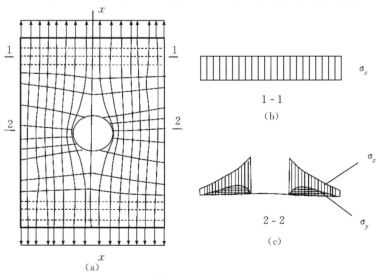

图 3-20　钢板上有圆孔时的应力集中的变化

36

对大小)有关,可以用弹性力学进行求解。应力集中的严重程度可以用**应力集中系数**来衡量,其数值为缺口边缘沿受力方向最大应力 σ_{max} 与净截面的平均应力 $\sigma_0 = N/A_n$(A_n 为净截面面积)的比值,即 $k = \sigma_{max}/\sigma_0$。应力集中系数越大,表明应力集中的程度越严重。

3.5 建筑用钢的种类、规格和选用(Types,Specifications and Selection of Steel)

3.5.1 我国建筑用钢的种类(Types of Building Steel in China)

碳素结构钢和**低合金高强度结构钢**是我国建筑中常用的钢材,在冷拔碳素钢丝和连接用紧固件中也采用**优质碳素结构钢**。另外,根据具体情况会采用**厚度方向性能钢板**、**焊接结构用耐候钢**等。

1)碳素结构钢

根据国家标准《碳素结构钢》(GB/T 700—2006),钢材可分为 4 种牌号,即 Q195、Q215、Q235 和 Q275。当板材厚度不超过 16 mm 时,相应牌号钢材的屈服强度分别为 195 N/mm²、215 N/mm²、235 N/mm²、275 N/mm²。含碳量小于 0.22% 的 Q235 是**低碳钢**,其强度适中,塑性、韧性均较好。Q235 钢材又分为 A、B、C、D 共 4 个质量等级,字母顺序越靠后的质量等级越高。除了 A 级,其他 3 个级别的含碳量均在 0.20% 以下,焊接性能也很好。所以,《钢结构设计标准》(GB 50017—2017)中将 Q235 牌号的钢材作为承重结构用钢。Q235 钢的化学成分、脱氧方法等均应符合表 3-1、表 3-2 中的规定。

碳素结构钢牌号的表示方法由表示屈服强度的拼音首字母 Q、屈服强度数值(单位为 N/mm²)、质量等级符号和脱氧方法符号依次组成。例如 Q235AF 表示屈服强度 $f_y = 235$ N/mm² 的 A 级沸腾钢。符号 F、Z 和 TZ 分别表示脱氧方法为沸腾钢、镇静钢和特殊镇静钢。其中 Z 和 TZ 在具体标注时可略去。

表 3-1 碳素结构钢的化学成分和脱氧方法(GB/T 700—2006)

钢材牌号	质量等级	厚度(或直径)/mm	脱氧方法	化学成分(质量分数)/%,不大于				
				C	Mn	Si	S	P
Q195			F、Z	0.12	0.50	0.30	0.040	0.035
Q215	A		F、Z	0.15	1.20	0.35	0.050	0.045
	B						0.045	
Q235	A		F、Z	0.22	1.40	0.35	0.050	0.045
	B			0.20			0.045	
	C		Z	0.17			0.040	0.040
	D		TZ				0.035	0.035
Q275	A		F、Z	0.24	1.50	0.35	0.050	0.045
	B	≤40	Z	0.21			0.045	
		>40		0.22				
	C		Z	0.20			0.040	0.040
	D		TZ				0.035	0.035

注:1.经需方同意,Q235B 的含碳量可不大于 0.22%。

　　2.本表规定的化学成分适用于钢锭(包括连铸坯)、钢坯及其制品。

表 3-2　碳素结构钢的冷弯试验结果要求(GB/T 700—2006)

牌号	试样方向	冷弯试验 180°(B=2a)	
		钢材厚度(或直径)/mm	
		≤60	>60~100
		弯心直径 d	
Q195	纵向	0	
	横向	0.5a	
Q215	纵向	0.5a	1.5a
	横向	a	2a
Q235	纵向	a	2a
	横向	1.5a	2.5a
Q275	纵向	1.5a	2.5a
	横向	2a	3a

注:B 为试样宽度,a 为试件厚度。

2)低合金高强度结构钢

《低合金高强度结构钢》(GB/T 1591—2008)中的钢有 8 种牌号,即 Q345、Q390、Q420、Q460、Q500、Q550、Q620 和 Q690。其中 Q345、Q390 和 Q420 划分为 A、B、C、D、E 共 5 个质量等级,按字母顺序由 A 到 E,钢材质量变高;Q460 划分为 C、D、E 共 3 个质量等级。这 4 种牌号的钢材强度较高;塑性、韧性和焊接性能较好,可作为承重结构用钢。这 4 种低合金高强度钢的命名与碳素结构钢类似,区别是前者的 A、B 级为镇静钢,C、D、E 级为特种镇静钢,不需要加脱氧方法的符号。这 4 种牌号钢材的化学成分、冷弯试验、拉伸性能结果应符合表3-3、表 3-4 中的规定。

表 3-3　部分低合金高强度钢的化学成分规定(GB/T 1591—2018)

牌号	质量等级	化学成分(质量分数)/%,不大于										
		C	Mn	Si	P	S	V	Nb	Ti	Al	Cr	Ni
Q345	A	0.20	1.70	0.50	0.035	0.035	0.15	0.07	0.20	0.015	0.30	0.50
	B				0.035	0.035						
	C				0.030	0.030						
	D	0.18			0.030	0.025				0.015		
	E				0.025	0.020						
Q390	A	0.20	1.70	0.50	0.035	0.035	0.20	0.07	0.20	0.015	0.30	0.50
	B				0.035	0.035						
	C				0.030	0.030						
	D				0.030	0.025				0.015		
	E				0.025	0.020						

牌号	质量等级	化学成分(质量分数)/%,不大于										
		C	Mn	Si	P	S	V	Nb	Ti	Al	Cr	Ni
Q420	A	0.20	1.70	0.50	0.035	0.035	0.20	0.07	0.20	0.015	0.30	0.80
	B				0.035	0.035						
	C				0.030	0.030						
	D				0.030	0.025						
	E				0.025	0.020						
Q460	C	0.20	1.80	0.60	0.030	0.030	0.20	0.11	0.20	0.015	0.30	0.80
	D				0.030	0.025						
	E				0.025	0.020						

表 3-4　部分低合金高强度钢的冷弯试验(GB/T 1591—2008)

牌号	试样方向	180°弯曲试验 [d=弯心直径,a=试样厚度(直径)]	
		钢材厚度(直径,边长)	
		≤16 mm	>16 mm~100 mm
Q345	宽度不小于 600 mm 的扁平材,拉伸试验取横向试样;宽度小于 600 mm 的扁平材、型材及棒材取纵向试样	2a	3a
Q390			
Q420			
Q460			

3)建筑结构用钢板

国家标准《建筑结构用钢板》(GB/T 19879—2015)中主要有 9 种建筑结构用钢板牌号,即 Q235GJ、Q345GJ、Q390GJ、Q420GJ、Q460GJ、Q500GJ、Q550GJ、Q620GJ 和 Q690GJ。其中每个强度级别中又分为 Z15、Z25 和 Z35 三个等级的 Z 向钢和非 Z 向钢。由于冲击试验要求不同,每个牌号又分为不同质量等级。钢材的牌号由屈服强度、高性能、建筑的汉语拼音字母,屈服强度数值,质量级别符号组成。对于有厚度方向性能要求的钢板,在质量等级符号后加上 Z 向钢级别。如 Q345GJCZ15,其中 Q、G、J 分别为屈服强度、高性能、建筑的首个汉语拼音字母;345 为屈服强度数值,单位为 N/mm^2;C 为对应于 0 ℃冲击试验温度要求的质量等级,Z15 为厚度方向性能级别。

建筑结构用钢板具有强度高,强度波动小,强度厚度效应小,塑性、韧性、焊接性能好等优点,是一种高性能的钢材,特别适用于地震区高层大跨等重大钢结构工程。《钢结构设计标准》(GB 50017—2017)建议选择 Q345GJ 钢为承重结构用钢,其设计用强度指标如表 3-5 所示。

表 3-5 建筑结构用钢板的设计用强度指标

| 建筑结构用钢板 | 钢材厚度或直径/mm | 强度设计值 | | | 屈服强度 (f_y)/(N/mm²) | 抗拉强度 (f_u)/(N/mm²) |
		抗拉、抗压、抗弯(f)/(N/mm²)	抗剪(f_v)/(N/mm²)	端面承压(刨平顶紧)(f_{ce})/(N/mm²)		
Q345GJ	>16,≤50	325	190	415	345	490
	>50,≤100	300	175		335	

4)优质碳素结构钢

不同于碳素结构钢,优质碳素结构钢(quality carbon structure steel)纯净度高,综合性能良好。根据《优质碳素结构钢》(GB/T 699—2015),优质碳素结构钢分为普通含锰量的钢和较高含锰量的钢两种,前者钢号用两位数字表示,后者钢号采用两位数字后加 Mn 表示。

3.5.2 钢材的规格(Specification of Steel)

热轧成型的钢板和型钢,以及冷加工成型的冷轧薄钢板和冷弯薄壁型钢等是钢结构中常用的钢材。

1)钢板

钢板主要是指厚钢板、薄钢板、扁钢。厚钢板可用作大型梁、柱等实腹式构件的翼缘、腹板以及节点板;薄钢板则是用于制作冷弯薄壁型钢;扁钢可用作柱的翼缘板、各种连接板,用于加劲肋等。在符号"—"后加"宽度×厚度"即可表示钢板截面。

2)热轧型钢

常用的热轧型钢有**角钢**、**工字钢**、**槽钢**等,如图 3-21(a)～(f)所示。

角钢分为等边角钢和不等边角钢两种,由角钢组成的格构式杆件通常被用于桁架等结构中。不等边角钢型号的表示方法为在符号"∟"后加"长边宽×短边宽×厚度",等边角钢的表示方法为在符号"∟"后加"边长×厚度"。

工字钢分为**普通工字钢**、**轻型工字钢**和 **H 型钢**。普通工字钢和轻型工字钢宜作为腹板平面内受弯的构件,不宜单独作为受压构件,因为两个主轴方向的惯性矩相差较大。但是宽翼缘 H 型钢可单独作为受压构件,因其平面内外的回转半径较接近。符号"I"后加截面高度厘米数即可表示普通工字钢的型号。大于 18 号的普通工字钢,根据腹板的厚度又可分为 a、b 或 a、b、c 等类别。相比于普通工字钢,轻型工字钢的翼缘宽而薄,回转半径较大。

不同于普通工字钢,H 型钢的翼缘板内外表面平行,便于和其他构件连接。H 型钢可分为三类,即宽翼缘(HW)、中翼缘(HM)及窄翼缘(HN)。当剖分成 T 型钢时,分别表示为 TW、TM、TN。H 型钢和相应的 T 型钢的型号分别为代号后加"高度 $H×$宽度 $B×$腹板厚度 $t_1×$翼缘厚度 t_2"。受压构件宜采用宽翼缘和中翼缘 H 型钢,受弯构件则宜采用窄翼缘 H 型钢。

普通槽钢和**轻型槽钢**是**槽钢**的两种类型。槽钢可用于檩条等双向受弯的构件,或是组成组合构件或格构式构件。与工字钢类似,槽钢的型号如 30a,是指槽钢截面高度 300 mm,腹板厚度为 a 类。

钢管常作为杆件应用于桁架、网架、网壳等平面和空间结构中,其类型有无缝钢管和焊接钢管两种。代号"D"后加"外径 $d×$壁厚 t"即可表示钢管型号。

3)冷弯薄壁型钢

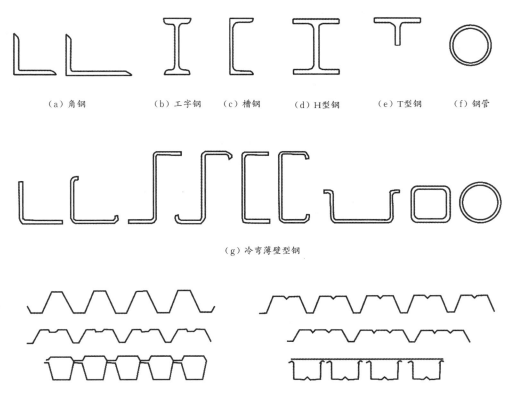

(a) 角钢   (b) 工字钢   (c) 槽钢   (d) H型钢   (e) T型钢   (f) 钢管

(g) 冷弯薄壁型钢

(h) 压型钢板

图 3-21　热轧型钢及冷弯薄壁型钢

冷弯薄壁型钢如图 3-21(g)(h)所示,其中图 3-21(g)为钢材经冷弯和辊压成型的型材,图 3-21(h)为压型钢板。冷弯薄壁型钢可以根据设计需要改变截面形状和尺寸,能充分利用钢材的强度、节约钢材,因此得到广泛应用。

4) 高强钢丝和钢索材料

高强钢丝是由热处理的优质碳素结构钢盘条,经过多次连续冷拔而成。它是组成广泛应用于悬索和张拉结构中的钢绞线、钢丝绳、平行钢丝束等钢索的基本材料。高强钢丝分为冷拔钢丝、普通松弛级钢丝、低松弛级钢丝等,后两种主要应用于建筑和桥梁结构中。高强钢丝很细,故对其质量要求严格,我国现行建筑行业标准《城市桥梁缆索用钢丝》(CJ/T 495—2016) 中明确规定:制造钢丝用盘条的化学成分中硫、磷含量不超过 0.025%,铜含量不超过 0.20%; 成品质量要求严格控制尺寸偏差、伤痕、锈蚀等缺陷;力学性能要求满足表 3-6 的各项指标。

钢绞线是由多根高强钢丝按一定的捻角呈螺旋形绞合而成。最简单的是 7 丝钢绞线,是由 6 根外围钢丝绕 1 根中心铜丝按同一方向捻制而成,标记为 1×7。为了提高承载力,还可以增加绞合钢丝的层数,制成 1×19、1×37、1×61 等多种规格。钢绞线的捻制方向分为左捻和右捻,多层钢绞线的最外层钢丝应与相邻内层钢丝的捻向相反,以便减少受拉力时产生的扭矩。钢绞线受拉时,中心钢丝受力最大,由于钢丝间受力不均,钢绞线的抗拉强度比单根钢丝低 10%～20%,弹性模量低 15%～35%。

钢丝绳是由多股钢绞线绕一纤维芯或金属芯捻制而成的。纤维芯柔软性好,便于施工,但强度较低,不利于索的受力性能和耐久性,因此结构用钢丝绳都使用金属芯。常用的钢丝绳有两种,都是由 7 股钢绞线捻成的,但是每股的钢丝可以是 7 根或 19 根,分别用 7×7 和 7×19 来标记。钢丝绳中每股钢绞线的捻向与每股钢绞线中钢丝的捻向可以相反,也可以相同,或部分相反、部分相同。

平行钢丝束由平行钢丝在预制厂或现场编成。每束钢丝数并无严格要求,只需每层能均匀排列即可,一般排成圆形或正六边形。这种钢索的钢丝排列紧凑,受力均匀,接触应力低,能充分发挥其轴向拉力和高弹性模量的力学性能,多用于悬索桥结构的主要受力缆索中。

表 3-6　高强钢丝的力学性能

公称直径(d)/mm	强度级别(f_y)/(N/mm²)	规定非比例延伸强度($f_{0.2}$)/(N/mm²)		伸长率(δ)($L_0=$250 mm)/%	弹性模量/(N/mm²)	弯曲		扭转	缠绕	松弛率		
		Ⅰ级松弛(不小于)	Ⅱ级松弛(不小于)			次数(180°)	弯曲半径(r)/mm	次	$3d \times 8$ 圈	初始荷载(公称荷载的百分数)/%	1 000 h应力损失/%	
											Ⅰ级松弛	Ⅱ级松弛
5.0	1 670	1 340	1 490	≥4	(2.0±0.1)×10⁵	≥4	15	8	不断裂	70	≤7.5	≤2.5
	1 770	1 420	1 580									
	1 860	1 490	1 660									
	1 960	1 570	1 750									
7.0	1 670		1 490	≥4		≥5	20	8	不断裂	70	—	≤2.5
	1 770		1 580									
	1 860		1 660									

注:1.钢丝强度级别值为实际抗拉强度的最小值。

　　2.供方在通过 1 000 h 松弛性能型式试验后,可进行 120 h 松弛试验,并以此推算出 1 000 h 松弛值。

3.5.3　钢材的选用(Selection of Steel)

实际工程中选择钢材时应充分考虑各种因素。当构件承受动力荷载或在低温下工作时,应选用高质量的钢材。当构件或结构由于承受静力荷载而受拉、受弯时,宜采用较薄的型钢和板材。当型材或板材的厚度较大,应选用较高质量的钢材以防出现脆性破坏。

对于承重结构,为了保证钢材的伸长率、屈服强度等指标,应控制钢材的硫、磷含量。作为焊接结构,除了满足上述条件外,尚应具有含碳量的合格保证。焊接承重结构以及重要的非焊接承重结构,其钢材还应具有冷弯试验的合格保证。当构件直接承受动力荷载或需验算疲劳时,还应满足冲击韧性的要求。根据《钢结构设计标准》(GB 50017—2017),表 3-7 列出了验算疲劳时钢材应满足的冲击韧性要求。

表 3-7 需验算疲劳的钢材选择表

<table>
<tr><th rowspan="2"></th><th colspan="4">工作温度/℃</th></tr>
<tr><th>$T>0$</th><th>$-20<T\leqslant 0$</th><th colspan="2">$-40<T\leqslant -20$</th></tr>
<tr><td>非焊接结构</td><td>B</td><td>Q235B
Q390C
Q345GJC
Q420C
Q345B
Q460C</td><td>Q235C
Q390D
Q345GJC
Q420D
Q345C
Q460D</td><td rowspan="2">受拉构件及承重结构的受拉板件：
1. 板厚或直径小于 40 mm：C
2.板厚或直径不小于 40 mm：D
3.重要承重结构的受拉板材宜选择建筑用钢板</td></tr>
<tr><td>焊接结构</td><td>B</td><td>Q235C
Q390D
Q345GJC
Q420D
Q345C
Q460D</td><td>Q235D
Q390E
Q345GJD
Q420E
Q345D
Q460E</td></tr>
</table>

3.5.4 国外钢材简介(Brief Introduction of Foreign Steel)

在钢结构中，国外常用的钢材种类种主要是低合金结构钢和碳素结构钢中的低碳钢。不同国家会采用各自的钢材代号，但采用的钢材标准中，对钢材的化学成分、力学性能等的要求差别并不太大。表 3-8 列出了与我国 Q235 钢相近的外国钢号的主要力学性能。

表 3-8 美、日、德设计规范中列出的碳素钢主要钢号及其主要力学性能

<table>
<tr><th rowspan="2">国别</th><th rowspan="2">钢材
标准</th><th rowspan="2">钢材
牌号</th><th colspan="2">力学性能/(N/mm^2)</th><th rowspan="2">厚度 t/mm</th></tr>
<tr><th>屈服强度</th><th>抗拉强度</th></tr>
<tr><td>美国</td><td>ASTM</td><td>A36</td><td>250</td><td>400～550</td><td>≤200</td></tr>
<tr><td rowspan="3">日本</td><td rowspan="3">JIS</td><td rowspan="3">SM41
SS41</td><td>245</td><td rowspan="3">400～510</td><td>≤16</td></tr>
<tr><td>235</td><td>>16～40</td></tr>
<tr><td>215</td><td>>40～100</td></tr>
<tr><td rowspan="2">德国</td><td rowspan="2">DIN</td><td>St37</td><td>235</td><td>360～440</td><td rowspan="2"></td></tr>
<tr><td>St42</td><td>255</td><td>410～490</td></tr>
<tr><td rowspan="6">欧洲规范</td><td rowspan="6">EN10025</td><td rowspan="2">Fe360</td><td>235</td><td>360</td><td>≤40</td></tr>
<tr><td>215</td><td>340</td><td>>40～100</td></tr>
<tr><td rowspan="2">Fe430</td><td>275</td><td>430</td><td>≤40</td></tr>
<tr><td>255</td><td>410</td><td>>40～100</td></tr>
<tr><td rowspan="2">Fe510</td><td>355</td><td>510</td><td>≤40</td></tr>
<tr><td>335</td><td>490</td><td>>40～100</td></tr>
</table>

ASTM 代表美国材料与试验协会，钢号 A36 中 A 表示合金(alloy)的第一个字母，其屈服强度在钢材厚度 $t\leqslant 200$ mm 时均为 36 ksi(千磅/英寸^2)，可以折合为 250 N/mm^2。

日本钢材钢号 SM41，S 代表钢(steel)，M 代表船用的船(marine)字，后面两个数字代表

其最小抗拉强度为 41 kgf/mm²,可以折合为 400 N/mm²。造船目前均用焊接,故 SM41 钢适用于焊接的钢结构。当用于非焊接钢结构时,可改用 SS41 钢,其第 2 个 S 代表结构(structure)。SM41 与 SS41 两者的力学性能,如 f_y 和 f_u 等均相同,但含碳量有所不同。SM41 有三个质量等级:A 级不要求做冲击韧性试验,B 级和 C 级都要求做 0 ℃冲击韧性试验,C 级比 B 级要求更高;当厚度小于 50 mm 时,为了保证可焊性,A 级、B 级和 C 级钢材的含碳量应分别小于 0.23％、0.20％和 0.18％。

德国钢材钢号 St37 和 St42,其 St 为德文钢(stahl)字的缩写,37 和 42 为其抗拉强度的最低值,单位为 kgf/mm²。

欧洲规范中推荐使用的结构钢为 Fe360、Fe430、Fe510 三种,Fe 后面的数字代表厚度 $t \leqslant$ 40 mm 时的钢材抗拉强度。其中英国的房屋钢结构设计规范中推荐 S275、S355 和 S460 三种牌号,S 后面的数字代表厚度小于或等于 16 mm 时的钢材屈服强度。

表 3-9 为美国、日本和德国采用的低合金结构钢,其力学性能与我国的 Q345 钢、Q390 钢、Q420 钢、Q460 钢基本相当。

表 3-9　美、日、德设计规范中列入的低合金结构钢

国别	钢材标准	钢材牌号	力学性能/(N/mm²)		厚度 t/mm
			屈服强度	抗拉强度	
美国	ASTM	A242	345	480	≤20
			315	460	>20～40
			290	435	>40～200
		A572-50	345	450	≤100
		A572-60	415	520	≤32
		A572-65	455	550	≤32
日本	JIS	SM50	325	490～610	≤16
			315		>16～40
			295		>40
		SM53	365	520～640	≤16
			355		>16～40
			335		>40
		SM58	460	570～715	≤16
			450		>16～40
			430		>40
德国	DIN	St52	355	510～610	
		St70	365	690～830	

3.6 小结(Summary)

①炼钢主要是将生铁或铁水中的碳和其他杂质如锰、硅、硫、磷等元素氧化成炉渣后得到符合要求的钢液的过程。钢材的组织构造和缺陷,均会对钢材的力学性能产生重要的影响。钢材的加工可分为热加工、冷加工和热处理三种。

②钢材在单向均匀拉伸时的四个工作阶段以及对应的屈服强度、抗拉强度、弹性模量、伸长率、断面收缩率是对钢材最基本性能的描述,具有重要的意义。简化的理想弹性塑性体对钢材强度分析十分重要。

③低碳钢的主要性能指标,包括强度、变形、塑性、韧性、冷弯性能等。钢材在三向同号应力下强度提高,但是塑性指标下降,在异号应力下会提前破坏。三向同号应力场往往还伴随应力集中,是引起脆性破坏的主要因素。

④影响钢材性能的主要因素有化学元素、温度、荷载类型、应力集中等。为了正确选择和使用钢材,应对这些影响因素有所了解。

⑤在连续反复荷载作用下,钢材或钢材构件易发生疲劳破坏,其疲劳强度低于极限强度甚至低于屈服强度,属于脆性破坏范畴。影响疲劳强度的因素有钢材内部缺陷、焊接残余应力、冷加工、构造不合理等,其根源都和应力集中有关。

⑥钢材的品种繁多,性能差别很大。具体工程中,应综合考虑结构的各项因素,选取合适的钢材。

思考题(Questions)

3-1 碳素钢和低合金高强度结构钢的定义是什么? 其工作性能是如何受生产和加工过程影响的?

3-2 钢材有哪几项主要力学性能指标? 各项指标用来衡量钢材的哪些性能?

3-3 碳、硫、磷、氧、氮、氢元素对钢材的性能各有什么影响?

3-4 什么是钢材的蓝脆现象?

3-5 高温对钢材的力学性能有哪些影响?

3-6 选择钢材应考虑那些综合因素?

3-7 钢材在什么情况下会产生应力集中? 对材料的性能有什么影响?

3-8 何谓钢材的疲劳破坏? 钢材疲劳破坏的特点是什么?

3-9 如何确定钢材的质量等级?

3-10 钢材的力学性能根据厚度分类的原因是什么? 结构中选用钢材时如何考虑板厚影响?

第4章 轴心受力构件

（Axially Loaded Members）

本章学习目标

了解影响轴心受压构件临界力的主要因素以及提高轴心受压构件整体稳定承载力的主要方法；

掌握轴心受压构件整体稳定的计算方法；

了解局部稳定及宽厚比限值的概念，掌握局部稳定的计算方法；

学会实腹式和格构式轴心受压构件的截面选择及验算方法。

4.1　概述（Introduction）

轴心受力构件是指只受通过构件截面形心的轴向力作用的构件，包括轴心受拉构件和轴心受压构件。轴心受力构件广泛地应用于网架、桁架、塔架等钢结构中。

轴心受力构件的截面形式很多，一般可分为**型钢截面**和**组合截面**两类。型钢截面适合于受力较小的构件，常用的型钢截面有图 4-1(a)所示的圆钢、角钢、圆管、方管、T 型钢、槽钢、H 型钢及工字钢等。组合截面是由型钢或钢板连接而成，其按构造形式可分为实腹式组合截面［图 4-1(b)］和格构式组合截面［图 4-1(c)］两类。组合截面适合于受力较大的构件。型钢只需要少量加工就可以用作构件，制造工作量小，省时省工，故成本较低。组合截面的形状和尺寸几乎不受限制，可以根据构件受力性质和力的大小选用合适的截面，能够节约用钢，但制造比较费工费时。

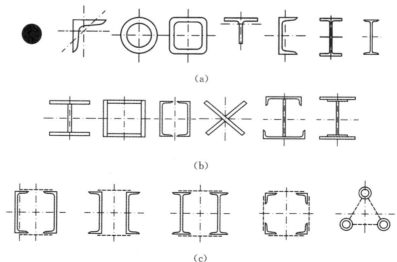

(a)

(b)

(c)

图 4-1　轴心受力构件截面形式

轴心受力构件的设计应同时满足承载能力极限状态和正常使用极限状态的要求。在设计中，对轴心受拉构件应进行强度和刚度的计算，对轴心受压构件需进行强度、整体稳定、局部稳定和刚度的计算。需要注意的是,轴心受力构件的刚度是通过限制其长细比来保证的。

4.2 轴心受力构件的强度和刚度(Strength and Rigidity Calculation of Axially Loaded Members)

4.2.1 轴心受力构件的强度计算(Strength Calculation of Axially Loaded Members)

从钢材的 σ-ε 曲线可知,当轴心受力构件的截面平均应力达到钢材的抗拉强度 f_u 时,构件达到其强度极限承载力。实际上,当构件的平均应力达到钢材的屈服强度 f_y 时,由于构件塑性变形的发展,一般已达到不适于继续承载的变形极限状态;另外,以强度极限状态作为承载能力极限状态时,其破坏后果通常比较严重。因此,轴心受力构件以截面的平均应力达到钢材的屈服强度作为承载能力极限状态。

对无孔洞等削弱的轴心受力构件,以全截面平均应力达到屈服强度为强度极限状态,应按下式进行毛截面强度计算:

$$\sigma = \frac{N}{A} \leqslant f \tag{4-1}$$

式中,N 为构件的轴心力设计值(N),f 为钢材的抗拉强度设计值或抗压强度设计值(N/mm²),A 为构件的毛截面面积(mm²)。

对于有孔洞等削弱的轴心受力构件,在孔洞处截面上的应力分布不均匀,孔洞边缘会产生明显的应力集中。孔洞边缘的最大弹性应力 σ_{max} 可达到构件毛截面平均应力 σ_0 的数倍[图4-2(a)]。随着轴力的增加,孔洞边缘的最大应力首先达到材料的屈服强度,随后截面发生应力重分布,最终因被削弱的截面上平均应力达到钢材抗拉强度 f_u 而破坏[图4-2(b)]。由于构件削弱是局部的,局部屈服后变形的发展对整个构件整体伸长量影响不大,因此不属于过度的塑性变形。所以,对于有孔洞削弱的轴心受力构件,除需按照式(4-1)计算毛截面强度外,还要以其净截面平均应力达到抗拉强度作为强度极限状态,考虑抗力分项系数后,对其进行净截面强度计算。除采用高强度螺栓摩擦型连接的轴心受力构件外,一般的轴心受力构件应按下式进行强度计算:

$$\sigma = \frac{N}{A_n} \leqslant 0.7 f_u \tag{4-2}$$

式中,f_u 为钢材的抗拉强度最小值(N/mm²),A_n 为构件的净截面面积(mm²),当构件多个截面有孔时,取最不利的截面。

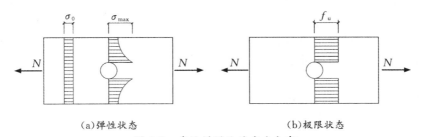

(a)弹性状态　　　　　　　　　(b)极限状态

图 4-2　截面削弱处的应力分布

对于采用高强度螺栓摩擦型连接的构件,剪力通过螺栓孔周边板件间的摩擦来传递。在验算净截面强度时应考虑一部分剪力已由孔前接触面传递,即孔前传力,如图4-3所示。因此,验算最外列螺栓处危险截面的强度时,应按下式计算:

$$\sigma = \frac{N'}{A_n} \leqslant 0.7 f_u \qquad\qquad (4\text{-}3)$$

$$N' = N\left(1 - 0.5\frac{n_1}{n}\right) \qquad\qquad (4\text{-}4)$$

式中,n 为在节点或拼接处,构件一端连接的高强螺栓总数;n_1 为所计算截面(最外排螺栓)处的高强螺栓数目;0.5 为孔前传力系数。

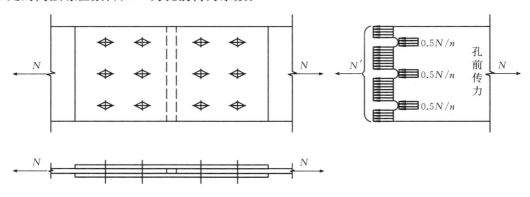

图 4-3　高强度螺栓摩擦型连接的孔前传力

采用高强度螺栓摩擦型连接的构件,除按式(4-3)验算净截面强度外,还应按式(4-1)验算毛截面强度。因为式(4-3)与式(4-1)相比,前者分子分母均小于后者,所以满足式(4-3)并不能保证一定满足式(4-1)。

当构件为沿全长都有排列较密螺栓的组合构件时,需要由净截面强度来控制,以避免构件出现过大的塑性变形,其截面强度应按式(4-5)计算:

$$\sigma = \frac{N}{A_n} \leqslant f \qquad\qquad (4\text{-}5)$$

4.2.2　轴心受力构件的刚度计算(Rigidity Calculation of Axially Loaded Members)

轴心受力构件需要满足正常使用极限状态的要求,轴心受力构件的正常使用极限状态通常用刚度计算予以保证。当轴心受力构件刚度不足时,在本身自重作用下容易产生过大的变形,在动力荷载作用下容易产生振动,在运输和安装过程中容易发生弯曲。因此,设计时应对轴心受力构件的长细比进行控制,以保证其有足够的刚度。轴心受力构件的容许长细比 $[\lambda]$ 是按构件的受力性质、构件类别和荷载性质确定的。对于轴心受压构件,长细比的控制更为重要。刚度不足的受压构件一旦发生弯曲变形,因变形而增加的附加弯矩影响远比受拉构件严重,长细比过大,会使稳定承载力降低过多,因而其容许长细比 $[\lambda]$ 限制应更严格。直接承受动力荷载的受拉构件也比承受静力荷载或间接承受动力荷载的受拉构件不利,其容许长细比 $[\lambda]$ 限制也较严格。

轴心受力构件的刚度通过限制其长细比来保证:

$$\lambda_x = \frac{l_{0x}}{i_x} \leqslant [\lambda] \qquad\qquad (4\text{-}6)$$

$$\lambda_y = \frac{l_{0y}}{i_y} \leqslant [\lambda] \qquad\qquad (4\text{-}7)$$

式中,λ_x、λ_y 分别为构件对主轴 x 轴、y 轴的长细比,l_{0x}、l_{0y} 分别为构件对主轴 x 轴、y 轴的计算长度(mm),i_x、i_y 分别为截面对主轴 x 轴、y 轴的回转半径(mm)。

《钢结构设计标准》(GB 50017—2017)根据构件的重要性和荷载情况,分别规定了轴心受拉和轴心受压构件的容许长细比,分别列于表 4-1 和表 4-2 中。

表 4-1　受拉构件的容许长细比

构件名称	承受静力荷载或间接承受动力荷载的结构			直接承受动力荷载的结构
	一般建筑结构	对腹杆提供平面外支点的弦杆	有重级工作制起重机的厂房	
桁架的构件	350	250	250	250
吊车梁或吊车桁架以下柱间支撑	300		200	
除张紧的圆钢外其他拉杆、支撑、系杆等	400		350	

注:1.除对腹杆提供平面外支点的弦杆外,承受静力荷载的结构受拉构件,可仅计算竖向平面内的长细比。
　　2.在直接或间接承受动力荷载的结构中,计算单角钢受拉构件长细比时,应采用角钢的最小回转半径,但计算在交叉点相互连接的交叉杆件平面外的长细比时,可采用与角钢肢边平行轴的回转半径。
　　3.中、重级工作制吊车桁架下弦杆的长细比不宜超过 200。
　　4.在设有夹钳或刚性料耙等硬钩起重机的厂房中,支撑的长细比不宜超过 300。
　　5.受拉构件在永久荷载与风荷载组合作用下受压时,其长细比不宜超过 250。
　　6.跨度等于或大于 60 m 的桁架,其受拉弦杆和腹杆的长细比,承受静力荷载或间接承受动力荷载时不宜超过 300,直接承受动力荷载时不宜超过 250。
　　7.柱间支撑按拉杆设计时,竖向荷载作用下柱子的轴力应按无支撑时考虑。

表 4-2　受压构件的容许长细比

构件名称	容许长细比
轴心受压柱、桁架和天窗架中的压杆	150
柱的缀条、吊车梁或吊车桁架以下的柱间支撑	150
支撑	200
用以减小受压构件计算长度的杆件	200

注:1.当杆件内力设计值不大于承载能力的 50% 时,容许长细比值可取 200。
　　2.计算单角钢受压构件的长细比时,应采用角钢的最小回转半径,但计算在交叉点相互连接的交叉杆件平面外的长细比时,可采用与角钢肢边平行轴的回转半径。
　　3.跨度等于或大于 60 m 的桁架,其受压弦杆、端压杆和直接承受动力荷载的受压腹杆的长细比不宜大于 120。

例 4-1　图 4-4 所示梯形屋架由 Q235B 钢材制作。已知斜腹杆 AB 所受拉力为 $N=150$ kN,几何长度 $l=3\,400$ mm,杆件采用 $2\angle 50\times5$ 角钢,无孔洞削弱,其截面面积 $A=9.6$ cm²,绕 x 轴的回转半径为 $i_x=1.53$ cm,绕 y 轴的回转半径为 $i_y=2.38$ cm,钢材强度设计值 $f=215$ N/mm²,$[\lambda]=350$,试确定在此条件下 AB 杆的强度和刚度是否满足要求。

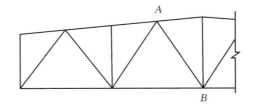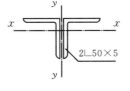

图 4-4　例 4-1 图

解 ①强度:

$$\sigma=\frac{N}{A}=\frac{150\times10^3}{9.6\times10^2}=156.25(\text{N/mm}^2)<f=215(\text{N/mm}^2)$$

②刚度：

$$\lambda_x = \frac{l_{0x}}{i_x} = \frac{3\ 400}{15.3} = 222.2 < [\lambda] = 350$$

$$\lambda_y = \frac{l_{0y}}{i_y} = \frac{3\ 400}{23.8} = 142.9 < [\lambda] = 350$$

所以在此条件下，杆 AB 强度和刚度能够满足要求。

4.3　轴心受压构件的整体稳定(Stability of Members Under Axial Compression)

当轴心受压构件的长细比较大而截面又无孔洞削弱时，一般不会因为截面的平均应力达到抗压强度设计值而丧失承载能力，所以不必进行强度计算。故整体稳定是轴心受压构件截面设计的决定性因素。

4.3.1　理想轴心受压构件的受力性能(Mechanical Behavior of Ideal Members Under Axial Compression)

理想轴心受压构件是指完全挺直，荷载沿形心轴作用，在受荷之前无初始应力、初弯曲和初偏心等缺陷的构件，且截面沿构件是均匀的。当轴心压力达到某临界值时，理想轴心受压构件可能以**弯曲屈曲**、**扭转屈曲**、**弯扭屈曲**三种屈曲形式丧失稳定。

(1)弯曲屈曲

构件的截面只绕一个主轴旋转，构件的纵轴由直线变为曲线，这是双轴对称截面构件最常见的屈曲形式，如图 4-5(a)所示。

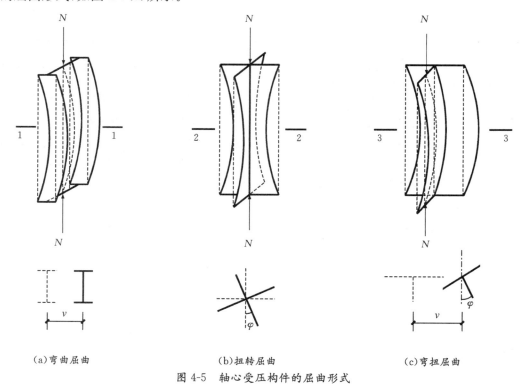

(a)弯曲屈曲　　　　　(b)扭转屈曲　　　　　(c)弯扭屈曲

图 4-5　轴心受压构件的屈曲形式

（2）扭转屈曲

失稳时构件除支承端外的其他所有截面均绕纵轴旋转，其外形呈现"麻花"状。图 4-5(b)为长度较小的十字形截面构件常发生的扭转屈曲。

（3）弯扭屈曲

单轴对称截面构件绕对称轴屈曲时，由于截面形心与截面剪切中心（又叫扭转中心或弯曲中心，指构件弯曲时截面剪应力合力作用点通过的部位）不重合，在发生弯曲变形的同时必然伴随着扭转，称为弯扭失稳或者弯扭屈曲。图 4-5(c)所示为 T 形截面构件发生的弯扭屈曲。

轴心受压构件以什么样的形式屈曲，主要取决于截面的形式和尺寸、杆件的长度以及杆端的支承条件。

4.3.2 无缺陷轴心受压构件的屈曲（Buckling of Nondefective Members Under Axial Compression）

1）弹性弯曲屈曲

在 18 世纪，欧拉(Euler)就对理想轴心受压构件的整体稳定问题展开了研究。图 4-6 为两端铰接的理想等截面构件，当轴心压力 N 达到临界值时，处于屈曲的微弯状态。在弹性微弯状态下，由内外力矩平衡条件，可建立平衡微分方程，求解后可得到著名的欧拉临界力和欧拉临界应力公式：

$$N_{cr} = \frac{\pi^2 EI}{(\mu l)^2} = \frac{\pi^2 EI}{l_0^2} = \frac{\pi^2 EA}{\lambda^2} \qquad (4-8)$$

$$\sigma_{cr} = \frac{N_{cr}}{A} = \frac{\pi^2 E}{\lambda^2} \qquad (4-9)$$

式中，$l_0 = \mu l$ 定义为构件的有效长度或计算长度，l 为构件的几何长度，μ 为构件的计算长度系数。常见支承情况下轴心受压构件的 μ 取值列于表 4-3 中，因为实际工程中理想压杆并不存在，所以表中列出了用于设计的计算长度系数建议取值。对于两端铰接的构件 $\mu = 1$，表示构件的计算长度与几何长度相等。l_0 的几何意义是构件弯曲屈曲时变形曲线反弯点间的距离（如表 4-3 中图所示）。$\lambda = l_0/i$ 为构件的有效长细比，$i = \sqrt{\dfrac{I}{A}}$ 为截面的回转半径，A 为构件的毛截面面积，I 为截面惯性矩。

在欧拉临界力公式的推导中，假定材料无限弹性、符合胡克(Hooker)定律（即弹性模量 E 为常量），当截面应力超过钢材的比例极限 f_p 后，欧拉临界力公式不再适用，式(4-9)需满足：

$$\sigma_{cr} = \frac{\pi^2 E}{\lambda^2} = f_p \qquad (4-10)$$

或

$$\lambda \geqslant \lambda_p = \pi \sqrt{\frac{E}{f_p}} \qquad (4-11)$$

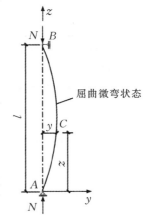

图 4-6　轴心受压构件的弯曲屈曲

只有长细比较大（$\lambda \geqslant \lambda_p$）的轴心受压构件，才能满足式(4-9)的要求。对于长细比较小（$\lambda < \lambda_p$）的轴心受压构件，截面应力在屈曲前已超过钢材的比例极限，构件处于弹塑性阶段，应按弹塑性屈曲计算其临界力。

从欧拉公式可以看出，轴心受压构件弯曲屈曲临界力随构件长度的减小和抗弯刚度的增大而增大。也就是说，构件的弯曲屈曲临界应力随构件的长细比减小而增大，跟材料的抗压强度无关,所以长细比较大的轴心受压构件采用高强度钢材并不能提高其稳定承载力。

表 4-3 轴心受压构件的临界力和计算长度系数

两端支承情况	两端铰接	上端自由下端固定	上端铰接下端固定	两端固定	上端可移动但不可转动下端固定	上端可移动但不可转动下端铰接
屈曲形状	$l_0=l$	$l_0=2l$	$l_0=0.7l$	$l_0=0.5l$	$l_0=l$	$l_0=2l$
计算长度 $l_0=\mu l$（μ 为理论值）	$1.0l$	$2.0l$	$0.7l$	$0.5l$	$1.0l$	$2.0l$
μ 的设计建议值	1.0	2.0	0.8	0.65	1.2	2.0

2) 弹塑性弯曲屈曲

1889 年,恩格塞尔(Engesser)用 σ-ε 曲线的切线模量 $E_t=d\sigma/d\varepsilon$ 代替欧拉公式中的弹性模量 E,将欧拉公式推广应用于非弹性范围,即

$$N_{cr}=\frac{\pi^2 E_t I}{l_0^2}=\frac{\pi^2 E_t A}{\lambda^2} \tag{4-12}$$

对应的切线模量临界应力为

$$\sigma_{cr}=\frac{\pi^2 E_t}{\lambda^2} \tag{4-13}$$

从公式形式上看,切线模量临界应力公式和欧拉临界应力公式仅 E_t 和 E 不同。但在使用上两者却有很大的区别。采用欧拉公式可直接由长细比 λ 求得临界应力 σ_{cr},但切线模量公式则不能,因为切线模量 E_t 与临界应力 σ_{cr} 互为函数。可通过短柱试验先测得钢材的平均 σ-ε 关系曲线[图 4-7(a)],从而得到钢材的 σ-E_t 关系式或关系曲线[图 4-7(b)]。对 σ-E_t 关系已知的轴心受压构件,可先给定 σ_{cr},再从试验所得的 σ-E_t 关系曲线得到相应的 E_t,然后由切线模量公式(4-12)求得长细比 λ。由此所得到的弹塑性屈曲阶段的临界应力 σ_{cr} 随长细比 λ 的变化曲线如图[4-7(c)]中的 AB 段所示。当然,也可以将试验所得的 σ-E_t 关系曲线与式(4-12)联立求解得到 σ_{cr}-λ 关系曲线。**临界应力 σ_{cr} 与长细比 λ 的关系曲线可作为轴心受压构件设计的依据,该曲线称为柱子曲线。**

关于经典的轴心受压构件非弹性(弹塑性)屈曲的理论,最早是恩格塞尔于 1889 年提出的切线模量理论。继而恩格塞尔于 1895 年吸取了雅辛斯基(Яⅽцнскцй)的建议,考虑到在弹塑性屈曲产生微弯时,构件凸面出现弹性卸载(应采用弹性模量 E),从而提出与 E 和 E_t 有关的

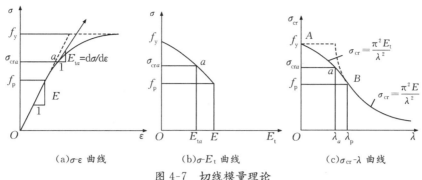

（a）σ-ε 曲线　　　　　（b）σ-E_t 曲线　　　　　（c）σ_{cr}-λ 曲线

图 4-7　切线模量理论

双模量理论,也叫折算模量理论。1910 年卡门(Karman)也独立导出了双模量理论,并给出矩形和 H 形截面的双模量公式,其在之后几十年中得到广泛的承认和应用。后来发现,双模量理论计算结果比试验值偏高,而切线模量理论计算结果却与试验值更为接近。1947 年香莱(Shanley)用模型解释了这个现象,指出切线模量临界应力是轴心受压构件弹塑性屈曲应力的下限,双模量临界应力是其上限,切线模量临界应力更接近实际的弹塑性屈曲应力,因此切线模量理论更有实用价值。

4.3.3　力学缺陷对轴心受压构件弯曲屈曲的影响(Effects of Mechanical Defects on Flexural Buckling of Members Under Axial Compression)

1)残余应力的产生与分布规律

钢构件中的力学缺陷主要指残余应力。残余应力常定义为消除外力或不均匀的温度场作用后仍留在物体内的自相平衡的内应力。钢构件残余应力的产生主要是由钢材热轧以及板边火焰切割、构件焊接和校正调直等加工制造过程中不均匀的高温加热和冷却所引起的。其中焊接残余应力数值最大,通常可达到或接近钢材的屈服强度 f_y。

图 4-8(a)所示的热轧 H 型钢,在轧制后冷却的过程中,翼缘板端单位体积的暴露面积大于翼缘与腹板相交部位,冷却较快,而腹板与翼缘的相交部位,冷却较慢。同样,腹板中间比其靠近翼缘的部位冷却更快。冷却慢的部位的收缩受到冷却快的部位的约束产生了残余拉应力,而冷却快的部位则产生了与之平衡的残余压应力。因此,截面残余应力为自相平衡的内应力。

热轧或剪切钢板的残余应力较小,常可忽略。用这种带钢组成的焊接 H 形截面,焊缝处的残余拉应力可能达到屈服强度,如图 4-8(b)所示。

对火焰切割钢板,由于切割时热量集中在切割处的很小范围,在板边缘小范围内可能产生高达屈服强度的残余拉应力,板的中部产生较小的残余压应力[图 4-8(c)]。用这种钢板组成的焊接 H 形截面,翼缘板的焊缝处变为残余拉应力,如图 4-8(d)所示。

热轧型钢中残余应力在截面上的分布和大小与截面形状、尺寸比例、初始温度、冷却条件以及钢材性质有关。焊接构件中残余应力在截面上的分布和大小,除与这些因素有关外,还与焊缝大小、焊接工艺和翼缘板边缘制作方法(焰切、剪切或轧制)有关。

量测残余应力的方法主要有**分割法**、**钻孔法**和 **X 射线衍射法**等。应用较多的是分割法,这是一种应力释放法。其原理是:将构件的各板件切成若干窄条,使残余应力完全释放,量测各窄条切割前后的长度,两者的差值就反映出截面残余应力的大小和分布。焊接构件的残余应力也可应用非线性热传导、热弹塑性有限元法分析求得。

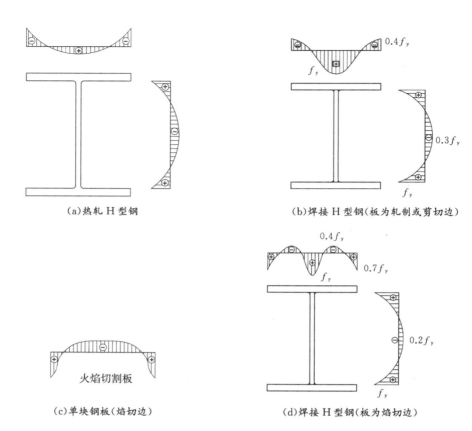

(a)热轧 H 型钢　　　　　　　　　(b)焊接 H 型钢（板为轧制或剪切边）

火焰切割板

(c)单块钢板（焰切边）　　　　　　　(d)焊接 H 型钢（板为焰切边）

图 4-8　构件纵向残余应力的分布

2)残余应力对短柱 σ-ε 曲线的影响

残余应力对 σ-ε 曲线的影响通常由短柱压缩试验测定。所谓短柱就是取一柱段,其长细比不大于 10,不致在受压时发生屈曲破坏,又足以保证其中部截面反映实际的残余应力。

现以图 4-9(a)所示 H 形截面为例,说明残余应力对轴心受压短柱的 σ-ε 曲线的影响。假定 H 形截面短柱的截面面积为 A,材料为理想弹塑性体,翼缘上残余应力的分布规律和应力变化规律如图 4-9(b)所示。为使问题简化起见,可忽略影响不大的腹板残余应力。当压力 N 作用时,截面上的应力为残余应力和压应力之和。当 $N/A<0.7f_y$ 时,截面上的应力处于弹性阶段。当 $N/A=0.7f_y$ 时,翼缘端部应力达到屈服强度 f_y,这时短柱的 σ-ε 曲线开始弯曲,该点被称为有效比例极限 $f_p=N/A=f_y-\sigma_r$[图 4-9(c)中的 A 点,式中,σ_r 为截面最大残余压应力]。当压力继续增加,$N/A>0.7f_y$ 后,截面的屈服逐渐向中间发展,能承受外力的弹性区逐渐减小,压缩应变相对增大,在短柱的 σ-ε 曲线上反映为弹塑性过渡阶段[图 4-9(c)中的 B 点]。直到 $N/A=f_y$ 时,整个翼缘截面完全屈服[图 4-9(c)中的 C 点]。

从上述内容可知,短柱试验的 σ-ε 曲线与其截面残余应力分布有关,而比例极限 $f_p=f_y-\sigma_r$ 则与截面最大残余压应力有关,残余压应力大小一般为$(0.32\sim0.57)f_y$,而残余拉应力一般为$(0.5\sim1.0)f_y$。因此,热轧普通工字钢 $f_p\approx0.7f_y$,热轧宽翼缘 H 型钢$f_p\approx(0.4\sim0.7)f_y$,焊接 H 形截面 $f_p\approx(0.4\sim0.6)f_y$。

将有残余应力的短柱与经退火热处理消除了残余应力的短柱试验的 σ-ε 曲线对比可知,残余应力对短柱的 σ-ε 曲线的影响是:降低了构件的比例极限;当外荷载引起的应力超过比例极限后,残余应力使构件的 σ-ε 变成非线性关系,同时减小了截面的有效面积和有效惯性矩,从而降低了构件的稳定承载力。

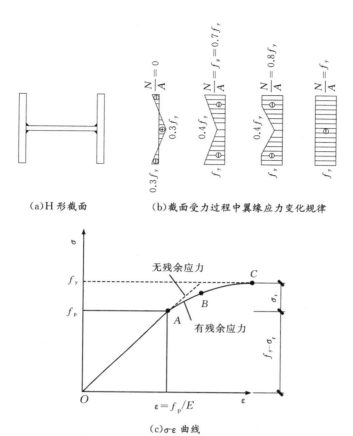

(a)H形截面　　　　　　(b)截面受力过程中翼缘应力变化规律

(c)σ-ε 曲线

图 4-9　残余应力对轴心受压短柱平均 σ-ε 曲线的影响

3)残余应力对构件稳定承载力的影响

若 $\sigma=N/A\leqslant f_p=f_y-\sigma_r$ 或长细比 $\lambda\geqslant\lambda_p=\pi\sqrt{\dfrac{E}{f_p}}$ 时,构件处于弹性阶段,可采用式

(4-8)与式(4-9)计算其临界力与临界应力。

若 $f_p\leqslant\sigma\leqslant f_y$,构件进入弹塑性阶段,截面出现部分塑性区和部分弹性区。已屈服的塑性区,弹性模量 $E=0$,不能继续有效地承载,导致构件屈曲时稳定承载力降低。因此,只能按弹性区截面的有效截面惯性矩 I_e 来计算其临界力,即

$$N_{cr}=\frac{\pi^2EI_e}{l^2}\tag{4-14}$$

相应的临界应力为

$$\sigma_{cr}=\frac{N_{cr}}{A}=\frac{\pi^2EI}{l^2A}\cdot\frac{I_e}{I}=\frac{\pi^2E}{\lambda^2}\cdot\frac{I_e}{I}\tag{4-15}$$

式(4-15)表明,考虑残余应力影响时,弹塑性屈曲的临界应力为弹性欧拉临界应力乘以小于 1 的折减系数 I_e/I。比值 I_e/I 取决于构件截面形状和尺寸、残余应力的分布和大小以及构件屈曲时的弯曲方向。EI_e/I 称为有效弹性模量或换算切线模量(E_t)。

图 4-10(a)是翼缘为轧制边的 H 形截面。由于残余应力的影响,翼缘四角先屈服,截面弹性部分的翼缘宽度为 b_e,令 $\eta=b_e/b=b_et/bt=A_e/A$,A_e 为截面弹性部分的面积,则绕 x(强)轴(忽略腹板面积)和 y(弱)轴的有效弹性模量计算如下:

绕 x 轴:

$$E_{tx} = \frac{EI_{ex}}{I_x} = E \frac{2t(\eta b)h_1^2/4}{2tbh_1^2/4} = E\eta \tag{4-16}$$

绕 y 轴：

$$E_{ty} = \frac{EI_{ey}}{I_y} = E \frac{2t(\eta b)^3/12}{2tb^3/12} = E\eta^3 \tag{4-17}$$

将式(4-16)和式(4-17)代入式(4-15)中,得

绕 x 轴：

$$\sigma_{cr} = \frac{\pi^2 E\eta}{\lambda_x^2} \tag{4-18}$$

绕 y 轴：

$$\sigma_{cr} = \frac{\pi^2 E\eta^3}{\lambda_y^2} \tag{4-19}$$

因 $\eta < 1$,故 $E_{ty} \ll E_{tx}$。可见残余应力的不利影响,对绕弱轴屈曲时比绕强轴屈曲时严重得多。原因是远离弱轴的部分是残余压应力最大的部分,而远离强轴的部分则兼有残余压应力和残余拉应力。

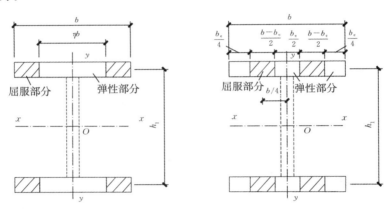

（a）翼缘为轧制边　　　　　　　（b）翼缘为火焰切割边

图 4-10　H 形截面的弹性区与塑性区分布

图 4-10(b)是用火焰切割钢板焊接而成的 H 形截面。由于残余应力的影响,距翼缘中心各 $b/4$ 处的部分截面先屈服,截面弹性部分的翼缘宽度 b_e 分布在翼缘两端和中央,则绕 x 轴的有效弹性模量与式(4-16)相同,绕 y 轴的有效弹性模量为

$$E_{ty} = \frac{EI_{ey}}{I_y} = E \frac{2t\left[\frac{b^3}{12} - (b-b_e)\left(\frac{b}{4}\right)^2\right]}{2tb^3/12} = E\left(\frac{1}{4} + \frac{3\eta}{4}\right) \tag{4-20}$$

显然,式(4-20)的值比式(4-17)大,可见绕弱轴屈曲时残余应力的不利影响,对翼缘为轧制边的 H 形截面比用火焰切割钢板焊接而成的 H 形截面严重。这是由于火焰切割钢板焊接而成的 H 形截面在远离弱轴翼缘两端具有使其推迟发展塑性的残余拉应力。对绕强轴屈曲时残余应力的不利影响,两种截面是相同的。

因为 η 随 σ_{cr} 变化,所以求解式(4-18)或式(4-19)时,尚需另建立一个 η 与 σ_{cr} 的关系式来联立求解,此关系式可根据内外力平衡来确定(例如,在图 4-9 中的弹塑性阶段,$\sigma_{cr} = f_y - 0.3f_y\eta^2$)。联立求解后,可画出柱子曲线如图 4-11 所示。临界力在 $\lambda \geqslant \lambda_p$ 的弹性范围内与欧拉曲线相同;在 $\lambda < \lambda_p$ 的弹塑性范围内,绕强轴的临界力高于绕弱轴的临界力。

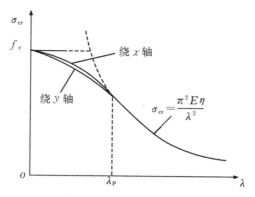

图 4-11 考虑残余应力影响的柱子曲线

4.3.4 构件几何缺陷对轴心受压构件弯曲屈曲的影响（Effects of Geometric Imperfections on Flexural Buckling of Members Under Axial Compression）

实际轴心受压构件在加工、运输与安装过程中，难免会产生微小的初弯曲，还可能会因构造、施工和受力等各种原因，产生某种程度的偶然初偏心。**初弯曲和初偏心统称为几何缺陷。**有几何缺陷的轴心受压构件，其侧向挠度从加载开始就会不断增加，因此构件除轴心力作用外，还存在因构件挠曲变形产生的弯矩，从而使构件的稳定承载力有所降低。

1）构件初弯曲（初挠度）的影响

图 4-12 所示两端铰接、有初弯曲的构件在未受力前就呈弯曲状态，其中 y_0 为任意点 C 处的初挠度。当构件承受轴心压力 N 时，挠度将增长为 y_0+y 并同时存在附加弯矩 $N(y_0+y)$。

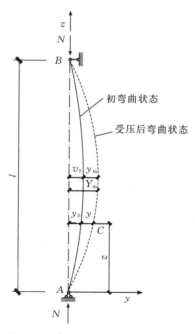

图 4-12 有初弯曲的轴心受压构件

假设初弯曲形状为半波正弦曲线 $y_0=v_0\sin(\pi z/l)$（式中 v_0 为构件中点初挠度值），在弹性弯曲状态下，由内外力矩平衡条件，可建立平衡微分方程，求解后可得到挠度 y 和总挠度 Y 的曲线分别为

57

$$y = \frac{\alpha}{1-\alpha} v_0 \sin\frac{\pi z}{l} \tag{4-21}$$

$$Y = y_0 + y = \frac{v_0}{1-\alpha} \sin\frac{\pi z}{l} \tag{4-22}$$

中点挠度和中点总挠度为

$$y_m = y_{(z=\frac{l}{2})} = \frac{\alpha}{1-\alpha} v_0 \tag{4-23}$$

$$Y_m = Y_{(z=\frac{l}{2})} = \frac{v_0}{1-\alpha} \tag{4-24}$$

中点的弯矩为

$$M_m = N Y_m = \frac{N v_0}{1-\alpha} \tag{4-25}$$

式中，$\alpha = \frac{N}{N_E}$，$N_E = \frac{\pi^2 EI}{l^2}$ 为欧拉临界力；$\frac{1}{(1-\alpha)}$ 为初挠度放大系数或弯矩放大系数。有初弯曲的轴心受压构件的荷载-中点总挠度曲线如图 4-13 所示。从图 4-13 和式(4-21)、式(4-22)可以看出，从开始加载起，构件即产生挠曲变形，挠度 y 和总挠度 Y 与初挠度 v_0 成正比，挠度和总挠度随 N 的增加而加速增大。有初弯曲的轴心受压构件，其承载力总是低于欧拉临界力，只有当挠度趋于无穷大时，压力 N 才可能接近或到达 N_E。

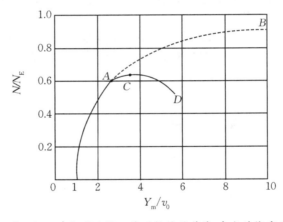

图 4-13　有初弯曲轴心受压构件的荷载-中点总挠度曲线

式(4-21)和式(4-22)是在材料为无限弹性条件下推导出来的，理论上轴心受压构件的承载力可达到欧拉临界力，挠度和弯矩可以无限增大，但实际上这不可能实现。由于钢材不是无限弹性的，在轴力 N 和弯矩 M_m 共同作用下，构件中点截面的最大压应力会首先达到屈服强度 f_y。为了分析方便，假定钢材为完全弹塑性材料，当挠度发展到一定程度时，构件中点截面最大受压边缘纤维的应力应满足下式：

$$\sigma_{max} = \frac{N}{A} + \frac{M_m}{W} = \frac{N}{A}\left(1 + \frac{v_0}{\frac{W}{A}} \cdot \frac{1}{1 - \frac{N}{N_E}}\right) = f_y \tag{4-26}$$

式中，W 为截面模量。令 $\frac{W}{A} = \rho$（截面核心距），$v_0/\rho = \varepsilon_0$ 为相对初弯曲，$\frac{N}{A} = \sigma_0$，$\frac{N_E}{A} = \sigma_E = \frac{\pi^2 E}{\lambda^2}$，则由式(4-26)可解得

$$\sigma_0 = \frac{f_y + (1+\varepsilon_0)\sigma_E}{2} - \sqrt{\left[\frac{f_y + (1+\varepsilon_0)\sigma_E}{2}\right]^2 - f_y\sigma_E} \qquad (4\text{-}27)$$

式(4-27)称为佩利(Perry)公式。根据式(4-27)求出的 $N = A\sigma_0$ 相当于图 4-13 中的 A 点,它表示截面边缘纤维开始屈服时的荷载。随着 N 的继续增加,截面的一部分进入塑性状态,挠度不再像完全弹性那样沿 AB 发展,而是增加更快且不能再继续承受更多的荷载。到达曲线 C 点时,截面塑性变形区发展得相当深,再增加 N 已不可能,要维持平衡必须随挠度增大而卸载,故曲线表现出下降段 CD。与 C 点对应的极限荷载 N_C 为**有初弯曲构件整体稳定极限承载力**,又称为**压溃荷载**。这种失稳不像理想直杆那样是平衡分枝失稳,而是极值点失稳。

求解极限荷载 N_C 比较复杂,一般采用数值法。在没有计算机的年代,作为近似计算常取边缘纤维开始屈服时的曲线 A 点代替 C 点。佩利公式是由构件截面边缘屈服准则导出的,求得的 N 或 σ_0 代表边缘受压纤维到达屈服时的最大荷载或最大应力,而不代表稳定极限承载力,因此所得结果偏于保守。

《钢结构工程施工质量验收标准》(GB 50205—2020)规定的初弯曲最大允许值是 $v_0 = l/1\,000$,则相对初弯曲为

$$\varepsilon_0 = \frac{l}{1\,000} \cdot \frac{A}{W} = \frac{\lambda}{1\,000} \cdot \frac{i}{\rho} \qquad (4\text{-}28)$$

对不同的截面及其对应轴,i/ρ 各不相同,因此可由佩利公式确定各种截面的柱子曲线,如图 4-14 所示。

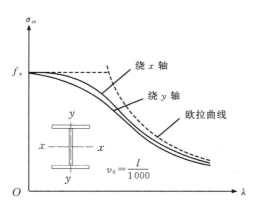

图 4-14　考虑初弯曲影响时的柱子曲线

2)构件初偏心的影响

图 4-15 表示两端铰接、有初偏心 e_0 的轴心受压构件。在弹性弯曲状态下,由内外力矩平衡条件,可建立平衡微分方程,求解后可得到挠度曲线为

$$y = e_0\left[\tan\frac{kl}{2}\sin(kz) + \cos(kz) - 1\right] \qquad (4\text{-}29)$$

式中,$k = \sqrt{\dfrac{N}{EI}}$。

中点挠度为

$$y_m = y_{(z=\frac{l}{2})} = e_0\left[\sec\left(\frac{\pi}{2}\sqrt{\frac{N}{N_E}}\right) - 1\right] \qquad (4\text{-}30)$$

有初偏心的轴心受压构件的荷载-挠度曲线如图 4-16 所示。由图可见,初偏心对轴心受压构件的影响与初弯曲影响相似,因此为了简便起见可将两种缺陷的影响合并等效成一种缺

陷处理。同样地,有初偏心轴心受压构件的 $N\text{-}y_\mathrm{m}$ 曲线不可能沿无限弹性的 $0A'B'$ 曲线发展,而是先沿弹性曲线 $0A'$,然后沿弹塑性曲线 $A'C'D'$ 发展。其中,A' 点对应的荷载也可由截面边缘纤维屈服准则确定(正割公式)。但是,对相同的构件,当初偏心 e_0 与初弯曲 v_0 相等(即 ε_0 相同)时,初偏心的影响更为不利,这是由于初偏心情况中构件从两端开始就存在初始附加弯矩 Ne_0。按正割公式求得的 σ_0 和 N 也比按佩利公式求得的值略低。

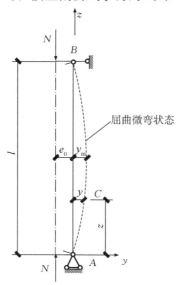

图 4-15 有初偏心的轴心受压构件

图 4-16 有初偏心轴心受压构件的荷载-挠度曲线

4.4 实际轴心受压构件的整体稳定计算(Stability Calculation of Realistic Members Under Axial Compression)

4.4.1 实际轴心受压构件的稳定承载力计算方法(Calculation of Buckling Strength of Realistic Members Under Axial Compression

各种缺陷总是同时存在于实际轴心受压构件中,但因初弯曲和初偏心对轴心受压构件的影响类似,且各种不利因素同时出现最大值的概率较小,故常取初弯曲作为几何缺陷代表。因此在理论分析中,仅考虑残余应力和初弯曲两个最主要的影响因素。

图 4-17 是两端铰接、有残余应力和初弯曲的轴心受压构件及其荷载-总挠度曲线图。在弹性受力阶段(O_1A_1 段),荷载 N 和最大总挠度 Y_m(或挠度 y_m)的关系曲线与只有初弯曲、没有残余应力时的弹性关系曲线完全相同。随着轴心压力 N 增加,构件截面中某一点达到钢材屈服强度 f_y 时,截面开始进入弹塑性状态。开始屈服时(A_1 点)的平均应力 $\sigma_{A1} = N_p/A$ 总是低于只有残余应力而无初弯曲时的有效比例极限 $f_p = f_y - \sigma_r$;当构件凹侧边缘纤维有残余压应力时,也低于只有初弯曲而无残余应力时的 A 点,为残余拉应力时则可能高于 A 点。此后截面进入弹塑性状态,挠度随 N 的增加而增加的速率加快,直到 C_1 点,继续增加 N 已不可能,要维持平衡,只能卸载,如曲线 C_1D_1 下降段。荷载-总挠度曲线的极值点 C_1 表示由稳定平衡过渡到不稳定平衡,相应于 C_1 点的 N_u 是临界荷载,即极限荷载或压溃荷载,它是构件不能维持内外力平衡时的极限承载力,相应的平均应力 $\sigma_u = \sigma_{cr} = N_u/A$ 称为临界应力。由此模型建立的计算理论叫作极限承载力理论。

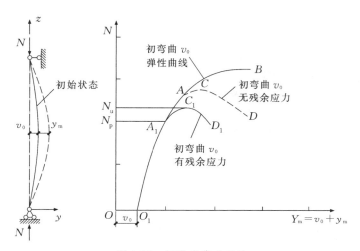

图 4-17 极限承载力理论

理想轴心受压构件的临界力在弹性阶段是长细比 λ 的单一函数,在弹塑性阶段按切线模量理论计算也并不复杂。实际轴心受压构件受残余应力、初弯曲、初偏心的影响,且影响程度还因截面形状、尺寸和屈曲方向的不同而不同,因此每个实际构件都有各自的柱子曲线。另外,当实际构件处于弹塑性阶段,其 σ-ε 关系不仅在同一截面各点而且沿构件轴线方向各截面都有变化,因此按极限承载力理论计算比较复杂,一般需要采用数值积分法、差分法等解微分方程的数值方法或有限单元法等用计算机求解。

《钢结构设计标准》(GB 50017—2017)在制订轴心受压构件的柱子曲线时,根据不同截面形状和尺寸、不同加工条件和相应的残余应力分布及大小、不同的弯曲屈曲方向以及 $l/1\,000$ 的初弯曲(可理解为几何缺陷的代表值),按极限承载力理论,采用数值积分法,对多种实腹式轴心受压构件弯曲屈曲算出了近 200 条柱子曲线。如前所述,轴心受压构件的极限承载力并不仅仅取决于长细比。由于残余应力的影响,即使长细比相同的构件,随着截面形状、弯曲方向、残余应力分布和大小的不同,构件的极限承载能力也有很大差异,所计算的柱子曲线形成相当宽的分布带。这个分布带的上、下限相差较大,特别是中等长细比的常用情况相差特别显著。因此,若用一条曲线来代表,显然是不合理的。《钢结构设计标准》(GB 50017—2017)将这些曲线分成四组,也就是将分布带分成四个窄带,取每组的平均值(50%的分位值)曲线作为该组代表曲线,给出 a、b、c、d 四条柱子曲线,如图 4-18 所示。图中,$\varepsilon_k = \sqrt{\dfrac{235}{f_y}}$。$\lambda$ 在 40~120 的常用范围,柱子曲线 a 比曲线 b 高 4%~15%,而曲线 c 比曲线 b 低 7%~13%,曲线 d 则更低,主要用于厚板截面。这种柱子曲线有别于过去采用的单一柱子曲线,常称为多条柱子曲线。曲线中 $\varphi = \dfrac{N_u}{Af_y} = \dfrac{\sigma_u}{f_y}$,称为**轴心受压构件的整体稳定系数**。

归属于 a、b、c、d 四条曲线的轴心受压构件截面分类见表 4-4 和表 4-5,常用的构件截面属于 b 类。轧制圆管冷却时一般为均匀收缩,产生的残余应力很小,截面属于 a 类;窄翼缘轧制普通工字钢的整个翼缘截面上的残余应力以拉应力为主,对绕 x 轴弯曲屈曲有利,也属于 a 类。格构式轴心受压构件绕虚轴的稳定计算,不宜采用考虑截面塑性发展的极限承载力理论,而应采用边缘屈服准则,确定的 φ 值与曲线 b 接近,故属于 b 类。当槽形截面用于格构式构件的分肢时,由于分肢的扭转变形受到缀件的牵制,所以计算分肢绕其自身对称轴的稳定时,可按 b 类。对翼缘为轧制或剪切边或焰切后刨边的焊接 H 形截面,其翼缘两端存在较大的残余压应力,绕 y 轴失稳比绕 x 轴失稳时承载能力降低较多,故前者归入 c 类,后者归入 b 类。当翼缘为焰切边(且不刨边)时,翼缘两端部存在残余拉应力,可使绕 y 轴失稳的承载力比翼缘为轧制边或剪切边的有所提高,所以绕 x 轴和绕 y 轴两种情况都属 b 类。高层建筑钢结构的钢柱常采用板件厚度大(或宽厚比小)的热轧或焊接 H 形、箱形截面,其残余应力较常规截面的大,且由于厚板(翼缘)的残余应力不仅沿板件宽度方向变化,而且沿厚度方向变化也较大,板的外表面往往是残余压应力,且厚板质量较差,都会对稳定承载力带来较大的不利影响。《钢结构设计标准》(GB 50017—2017)给出了厚板截面的分类建议:对某些较有利情况按 b 类,某些不利情况按 c 类,某些更不利情况则按 d 类,见表 4-5。

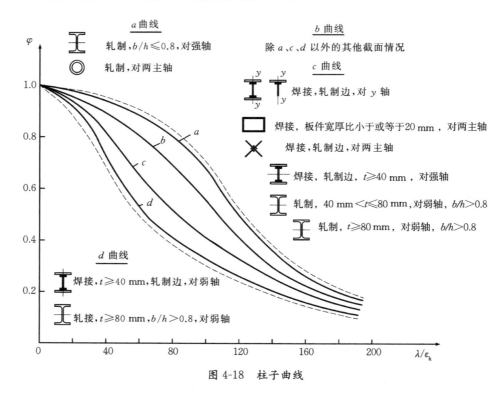

图 4-18　柱子曲线

表 4-4　轴心受压构件的截面分类(板厚 $t<40$ mm)

截面形式		对 x 轴	对 y 轴
轧制		a 类	a 类
轧制	$b/h\leqslant0.8$	a 类	b 类
	$b/h>0.8$	a* 类	b* 类

62

截面形式	对 x 轴	对 y 轴
轧制等边角钢	a* 类	a* 类
焊接,翼缘为焰切边　　　焊接	b 类	b 类
轧制		
轧制,焊接(板件宽厚比大于 20 mm)　　　轧制或焊接		
焊接　　　轧制截面和翼缘为焰切边的焊接截面		
格构式　　　焊接,板件边缘焰切		
焊接,翼缘为轧制或剪切边	b 类	c 类

截面形式		对 x 轴	对 y 轴
焊接,板件边缘轧制或剪切	轧制,焊接(板件宽厚比小于或等于 20 mm)	c类	c类

注:1.a* 类含义为 Q235 钢取 b 类,Q345、Q390、Q420 和 Q460 钢取 a 类;b* 类含义为 Q235 钢取 c 类,Q345、Q390、Q420 和 Q460 钢取 b 类。

2.无对称轴且剪心和形心不重合的截面,其截面分类可按有对称轴的类似截面确定,如不等边角钢采用等边角钢的类别;当无类似截面时,可取 c 类。

表 4-5　轴心受压构件的截面分类(板厚 $t \geqslant 40$ mm)

截面形式		对 x 轴	对 y 轴
轧制工字形或 H 形截面	$t < 80$ mm	b类	c类
	$t \geqslant 80$ mm	c类	d类
焊接 H 形(工字形)截面	翼缘为焰切边	b类	b类
	翼缘为轧制或剪切边	c类	d类
焊接箱形截面	板件宽厚比大于 20 mm	b类	b类
	板件宽厚比小于或等于 20 mm	c类	c类

4.4.2　轴心受压构件的整体稳定承载力计算(Stability Calculation of Members Under Axial Compression)

轴心受压构件的整体稳定应满足:

$$\sigma = \frac{N}{A} \leqslant \frac{\sigma_u}{\gamma_R} = \frac{\sigma_u}{f_y} \cdot \frac{f_y}{\gamma_R} = \varphi f \tag{4-31}$$

《钢结构设计标准》(GB 50017—2017)对轴心受压构件的整体稳定采用下式计算:

$$\frac{N}{\varphi A f} \leqslant 1.0 \tag{4-32}$$

式中,σ_u 为构件的极限应力;γ_R 为抗力分项系数;N 为轴心压力设计值;A 为构件的毛截面面积；f 为钢材的抗压强度设计值，按钢材设计强度指标取值；φ 为轴心受压构件的整体稳定系数，可根据表 4-4 和表 4-5 的截面分类、钢材的屈服强度和构件的长细比，按附录 3 的附表 3-1～附表 3-4 查出。

为了方便计算机软件应用，《钢结构设计标准》(GB 50017—2017)采用最小二乘法将各类截面的稳定系数 φ 值拟合成数学公式来进行表达：

当 $\lambda_n \leqslant 0.215$ 时：

$$\varphi = 1 - \alpha_1 \lambda_n^2 \tag{4-33}$$

当 $\lambda_n > 0.215$ 时：

$$\varphi = \frac{[(1+\varepsilon_0+\lambda_n^2)-\sqrt{(1+\varepsilon_0+\lambda_n^2)^2-4\lambda_n^2}]}{2\lambda_n^2} = \frac{[(\alpha_2+\alpha_3\lambda_n+\lambda_n^2)-\sqrt{(\alpha_2+\alpha_3\lambda_n+\lambda_n^2)^2-4\lambda_n^2}]}{2\lambda_n^2} \tag{4-34}$$

式中，$\lambda_n = \frac{\lambda}{\pi}\sqrt{\frac{f_y}{E}}$ 为构件的相对(或正则化)长细比，等于构件长细比与欧拉临界力 $\sigma_E = f_y$ 时的长细比之比；用 λ_n 代替 λ 后，公式无量纲化并能适用于各种屈服强度的钢材。式(4-34)与佩利公式(4-27)具有类似的形式，但此时 φ 值不再以截面的边缘屈服为准则，而是先按极限承载力理论确定出构件的极限承载力后再反算出 ε_0 值。因此式中的 ε_0 值实质为考虑初弯曲、残余应力等综合影响的等效相对初弯曲。ε_0 取 λ_n 的一次表达式，即 $\varepsilon_0 = \alpha_2 + \alpha_3\lambda_n - 1$。式中，系数 α_2、α_3 由最小二乘法求得后，按附录 3 的附表 3-5 查用。

当长细比较小，即 $\lambda_n \leqslant 0.215(\lambda \leqslant 20\sqrt{235/f_y})$ 时，式(4-34)不再适用，则在 $\lambda_n = 0(\varphi = 1)$ 与 $\lambda_n = 0.215$ 间近似用抛物线公式(4-33)与式(4-34)衔接。α_1、α_2、α_3 按附录 3 的附表 3-5 查用。

4.4.3 轴心受压构件整体稳定计算的构件长细比(Slenderness Ratio for Stability Calculation of Members Under Axial Compression)

1)截面形心与剪心重合的构件

①当计算弯曲屈曲时，长细比按下式计算：

$$\lambda_x = \frac{l_{0x}}{i_x} \tag{4-35}$$

$$\lambda_y = \frac{l_{0y}}{i_y} \tag{4-36}$$

式中，l_{0x}、l_{0y} 分别为构件对截面主轴 x 轴和 y 轴的计算长度(mm)，i_x、i_y 分别为构件截面对主轴 x 轴和 y 轴的回转半径(mm)。

②当计算扭转屈曲时，长细比按下式计算，当双轴对称十字形截面板件宽厚比不超过 $15\varepsilon_k$ 时，可不计算扭转屈曲。

$$\lambda_z = \sqrt{\frac{I_0}{I_t/25.7 + I_\omega/l_\omega^2}} \tag{4-37}$$

式中，I_0、I_t、I_ω 分别为构件毛截面对剪心的极惯性矩(mm⁴)、自由扭转常数(mm⁴)和扇性惯性矩(mm⁶)，对十字形截面可近似取 $I_\omega = 0$；l_ω 为扭转屈曲的计算长度，两端铰支且端截面可自由翘曲者，取几何长度 l，两端嵌固且端部截面的翘曲完全受到约束者，取 $0.5l$(mm)。

2)截面为单轴对称的构件

对于单轴对称截面，除绕非对称轴 x 轴发生弯曲屈曲外，也有可能发生绕对称轴 y 轴的弯扭屈曲。这是因为，当构件绕 y 轴发生弯曲屈曲时，轴力 N 由于截面的转动会产生作用于

形心处沿 x 轴方向的水平剪力 V[图 4-19(a)]，该剪力不通过剪心 S，将发生绕 S 的扭矩。可按 4.3 节和 4.4 节的相似方法求得构件的弯扭屈曲临界应力，并能证明在相同情况下，弯扭屈曲比绕 y 轴的弯曲屈曲的临界应力要低。在对 T 形和槽形等单轴对称截面进行弯扭屈曲分析后，认为绕对称轴(设为 y 轴)的稳定计算应取计及扭转效应的下列换算长细比 λ_{yz} 代替 λ_y：

$$\lambda_{yz}=\frac{1}{\sqrt{2}}\left[(\lambda_y^2+\lambda_z^2)+\sqrt{(\lambda_y^2+\lambda_z^2)^2-4\left(1-\frac{y_s^2}{i_0^2}\right)\lambda_y^2\lambda_z^2}\right]^{\frac{1}{2}} \tag{4-38}$$

式中，y_s 为截面形心至剪心的距离(mm)；i_0 为截面对剪心的极回转半径(mm)，单轴对称截面 $i_0^2=y_s^2+i_x^2+i_y^2$；λ_z 为扭转屈曲换算长细比，由式(4-37)确定。

计算绕非对称主轴的弯曲屈曲时，长细比应由式(4-35)、式(4-36)计算确定。等边单角钢轴心受压构件当绕两主轴弯曲的计算长度相等时，可不计算弯扭屈曲。

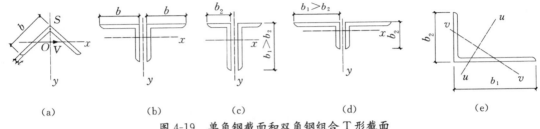

图 4-19 单角钢截面和双角钢组合 T 形截面

3)角钢组成的单轴对称截面构件

式(4-38)比较复杂，对于常用的双角钢组合 T 形截面[图 4-19(b)(c)(d)]构件绕对称轴的换算长细比 λ_{yz} 可按下列简化公式计算：

(1)等边双角钢[图 4-19(b)]

当 $\lambda_y\geqslant\lambda_z$ 时：

$$\lambda_{yz}=\lambda_y\left[1+0.16\left(\frac{\lambda_z}{\lambda_y}\right)^2\right] \tag{4-39}$$

当 $\lambda_y<\lambda_z$ 时：

$$\lambda_{yz}=\lambda_z\left[1+0.16\left(\frac{\lambda_y}{\lambda_z}\right)^2\right] \tag{4-40}$$

$$\lambda_z=3.9\frac{b}{t} \tag{4-41}$$

(2)长肢相并的不等边双角钢[图 4-19(c)]

当 $\lambda_y\geqslant\lambda_z$ 时：

$$\lambda_{yz}=\lambda_y\left[1+0.25\left(\frac{\lambda_z}{\lambda_y}\right)^2\right] \tag{4-42}$$

当 $\lambda_y<\lambda_z$ 时：

$$\lambda_{yz}=\lambda_z\left[1+0.25\left(\frac{\lambda_y}{\lambda_z}\right)^2\right] \tag{4-43}$$

$$\lambda_z=5.1\frac{b_2}{t} \tag{4-44}$$

(3)短肢相并的不等边双角钢[图 4-19(d)]

当 $\lambda_y\geqslant\lambda_z$ 时：

$$\lambda_{yz}=\lambda_y\left[1+0.06\left(\frac{\lambda_z}{\lambda_y}\right)^2\right] \tag{4-45}$$

当 $\lambda_y < \lambda_z$ 时：

$$\lambda_{yz} = \lambda_z \left[1 + 0.06 \left(\frac{\lambda_y}{\lambda_z} \right)^2 \right] \tag{4-46}$$

$$\lambda_z = 3.7 \frac{b_1}{t} \tag{4-47}$$

4）截面无对称轴且剪心和形心不重合的构件

应采用下列公式换算构件长细比：

$$\lambda_{xyz} = \pi \sqrt{\frac{EA}{N_{xyz}}} \tag{4-48}$$

$$(N_x - N_{xyz})(N_y - N_{xyz})(N_z - N_{xyz}) - N_{xyz}^2 (N_x - N_{xyz}) \left(\frac{y_s}{i_0} \right)^2 - N_{xyz}^2 (N_y - N_{xyz}) \left(\frac{x_s}{i_0} \right)^2 = 0 \tag{4-49}$$

$$i_0^2 = i_x^2 + i_y^2 + x_s^2 + y_s^2 \tag{4-50}$$

$$N_x = \frac{\pi^2 EA}{\lambda_x^2} \tag{4-51}$$

$$N_y = \frac{\pi^2 EA}{\lambda_y^2} \tag{4-52}$$

$$N_z = \frac{1}{i_0^2} \left(\frac{\pi^2 EI_\omega}{l_\omega^2} + GI_t \right) \tag{4-53}$$

式中，N_{xyz} 为弹性完善杆的弯扭屈曲临界力（N），由式（4-49）确定；x_s、y_s 为截面剪心的坐标（mm）；i_0 为截面对剪心的极回转半径（mm）；N_x、N_y、N_z 分别为绕 x 轴和 y 轴的弯曲屈曲临界力和扭转屈曲临界力（N）；E、G 分别为钢材弹性模量和剪变模量（N/mm²）。

5）不等边角钢轴心受压构件［图 4-19（e）］

图中 v 轴为角钢的弱轴，该类构件的换算长细比可按下列简化公式确定：

当 $\lambda_v \geqslant \lambda_z$ 时：

$$\lambda_{xyz} = \lambda_v \left[1 + 0.25 \left(\frac{\lambda_z}{\lambda_v} \right)^2 \right] \tag{4-54}$$

当 $\lambda_v < \lambda_z$ 时：

$$\lambda_{xyz} = \lambda_z \left[1 + 0.25 \left(\frac{\lambda_v}{\lambda_z} \right)^2 \right] \tag{4-55}$$

$$\lambda_z = 4.21 \frac{b_1}{t} \tag{4-56}$$

式中，b_1 为角钢长肢宽度（mm）。

4.5 轴心受压构件的局部稳定（Local Stability of Members Under Axial Compression）

4.5.1 均匀受压板件的屈曲（Buckling of Plate Under Uniform Pressure）

实腹式轴心受压构件由若干矩形平面板件构成，在轴心压力作用下，这些板件一般都承受均匀压力。如果这些板件的平面尺寸很大，而厚度又相对很薄（宽厚比较大）时，在均匀压力作用下，板件有可能在达到强度承载力之前就已发生局部鼓曲或凹陷（即发生局部失稳）。考虑板件间相互约束作用的单个矩形板件的临界应力公式为

$$\sigma_{cr} = \frac{\chi k \pi^2 E}{12(1-\nu^2)} \left(\frac{t}{b}\right)^2 \tag{4-57}$$

式中,k 为板的**屈曲系数**,与荷载种类、分布状态及板的边长比例和边界条件有关;χ 为**约束系数**或**嵌固系数**,与板周边支承情况有关;ν 为钢材的泊松比,取 0.3;b 为板的短方向尺寸(mm);t 为板的厚度(mm)。

当轴心受压构件中板件的临界应力超过比例极限 f_p 进入弹塑性受力阶段时,可认为板件变为正交异性板。单向受压板沿受力方向的弹性模量 E 降为切线模量 $E_t = \eta E$,但与压力垂直的方向仍为弹性阶段,其弹性模量仍为 E。这时可用 $E\sqrt{\eta}$ 代替 E,按下列近似公式计算其临界应力 σ_{cr}:

$$\sigma_{cr} = \frac{\chi k \pi^2 E \sqrt{\eta}}{12(1-\nu^2)} \left(\frac{t}{b}\right)^2 \tag{4-58}$$

根据轴心受压构件局部稳定的试验资料,《钢结构设计标准》(GB 50017—2017)取弹性模量修正系数 η 为

$$\eta = 0.101\,3\lambda^2 \frac{f_y}{E} \left(1 - 0.024\,8\lambda^2 \frac{f_y}{E}\right) \tag{4-59}$$

式中,λ 为构件两方向长细比的较大值。

4.5.2 轴心受压构件局部稳定的计算方法(Local Stability Calculation of Members Under Axial Compression)

1)确定板件宽(高)厚比限值的准则

为了保证实腹式轴心受压构件的局部稳定,通常采用限制其板件宽(高)厚比的办法。确定板件宽(高)厚比限值所采用的准则有两种:第一种是在构件应力达到屈服前板件不发生局部屈曲,即局部屈曲临界应力不低于屈服应力;第二种是在构件整体屈曲前板件不发生局部屈曲,即局部屈曲临界应力不低于整体屈曲临界应力,常称作**等稳定性准则**。第二种准则和构件长细比有关,对中长构件更为合理,第一种准则对短柱比较合适。《钢结构设计标准》(GB 50017—2017)对轴心受压构件宽(高)厚比限值的规定,主要采用第二种准则,只是在长细比很小的情况下参照第一种准则进行调整。

2)轴心受压构件板件宽(高)厚比的限值

轧制型钢(工字钢、H 型钢、槽钢、T 型钢、角钢等)的翼缘和腹板一般厚度较大,板件宽(高)厚比相对较小,都能满足局部稳定要求,可不作验算。对焊接组合截面构件(图 4-20),一般采用限制板件宽(高)厚比的办法来保证局部稳定。

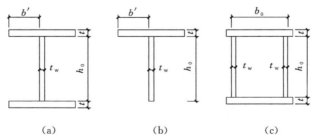

(a)　　　　　　　　(b)　　　　　　　　(c)

图 4-20　轴心受压构件板件参数

(1)H 形截面

H 形截面[图 4-20(a)]的腹板一般较翼缘板薄,腹板对翼缘板几乎没有嵌固作用,因此翼缘可看作三边简支、一边自由的均匀受压板,取屈曲系数 $k = 0.425$,弹性嵌固系数 $\chi = 1.0$。

而腹板可视为四边支承板,此时屈曲系数 $k=4$。当腹板发生屈曲时,翼缘板作为腹板纵向边的支承,对腹板将起一定的弹性嵌固作用,根据试验可取弹性嵌固系数 $\chi=1.3$。在弹塑性阶段,弹性模量修正系数 η 按式(4-59)计算。代入式(4-58)使其大于或等于 φf_y,可分别得到翼缘板悬伸部分的宽厚比 b'/t 及腹板高厚比 h_0/t_w 与长细比 λ 的关系曲线。这种曲线较为复杂,为了便于应用,当 λ 在 30~100 时,《钢结构设计标准》(GB 50017—2017)采用了下列简化的直线式表达:

翼缘:

$$\frac{b'}{t} \leqslant (10+0.1\lambda)\varepsilon_k \tag{4-60}$$

腹板:

$$\frac{h_0}{t_w} \leqslant (25+0.5\lambda)\varepsilon_k \tag{4-61}$$

式中,λ 为构件两方向长细比的较大值。对 λ 很小的构件,国外多按短柱考虑,使局部屈曲临界应力达到屈服应力,甚至有的还考虑应变强化影响。当 λ 较大时,弹塑性阶段的公式不再适用,并且板件宽厚比也不宜过大。因此,参考国外相关资料,《钢结构设计标准》(GB 50017—2017)规定:当 $\lambda<30$ 时,取 $\lambda=30$;当 $\lambda>100$ 时,取 $\lambda=100$,仍用式(4-60)和式(4-61)计算。

(2)T 形截面

T 形截面[图 4-20(b)]轴心受压构件的翼缘板悬伸部分的宽厚比 b'/t 限值与 H 形截面一样,按式(4-60)计算。

T 形截面的腹板也是三边支承、一边自由的板,但其宽厚比比翼缘的大得多,它的屈曲受到翼缘一定程度的弹性嵌固作用,故腹板的宽厚比限值可适当放宽;又考虑到焊接 T 形截面几何缺陷和残余压力都比热轧 T 型钢的大,采用了相对低一些的值:

热轧剖分 T 型钢:

$$\frac{h_0}{t_w} \leqslant (15+0.2\lambda)\varepsilon_k \tag{4-62}$$

焊接 T 型钢:

$$\frac{h_0}{t_w} \leqslant (13+0.17\lambda)\varepsilon_k \tag{4-63}$$

(3)箱形截面

箱形截面轴心受压构件的翼缘和腹板均为四边支承板[图 4-20(c)],但翼缘和腹板一般用单侧焊缝连接,嵌固程度较低,可取 $\chi=1.0$。《钢结构设计标准》(GB 50017—2017)借用箱形梁的宽厚比限值规定,即采用局部屈曲临界应力不低于屈服应力的准则,得到的宽厚比限值与构件的长细比无关,即

$$\frac{b_0}{t} \text{或} \frac{h_0}{t_w} \leqslant 40\varepsilon_k \tag{4-64}$$

3)加强局部稳定的措施

当所选截面不满足板件宽(高)厚比规定要求时,一般应调整板件厚度或宽(高)度使其满足要求。但对 H 形截面的腹板也可采用设置纵向加劲肋的方法予以加强,以缩减腹板计算高度(图 4-21)。纵向加劲肋宜在腹板两侧成对配置,其一侧外伸宽度 $b_z \geqslant 10t_w$,厚度 $t_z \geqslant 0.75t_w$。纵向加劲肋通常在横向加劲肋间设置,横向加劲肋的尺寸应满足外伸宽度 $b_s \geqslant (h_0/30)+40$,厚度 $t_s \geqslant b_s/15$。

4)腹板的有效截面

大型 H 形截面的腹板,由于高厚比 h_0/t_w 较大,在满足高厚比限值的要求时,需采用较厚

的腹板,往往显得很不经济。为节省材料,仍然可采用较薄的腹板,听任腹板屈曲,考虑其屈曲后强度的利用,采用有效截面进行计算。在计算构件的强度和稳定性时,认为腹板中间部分退出工作,仅考虑腹板计算高度边缘范围内两侧宽度各为 $20t_w\epsilon_k$ 的部分和翼缘作为有效截面。但在计算构件的长细比和整体稳定系数 φ 时,仍用全部截面。

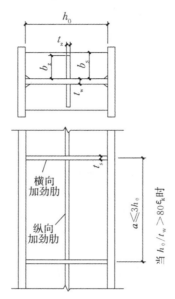

图 4-21　腹板采用纵横向加劲肋加强的 H 形截面

4.6　实腹式轴心受压构件设计(Design of Solid Web Members Under Axial Compression)

4.6.1　截面设计原则(Principles of Section Design)

实腹式轴心受压构件一般采用双轴对称截面,以尽可能避免发生弯扭失稳。其常用截面形式如图 4-1(b)所示。

选择实腹式轴心受压构件的截面时,为了达到经济、合理的设计目的,应考虑以下原则:

①**等稳定性**。尽可能使构件两个主轴方向的稳定承载力相等,即满足 $\varphi_x = \varphi_y$,以达到经济的目的。

②**宽肢薄壁**。在满足板件宽(高)厚比限值的条件下,截面板件面积的分布应尽量展开,以增加截面的惯性矩和回转半径,提高构件的整体稳定性和刚度,使得用料合理。

③**连接方便**。一般选择开口截面,便于与其他构件进行连接;在格构式结构中,也常采用管形截面构件,此时的连接节点常采用直接相贯焊接节点、螺栓球或焊接球节点等。

④**制造省工**。尽可能构造简单,加工方便,取材容易。如选择型钢或便于采用自动焊的 H 形截面,这样做有时用钢量会有所增加,但因制造省工和型钢价格便宜,可能仍然更为经济。

4.6.2　截面选择(Section Selection)

截面设计时,首先应根据上述截面设计原则、轴力大小和两方向的计算长度等情况综合考虑后,初步选择截面尺寸,然后进行强度、刚度、整体稳定和局部稳定验算。具体步骤如下:

(1)确定所需要的截面面积

假定构件的长细比 λ 在 $50\sim100$,当压力大而计算长度小时,取较小值;反之取较大值。根据 λ 值、截面分类和钢材级别可查得整体稳定系数 φ 值,则所需要的截面面积为

$$A_{\text{req}} = \frac{N}{\varphi f} \tag{4-65}$$

实际上,要准确假定构件的长细比是不容易的,往往要反复尝试多次才能成功。但对每种截面形式,都可以推导出确定 λ 假设值的近似公式。例如对焊接 H 形截面(通常 y 轴是弱轴),可采用如下公式:

$$\varphi = (0.417\,5 + 0.004\,919\lambda_y)\lambda_y^2 \frac{N}{l_{0y}^2 f}\,\varepsilon_k \tag{4-66}$$

截面设计时,只需任意假设一个满足刚度要求的 λ_y,即可由式(4-66)求出对应的 φ 值。若能从 φ 值表中找到这一对 λ_y 和 φ,则所假设的 λ_y 就是正确的,否则要重新假设 λ_y。

(2)确定两个主轴所需要的回转半径

两个主轴所需要的回转半径分别为 $i_{x\text{req}} = \dfrac{l_{0x}}{\lambda}$,$i_{y\text{req}} = \dfrac{l_{0y}}{\lambda}$。对于焊接组合截面,根据所需回转半径 i_{req} 与截面高度 h、宽度 b 之间的近似关系,即 $i_x = \alpha_1 h$ 和 $i_y = \alpha_2 h$(系数 α_1、α_2 的近似值见附录 4),求出所需截面的轮廓尺寸,即

$$h = \frac{i_{x\text{req}}}{\alpha_1} \tag{4-67}$$

$$b = \frac{i_{y\text{req}}}{\alpha_2} \tag{4-68}$$

对于型钢截面,根据所需要的截面面积 A_{req} 和所需要的回转半径 i_{req} 选择型钢的型号(见附录 9)。

(3)确定截面各板件尺寸

对于焊接组合截面,根据所需的 A_{req}、h、b,并考虑局部稳定和构造要求(例如自动焊 H 形截面 $h \approx b$)初选截面尺寸。由于假定的 λ 值不一定恰当,完全按照所需要的 A_{req}、h、b 配置的截面可能会使板件厚度太大或太小,这时可适当调整 h 或 b。h 和 b 宜取 10 mm 的倍数,t 和 t_w 宜取 2 mm 的倍数且应符合钢板规格,t_w 应比 t 小,但一般不小于 6 mm。

4.6.3 截面验算(Checking Calculation of Sections)

按照上述步骤初选截面后,按式(4-6)、式(4-7)、式(4-32)、式(4-60)～式(4-64)等进行刚度、整体稳定和局部稳定验算。如有孔洞削弱,还应按式(4-2)进行强度验算。如验算结果不完全满足要求,应调整截面尺寸后重新验算,直到满足要求为止。

4.6.4 构造要求(Detailing Requirements)

当实腹式构件的腹板高厚比 $\dfrac{h_0}{t_w} > 80\varepsilon_k$ 时,为防止腹板在施工和运输过程中发生扭转变形、提高构件的抗扭刚度,应设置横向加劲肋,其间距不得大于 $3h_0$,在腹板两侧成对配置。

为了保证构件截面几何形状不变、提高构件抗扭刚度,以及传递必要的内力,对大型实腹式构件,在受较大横向力处和每个运送单元的两端,还应设置横隔(图 4-22)。构件较长时还应设置中间横隔,横隔的间距不得大于构件截面较大宽度的 9 倍或 8 m。

图 4-22 实腹式构件的横隔

轴心受压实腹式构件的翼缘与腹板的纵向连接焊缝受力很小,不必计算,可按构造要求确定焊缝尺寸 $h_f = 4 \sim 8$ mm。

例 4-2 图 4-23(a)所示为一钢结构构架,其立柱的轴心压力(包括自重)设计值为 $N = 1\ 450$ kN,柱两端铰接,钢材为 Q345 钢,截面无孔洞削弱。试设计此支柱的截面:(1)用热轧普通工字钢。(2)用热轧 H 型钢。(3)用焊接 H 形截面,翼缘板为焰切边。(4)钢材材质若变为 Q235 钢,上述截面是否满足承载力要求?

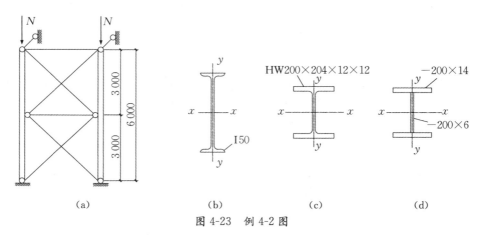

图 4-23 例 4-2 图

解 设截面的强轴为 x 轴,弱轴为 y 轴,则柱在两个方向的计算长度 $l_{0x} = 600$ cm, $l_{0y} = 300$ cm。

(1)用热轧普通工字钢[图 4-23(b)]

①试选截面:

假定 $\lambda = 100$,对于 $b/h \leqslant 0.8$ 的热轧工字钢,当绕 x 轴屈曲时属于 a 类截面,绕 y 轴屈曲时属于 b 类截面。$\lambda/\varepsilon_k = 100/\sqrt{\dfrac{235}{345}} = 121.17$, $\varphi_{\min} = \varphi_y$,查附表 3-2,并通过插值法计算得 $\varphi = \varphi_y = 0.431$。根据附表 2-1,当计算点钢材厚 $t \leqslant 16$ mm 时,取 $f = 305$ N/mm²。则所需截面面积和回转半径为

$$A_{req} = \frac{N}{\varphi_{\min} f} = \frac{1\ 450 \times 10^3}{0.431 \times 305 \times 10^2} = 110.30 (\text{cm}^2)$$

$$i_{xreq} = \frac{l_{0x}}{\lambda} = \frac{600}{100} = 6 (\text{cm})$$

$$i_{yreq} = \frac{l_{0y}}{\lambda} = \frac{300}{100} = 3 (\text{cm})$$

由附表 9-5 不可能选出恰好满足 A_{req}、i_{xreq}、i_{yreq} 的型号,可以 A_{req} 和 i_{yreq} 为主,适当考虑 i_{xreq} 进行选择。现试选 I50a, $A = 119.2$ cm², $i_x = 19.7$ cm, $i_y = 3.07$ cm, $t = 20$ mm(> 16 mm), $f = 295$ N/mm²。

②截面验算:

因截面无孔洞削弱,可不验算强度。又因热轧工字钢的翼缘和腹板均较厚,可不验算局部稳定,只需进行刚度和整体稳定验算。

$$\lambda_x = \frac{l_{0x}}{i_x} = \frac{600}{19.7} = 30.46 < [\lambda] = 150 \quad \text{满足刚度要求}$$

$$\lambda_y = \frac{l_{0y}}{i_y} = \frac{300}{3.07} = 97.72 < [\lambda] = 150 \quad \text{满足刚度要求}$$

λ_y 远大于 λ_x，绕 y 轴屈曲时属于 b 类截面，$\lambda_y/\varepsilon_k=97.72/\sqrt{\dfrac{235}{345}}=118.4$，查附表 3-2，并通过插值法计算得 $\varphi=0.445$。

$$\frac{N}{\varphi A f}=\frac{1\ 450\times10^3}{0.445\times119.2\times10^2\times295}=0.927<1.0 \quad \text{满足整体稳定要求}$$

（2）用热轧 H 型钢［图 4-23(c)］

①试选截面：

由于热轧 H 型钢可以选用宽翼缘的形式，截面宽度较大，因此长细比的假设值可适当减小，假设 $\lambda=70$。对宽翼缘 H 型钢，因 $b/h>0.8$，所以不论对 x 轴还是 y 轴都属于 b 类截面。$\lambda/\varepsilon_k=70/\sqrt{\dfrac{235}{345}}=84.82$，查附表 3-2，并通过插值法计算得 $\varphi=0.656$，所需截面面积和回转半径分别为

$$A_{\text{req}}=\frac{N}{\varphi f}=\frac{1\ 450\times10^3}{0.656\times295\times10^2}=74.93(\text{cm}^2)$$

$$i_{x\text{req}}=\frac{l_{0x}}{\lambda}=\frac{600}{70}=8.57(\text{cm})$$

$$i_{y\text{req}}=\frac{l_{0y}}{\lambda}=\frac{300}{70}=4.29(\text{cm})$$

由附表 9-9 选出 HW200×204×12×12，$A=71.53\ \text{cm}^2$，$i_x=8.34\ \text{cm}$，$i_y=4.87\ \text{cm}$。翼缘厚度 $t=12\ \text{mm}$，取 $f=305\ \text{N/mm}^2$。

②截面验算：

因截面无孔洞削弱，可不验算强度。又因为热轧型钢，可不验算局部稳定，只需进行刚度和整体稳定验算。

$$\lambda_x=\frac{l_{0x}}{i_x}=\frac{600}{8.34}\approx71.94<[\lambda]=150 \quad \text{满足刚度要求}$$

$$\lambda_y=\frac{l_{0y}}{i_y}=\frac{300}{4.87}\approx61.60<[\lambda]=150 \quad \text{满足刚度要求}$$

绕 x 轴屈曲属于 a 类截面，$\lambda_x/\varepsilon_k=71.94/\sqrt{\dfrac{235}{345}}=87.17$，查附表 3-1，并通过插值法计算得 $\varphi_x=0.734$。绕 y 轴屈曲属于 b 类截面，由 $\lambda_y/\varepsilon_k=61.60/\sqrt{\dfrac{235}{345}}=74.64$，查附表 3-2，并通过插值法计算得 $\varphi_{\min}=\varphi_y=0.722$。

$$\frac{N}{\varphi A f}=\frac{1\ 450\times10^3}{0.722\times71.53\times10^2\times305}=0.921<1.0 \quad \text{满足整体稳定要求}$$

（3）用焊接 H 形截面［图 4-23(d)］

①试选截面：

参照 H 型钢截面：翼缘 2-200×14，腹板 1-200×6，其截面面积：

$$A=2\times20\times1.4+20\times0.6=68(\text{cm}^2)$$

$$I_x=\frac{1}{12}[20\times(1.4+20+1.4)^3-(20-0.6)\times20^3]=6\ 821(\text{cm}^4)$$

$$I_y=2\times\frac{1}{12}\times1.4\times20^3=1\ 867(\text{cm}^4)$$

$$i_x=\sqrt{\frac{6\ 821}{68}}=10.02(\text{cm})$$

$$i_y = \sqrt{\frac{1\ 867}{68}} = 5.24 \text{(cm)}$$

②刚度和整体稳定验算：

$$\lambda_x = \frac{l_{0x}}{i_x} = \frac{600}{10.02} = 59.88 < [\lambda] = 150 \quad \text{满足刚度要求}$$

$$\lambda_y = \frac{l_{0y}}{i_y} = \frac{300}{5.24} = 57.25 < [\lambda] = 150 \quad \text{满足刚度要求}$$

绕 x 轴和 y 轴屈曲均属于 b 类截面，因 $\lambda_x > \lambda_y$，$\lambda_x / \varepsilon_k = 59.88 / \sqrt{\frac{235}{345}} = 72.56$，查附表 3-2，并通过插值法计算得 $\varphi = 0.735$。

$$\frac{N}{\varphi A f} = \frac{1\ 450 \times 10^3}{0.735 \times 68 \times 10^2 \times 305} = 0.951 < 1.0 \quad \text{满足整体稳定要求}$$

③局部稳定验算：

翼缘外伸部分：

$$\frac{b'}{t} = \frac{(20-0.6)/2}{1.4} = 6.93 < (10+0.1\lambda_{\max})\varepsilon_k = (10+0.1 \times 59.88)\sqrt{\frac{235}{345}} = 13.20$$

满足局部稳定要求

腹板：

$$\frac{h_0}{t_w} = \frac{20}{0.6} = 33.33 < (25+0.5\lambda_{\max})\varepsilon_k = (25+0.5 \times 59.88)\sqrt{\frac{235}{345}} = 45.34$$

满足局部稳定要求

截面无孔洞削弱，不必验算强度。

④构造：

因腹板高厚比小于 80，故不必设置横向加劲肋。翼缘与腹板的连接焊缝最小焊脚尺寸由表 7-5 确定，当采用不预热的非低氢焊接方法进行焊接时，可取 $h_f = 6$ mm。焊缝取值详见第 7 章。

(4)原截面改用 Q235 钢

①热轧工字钢：

绕 y 轴屈曲时属于 b 类截面，由 $\lambda_y = 97.72$，查附表 3-2 并通过插值法计算得 $\varphi = 0.570$。

$$\frac{N}{\varphi A f} = \frac{1\ 450 \times 10^3}{0.570 \times 119 \times 10^2 \times 205} = 1.043 > 1.0(\text{但在 5\% 以内}) \quad \text{满足整体稳定要求}$$

②热轧 H 型钢：

绕 x 轴屈曲属于 b 类截面，由 $\lambda_x = 71.94$ 查附表 3-2，并通过插值法计算得 $\varphi_x = 0.737$。绕 y 轴屈曲属于 c 类截面，故 $\lambda_y = 61.60$，查附表 3-3，并通过插值法计算得 $\varphi_{\min} = \varphi_y = 0.698$。

$$\frac{N}{\varphi A f} = \frac{1\ 450 \times 10^3}{0.698 \times 71.53 \times 10^2 \times 215} = 1.35 > 1.0 \quad \text{不满足整体稳定要求}$$

③焊接 H 形截面：

绕 x 轴和 y 轴屈曲均属于 b 类截面，因 $\lambda_x > \lambda_y$，$\lambda_x = 59.88$，查附表 3-2，并通过插值法计算得 $\varphi = 0.808$。

$$\frac{N}{\varphi A f} = \frac{1\ 450 \times 10^3}{0.808 \times 72.28 \times 10^2 \times 215} = 1.15 > 1.0 \quad \text{不满足整体稳定要求}$$

由例 4-2 计算结果可知：

①热轧普通工字钢比热轧 H 型钢和焊接 H 形截面的面积大很多，这是由于普通工字钢

绕弱轴的回转半径太小,尽管弱轴方向的计算长度仅为强轴方向计算长度的1/2,但其长细比远大于后者,因而构件的承载能力是由弱轴所控制的,对强轴则有较大富余,这显然是不经济的。若必须采用此种截面,宜再增加侧向支撑的数量。对于热轧H型钢和焊接H形截面,由于其两个方向的长细比非常接近,基本上做到了等稳定性,用料更经济。焊接H形截面更容易实现等稳定性要求,用钢量最省,但焊接H形截面的焊接工作量大,在设计实腹式轴心受压构件时宜优先选用热轧H型钢。②改用Q235钢后,热轧普通工字钢的截面不增大时仍可安全承载,而热轧H型钢和焊接H形截面却不能安全承载且相差很多,这是因为长细比大的热轧普通工字钢构件在改变钢号后,仍处于弹性工作状态,钢材强度对稳定承载力影响不大,而长细比小的热轧H型钢和焊接H形截面构件,由于原设计的截面积比热轧普通工字钢小许多,改变钢号后,钢柱中的应力已处于弹塑性工作状态。因此钢材强度对稳定承载力有显著影响。

4.7 格构式轴心受压构件(Latticed Members Under Axial Compression)

4.7.1 格构式轴心受压构件绕实轴的整体稳定(Stability Calculation around Real Axis of Latticed Members Under Axial Compression)

格构式受压构件也称为格构式柱,其分肢通常采用槽钢和工字钢,构件截面具有双对称轴[图4-1(c)]。**格构式柱分肢间通过角钢或钢板相连(统称缀材),当缀材为角钢时简称缀条柱,当缀材为钢板时简称缀板柱。**

当构件轴心受压丧失整体稳定时,不大可能发生扭转屈曲和弯扭屈曲,往往发生绕截面主轴的弯曲屈曲。因此计算格构式轴心受压构件的整体稳定时,只需计算绕截面实轴和虚轴抵抗弯曲屈曲的能力。

格构式轴心受压构件绕实轴的弯曲屈曲情况与实腹式轴心受压构件没有区别,因此其整体稳定计算也相同,可以采用式(4-32)按b类截面进行计算。

4.7.2 格构式轴心受压构件绕虚轴的整体稳定(Stability Calculation Around Imaginary Axis of Latticed Members Under Axial Compression

实腹式轴心受压构件在弯曲屈曲时,剪切变形影响很小,对构件临界力的降低不到1%,可以忽略不计。格构式轴心受压构件绕虚轴弯曲屈曲时,由于两个分肢不是实体相连,连接两分肢的缀件的抗剪刚度比实腹式构件的腹板弱,构件在微弯平衡状态下,除弯曲变形外,还需要考虑剪切变形的影响,因此稳定承载力有所降低。根据弹性稳定理论分析,格构式轴心压杆考虑构件剪切变形影响的临界应力为

$$\sigma_{cr} = \frac{\pi^2 E}{\lambda^2} \cdot \frac{1}{1 + \frac{\pi^2 EA}{\lambda^2} \cdot \gamma_1} \tag{4-69}$$

式中,λ为整个构件绕虚轴的长细比;γ_1为构件在单位剪力沿垂直于虚轴方向作用下的剪切角,简称单位剪切角。

可以借用实腹式轴压构件弯曲屈曲的计算公式计算格构式轴压构件绕虚轴的整体稳定,现以双肢格构柱为例推导换算长细比λ_{0x}。

设

$$\sigma_{cr} = \frac{\pi^2 E}{\lambda_{0x}^2} = \frac{\pi^2 E}{\lambda_x^2} \cdot \frac{1}{1 + \frac{\pi^2 EA}{\lambda_x^2} \cdot \gamma_1} \qquad (4\text{-}70)$$

可解得

$$\lambda_{0x} = \sqrt{\lambda_x^2 + \pi^2 EA\gamma_1} \qquad (4\text{-}71)$$

当为缀条柱时,可求得单位剪切角为

$$\gamma_1 = \frac{1}{EA_{1x}\sin^2\theta \cdot \cos\theta} \qquad (4\text{-}72)$$

代入式(4-71)得:

$$\lambda_{0x} = \sqrt{\lambda_x^2 + \frac{\pi^2}{\sin^2\theta\cos\theta} \cdot \frac{A}{A_{1x}}} \qquad (4\text{-}73)$$

式中,λ_x 为整个构件绕虚轴的长细比,A 为整个构件的毛截面面积,A_{1x} 为构件截面中垂直于 x 轴的各斜缀条毛截面面积之和,θ 为缀条与构件轴线间的夹角。

式(4-70)与实腹式轴心受压构件欧拉临界应力计算公式的形式完全相同。由此可见,如果用 λ_{0x} 代替 λ_x,则可采用与实腹式轴心受压构件相同的公式计算格构式构件绕虚轴的稳定性,因此,称 λ_{0x} 为**换算长细比**。

一般斜缀条与构件轴线间的夹角 θ 的范围为 $40°\sim70°$,在此范围内,$\dfrac{\pi^2}{\sin^2\theta\cos\theta}$ 在 $25.6\sim$ 32.7,其值变化不大。为了简便,《钢结构设计标准》(GB 50017—2017)按 $\theta = 45°$ 计算,即 $\dfrac{\pi^2}{\sin^2\theta\cos\theta} = 27$。式(4-73)简化为

$$\lambda_{0x} = \sqrt{\lambda_x^2 + 27\frac{A}{A_{1x}}} \qquad (4\text{-}74)$$

需要注意的是,当斜缀条与柱轴线间的夹角不在 $40°\sim70°$ 范围内时,$\dfrac{\pi^2}{\sin^2\theta\cos\theta}$ 值将比 27 大很多,式(4-74)是偏于不安全的,应按式(4-73)计算换算长细比 λ_{0x}。此外,λ_{0x} 是按弹性屈曲推导的,但一般推广用于全部 λ_x 范围。

当缀件为缀板时,用同样的原理可得格构式轴心受压构件的换算长细比为

$$\lambda_{0x} = \sqrt{\lambda_x^2 + \frac{\pi^2}{12}\left(1 + \frac{2}{k}\right)\lambda_1^2} \qquad (4\text{-}75)$$

式中,$\lambda_1 = \dfrac{l_{01}}{i_1}$ 为相应分肢长细比,$k = \dfrac{\frac{I_b}{c}}{\frac{I_1}{l_1}}$ 为缀板与分肢线刚度比值,l_1 为相邻两缀板间的

中心距;I_1、i_1 为每个分肢绕其平行于虚轴方向形心轴的惯性矩和回转半径,I_b 为构件截面中垂直于虚轴的各缀板的惯性矩之和,c 为两分肢的轴线间距。

通常情况下,k 值较大(两分肢不相等时,k 按较大分肢计算)。当 k 在 $6\sim20$ 时,$\dfrac{\pi^2\left(1 + \frac{2}{k}\right)}{12}$ 在 $0.905\sim1.097$ 的常用范围,即在 $k \geqslant 6$ 的常用范围,接近于 1。为简化起见,《钢结构设计标准》(GB 50017—2017)规定换算长细比按以下简化式计算:

$$\lambda_{0x} = \sqrt{\lambda_x^2 + \lambda_1^2} \qquad (4\text{-}76)$$

式中，$\lambda_1 = \dfrac{l_{01}}{i_1}$ 为分肢对最小刚度轴的长细比。缀板式构件分肢在缀板连接范围内刚度较大而变形很小，因此当缀板与分肢焊接时，计算长度 l_{01} 为相邻两缀板间的净距；当缀板与分肢螺栓连接时，计算长度 l_{01} 为最近边缘螺栓间的距离。

当 k 在 $2 \sim 6$ 时，$\dfrac{\pi^2 \left(1 + \dfrac{2}{k}\right)}{12}$ 在 $1.097 \sim 1.645$，按式（4-76）计算 l_{0x}，误差较大。因此，当 $k \leqslant 6$ 时宜用式（4-75）计算。

对于四肢和三肢组合的格构式轴心受压构件，可得出类似的换算长细比计算公式，具体可参见《钢结构设计标准》（GB 50017—2017）。

4.7.3 格构式轴心受压构件分肢的稳定和强度计算（Stability and Strength Calculation of Branch of Latticed Members Under Axial Compression）

格构式轴心受压构件的分肢既是组成整体截面的一部分，在缀件节点之间又是一个单独的实腹式受压构件。所以，对格构式构件除需作为整体计算其强度、刚度和稳定外，还应计算各分肢的强度、刚度和稳定，且应保证各分肢失稳不先于格构式构件整体失稳。由于初弯曲等缺陷的影响，格构式轴心受压构件受力时呈弯曲变形，故各分肢内力并不相同，其强度或稳定计算是相当复杂的。经对各类型实际构件（取初弯曲 $l/500$）进行计算和综合分析，为简化起见，《钢结构设计标准》（GB 50017—2017）规定分肢的长细比满足下列条件时可不计算分肢的强度、刚度和稳定：

当缀件为缀条时，

$$\lambda_1 \leqslant 0.7 \lambda_{\max} \tag{4-77}$$

当缀件为缀板时，

$$\lambda_1 \leqslant 0.5 \lambda_{\max} \text{ 且不大于 } 40 \tag{4-78}$$

式中，$\lambda_{\max}$ 为构件两方向长细比（对虚轴取换算长细比）的较大值，当 $\lambda < 50$ 时，取 $\lambda = 50$；λ_1 按式（4-76）的规定计算，但当缀件采用缀条时，l_{01} 取缀条节点间距。

4.7.4 格构式轴心受压构件分肢的局部稳定（Local Stability of Latticed Members Under Axial Compression）

格构式轴心受压构件的分肢承受压力，应进行板件的局部稳定计算。分肢常采用热轧型钢，其翼缘和腹板一般能满足局部稳定要求。当分肢采用焊接组合截面时，其翼缘和腹板宽厚比应按式（4-60）、式（4-61）进行验算，以满足局部稳定要求。

4.7.5 格构式轴心受压构件的缀件设计（Components Design of Latticed Members Under Axial Compression）

1）格构式轴心受压构件的剪力

格构式轴心受压构件绕虚轴弯曲时将产生剪力 $V = \mathrm{d}M/\mathrm{d}z$，其中 $M = NY$，如图 4-24 所示。考虑初始缺陷的影响，经理论分析，《钢结构设计标准》（GB 50017—2017）采用以下实用公式计算格构式轴心受压构件中可能发生的最大剪力设计值 V，即

$$V = \frac{Af}{85\varepsilon_k} \tag{4-79}$$

为了设计方便，此剪力 V 可认为沿构件全长不变，方向可以是正或负，由承受该剪力的各缀件面共同承担。对双肢格构式构件有两个缀件面，每面承担 $V_1 = V/2$。

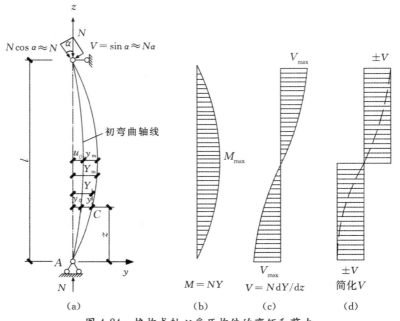

图 4-24 格构式轴心受压构件的弯矩和剪力

2)缀条设计

当缀件采用缀条时,格构式构件的每个缀件面如同缀条与构件分肢组成的平行弦桁架体系,缀条可看作桁架的腹杆,其内力可按铰接桁架进行分析。如图 4-25 的斜缀条的内力为

$$N_{\mathrm{d1}} = V_1/\sin\theta \tag{4-80}$$

式中,V_1 为每面缀条所受的剪力,θ 为斜缀条与构件轴线间的夹角。

由于构件弯曲变形方向可能变化,因此剪力方向可以变化,斜缀条可能受拉或受压,设计时应按最不利情况作为轴心受压构件进行计算。单角钢缀条通常与构件分肢单面连接,故在受力时实际上存在偏心。作为轴心受力构件计算其强度、稳定和连接时,应引入相应的强度设计值折减系数以考虑偏心受力的影响。

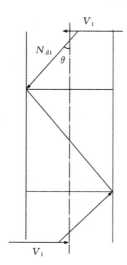

图 4-25 缀条的内力

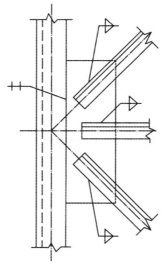

图 4-26 缀条与分肢的连接

缀条的最小尺寸不宜小于∟ 45×4 或∟ 56×36×4 的角钢。不承受剪力的横缀条主要用

来减少分肢的计算长度,其截面尺寸通常取与斜缀条相同。

缀条的轴线与分肢的轴线应尽可能交于一点,设有横缀条时,还可加设节点板(图 4-26)。有时为了保证必要的焊缝长度,节点处缀条轴线交会点可稍向外移至分肢形心轴线以外,但不应超出分肢翼缘的外侧。为了减小斜缀条两端受力角焊缝的搭接长度,缀条与分肢可采用三面围焊相连。

3)缀板设计

当缀件采用缀板时,格构式构件的每个缀件面如同缀板与构件分肢组成的单跨多层平面刚架体系。假定受力弯曲时,反弯点分布在各段分肢和缀板的中点。取如图 4-27 所示的隔离体,根据内力平衡可得每个缀板剪力 V_{b1} 和缀板与分肢连接处的弯矩 M_{b1}:

$$V_{b1} = \frac{V_1 l_1}{c} \tag{4-81}$$

$$M_{b1} = \frac{V_1 l_1}{2} \tag{4-82}$$

式中,l_1 为两相邻缀板轴线间的距离,需根据分肢稳定和强度条件确定;c 为分肢轴线间的距离。

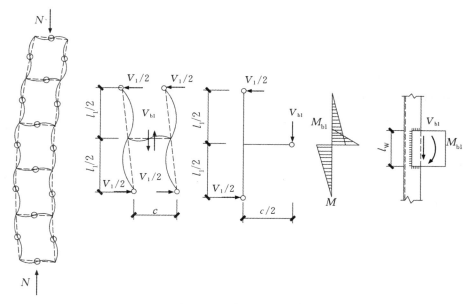

图 4-27　缀板的内力计算

根据 M_{b1} 和 V_{b1} 可验算缀板的弯曲强度、剪切强度以及缀板与分肢的连接强度。由于角焊缝强度设计值低于缀板强度设计值,故一般只需计算缀板与分肢的角焊缝连接强度。

缀板的尺寸由刚度条件确定,为了保证缀板的刚度,《钢结构设计标准》(GB 50017—2017)规定在同一截面处各缀板的线刚度之和不得小于构件较大分肢线刚度的 6 倍,即 $\sum \left(\dfrac{I_b}{c} \right) \geqslant 6 \left(\dfrac{I_1}{l_1} \right)$,式中 I_b、I_1 分别为缀板和分肢的截面惯性矩。若取缀板的宽度 $h_b \geqslant \dfrac{2}{3} c$,厚度 $t_b \geqslant \dfrac{c}{40}$ 和 6 mm,一般可满足上述线刚度比、受力和连接等要求。

缀板与分肢的搭接长度一般取 20～30 mm,可以采用三面围焊,或只用缀板端部纵向焊缝与分肢相连。

4.7.6 格构式轴心受压构件的构造要求（Detailing Requirements of Latticed Members Under Axial Compression）

为了提高格构式构件的抗扭刚度,保证运输和安装过程中截面几何形状不变,以及传递必要的内力,在受较大水平力处和每个运送单元的两端,应设置横隔,构件较长时还应设置中间横隔。横隔的间距不得大于构件截面较大宽度的 9 倍或 8 m。格构式构件的横隔可用钢板或交叉角钢做成(图 4-28)。

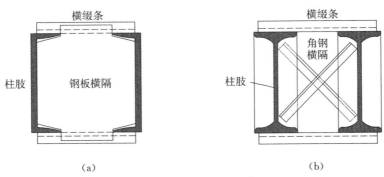

（a） （b）

图 4-28 格构式构件的横隔

4.7.7 格构式轴心受压构件的截面设计（Section Design of Latticed Members Under Axial Compression）

现以两个相同实腹式分肢组成的格构式轴心受压构件(图 4-29)为例来说明其截面选择和设计问题。

1)截面选择

当格构式轴心受压构件的压力设计值 N、计算长度 l_{0x} 和 l_{0y}、钢材强度设计值 f 和截面类型都已知时,截面选择分为两个步骤:首先按实轴稳定要求选择截面两分肢的尺寸,其次按绕虚轴与实轴等稳定条件确定分肢间距。

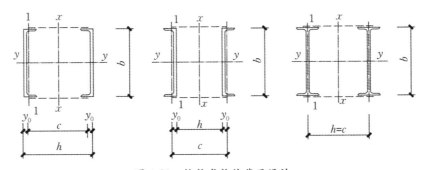

图 4-29 格构式构件截面设计

(1)按实轴(设为 y 轴)稳定条件选择截面尺寸

假定绕实轴长细比 λ_y 在 60~100,当 N 较大而 l_{0y} 较小时取较小值,反之取较大值。根据 λ_y 及钢号和截面类别查得整体稳定系数 φ 值,按式(4-65)求所需截面面积 A_{req}。

求绕实轴所需要的回转半径 $i_{yreq} = l_{0y}/\lambda_y$。如分肢为组合截面时,则还应由 i_{yreq} 按附录 4 的近似值求所需截面宽度 $b = i_{yreq}/\varphi_1$。

根据所需 A_{req}、i_{yreq}(或 b)初选分肢型钢规格(或截面尺寸),并进行实轴整体稳定和刚度验算,必要时还应进行强度验算和板件宽厚比验算。若验算结果不完全满足要求,应重新假定 λ_y 再试选截面,直至满意为止。

(2)按虚轴(设为 x 轴)与实轴等稳定原则确定两分肢间距

根据换算长细比 $\lambda_{0x}=\lambda_y$,则可求得所需要的 $\lambda_{x\mathrm{req}}$:

对缀条格构式构件:

$$\lambda_{x\mathrm{req}}=\sqrt{\lambda_{0x}^2-27\frac{A}{A_{1x}}}=\sqrt{\lambda_y^2-27\frac{A}{A_{1x}}} \tag{4-83}$$

对缀板格构式构件:

$$\lambda_{x\mathrm{req}}=\sqrt{\lambda_{0x}^2-\lambda_1^2}=\sqrt{\lambda_y^2-\lambda_1^2} \tag{4-84}$$

由 $\lambda_{x\mathrm{req}}$ 可求所需 $i_{x\mathrm{req}}=l_{0x}/\lambda_{x\mathrm{req}}$,从而按附录4确定分肢间距 $h=i_{x\mathrm{req}}/\alpha_2$。

在按式(4-83)计算 $\lambda_{x\mathrm{req}}$ 时,需先假定 A_{1x},可按 $A_{1x}=0.1A$ 预估缀条角钢型号;在按式(4-84)计算 $\lambda_{x\mathrm{req}}$ 时,需先假定 λ_1,λ_1 可按式(4-78)的最大值取用。

两分肢翼缘间的净空应在 $100\sim150$ mm,以便于刷油漆。h 的实际尺寸应调整为 10 mm 的倍数。

2)截面验算

按照上述步骤初选截面后,按式(4-6)、式(4-7)、式(4-32)、式(4-77)和式(4-78)等进行刚度、整体稳定和分肢稳定验算;如有孔洞削弱,还应按式(4-2)进行强度验算;缀件设计按(4-79)进行。如验算结果不完全满足要求,应调整截面尺寸后重新验算,直到满足要求为止。

例 4-3 将例 4-2 的支柱设计成格构式轴心受压柱:(1)缀条柱;(2)缀板柱。钢材为 Q345 钢,焊条为 E50 型,截面无削弱。

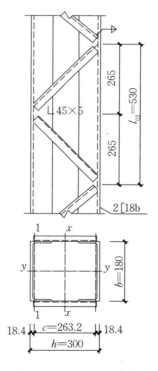

图 4-30 例题 4-2 缀条柱图

解 (1)缀条柱

①按实轴(y 轴)的稳定条件确定分肢截面尺寸:

假定 $\lambda_y=40$，按 Q345 钢 b 类截面计算，$\lambda=\lambda_x/\varepsilon_k=40/\sqrt{\dfrac{235}{345}}=48.47$，查附表 3-2，并通过插值法计算得 $\varphi=0.863$。

所需截面面积和回转半径分别为

$$A_{req}=\frac{N}{\varphi f}=\frac{1\,450\times10^3}{0.863\times305\times10^2}=55.09(\text{cm}^2)$$

$$i_{yreq}=\frac{l_{0y}}{\lambda}=\frac{300}{40}=7.5(\text{cm})$$

查附表 9-7 试选 2[18b，截面形式如图 4-30 所示。实际 $A=2\times29.29=58.58\ \text{cm}^2$，$i_y=6.84\ \text{cm}$，$i_1=1.95\ \text{cm}$，$z_0=1.84\ \text{cm}$，$I_1=111\ \text{cm}^4$。

验算绕实轴稳定：

$$\lambda_y=\frac{l_{0y}}{i_y}=\frac{300}{6.84}=43.86<[\lambda]=150\quad\text{满足稳定要求}$$

$\lambda=\lambda_y/\varepsilon_k=43.86/\sqrt{\dfrac{235}{345}}=53.14$，查附表 3-2，并通过插值法计算得 $\varphi=0.841$（b 类截面）。

$$\frac{N}{\varphi Af}=\frac{1\,450\times10^3}{0.841\times58.58\times10^2\times305}=0.965<1.0\quad\text{满足整体稳定要求}$$

②按绕虚轴（x 轴）的稳定条件确定分肢间距：

柱子轴力不大，缀条采用角钢∟45×5，两个斜缀条毛截面面积之和 $A_{1x}=2\times4.29=8.58$（cm²）。

按等稳定条件 $\lambda_{0x}=\lambda_y$，得：

$$\lambda_{xreq}=\sqrt{\lambda_y^2-27\frac{A}{A_{1x}}}=\sqrt{43.86^2-27\times58.58/8.58}=41.71$$

$$i_{xreq}=\frac{l_{0x}}{\lambda_{xreq}}=\frac{600}{41.71}=14.39(\text{cm})$$

$$h_{req}=\frac{i_{xreq}}{\alpha_1}=\frac{14.39}{0.44}=32.7(\text{cm})$$

取 $h=30$ cm。

两槽钢翼缘间净距 $=300-2\times70=160$（mm）>100 mm，满足构造要求。

验算虚轴稳定：

$I_x=2\times(111+29.29\times13.36^2)=10\,678(\text{cm}^4)$

$$i_x=\sqrt{\frac{I_x}{A}}=\sqrt{\frac{10\,678}{58.58}}=13.50(\text{cm})$$

$$\lambda_x=\frac{l_{0x}}{i_x}=\frac{600}{13.5}=44.44$$

$$\lambda_{0x}=\sqrt{\lambda_x^2+27\frac{A}{A_{1x}}}=\sqrt{44.44^2+27\times58.58/8.58}=46.47<[\lambda]=150$$

查附表 3-2，并通过插值法计算得 $\varphi=0.827$（b 类截面）。

$$\frac{N}{\varphi Af}=\frac{1\,450\times10^3}{0.827\times58.58\times10^2\times305}=0.981<1.0\quad\text{满足稳定要求}$$

③验算分肢稳定：

$$\lambda_1 = \frac{l_{01}}{i_1} = \frac{2 \times 26.5}{1.95} = 27.18 < 0.7\lambda_{max} = 0.7 \times 46.47 = 32.53$$

满足规范规定,所以无须验算分肢刚度、强度和整体稳定;分肢采用型钢,也不必验算其局部稳定。至此可认为所选截面满意。

④缀条设计:

缀条尺寸已初步确定角钢∟45×5,$A_{d1} = 4.29$ cm^2,$i_{min} = 0.88$ cm。采用人字形单缀条体系 $\theta = 45°$,分肢 $l_{01} = 53$ cm,斜缀条长度 $l_d = \dfrac{26.32}{\sin 45°} = 37.22$(cm)。

柱的剪力:

$$V = \frac{Af}{85\varepsilon_k} = \frac{58.58 \times 10^2 \times 305}{85}\sqrt{\frac{345}{235}} = 25\ 468(\text{N})$$

$$V_1 = \frac{V}{2} = \frac{25\ 468}{2} = 12\ 734(\text{N})$$

斜缀条内力:

$$N_{d1} = \frac{V_1}{\sin\theta} = \frac{12\ 734}{\sin 45°} = 18\ 011(\text{N})$$

$$\lambda_1 = \frac{l_{01}}{l_{min}} = \frac{37.22}{0.88} = 42.30 < [\lambda] = 150$$

查附表 3-2,通过插值法计算得 $\varphi = 0.851$(b 类截面),根据《钢结构设计标准》(GB 50017—2017),验算受压等边角钢的稳定性时,其强度设计值折减系数

$$\eta = 0.6 + 0.001\ 5\lambda = 0.6 + 0.001\ 5 \times 42.30 = 0.664$$

斜缀条的稳定:

$$\frac{N_{d1}}{\eta\varphi Af} = \frac{18\ 011}{0.664 \times 0.851 \times 4.29 \times 10^2 \times 305} = 0.244 < 1.0 \quad \text{满足整体稳定要求}$$

缀条无孔洞削弱,不必验算强度。缀条的连接角焊缝采用两面侧焊,按构造要求取 $h_f = 4$ mm;单面连接的单角钢按轴心受力计算连接时,其强度设计值折减系数 $\eta = 0.85$(焊缝计算详见第 7 章),则:

肢背焊缝所需长度:

$$l_{w1} = \frac{k_1 N_{d1}}{0.7 h_f \eta f_f^w} + 2h_f = \frac{0.7 \times 18\ 011}{0.7 \times 0.4 \times 0.85 \times 200 \times 10^2} + 0.8 = 3.4(\text{cm})$$

肢尖焊缝所需长度:

$$l_{w2} = \frac{k_2 N_{d1}}{0.7 h_f \eta f_f^w} + 2h_f = \frac{0.3 \times 18\ 011}{0.7 \times 0.4 \times 0.85 \times 200 \times 10^2} + 0.8 = 1.9(\text{cm})$$

肢背与肢尖焊缝长度均取 4 mm。

⑤横隔:

柱截面最大宽度为 30 cm,要求横隔间距小于或等于 9×0.30 = 2.7(m)和 8 m,柱高 6 m,上下两端有柱头柱脚,中间三分点处设两道钢板横隔,与斜缀条节点配合设置(图 4-28)。

(2)缀板柱

①按实轴(y 轴)的稳定条件确定分肢截面尺寸同缀条柱,选用 2[18b(图 4-31),$\lambda_y = 43.86$。

②按绕虚轴(x 轴)的稳定条件确定分肢间距:

取 $\lambda_1 = 22$,$\lambda_{max} = 43.86 < 50$,取 $\lambda_{max} = 50$,满足 $\lambda_1 < 0.5\lambda_{max} = 0.5 \times 50 = 25$ 且不大于 40 的分肢稳定要求。按等稳定原则 $\lambda_{0x} = \lambda_y$,得

$$\lambda_{x\,req} = \sqrt{\lambda_y^2 - \lambda_1^2} = \sqrt{43.86^2 - 22^2} = 37.94$$

$$i_{x\,req} = \frac{l_{0x}}{\lambda_{x\,req}} = \frac{600}{37.94} = 15.81(\text{cm})$$

$$h_{req} = \frac{i_{x\,req}}{\alpha_1} \approx \frac{15.81}{0.44} = 35.93(\text{cm})$$

取 $h = 32$ cm。

两槽钢翼缘间净距 $= 320 - 2 \times 70 = 180(\text{mm}) > 100$ mm，满足构造要求。

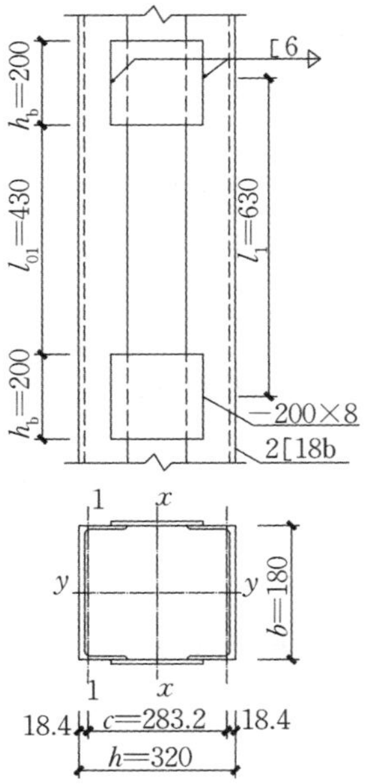

验算虚轴稳定：

缀板净距：

$$l_{01} = \lambda_1 i_1 = 22 \times 1.95 = 42.9(\text{cm})$$

取 43 cm。

$$\lambda_1 = \frac{43}{1.95} = 22.05$$

$$I_x = 2 \times (111 + 29.29 \times 14.16^2) = 11\,968(\text{cm}^4)$$

$$i_x = \sqrt{\frac{I_x}{A}} = \sqrt{\frac{11\,968}{58.58}} = 14.29(\text{cm})$$

$$\lambda_x = \frac{l_{0x}}{i_x} = \frac{600}{14.29} = 41.99$$

$$\lambda_{0x} = \sqrt{\lambda_x^2 + \lambda_1^2} = \sqrt{41.99^2 + 22.05^2} = 47.43 < [\lambda] = 150$$

图 4-31 例题 4-2 缀板柱图

按 $\lambda = \lambda_{0x}/\varepsilon_k = 47.43/\sqrt{\dfrac{235}{345}} = 57.47$，查附表 3-2，并通过插值法计算得 $\varphi = 0.826$（b 类截面）。

$$\frac{N}{\varphi A f} = \frac{1\,450 \times 10^3}{0.826 \times 58.58 \times 10^2 \times 305} = 0.983 < 1 \quad \text{满足稳定性要求}$$

$\lambda_1 = 22.05 < 0.5\lambda_{max} = 0.5 \times 50 = 25$ 和 40，满足要求。

所以无须验算分肢刚度、强度和整体稳定；分肢采用型钢，也不必验算其局部稳定。至此可认为所选截面满意。

③缀板设计：

初选缀板尺寸：纵向高度 $h_b \geq \dfrac{2}{3}c = \dfrac{2}{3} \times 28.32 = 18.88(\text{cm})$，厚度 $t_b \geq \dfrac{c}{40} = \dfrac{28.32}{40} = 0.71$（cm），取 $h_b \times t_b = 200$ mm $\times 8$ mm。

相邻缀板净距 $l_{01} = 43$，相邻缀板中心距 $l_1 = l_{01} + h_b = 43 + 20 = 63(\text{cm})$。

缀板线刚度之和与分肢线刚度比值：

$$\frac{\sum (I_b/c)}{I_1/l_1} = \frac{2 \times (0.8 \times 20^3/12)/28.32}{111/63} = 21.38 > 6 \quad \text{满足缀板的刚度要求}$$

柱的剪力：

$$V = 25\,468 \text{ N}$$

每个缀板面剪力：

$$V_1 = 12\,734 \text{ N}$$

弯矩：

$$M_{b1} = \frac{V_1 l_1}{2} = 12\,734 \times \frac{63}{2} = 401\,121(\text{N} \cdot \text{cm})$$

84

剪力：

$$V_{b1} = \frac{V_1 l_1}{c} = 12\ 734 \times \frac{63}{28.32} = 28\ 328(\text{N})$$

$$\sigma = \frac{6 M_{b1}}{t_b h_b^2} = \frac{6 \times 401\ 121 \times 10}{8 \times 200^2} = 75(\text{N/mm}^2) < f = 305(\text{N/mm}^2)$$

$$\tau = \frac{1.5\ V_{b1}}{t_b h_b} = \frac{1.5 \times 28\ 328}{8 \times 200} = 27(\text{N/mm}^2) < f_v = 180(\text{N/mm}^2)$$

满足缀板的强度要求。

④缀板焊缝计算：

采用三面周围角焊缝。计算时可偏于安全地仅考虑端部纵向焊缝，按构造要求取焊脚尺寸 $h_f = 6$ mm，$l_w = 200$ mm，则：

$$A_f = 0.7 \times 0.6 \times 20 = 8.4(\text{cm}^2)$$

$$W_f = \frac{1}{6} \times 0.7 \times 0.6 \times 20^2 = 28(\text{cm}^3)$$

查附表 2-5，可知 $f_y^w = 200$ N/mm²，在弯矩 M_{b1} 和剪力 V_{b1} 共同作用下焊缝的应力为：

$$\sqrt{\left(\frac{\sigma_f}{\beta_f}\right)^2 + \tau_f^2} = \sqrt{\left(\frac{401\ 121 \times 10}{1.22 \times 28 \times 10}\right)^2 + \left(\frac{28\ 328}{8.4 \times 10^2}\right)^2} = 126(\text{N/mm}^2) < f_f^w = 200(\text{N/mm}^2)$$

4.8 小结 (Summary)

①轴心受力构件按受力性质可分为轴心受拉构件和轴心受压构件，按其截面组成形式可分为实腹式轴心受力构件和格构式轴心受力构件。

②轴心受力构件的设计应同时满足承载能力极限状态和正常使用极限状态的要求。在设计中，对轴心受拉构件应进行强度（承载能力极限状态）和刚度（正常使用极限状态）的计算，对轴心受压构件需进行强度、整体稳定、局部稳定（均属于承载能力极限状态）和刚度（正常使用极限状态）的计算。轴心受力构件的刚度是通过限制其长细比来保证的。

③轴心受压构件的截面设计分为实腹式轴心受压构件截面设计和格构式轴心受压构件截面设计。

思考题 (Questions)

4-1 理想轴心受压构件整体失稳的类型有哪些？分别对应哪些类型的截面？

4-2 什么叫作格构式轴心受压构件？格构式轴心受压构件由哪些零件组成？

4-3 哪些因素影响轴心受压构件的稳定系数？

4-4 轴心受压构件的验算内容有哪些？

4-5 影响轴心受压构件稳定极限承载力的初始缺陷有哪些？在钢结构设计中应如何考虑？

4-6 为什么要对实腹式轴心受压构件进行局部稳定验算？焊接 H 形截面轴心受压构件的局部稳定如何计算？

4-7 实腹式轴心受压构件和格构式轴心受压构件的设计步骤有何异同？

4-8 格构式轴心受压构件的稳定计算中，对长细比计算有何规定？为什么？

习　题（Exercises）

4-1　图 4-32 所示两种焊接 H 形截面，板件均为焰切边，截面面积相等，钢材均为 Q235。当用作长度为 6 m 的两端铰接的轴心受压构件时，试计算承载力设计值各是多少，并验算局部稳定是否满足要求。

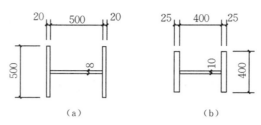

图 4-32　习题 4-1 附图

4-2　一两端铰接的焊接 H 形组合截面柱型号为 H250×250×6×10，该柱承受轴心压力设计值 $N = 600$ kN，柱的长度为 4.8 m，钢材为 Q235，焊条为 E43 型，翼缘为焰切边，验算该柱强度、整体稳定和局部稳定是否满足要求。如果将该柱截面改为热轧宽翼缘 H 型钢 HW200×200×8×12，其他条件不变，验算是否满足要求，并与上述焊接 H 形组合截面进行比较，分析哪种设计更好。

4-3　如图 4-33 所示格构式轴心受压构件，由 2[32a 组成，柱高 8 m，两端铰接。钢材为 Q235B。(1)若该柱为缀条柱，缀条为∟45×5，水平线夹角为 45°，试问该柱能承受多大轴压力？单肢稳定是否满足要求？(2)若该柱为缀板柱，缀板中心距为 600 mm，该柱能承受多大轴压力？单肢稳定是否满足要求？

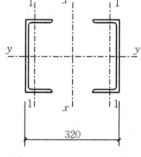

图 4-33　习题 4-3 附图

4-4　某轴心受压柱承受轴向压力设计值 $N = 2\,000$ kN，柱两端铰接，$l_{0x} = l_{0y} = 4$ m。钢材为 Q235，截面无削弱。试设计此柱的截面：(1)采用普通热轧工字钢；(2)采用热轧 H 型钢；(3)采用焊接 H 形截面，翼缘板为焰切边。

4-5　试设计支承某钢结构工作平台的格构式轴心受压缀板柱，该柱柱身由 2 个槽钢组成，钢材为 Q235，柱高 6 m，两端铰接，柱的轴心压力设计值为 1 000 kN。

4-6　图 4-34 所示为一管道支架，其支柱的轴心压力（包括自重）设计值 $N = 800$ kN，柱两端铰接，钢材为 Q235，焊条为 E43 型，截面无孔洞削弱。将图中两支柱分别设计成格构式轴心受压缀条柱和缀板柱。

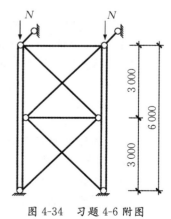

图 4-34　习题 4-6 附图

第5章 受弯构件

(Flexural Members)

本章学习目标

了解受弯构件(钢梁)的类型和应用；

掌握钢梁的强度和刚度的计算方法；

掌握钢梁整体稳定计算和影响梁整体稳定的主要因素；

掌握钢梁局部稳定的设计方法；

了解梁的扭转问题和弯扭屈曲。

5.1 概述(Introduction)

受弯构件是指主要承受横向荷载产生的弯矩和剪力作用而轴力可以忽略不计的构件。

受弯构件在工程中通常也被称为梁(beam)。钢梁是建筑结构中非常普遍的基本构件。除了在钢结构建筑中使用,同时也以组合梁的形式广泛应用于钢-混凝土组合结构中。

受弯构件按截面形式分类有实腹式(图 5-1)和空腹式两大类,空腹式受弯构件又分为蜂窝梁(cellular beam)(图 5-2)和桁架(truss)两种形式。按功能分类,有楼盖梁、平台梁、吊车梁、檩条、墙梁等。按受力状态分类,只在一个主平面内受弯的构件,称为单向弯曲梁,在两个主平面内同时受弯的构件,称为双向弯曲梁。按制作方法分类,有型钢梁(图 5-3)、组合梁(图5-4),其中型钢梁加工制造简单方便,成本较低,但截面尺寸和形状受轧制条件限制。当型钢截面不能满足构件的受力要求时,可采取组合梁的形式来满足荷载或跨度方面的要求。

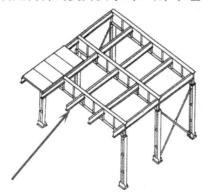

图 5-1 实腹式梁

图 5-2 蜂窝梁

与其他结构构件一样,在钢结构受弯构件的设计中应该满足承载能力极限状态与正常使用极限状态的要求,承载能力极限状态包括截面强度破坏、整体失稳和局部失稳三个方面。在设计中,要求梁在荷载设计值作用下截面最大弯曲正应力、剪应力、局部压应力和折算应力均不超过《钢结构设计标准》(GB 50017—2017)规定的相应强度设计值,同时要求梁不会发生整体侧向弯扭屈曲以及组成梁的板件不会出现波状的局部屈曲。正常使用极限状态在钢梁的设计中主要验算梁的刚度。设计时要求在荷载标准值作用下梁的最大挠度不大于《钢结构设计标准》(GB 50017—2017)规定的容许挠度值,即梁有足够的抗弯刚度。本章主要阐述实腹截面受弯构件的截面强度、刚度、扭转、整体稳定、局部稳定的基本概念和相应的计算方法。

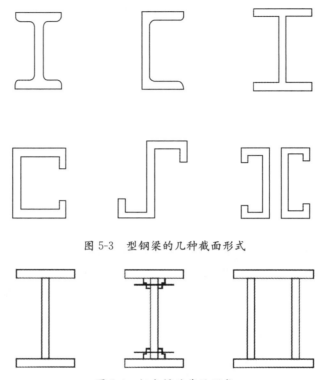

图 5-3　型钢梁的几种截面形式

图 5-4　组合梁的截面形式

5.2　受弯构件的强度和刚度(Strength and Stiffness of Flexural Members)

5.2.1　受弯构件的强度(Strength of Flexural Members)

受弯构件在横向荷载作用下,截面将产生弯矩和剪力。受弯构件的强度最主要的是**抗弯强度**,其次是**抗剪强度**,除此之外在一些规定情形下,还要求钢梁的局部承压应力和在复杂应力状态下的折算应力不超过《钢结构设计标准》(GB 50017—2017)规定的相应强度设计值。

1)抗弯强度

钢梁在弯矩 M_x 的作用下,截面上的应变始终符合平截面假定[图 5-5(a)],截面上下边缘的应变最大,用 ε_{max} 表示。M_x 由零逐渐增大时,截面上的正应力发展可分为三个阶段。

(1)弹性工作阶段

当弯矩 M_x 较小时,截面上的最大应变 $\varepsilon_{max} \leqslant \dfrac{f_y}{E}$,梁全截面处于弹性工作阶段,应力与应变成正比,此时截面上的应力为直线分布。弹性工作的极限状态是 $\varepsilon_{max} = \dfrac{f_y}{E}$[图 5-5(b)],此

时的弯矩为梁弹性工作阶段的最大弯矩,其值为

$$M_{xe}=f_yW_{nx} \tag{5-1}$$

式中,W_{nx} 为梁净截面对 x 轴的弯曲模量。

(2)弹塑性阶段

当弯矩 M_x 继续增加时,截面上下各有一个高为 a 的区域,其应变 $\varepsilon_{max} \geqslant \dfrac{f_y}{E}$。由于钢材进入塑性阶段后一定范围内应力基本保持在屈服点的水准上,所以这个区域的正应力恒等于 f_y,为塑性区。在应变 $\varepsilon_{max} < \dfrac{f_y}{E}$ 的中间部分区域仍保持为弹性,应力和应变成正比[图 5-5(c)]。

(3)塑性工作阶段

当弯矩 M_x 继续增加时,梁截面的塑性区不断向内发展,弹性核心区不断缩小。当弹性区消失后[图 5-5(d)],弯矩 M_x 不再增加,梁的承载能力达到极限,而变形却可继续发展,直到形成塑性铰。其最大弯矩为

$$M_{xp}=f_y(S_{1nx}+S_{2nx})=f_yW_{pnx} \tag{5-2}$$

式中,S_{1nx}、S_{2nx} 为中和轴以上、以下净截面对中和轴 x 的面积矩,$W_{pnx}=(S_{1nx}+S_{2nx})$ 为净截面对 x 轴的塑性模量。

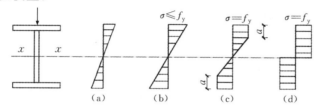

图 5-5 钢梁受弯时各阶段截面上的正应力分布

定义塑性铰弯矩与弹性最大弯矩之比:

$$\gamma_p=\frac{M_{xp}}{M_x}=\frac{W_{pnx}}{W_{nx}} \tag{5-3}$$

式中,γ_p 为截面绕 x 轴的全截面塑性发展系数。

例 5-1 图 5-6 所示为 T 形截面($255\times200\times15\times15$),求强轴方向和弱轴方向的塑性截面模量,并与弹性截面模量比较。

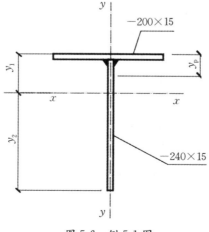

图 5-6 例 5-1 图

解 ①计算截面面积：
$$A = 200 \times 15 + 240 \times 15 = 6\,600(\text{mm}^2)$$

②求强轴方向的塑性截面模量：

面积平分线距上翼缘最外纤维的距离为
$$y_\text{p} = \left(\frac{6\,600}{2} - 200 \times 15\right) \div 15 + 15 = 35(\text{mm})$$

求两侧面积对中和轴的面积矩：
$$S_\text{u} = 200 \times 15 \times (35 - 7.5) + 20 \times 15 \times 10 = 85\,500(\text{mm}^3)$$
$$S_\text{l} = (240 - 20) \times 15 \times 110 = 363\,000(\text{mm}^3)$$

求塑性截面模量：
$$W_\text{px} = S_\text{u} + S_\text{l} = 448\,500(\text{mm}^3)$$

③求弱轴方向的塑性截面模量：

因为截面对弱轴对称，故可直接计算对中和轴的面积矩之和：
$$W_\text{py} = \frac{1}{4} \times 15 \times 200^2 + \frac{1}{4} \times 240 \times 15^2 = 163\,500(\text{mm}^3)$$

④计算对两主轴的弹性截面模量：

x 轴距上、下翼缘边缘的距离为
$$y_1 = \frac{200 \times 15 \times 7.5 + 240 \times 15 \times 135}{6\,600} = 77.05(\text{mm})$$
$$y_2 = 255 - 77.05 = 177.95(\text{mm})$$
$$I_x = \frac{1}{12} \times 200 \times 15^3 + 200 \times 15 \times (77.05 - 7.5)^2 + \frac{1}{12} \times 15 \times 240^3 + 240 \times 15 \times (177.95 - 120)^2$$
$$= 43\,937\,387(\text{mm}^4)$$
$$W_{x1} = 43\,937\,387 \div 77.05 = 570\,245(\text{mm}^3)$$
$$W_{x2} = 43\,937\,387 \div 177.95 = 246\,909(\text{mm}^3)$$
$$I_y = \frac{1}{12} \times 15 \times 200^3 + \frac{1}{12} \times 240 \times 15^3 = 10\,067\,500(\text{mm}^4)$$
$$W_y = 10\,067\,500 \div (200 \div 2) = 100\,675(\text{mm}^3)$$

两方向塑性截面模量与弹性截面模量的比较：
$$\gamma_\text{px} = W_\text{px} / \min\{W_{x1}, W_{x2}\} = 448\,500 \div 246\,909 = 1.82$$
$$\gamma_\text{py} = W_\text{py} / W_y = 163\,500 \div 100\,675 = 1.62$$

在钢梁设计中，如按截面形成塑性铰进行设计，虽然可节省钢材，但变形较大，有时会影响正常构件使用。因此《钢结构设计标准》(GB 50017—2017)规定可通过限制塑性发展区有限度地利用塑性。一般限制图 5-5(c)中的 a 值在 $h/8 \sim h/4$，根据这一工作阶段确定塑性发展系数 γ_x。表 5-1 给出了常用的截面塑性发展系数。

表 5-1　截面塑性发展系数 γ_x、γ_y 的取值

截面形式	γ_x	γ_y
		1.2
	1.05	1.05
	$\gamma_{x1}=1.05$ $\gamma_{x2}=1.2$	1.2
		1.05
	1.2	1.2
	1.15	1.15
		1.05
	1.0	1.0

注:对需要验算疲劳强度的拉弯、压弯构件,宜取 $\gamma_x=\gamma_y=\gamma_m=1.0$。

91

对于在主平面内受弯的实腹构件,其抗弯强度按下列规定计算:

①单向弯曲梁:

$$\frac{M_x}{\gamma_x W_{nx}} \leqslant f \tag{5-4}$$

②双向弯曲梁:

$$\frac{M_x}{\gamma_x W_{nx}} + \frac{M_y}{\gamma_y W_{ny}} \leqslant f \tag{5-5}$$

式中,M_x、M_y 分别为同一截面处绕 x 轴和 y 轴的弯矩(对工字形截面,x 为强轴,y 为弱轴)。W_{nx}、W_{nx} 分别为对 x 轴和 y 轴的净截面模量,当截面板件宽厚比等级为 S1、S2、S3 或 S4 级时,应取全截面模量;当截面板件宽厚比等级为 S5 级时,应取有效截面模量,并利用截面屈曲后强度,均匀受压翼缘有效外伸宽度可取 $15\varepsilon_k$,腹板有效截面可按《钢结构设计标准》(GB 50017—2017)第 8.4.2 条的规定采用。γ_x、γ_y 分别为 x 轴和 y 轴的截面塑性发展系数,对需要计算疲劳的梁,宜取 $\gamma_x = \gamma_y = 1.0$;对工字形和箱形截面,当截面板件宽厚比等级为 S4 或 S5 级时,应取为 1.0;当板件宽厚比等级为 S1、S2 及 S3 级时,工字形截面取 $\gamma_x = 1.05$,$\gamma_y = 1.2$,箱形截面取 $\gamma_x = \gamma_y = 1.05$;其他截面当板件宽厚比等级满足 S3 级要求时,可按表 5-1 采用。f 为钢材的抗弯强度设计值。

例 5-2　图 5-7 所示为一工字形截面 360×240×8×10,求绕强轴、弱轴的屈服弯矩、全截面塑性弯矩和截面两边缘塑性区高度占截面高度 1/8 时的弹塑性弯矩。已知屈服强度 $f_y = 235$ N/mm²。

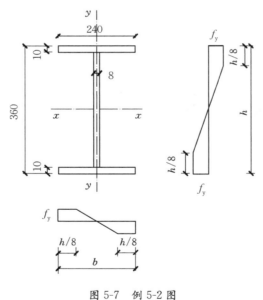

图 5-7　例 5-2 图

解　①求屈服弯矩:

$$I_x = \frac{240 \times 360^3 - 232 \times 340^3}{12} = 173\ 242\ 667 (\text{mm}^4)$$

$$I_y = \frac{2 \times 10 \times 240^3 + 340 \times 8^3}{12} = 23\ 054\ 507 (\text{mm}^4)$$

$$W_x = \frac{173\ 242\ 667}{180} = 962\ 459 (\text{mm}^3)$$

$$W_y = \frac{23\ 054\ 507}{120} = 192\ 121 (\text{mm}^3)$$

$$M_{ex} = 962\ 459 \times 235 = 226\ 177\ 865 (\text{N} \cdot \text{mm})$$

$$M_{ey} = 192\ 121 \times 235 = 45\ 148\ 435 (\text{N} \cdot \text{mm})$$

②求全截面塑性弯矩：

$$W_{px} = 2 \times 240 \times 10 \times (180 - 5) + \frac{1}{4} \times 8 \times 340^2 = 1\ 071\ 200 (\text{mm}^3)$$

$$W_{py} = \frac{1}{4} \times (2 \times 10 \times 240^2 + 340 \times 8^2) = 293\ 440 (\text{mm}^3)$$

$$M_{px} = 1\ 071\ 200 \times 235 = 251\ 732\ 000 (\text{N} \cdot \text{mm})$$

$$M_{py} = 293\ 440 \times 235 = 68\ 958\ 400 (\text{N} \cdot \text{mm})$$

③求截面塑性区高度在截面高度两侧1/8区域时的弯矩（弹塑性弯矩）：

沿截面高度和宽度方向的塑性区深度分别为 $360 \times \frac{1}{8} = 45 (\text{mm})$，$240 \times \frac{1}{8} = 30 (\text{mm})$。

$$M_{epx} = 2 \times [240 \times 10 \times 175 \times 235 + 8 \times 35 \times (180 - 10 - 17.5) \times 235] + \frac{1}{6} \times 8 \times (360 - 2 \times 45)^2 \times 235$$
$$= 240\ 311\ 000 (\text{N} \cdot \text{mm})$$

$$M_{epy} = 4 \times 10 \times 30 \times (120 - 15) \times 235 + 2 \times \frac{1}{6} \times 10 \times (240 - 2 \times 30)^2 \times 235 + \frac{1}{6} \times 340 \times 8^2 \times$$
$$235 \times \frac{4}{0.75 \times 120} = 55\ 027\ 879 (\text{N} \cdot \text{mm})$$

④全截面塑性弯矩、弹塑性弯矩与屈服弯矩的计算比较：

$$M_{px} : M_{epx} : M_{ex} = 1.11 : 1.06 : 1.0$$

$$M_{py} : M_{epy} : M_{ey} = 1.53 : 1.22 : 1.0$$

2）抗剪强度

一般情况下梁既承受弯矩，同时又承受剪力。工字形截面梁腹板上的剪应力分布如图5-8所示，按照材料力学知识，截面上任意一点在剪力 V 作用下的剪应力计算公式为

$$\tau = \frac{VS}{I t_w} \tag{5-6}$$

式中，V 为计算截面沿腹板平面作用的剪力，S 为计算剪应力处以上（或以下）毛截面对中和轴的面积距，I 为毛截面惯性矩，t_w 为腹板厚度。

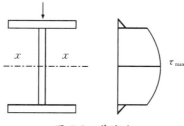

图 5-8　剪应力

截面上的最大剪应力发生在腹板中和轴处，因此在主平面受弯的实腹构件，其抗剪强度应按下式计算：

$$\tau \leqslant \frac{VS}{I t_w} \leqslant f_v \tag{5-7}$$

式中，f_v为钢材的抗剪强度设计值。

当梁的抗剪强度不满足要求时，最常用的措施是采用加大腹板厚度t_w或设置横向加劲肋的方法来提高梁的抗剪强度。

对于强度验算，一般都应采用净截面。而我国《钢结构设计标准》(GB 50017—2017)中规定式(5-7)中的S和I都用毛截面面积，这是因为采用毛截面与净截面计算时结果差别不大，此处为简单起见采用毛截面。工字形截面上的剪力主要由腹板承受，此时可假定剪应力沿腹板均匀分布来计算剪应力的大小。一般情况下，梁的抗剪强度不是确定梁截面面积的主要因素，因而采用近似公式计算梁腹板上的剪应力并不会影响梁的可靠性。

3)局部承压强度

当梁的翼缘受到沿腹板平面作用的固定集中荷载(包括支座反力)且荷载处又未设置支承加劲肋时[图 5-9(a)]，或有移动的集中荷载(如吊车轮压)时[图 5-9(b)]，梁的腹板将承受集中荷载产生的局部压应力，应验算腹板高度边缘的局部承压强度。

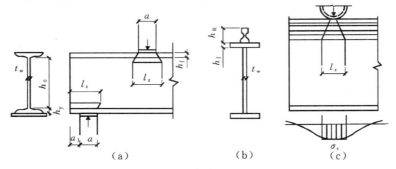

图 5-9　集中荷载下的梁

局部压应力在梁腹板与上翼缘交界处最大，到下翼缘处递减为零，如图 5-9(c)所示。计算时，假设局部压应力在荷载作用点以下的h_R(吊车轨道高度)范围内以 1:1 扩散，在h_y范围内以 1:2.5 的比例扩散，传至腹板与翼缘交界处，实际上局部压应力沿梁纵向分布并不均匀，但为简化计算，假设在l_z范围内局部压应力均匀分布。按假定计算出的均匀压应力σ_c与理论的局部压应力最大值接近。从而梁腹板计算高度边缘处的局部压应力按下式求解：

$$\sigma_c = \frac{\psi F}{t_w l_z} \leqslant f \qquad (5\text{-}8)$$

式中，F为集中荷载设计值，对动力荷载应考虑动力系数；ψ为集中荷载增大系数，对重级工作制吊车梁为 1.35，其他为 1.0；l_z为集中荷载在腹板计算高度上边缘的假定分布长度，宜按下式计算：

$$l_z = 3.25 \sqrt[3]{\frac{I_R + I_f}{t_w}}$$

也可采用以下简化式计算：

$$l_z = a + 5h_y + 2h_R$$

式中，I_R为轨道绕自身形心轴的惯性矩；I_f为梁上翼缘绕翼缘中面的惯性矩；a为集中荷载沿梁跨度方向的支承长度，对钢轨上的轮压可取为 50 mm；h_y为自梁顶面到腹板计算高度上边缘的距离，对焊接梁为上翼缘厚度，对轧制工字形截面梁，为梁顶面到腹板过渡完成点的距离；h_R为轨道的高度，对梁顶无轨道的梁取 0；f为钢材的抗压强度设计值。

在梁的支座处，当不设置支承加劲肋时，也应按式(5-8)计算腹板计算高度下边缘的局部压应力,但 ψ 取 1.0。腹板计算高度 h_0 的定义见图 5-10。支座集中反力的假定分布长度 l_z,应根据支座具体尺寸按上述公式计算。

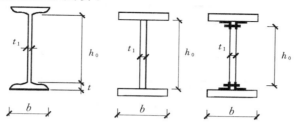

图 5-10 腹板计算高度 h_0

当计算不能满足时,在固定集中荷载处(包括支座处),应对腹板用支撑加劲肋予以加强,并对支撑加劲肋进行计算,对移动集中荷载,如吊车荷载,常采用增加腹板厚度的方法。

4)折算应力

梁上一般同时作用剪力和弯矩,有时还有局部集中力。在进行梁的强度设计时不仅最大正应力、最大剪应力和局部压应力要满足要求,还要考虑到若在组合梁腹板计算高度上下边缘处同时承受较大的正应力、剪应力、局部压应力,或者同时受较大的正应力和剪应力(如连续梁中部支座处或梁的翼缘截面改变处等)时,在这些部位尽管正应力、剪应力都不是最大,但在多种应力同时作用下该处可能更危险。在设计时要对这些部位进行验算。在设计时危险点处的折算应力 σ_z 应满足:

$$\sigma_z=\sqrt{\sigma^2+\sigma_c^2-\sigma\sigma_c+3\tau^2}\leqslant\beta_1 f \tag{5-9}$$

式中,σ、τ、σ_c 分别为腹板计算高度边缘同一点上同时产生的正应力、剪应力、局部压应力,τ 和 σ_c 按式(5-7)和(5-8)计算,σ 按下式计算:

$$\sigma=\frac{My_1}{I_n} \tag{5-10}$$

式中,σ 和 σ_c 应带各自符号,拉为正,压为负;I_n 为梁净截面惯性矩;y_1 为所计算点至梁中和轴的距离;β_1 为计算折算应力的强度增大系数,当 σ 与 σ_c 异号时,取 $\beta_1=1.2$,当 σ 与 σ_c 同号或者 $\sigma_c=0$ 时,取 $\beta_1=1.1$。

例 5-3 图 5-11 为一简支梁,梁跨 6 m,焊接组合截面 $400\times200\times10\times12$。梁上作用均布恒荷载(未含梁自重)10 kN/m,均布活荷载 5 kN/m,距一端 1.5 m 处,尚有集中恒荷载 30 kN,支承长度 0.2 m,荷载作用面距钢梁顶面 12 cm。此外,梁两端的支承长度各 0.1 m。钢材屈服强度为 235 N/mm²,屈服剪应力为 136 N/mm²。在工程设计时,荷载系数对恒荷载取 1.3,对活荷载取 1.5。钢材的抗拉、抗压和抗弯强度设计值 f 为 205 N/mm²,抗剪强度设计值 f_v 为 125 N/mm²。考虑上述系数,计算钢梁截面强度。

解 (1)计算截面系数

$$A=200\times400-190\times376=8\ 560(\text{mm}^2)$$

$$I_x=\frac{1}{12}\times200\times400^3-\frac{1}{12}\times190\times376^3=225\ 008\ 213(\text{mm}^4)$$

$$W_x=\frac{I_x}{\dfrac{h}{2}}=\frac{225\ 008\ 213}{\dfrac{400}{2}}=1\ 125\ 041(\text{mm}^3)$$

$$S_{x1}=200\times12\times\left(\frac{400}{2}-\frac{12}{2}\right)=465\ 600(\text{mm}^3)$$

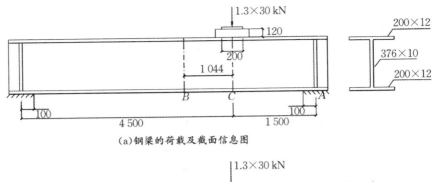

（a）钢梁的荷载及截面信息图

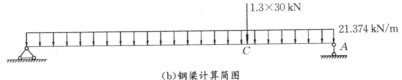

（b）钢梁计算简图

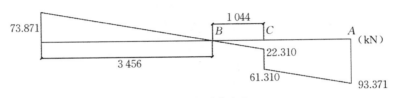

（c）钢梁剪力图

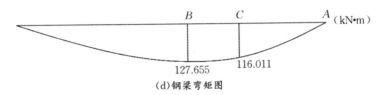

（d）钢梁弯矩图

图 5-11　例 5-3 图

$$S_{xm}=465\,600+\frac{10\times188^2}{2}=642\,320(\mathrm{mm^3})$$

（2）计算荷载与内力

$$自重\ g=8\,560\times10^{-6}\times7.85\times10=0.672(\mathrm{kN/m})$$

$$均布荷载\ q=1.3\times(10+0.672)+1.5\times5=21.374(\mathrm{kN/m})$$

$$集中荷载\ F=1.3\times30=39(\mathrm{kN})$$

梁上剪力与弯矩分布见图 5-11(c)(d)。

（3）计算截面强度

①弯曲正应力：

B 处截面弯矩最大，按边缘屈服准则

$$\frac{M_x}{W_x}=\frac{127.655\times10^6}{1\,125\,041}=113.467(\mathrm{N/mm^2})<205(\mathrm{N/mm^2})$$

若按有效塑性发展准则（取 $\gamma_x=1.05$）得

$$\frac{M_x}{\gamma_x M_{exd}}=\frac{127.655\times10^6}{1.05\times1\,125\,041\times205}=0.527<1.0$$

按全截面塑性准则（取 $\gamma_{px}=1.12$）得

$$\frac{M_x}{M_{pxd}}=\frac{M_x}{\gamma_{px}M_{exd}}=\frac{127.655\times10^6}{1.12\times1\ 125\ 041\times205}=0.494<1.0$$

②剪应力：

A 处截面剪力最大

$$\tau_{max}=\frac{V_yS_{xm}}{I_xt}=\frac{93.371\times10^3\times642\ 320}{225\ 008\ 213\times10}=26.654(\text{N/mm}^2)<125(\text{N/mm}^2)$$

③局部承压应力：

A 处虽有很大集中反力，因设置了加劲肋，可不计算局部承压应力。

C 截面处

$$\sigma_c=\frac{39\times10^3}{(200+5\times12+2\times120)\times10}=7.8(\text{N/mm}^2)<205(\text{N/mm}^2)$$

④折算应力：

C 处左侧截面同时存在较大的弯矩、剪力和局部压应力，应考虑腹板与上翼缘交界处的各分项应力与折算应力

$$\sigma_1=\frac{M_x}{W_x}\times\frac{188}{200}=\frac{116.011\times10^6}{1\ 125\ 041}\times\frac{188}{200}=96.930(\text{N/mm}^2)$$

$$\tau_1=\frac{V_yS_{x1}}{I_xt}=\frac{61.310\times10^3\times465\ 600}{225\ 008\ 213\times10}=12.687(\text{N/mm}^2)$$

$$\sigma_c=7.8\ \text{N/mm}^2$$

$$\sigma_{zs}=\sqrt{96.930^2+7.8^2-96.930\times7.8+3\times12.687^2}=95.828(\text{N/mm}^2)$$

其值小于钢材抗弯强度设计值。

5.2.2 受弯构件的刚度（Stiffness of Flexural Members）

梁的刚度计算属于正常使用极限状态问题，通常采用标准荷载作用下的挠度 ν 的大小来度量，ν 可采用工程力学的方法计算。当梁的刚度不满足规定的限值时，就不能保证其正常使用。如楼盖梁的挠度超过正常使用的某一限值时，一方面给人不安全和不舒适的感觉，另一方面可能使梁上部的楼板及下部的抹灰开裂，从而影响结构的使用功能；又如吊车梁挠度过大，会加剧吊车运行时的冲击和振动，甚至使吊车无法正常运行。因此需对钢梁进行刚度验算，《钢结构设计标准》（GB 50017—2017）规定的刚度验算条件为

$$\nu\leqslant[\nu_T]\ \text{及}\ [\nu_Q] \tag{5-11}$$

式中，ν 为梁的最大挠度，按荷载标准值计算（不考虑荷载分项系数和动力系数）；$[\nu_T]$、$[\nu_Q]$ 分别为全部荷载下和可变荷载下受弯构件挠度限值，按附录 1 中附表 1-1 取值。

对于 ν 的算法可用材料力学算法解出，也可用简便算法：

等截面简支梁在均布荷载作用下：

$$\frac{\nu}{l}=\frac{5}{48}\cdot\frac{M_{xk}}{EI_x}\approx\frac{M_{xk}l}{10EI_x}\leqslant\frac{[\nu]}{l} \tag{5-12}$$

翼缘截面改变的简支梁在均布荷载作用下：

$$\frac{\nu}{l}=\frac{M_{xk}l}{EI_x}\left(1+\frac{3}{25}\cdot\frac{I_x-I_{x1}}{I_x}\right)\leqslant\frac{[\nu]}{l} \tag{5-13}$$

式中，M_{xk} 为截面跨中弯矩，I_x 为跨中毛截面抵抗矩，I_{x1} 为支座附近毛截面抵抗矩。

5.3 梁的扭转（Torsion of Beams）

5.3.1 基本概念（Basic Concept）

在构件截面所在平面内可以找到一点，当外力产生的剪力作用在这一点时构件只产生线位移，不产生扭转，这一点称为构件的**剪力中心**（简称剪心）。

荷载通过剪力中心时梁只弯曲而无扭转，因此剪力中心也称为弯曲中心。根据位移互等定理，若荷载通过剪力中心时截面不发生扭转即扭转角为零，则构件因承受扭矩作用而发生扭转时此点也无线位移，亦即截面将绕剪心发生扭转变形，同时扭转荷载的扭矩也是以剪心为中心取矩计算，故这一点也称为**扭转中心**。图 5-12 为几种开口截面的剪力中心和截面形心，其中 O 为截面形心，S 为截面剪心。

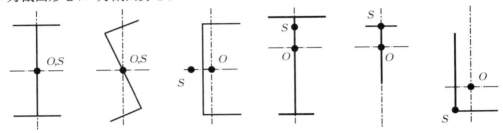

图 5-12　开口截面剪心位置示意图

当作用在梁上的剪力未通过剪力中心时梁不仅产生弯曲变形，还将绕剪力中心扭转。扭转作用下除圆形闭合截面的构件截面保持平面外，其他截面形式的构件因截面上各纤维纵向产生位移而使表面不再平整，原来为平面的横截面不再保持为平面，这种现象称为翘曲变形。

如果在构件扭转过程中轴向纤维伸缩不受任何约束，截面可自由翘曲变形，称为自由扭转或圣维南扭转。自由扭转时，各截面的翘曲变形相同，纵向纤维保持直线且长度保持不变，截面上只有剪应力，没有纵向正应力，因此又称为**纯扭转**（pure torsion）。自由扭转构件单位长度的扭转角处处相等。如果由于支承情况或外力作用方式使构件扭转时截面的翘曲受到约束，称为**约束扭转**（warping torsion）。约束扭转使各纵向纤维长度有变化并引起相应正应力（拉或压，称为翘曲正应力），正应力在截面内为不均匀分布，但在全截面内平衡。各纵向纤维的正应力和相应纵向应变不相同，使杆件各部分产生不同方向的弯曲变形；各纵向纤维正应力沿杆件长度有变化，则引起与之相平衡的剪应力（称为翘曲剪应力）。

5.3.2 自由扭转（Free Torsion）

（1）开口截面的自由扭转

图 5-13 所示为一端部无特殊构造措施的等截面工字形构件在两端大小相等、方向相反的扭矩作用下发生的自由扭转。自由扭转时，开口薄壁构件截面上只有壁厚两侧方向相反的剪应力，且该剪应力绕截面厚度中心线形成一个封闭的剪力流，如图 5-14 所示。剪应力的方向与壁厚中心线平行，大小沿壁厚线性变化，中心线处为零，在两边缘处为最大，最大剪应力值为 τ_t，τ_t 的大小与构件扭转角的变化率 φ'（即扭转率）呈正比。此剪力流形成抵抗外力扭矩的合力矩为 $GI_t\varphi'$，则作用在构件上的自由扭矩 M_t 为

$$M_t = GI_t\varphi' \tag{5-14}$$

式中，M_t 为作用扭矩；G 为剪切模量；φ 为截面的扭转角，和 M_t 一样用右手螺旋法则规定其正负号；I_t 为截面的抗扭惯性矩。

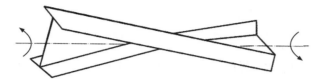

图 5-13　工字形截面自由扭转

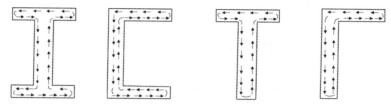

图 5-14　开口截面的自由扭转剪应力

当截面由几个狭长矩形板组成时（如工字形、T 形、槽形、角形等），I_t 可由下式计算：

$$I_t = \frac{k}{3}\sum_{i=1}^{n} b_i t_i^3 \tag{5-15}$$

式中，b_i、t_i 分别为任意矩形板的宽度和厚度；k 为考虑热轧型钢板件连接处平滑过渡部分的有利影响系数，其值由试验确定，对槽形截面 $k=1.12$，T 形截面 $k=1.15$，工字形截面 $k=1.20$，对于由多板件焊接而成的组合截面可取 $k=1.0$。

开口截面受扭时板件边缘的最大剪应力 τ_t 与 M_t 的关系为

$$\tau_t = \frac{M_t t}{I_t} \tag{5-16}$$

（2）闭口截面的自由扭转

闭口薄壁构件（如箱形和圆管截面等）自由扭转时，截面上剪应力的分布与开口截面的完全不同。闭口截面的杆件自由扭转时不会发生截面各点纤维伸缩引起的翘曲变形（即截面依然保持平面），闭口截面壁厚两侧剪应力方向相同。由于是薄壁的，可认为剪应力沿壁厚方向均匀分布，方向为切线方向（图 5-15），可以证明任一处壁厚的剪力 τt 为一常数。因此有

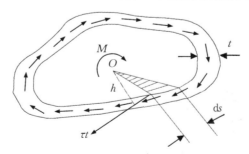

图 5-15　闭口截面的自由扭转剪应力

$$M_t = \oint \rho\tau t\,\mathrm{d}s = \tau t\oint \rho\,\mathrm{d}s \tag{5-17}$$

式中，ρ 为剪力中心至微元段中心线的距离，故 $\oint \rho\,\mathrm{d}s$ 为截面中心线所围面积 A 的 2 倍，

则有

$$M_t = 2\tau t A \quad 或 \quad \tau = \frac{M_t}{2At} \tag{5-18}$$

式中，t 为计算截面处的壁厚。

通过对比，发现闭口截面的抗扭能力远高于开口截面的抗扭能力。

5.3.3 开口截面构件的约束扭转（Warping Torsion of Open Sections）

约束扭转的理论求解比较复杂。常见的方法是将构件扭转视为自由扭转和翘曲扭转两部分的叠加。前者产生自由扭转剪应力、扭转角 φ 和截面翘曲变形；后者产生翘曲正应力、翘曲剪应力等。

如图 5-16 为固定端截面不能自由翘曲的工字形截面悬臂杆件承受扭矩 M_z 作用时的变形。由于截面翘曲受到一定约束，产生翘曲正应力，并伴随翘曲剪应力，翘曲剪应力绕截面剪力中心形成翘曲扭矩 M_ω。发生这种扭转的构件不仅包含自由扭转而且产生约束翘曲扭转，总扭矩分成自由扭转 M_t 和翘曲扭转 M_ω 两部分。构件扭转平衡方程为

$$M_z = M_t + M_\omega \tag{5-19}$$

式中，M_t 对开口截面可采用式（5-14）计算，翘曲扭转 M_ω 采用下式计算：

$$M_\omega = -EI\varphi''' \tag{5-20}$$

将式（5-14）、式（5-20）代入式（5-19）得扭矩平衡方程：

$$M_z = GI_t\varphi' - EI_\omega\varphi''' \tag{5-21}$$

式中，I_ω 为截面翘曲扭转常数，又称扇性惯性矩，其一般计算公式为

$$I_\omega = \int_0^s \omega^2 t\,\mathrm{d}s = \int_A \omega^2\,\mathrm{d}A \tag{5-22}$$

式中，ω 为主扇形坐标。下面介绍主扇形坐标 ω 的计算方法。

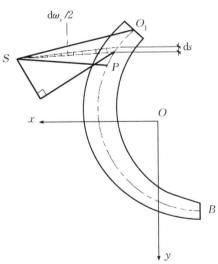

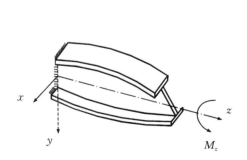

图 5-16 悬臂工字形构件约束扭转　　　　图 5-17 扇形坐标计算

如图 5-17 所示以截面中线端点 O_1 为起点沿截面中线定义曲线坐标为 s。截面中线上任意一点 P 的扇形坐标为 O_1 与 P 点之间的弧线与剪心 S 围成的面积的 2 倍。在 P、O_1 间任

取一微元段 ds，S 点距 ds 的垂直距离为 ρ_s，这一微段扇形面积为 $\dfrac{dw_s}{2} = \dfrac{\rho_s ds}{2}$，$P$ 点扇形坐标 ω_s 为

$$\omega_s = \int_0^P \rho_s ds \tag{5-23}$$

O_1 点是扇形坐标零点，并令当 SP 以逆时针方向转动得到的扇形坐标 ω_s 为正。可在截面上任取一点作为 O_1 点，当然 ω_s 是随 O_1 点的变化而变化的。得到扇形坐标 ω_s 后可按下式计算主扇形坐标 ω：

$$\omega = \omega_s - \frac{\displaystyle\int_A \omega_s dA}{A} \tag{5-24}$$

式中，A 为截面面积。

如果选择的 O_1 点恰好使 $\omega = \omega_s$，那么 ω_s 就是主扇形坐标了。对某一确定的截面，截面上各点的主扇形坐标 ω 为确定的值。

由约束扭转产生的翘曲正应力和翘曲剪应力分别为

$$\sigma_\omega = -E\omega\varphi''' \tag{5-25}$$

$$\tau_\omega = -\frac{M_\omega S_\omega}{I_\omega t} \tag{5-26}$$

式中，S_ω 为截面上某一计算点 P 以下部分（图 5-17）的扇形面积矩，是曲线 s 的函数，计算公式为

$$S_\omega = \int_P^B \omega t ds \tag{5-27}$$

5.4　受弯构件的整体稳定(Overall Stability of Flexural Members)

5.4.1　基本概念(Basic Concept)

梁在外荷载（横向荷载或弯矩）作用下向一个方向弯曲的同时，将突然发生侧向弯曲和扭转变形而破坏，这种现象称为梁的侧向弯扭屈曲或整体失稳。

在实际工程中，为了提高梁的抗弯刚度、节省钢材，钢梁一般做成高而窄的形式，以承受较大的荷载，此时，受荷方向刚度较大而侧向刚度较小。如果梁的侧向支撑较弱（如仅在支座处有侧向支撑），梁的弯曲就会随荷载大小变化而呈现两种截然不同的平衡状态。

如图 5-18 所示的工字形截面梁，在外荷载作用下绕强轴弯曲。当截面弯矩 M_x 较小时，梁的弯曲平衡状态是稳定的。此时即使外界各种因素可能使梁产生微小的侧向弯曲和扭转变形，外界因素消失后，梁也能回到原来的弯曲平衡位置。梁维持其稳定平衡状态所承担的最大荷载或最大弯矩 M_{cr}，称为临界荷载或临界弯矩。对于跨中无侧向支撑的中等或较大跨度的梁，其丧失整体稳定时的临界弯矩往往低于其按抗弯刚度确定的截面抗弯承载能力。因此，梁的截面设计往往由整体稳定性来控制。

钢梁整体失稳的特点：截面中有一半是弯曲拉应力，会把截面受拉部分拉直而不是压屈。由于受拉翼缘对受压翼缘侧向变形的牵制，梁整体失稳总是表现为受压翼缘发生较大侧向变

形而受拉翼缘发生较小侧向变形的弯扭屈曲。

整体失稳的原因:受压翼缘应力达到临界应力,其弱轴为1-1轴(图5-19),但由于有腹板作连续支承(下翼缘和腹板下部均受拉,可以提供稳定的支承),受压翼缘只能绕 y 轴侧向屈曲。侧向屈曲后,弯矩平面不再和截面的剪切中心重合,必然产生扭转。

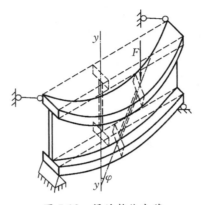

图 5-18　梁的整体失稳

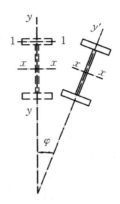

图 5-19　弯扭失稳时的截面示意图

5.4.2　梁在弹性阶段的临界弯矩(Critical Moment of Beams at Elastic Stage)

(1)梁的临界弯矩 M_{cr} 的建立

基本假定:

①弯矩作用在最大刚度平面,屈曲时钢梁处于弹性阶段。

②梁端为夹支支座,即在两端支座处梁不能发生沿 x 轴、y 轴方向的位移,梁一端支座不能发生沿 z 轴方向的位移,另一端支座可以;梁只能绕 x 轴、y 轴转动,不能绕 z 轴转动;只能自由挠曲,不能扭转[图5-20(a)]。

③梁变形后,力偶矩与原来的方向平行(即小变形)。

(2)双轴对称工字形截面简支梁在纯弯作用下的临界弯矩

当简支梁为双轴对称截面时,不同荷载作用下,用弹性稳定理论,通过在梁失稳后的位置建立平衡微分方程。

梁在最大刚度平面 $y'z'$ 平面内弯曲[图5-20(b)]时,其弯矩的平衡方程为

$$-EI_x \frac{\mathrm{d}^2 v}{\mathrm{d}z^2} = M \tag{5-28}$$

在 $x'z'$ 平面内发生梁的侧向弯曲[图5-20(c)],其弯矩的平衡方程为

$$-EI_y \frac{\mathrm{d}^2 u}{\mathrm{d}z^2} = M\varphi \tag{5-29}$$

由于梁端部夹支,中部任意截面扭转时,纵向纤维发生了弯曲,属于约束扭转[图5-20(d)],其扭转的微分方程为

$$-EI_\omega \varphi''' + GI_t \varphi' = Mu' \tag{5-30}$$

将式(5-30)再微分一次,并利用式(5-29)消去 u'' 得到只有未知数 φ 的弯扭屈曲微分方程:

$$-EI_\omega \varphi'''' + GI_t \varphi'' + \frac{M^2}{EI_y}\varphi = 0 \tag{5-31}$$

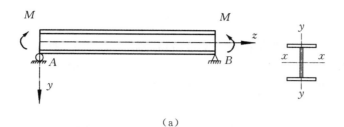

（a）

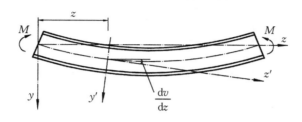

（b）

（c）

（d）

图 5-20　工字形截面梁整体失稳

梁侧扭转角为正弦曲线分布，即 $\varphi = C\sin\dfrac{\pi z}{L}$，代入式（5-31）中，得：

$$\left[EI_\omega\left(\frac{\pi}{L}\right)^2 + GI_t\left(\frac{\pi}{L}\right)^2 - \frac{M^2}{EI_y}\right]C\sin\frac{\pi z}{L} = 0 \qquad (5\text{-}32)$$

若式（5-32）在任何 z 值都成立，则方括号中的数值必为零，即

$$EI_\omega\left(\frac{\pi}{L}\right)^2 + GI_t\left(\frac{\pi}{L}\right)^2 - \frac{M^2}{EI_y} = 0 \qquad (5\text{-}33)$$

式中，M 即为该梁的临界弯矩 M_{cr}：

$$M_{cr} = \pi\sqrt{1 + \frac{EI_\omega}{GI_t}\left(\frac{\pi}{l}\right)^2}\,\frac{\sqrt{EI_yGI_t}}{l} = \beta\frac{\sqrt{EI_yGI_t}}{l} \qquad (5\text{-}34)$$

式中，β 为梁的整体稳定屈曲系数。对于双轴对称工字形截面 $I_\omega = I_y(h/2)^2$，则

$$\beta = \pi\sqrt{1 + \frac{EI_\omega}{GI_t}\left(\frac{\pi}{l}\right)^2} = \pi\sqrt{1 + \pi^2\frac{EI_y}{GI_t}\left(\frac{h}{2l}\right)^2} = \pi\sqrt{1 + \pi^2\psi} \qquad (5\text{-}35)$$

式中,

$$\psi = \left(\frac{h}{2l}\right)^2 \frac{EI_y}{GI_t} \tag{5-36}$$

从式(5-35)可以看出,β 与梁的抗弯刚度、抗扭刚度、梁的夹支跨度 l 及梁高 h 有关。

此外,梁的整体稳定还与荷载种类有关。基于弹性理论和微分平衡方程可以推导出在各种荷载情况下梁的临界弯矩表达式,表 5-2 列出了双轴对称工字形截面简支梁在不同荷载作用方式下的 β 值。

表 5-2 双轴对称工字形截面简支梁的 β 值

荷载情况	β 值		说明
	荷载作用于形心	荷载作用于上、下翼缘	
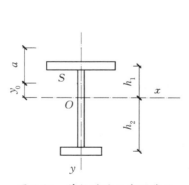 (集中荷载)	$\beta = 1.35\pi\sqrt{1+10.2\psi}$	$\beta = 1.35\pi\sqrt{1+12.9\psi} \mp 1.74\sqrt{\psi}$	"—"用于荷载作用在上翼缘;"+"用于荷载作用在下翼缘
(均布荷载)	$\beta = 1.13\pi\sqrt{1+10\psi}$	$\beta = 1.13\pi\sqrt{1+11.9\psi} \mp 1.44\sqrt{\psi}$	
(端弯矩)	$\beta = \pi\sqrt{1+\pi^2\psi}$		

(3)单轴对称工字形截面简支梁受横向荷载时的临界弯矩

对于单轴对称工字形截面简支梁(图 5-21),边界条件仍为简支和夹支,采用能量法可求出在不同荷载种类和作用下的梁的临界弯矩:

图 5-21 单轴对称工字形截面

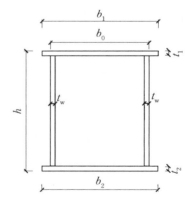

图 5-22 箱形截面

$$M_{cr} = \beta_1 \frac{\pi^2 EI_y}{l^2}\left[\beta_2 a + \beta_3 B_y + \sqrt{(\beta_2 a + \beta_3 B_y)^2 + \frac{I_\omega}{I_y}\left(1 + \frac{l^2 GI_t}{\pi^2 EI_\omega}\right)}\right] \tag{5-37}$$

式中,β_1、β_2、β_3 为荷载类型系数,取值见表 5-3;β_y 为截面特征系数,当截面为双轴对称时,$\beta_y = 0$,当截面为单轴对称时,$B_y = \dfrac{1}{2I_x}\int_A y(x^2+y^2)\mathrm{d}A - y_0$;$y_0$ 为剪力中心的纵坐标,$y_0 = -\dfrac{I_1 h_1 - I_2 h_2}{I_y}$;$I_1$、$I_2$ 为受压翼缘、受拉翼缘对 y 轴的惯性矩;a 为荷载在截面上的作用

点与剪力中心之间的距离,当荷载作用点在剪力中心以下时,取正值,反之取负值。

由式(5-32)可见弯矩沿梁长分布越均匀,M_{cr}越小;荷载在截面上的作用点位置越低,M_{cr}越大;较大翼缘受压(拉)时,$\beta_y > 0 (< 0)$,M_{cr}提高(减小)。

表 5-3 β_1、β_2、β_3 的值

荷载类型	β_1	β_2	β_3
跨中点集中荷载	1.35	0.55	0.40
满跨均布荷载	1.13	0.46	0.53
纯弯曲	1.0	0.0	1.0

5.4.3 梁整体稳定的计算(Design Formulae for Overall Buckling of Beams)

1)不需要验算整体稳定的条件

①有铺板(各种钢筋混凝土板和钢板)密铺在梁的受压翼缘上并与其牢固相连、能阻止梁受压翼缘发生侧向位移时,不需要验算整体稳定。

②对于箱形截面简支梁(图 5-22),其截面尺寸满足:$\dfrac{h}{b_0} \leqslant 6$ 且 $\dfrac{l_1}{b_0} \leqslant 95 \times \dfrac{235}{f_y}$,可不计算整体稳定性。对跨中无侧向支撑点的梁,$l_1$ 为其跨度;对跨中有侧向支撑点的梁,l_1 为受压翼缘侧向支撑点间的距离(梁的支座处视为有侧向支撑)。

2)钢梁整体稳定的计算

(1)在最大刚度主平面内受弯的构件

按下式计算梁的整体稳定:

$$\frac{M_x}{\varphi_b W_x f} \leqslant 1.0 \tag{5-38}$$

式中,M_x 为绕强轴作用的最大弯矩,W_x 为按受压纤维确定的梁毛截面模量,φ_b 为梁的整体稳定系数。

(2)在任意横向荷载作用下梁整体稳定系数的计算

①轧制 H 型钢或焊接等截面工字形简支梁:

$$\varphi_b = \beta_b \cdot \frac{4\,320Ah}{\lambda_y^2 W_x} \left[\sqrt{1 + \left(\frac{\lambda_y t_1}{4.4h} \right)^2} + \eta_b \right] \frac{235}{f_y} \tag{5-39}$$

式中,β_b 为等效临界弯矩系数,$\lambda_y = \dfrac{l_1}{i_y}$,$h$ 为梁高,t_1 为受压翼缘的厚度,η_b 为截面不对称影响系数,双轴对称时 $\eta_b = 0$,单轴对称截面 η_b 的取值见《钢结构设计标准》(GB 50017—2017)。

②轧制普通工字形简支梁,φ_b 可查附表 5-2 得到。

③其他截面的稳定系数计算详见附录 5。

上述稳定系数是按弹性理论得到的,当 $\varphi_b > 0.6$ 时,梁已经进入弹塑性工作状态,整体稳定临界力显著降低,因此应对稳定系数加以修正,即

当 $\varphi_b > 0.6$,稳定计算时应以 φ_b' 代替 φ_b,其中:

$$\varphi_b' = 1.07 - \frac{0.282}{\varphi_b} \tag{5-40}$$

3)两个主平面受弯的 H 型钢截面或工字形截面构件

整体稳定应按下式计算：

$$\frac{M_x}{\varphi_b W_x f} + \frac{M_y}{\gamma_y W_y f} \leqslant 1.0 \tag{5-41}$$

式中，W_x、W_y 为按受压纤维确定的对 x 轴和 y 轴的毛截面模量；γ_y 取值同塑性发展系数，但不表示沿 y 轴已进入塑性发展阶段，而是为了降低后一项的影响和保持与强度公式的一致性。

4）支座承担负弯矩且梁顶有混凝土板时框架梁下翼缘

整体稳定应按《钢结构设计标准》（GB 50017—2017）第 6.2.7 条进行计算。

5.4.4 梁整体稳定的影响因素及增强措施（Influence Factors and Strengthening Measures on the Overall Stability of Beams）

（1）影响梁整体稳定的因素

①截面的侧向抗弯刚度、抗扭刚度和翘曲刚度越大，临界弯矩越高，整体稳定性能越好。

②梁侧向无支撑长度或受压翼缘侧向支撑点的间距越小，整体稳定性能越好，临界弯矩越高。

③惯性矩 I_y、I_t 和 I_ω 越大，则梁的整体稳定性能越好；加大梁的受压翼缘宽度 b_1，可大大提高梁的整体稳定性能。

④梁端支座如能提供对截面 y 轴的转动约束，梁的整体稳定性能可大大提高。梁端支座如能提供对截面 x 轴的转动约束，对临界弯矩的提高也有作用。

⑤此外，荷载的种类和作用位置对临界弯矩也有不可忽视的影响。弯矩图饱满的构件，临界弯矩低些；荷载作用位置越高对梁的整体稳定也越不利。

（2）增强梁整体稳定的措施

①增加截面尺寸，其中增加受压翼缘的宽度是最有效的方法。

②在受压翼缘设置侧向支承，以减小构件侧向支撑点间的距离。

③当梁内无法增设侧向支撑时，宜采用闭合箱形截面。

5.5 受弯构件的局部稳定和加劲肋设计（Local Stability and Stiffener Design of Flexural Members）

5.5.1 受弯构件的局部稳定（Local Stability of Flexural Members）

组合梁一般由翼缘和腹板等板件组成，如果将这些板件不适当地减薄加宽，板中压应力或剪应力达到某一数值后，腹板或受压翼缘有可能偏离其平面位置，出现波形鼓曲（图 5-23），这种现象称为梁的**局部失稳**。梁丧失局部稳定后，会减弱构件的受力性能，使梁的强度承载能力和整体稳定性能降低。

热轧型钢由于轧制条件决定了其板件宽厚比不会过大，一般情况下能满足局部稳定要求，因此不需要计算。对冷弯薄壁型钢梁的受压或受弯板件，当宽厚比不超过规定的限制时，认为板件全部有效；当超过此限制时，则只考虑一部分宽度有效（称为有效宽度），应按《冷弯薄壁型钢结构技术规范》（GB 50018—2002）计算。

本节主要介绍钢结构组合梁中翼缘和腹板的局部稳定问题。

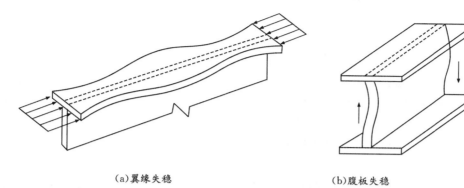

(a)翼缘失稳   (b)腹板失稳

图 5-23　梁的局部失稳

1)梁受压翼缘的局部稳定

梁的受压翼缘因其板件厚度不大,主要受近似均匀分布的压应力作用。为了防止翼缘在材料达到屈服之前先发生局部失稳,设计时采用一定厚度的钢板,让其临界局部屈曲应力 σ_{cr} 不低于钢材的屈服点 f_y,具体措施为采用限制宽厚比的办法来保证梁受压翼缘板的局部稳定性。

根据弹性稳定理论,单向均匀受压板的临界应力可用下式表达:

$$\sigma_{cr}=\beta\chi\frac{\pi^2 E}{12(1-\nu^2)}\left(\frac{t}{b}\right)^2 \tag{5-42}$$

式中,t 为板的厚度,b 为板的宽度,ν 为钢材的泊松比,β 为屈曲系数,χ 为弹性约束系数。将 $E=2.06\times10^5$ N/mm^2 和 $\nu=0.3$ 代入式(5-42),得

$$\sigma_{cr}=18.6\beta\chi\left(\frac{100t}{b}\right)^2 \tag{5-43}$$

对不需要验算疲劳的梁,按规范用式(5-4)和式(5-5)计算其抗弯强度时,已考虑塑性部分伸入截面,因而整个翼缘板已进入塑性,但在和压应力相垂直的方向,材料仍然是弹性的。这种情况属正交异性板,其临界应力的精确计算比较复杂。一般可在式(5-42)中用 $\sqrt{\eta}E$ 代替 $E(\eta\leqslant1,$为切线模量 E_t 与弹性模量 E 之比)来考虑这种弹塑性的影响。同理得

$$\sigma_{cr}=18.6\beta\chi\sqrt{\eta}\left(\frac{100t}{b}\right)^2 \tag{5-44}$$

受压翼缘板的悬伸部分为三边简支板,而板长 a 趋于无穷大的情况,其屈服系数 $\beta=0.425$。作为翼缘板支承边界的腹板一般较薄,对翼缘的约束作用较小,因此取弹性约束系数 $\chi=1.0$。如取 $\eta=0.25$,由条件 $\sigma_{cr}\geqslant f_y$ 得

$$\sigma_{cr}=18.6\times0.425\times1.0\times\sqrt{0.25}\times\left(\frac{100t}{b}\right)^2\geqslant f_y \tag{5-45}$$

则

$$\frac{b}{t}\leqslant13\sqrt{\frac{235}{f_y}} \tag{5-46}$$

当梁在绕强轴的弯矩 M_x 作用下的强度按弹性设计(即取 $\gamma_x=1.0$)时,b/t 值可放宽为

$$\frac{b}{t}\leqslant15\sqrt{\frac{235}{f_y}} \tag{5-47}$$

箱形梁翼缘板(图 5-22)在两腹板之间的部分,相当于四边简支单向均匀受压板,$\beta=4.0$。

在式(5-44)中,令 $\chi=1.0$,$\eta=0.25$,由 $\sigma_{cr}\geqslant f_y$ 得:

$$\frac{b_0}{t}\leqslant 40\sqrt{\frac{235}{f_y}}\tag{5-48}$$

2)腹板的局部稳定

梁腹板的受力状态较为复杂,如承受均布荷载作用的简支梁,在靠近支座的腹板区段以承受剪应力 τ 为主,跨中的腹板区段则以承受弯曲应力 σ 为主。当梁承受较大横向集中荷载时,腹板还承受很大的局部承压应力。在梁腹板的某些区域,可能承受 σ、τ 和 σ_c 共同作用。以下按不同应力状态来分析腹板板段的临界应力。

(1)纯弯屈曲

纯弯曲状态下的四边支撑板屈曲状态如图 5-24 所示。在弹性阶段,板的临界应力采用式(5-42)计算但 χ 和屈曲系数 β 取值不同。《钢结构设计标准》(GB 50017—2017)规定在钢梁受压翼缘扭转受到约束时和未受到约束时分别取值 $\chi=1.66$ 和 $\chi=1.23$。纯弯状态下四边简支板屈曲系数值 $\beta_{min}=23.9$。把 χ 和 $\beta_{min}=23.9$、$E=2.06\times10^5$ N/mm^2 和 $\nu=0.3$ 代入式(5-42)可得到临界约束应力 σ_{cr}:

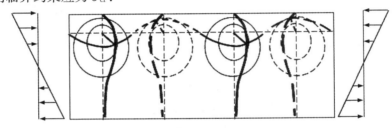

图 5-24 板的纯弯曲状态屈曲

当受压翼缘扭转受到约束时,

$$\sigma_{cr}=737(100t_w/h_0)^2\tag{5-49}$$

当受压翼缘扭转未受到约束时,

$$\sigma_{cr}=547(100t_w/h_0)^2\tag{5-50}$$

由式(5-49)、式(5-50)可知,腹板高度 h_0 对 σ_{cr} 的影响很大,故设计时常采用设纵向加劲肋的办法改变板段高度来提高腹板纯弯状态下的稳定性能。

当腹板不设纵向加劲肋时,若要保证其弯曲应力下的局部稳定,应使:

$$\sigma_{cr}\geqslant f_y$$

代入式(5-49)、式(5-50)得

$$\frac{h_0}{t_w}\leqslant 177\sqrt{\frac{235}{f_y}}\tag{5-51}$$

$$\frac{h_0}{t_w}\leqslant 153\sqrt{\frac{235}{f_y}}\tag{5-52}$$

则腹板不会发生弯曲屈曲,否则在受压区设纵向加劲肋。

《钢结构设计标准》(GB 50017—2017)取 $\frac{h_0}{t_w}\leqslant 170\sqrt{\frac{235}{f_y}}$ 和 $\frac{h_0}{t_w}\leqslant 150\sqrt{\frac{235}{f_y}}$ 为不设纵向加劲肋限值。

为了使各种牌号钢材可用同一公式,引入腹板受弯时通用高厚比 λ_b,则

$$\lambda_b = \sqrt{\frac{f_y}{\sigma_{cr}}} \tag{5-53}$$

临界应力 σ_{cr} 可表示为

$$\sigma_{cr} = \frac{f_y}{\lambda_b^2} \tag{5-54}$$

钢梁整体稳定计算时弹性界限为 $0.6f_y$，由式（5-53）可得弹性范围为 $\lambda_b > 1.29$。考虑腹板局部屈曲受残余应力的影响没有整体屈曲时的大，《钢结构设计标准》（GB 50017—2017）把弹性范围扩大为 $\lambda_b \geqslant 1.25$，由式（5-53）可得塑性界限 $\lambda_b = 1.0$。考虑存在残余应力和几何缺陷，把塑性范围缩小到 $\lambda_b \leqslant 0.85$。$0.85 < \lambda_b \leqslant 1.25$ 为弹塑性范围，临界应力与 λ_b 的关系采用直线过渡（图 5-25）。腹板纯弯时临界应力 σ_{cr} 的计算公式为

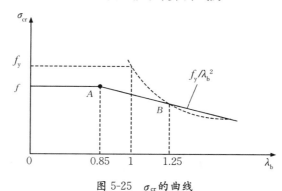

图 5-25　σ_{cr} 的曲线

当 $\lambda_b \leqslant 0.85$ 时，

$$\sigma_{cr} = f \tag{5-55}$$

当 $0.85 < \lambda_b \leqslant 1.25$ 时，

$$\sigma_{cr} = [1 - 0.75(\lambda_b - 0.85)]f \tag{5-56}$$

当 $\lambda_b > 1.25$ 时，

$$\sigma_{cr} = 1.1 \frac{f}{\lambda_b^2} \tag{5-57}$$

腹板受弯时通用高厚比 λ_b 的计算公式为：

当梁受压翼缘扭转受到约束时，

$$\lambda_b = \frac{\frac{2h_c}{t_w}}{177} \sqrt{\frac{f_y}{235}} \tag{5-58}$$

当梁受压翼缘扭转未受到约束时，

$$\lambda_b = \frac{\frac{2h_c}{t_w}}{138} \sqrt{\frac{f_y}{235}} \tag{5-59}$$

式中，h_c 为梁腹板弯曲受压区高度，双轴对称截面 $2h_c = h_0$。

（2）纯剪屈曲

纯剪力状态下梁腹板属四边支撑的矩形板，如图 5-26 所示。该矩形板中主应力与剪应力大小相等且二者呈 45°角，其中主压应力可能引起板的屈曲，屈曲时呈现出大约沿 45°方向倾斜的鼓曲，板带鼓曲长度方向与主压应力垂直。腹板在弹性阶段的临界应力 τ_{cr} 仍可用式

(5-42)来表示：

$$\tau_{cr} = \beta\chi \frac{\pi^2 E}{12(1-\nu^2)}\left(\frac{t_w}{d}\right)^2 \tag{5-60}$$

即

$$\tau_{cr} = 18.6\beta\chi\left(\frac{100t_w}{d}\right)^2 \tag{5-61}$$

式中，$d = \min\{h_0, a\}$。

屈曲系数 β 的计算公式为：

当 $a/h_0 \leqslant 1$ 时，

$$\beta = 4 + 5.34\left(\frac{h_0}{a}\right)^2 \tag{5-62}$$

当 $a/h_0 > 1$ 时，

$$\beta = 5.34 + 4\left(\frac{h_0}{a}\right) \tag{5-63}$$

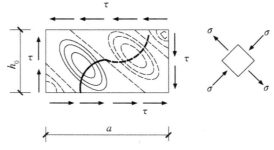

图 5-26　板件纯剪状态下屈曲

腹板受剪时通用高厚比 λ_s 为

$$\lambda_s = \sqrt{\frac{f_{vy}}{\tau_{cr}}} \tag{5-64}$$

通常取剪切比例极限与剪切屈服强度之比为 0.8，引入几何缺陷系数 0.9，则弹性范围起始于 $\lambda_s = 1.2$。取 $\chi = 1.24$，与弯曲类似，《钢结构设计标准》(GB 50017—2017)给出的临界应力 τ_{cr} 的计算公式为：

当 $\lambda_s \leqslant 0.8$ 时，

$$\tau_{cr} = f_v \tag{5-65}$$

当 $0.8 < \lambda_s \leqslant 1.2$ 时，

$$\tau_{cr} = [1 - 0.59(\lambda_s - 0.8)]f_v \tag{5-66}$$

当 $\lambda_s > 1.2$ 时，

$$\tau_{cr} = \frac{f_{vy}}{\lambda_s^2} = 1.1\frac{f_v}{\lambda_s^2} \tag{5-67}$$

腹板受剪时通用高厚比 λ_s 的计算公式为：

当 $a/h_0 \leqslant 1$ 时，

$$\lambda_s = \frac{h_0/t_w}{37\eta\sqrt{4 + 5.34(h_0/a)^2}}\sqrt{\frac{f_y}{235}} \tag{5-68}$$

当 $a/h_0 > 1$ 时，

$$\lambda_s = \frac{h_0/t_w}{37\eta\sqrt{5.34+4(h_0/a)^2}}\sqrt{\frac{f_y}{235}} \tag{5-69}$$

式中，η 对简支梁取 1.11，对框架梁梁端最大应力区取 1。由上式可见，较小 a 值可提高 τ_{cr}。设计时常采用设加横向加劲肋的办法减小 a 值，提高 τ_{cr} 值。

当不设横向加劲肋时，取 $\beta = 5.34\left(\dfrac{a}{h_0} \to \infty\right)$，$\chi = 1.25$，取 $\tau_{cr} = f_{vy}$，则 $\lambda_s \leqslant 0.8$。由式(5-60)可得腹板在纯剪状态下不设横向加劲肋时，腹板不丧失稳定性应满足的条件：

$$\frac{h_0}{t_w} \leqslant 85\sqrt{\frac{235}{f_y}} \tag{5-70}$$

考虑钢梁腹板中平均剪应力一般小于 f_{vy}，《钢结构设计标准》(GB 50017—2017)把限值取为 $80\sqrt{235/f_y}$。

（3）局部压应力下的屈曲

图 5-27 所示为局部压应力作用下腹板的屈曲状态。屈曲时，在板的纵向和横向都出现一个半波，其临界应力 $\sigma_{c,cr}$ 为

$$\sigma_{c,cr} = 18.6\beta\chi\left(\frac{100t_w}{h_0}\right)^2 \tag{5-71}$$

对于四边简支板，理论分析得出的屈曲系数 β 可以近似表示为：

当 $0.5 \leqslant \dfrac{a}{h_0} \leqslant 1.5$ 时，

$$\beta = \left(4.5\frac{h_0}{a} + 7.4\right)\frac{h_0}{a} \tag{5-72}$$

当 $1.5 < \dfrac{a}{h_0} \leqslant 2.0$ 时，

$$\beta = \left(11 - 0.9\frac{h_0}{a}\right)\frac{h_0}{a} \tag{5-73}$$

《钢结构设计标准》(GB 50017—2017)取弹性约束系数：

$$\chi = 1.81 - 0.255\frac{h_0}{a} \tag{5-74}$$

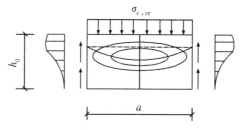

图 5-27　板在局部压应力作用下的屈曲

腹板受局部承压应力作用时引入通用高厚比 λ_c 作为参数，计算式为：

当 $0.5 \leqslant \dfrac{a}{h_0} \leqslant 1.5$ 时，

$$\lambda_c = \frac{\dfrac{h_0}{t_w}}{28\sqrt{10.9 + 13.4\left(1.83 - \dfrac{a}{h_0}\right)^3}} \cdot \sqrt{\frac{f_y}{235}} \tag{5-75}$$

当 $1.5 < \dfrac{a}{h_0} \leqslant 2$ 时,

$$\lambda_c = \frac{\dfrac{h_0}{t_w}}{28\sqrt{18.9 - \dfrac{5a}{h_0}}} \cdot \sqrt{\frac{f_y}{235}} \tag{5-76}$$

取 $\lambda_c = 0.9$ 为 $\sigma_{c,cr} = f_y$ 的上起点,$\lambda_c = 1.2$ 为弹性与弹塑性的交点,过渡段取直线,则 $\sigma_{c,cr}$ 的取值:

当 $\lambda_c \leqslant 0.9$ 时,

$$\sigma_{c,cr} = f \tag{5-77}$$

当 $0.9 < \lambda_c \leqslant 1.2$ 时,

$$\sigma_{c,cr} = [1 - 0.79(\lambda_c - 0.9)]f \tag{5-78}$$

当 $\lambda_c > 1.2$ 时,

$$\sigma_{c,cr} = 1.1\frac{f}{\lambda_c^2} \tag{5-79}$$

若在局部压应力下不发生局部失稳,应满足:$\sigma_{c,cr} \geqslant f_y$。

当 $\dfrac{a}{h_0} = 2$ 时,$\beta = 5.275$,$\chi = 1.683$,得

$$\frac{h_0}{t_w} \leqslant 84\sqrt{\frac{235}{f_y}} \tag{5-80}$$

此时腹板在局部压应力下不会发生屈曲。

《钢结构设计标准》(GB 50017—2017)把限值取为 $\dfrac{h_0}{t_w} \leqslant 80\sqrt{\dfrac{235}{f_y}}$。

(4)在几种应力共同作用下腹板屈曲的临界条件

在几种应力共同作用下腹板发生屈曲时,其屈曲临界条件相当复杂。常以相关方程式来表示其临界形式,表达式如下:

①弯曲应力和剪应力共同作用下,计算式为

$$\left(\frac{\sigma}{\sigma_{cr}}\right)^2 + \left(\frac{\tau}{\tau_{cr}}\right)^2 \leqslant 1 \tag{5-81}$$

②两边不均匀弯曲应力、均匀剪应力和顶部局部压应力共同作用下,计算式为

$$\left(\frac{\sigma}{\sigma_{cr}} + \frac{\sigma_c}{\sigma_{c,cr}}\right)^2 + \left(\frac{\tau}{\tau_{cr}}\right)^2 \leqslant 1 \tag{5-82}$$

③两边均匀弯曲应力、剪应力以及顶部局部压应力共同作用下,计算式为

$$\frac{\sigma}{\sigma_{cr}} + \frac{\sigma_c}{\sigma_{c,cr}} + \left(\frac{\tau}{\tau_{cr}}\right)^2 \leqslant 1 \tag{5-83}$$

式中,σ、σ_c 和 τ 分别为板段边缘上受到的弯曲应力、局部压应力和剪应力;σ_{cr}、$\sigma_{c,cr}$ 和 τ_{cr} 分别为纯弯曲、局部承压应力单独作用和纯剪屈曲时板的临界应力。

5.5.2 设置加劲肋的腹板稳定计算(Stability Calculation of Webs with Stiffeners)

前面分析了钢梁腹板在不同应力状态下的腹板屈曲临界应力,我国《钢结构设计标准》(GB 50017—2017)中根据钢梁受力性质的不同,对于钢梁腹板的局部稳定的计算采用不同的处理方式:对于承受静力荷载和间接承受动力荷载的焊接截面组合梁,一般是利用有效截面的概念考虑腹板屈曲后强度进行设计验算,而直接承受动力荷载的吊车梁及类似构件,则按下列规定配置加劲肋,并计算各板段的稳定性。

1)加劲肋的种类

通过对腹板临界应力的分析可知,增加腹板厚度或是设置腹板加劲肋是提高腹板稳定性的有效措施,从经济上来讲,后者是更好的处理方式。

加劲肋通常有横向加劲肋、纵向加劲肋和短加劲肋三种形式,横向加劲肋主要防止由横向剪应力引起的腹板失稳,纵向加劲肋主要防止由弯曲纵向压应力引起的腹板失稳,短加劲肋主要防止由局部横向压应力引起的腹板失稳。当集中荷载作用处设有支撑加劲肋时,可不再考虑集中荷载对腹板产生的局部承压应力作用,即 $\sigma_c=0$。

2)组合梁腹板设置加劲肋原则及规定

①当 $\dfrac{h_0}{t_w} \leqslant 80\sqrt{\dfrac{235}{f_y}}$ 时,对有局部压应力($\sigma_c \neq 0$)的梁,应按构造配置横向加劲肋,但对 $\sigma_c=0$ 及局部压应力较小的梁,可不配置加劲肋。

②当 $\dfrac{h_0}{t_w} > 80\sqrt{\dfrac{235}{f_y}}$ 时,应按计算配置横向加劲肋。

③当 $\dfrac{h_0}{t_w} > 170\sqrt{\dfrac{235}{f_y}}$ 时(受压翼缘扭转受到约束时,如连有刚性铺板、制动板或钢轨)或 $\dfrac{h_0}{t_w} > 150\sqrt{\dfrac{235}{f_y}}$(受压翼缘扭转未受到约束时)或按计算需要时,应在弯矩较大区格的受压区增加配置纵向加劲肋。局部压应力很大的梁,必要时宜在受压区配置短加劲肋。

④梁的支座处和上翼缘受有较大固定集中荷载处宜设置支承加劲肋。

任何情况下,$\dfrac{h_0}{t_w}$ 均不应超过 250。

以上叙述中,h_0 称为腹板计算高度。对焊接梁 h_0 等于腹板高度 h_w;对铆接梁为腹板与上、下翼缘连接铆钉的最近距离;对单轴对称梁,第③款中的 h_0 应取腹板受压区高度 h_c 的 2 倍,t_w 为腹板厚度。

3)设置腹板加劲肋时梁腹板的局部稳定计算

(1)仅用横向加劲肋加强的腹板

仅用横向加劲肋加强的腹板(图 5-28),各区格板件承受弯曲应力、承压应力和剪应力共同作用,因此其局部稳定可按下式计算:

$$\left(\frac{\sigma}{\sigma_{cr}}\right)^2 + \frac{\sigma_c}{\sigma_{c,cr}} + \left(\frac{\tau}{\tau_{cr}}\right)^2 \leqslant 1.0 \tag{5-84}$$

式中,σ 为计算区格平均弯矩作用下,腹板计算高度边缘的弯曲压应力;τ 为计算区格平均剪力作用下,腹板截面剪应力,按 $\tau = V/(h_w t_w)$ 计算,h_w 为腹板高度;σ_c 为腹板计算高度边缘的局部压应力,按式(5-8)计算,但式中取 $\psi=1.0$;σ_{cr},τ_{cr},$\sigma_{c,cr}$ 分别为 σ,τ,σ_c 单独作用下的临界应力。σ_{cr} 按式(5-55)～(5-59)计算,τ_{cr} 按公式(5-65)～(5-69)计算,$\sigma_{c,cr}$ 按公式(5-75)～(5-79)计算。

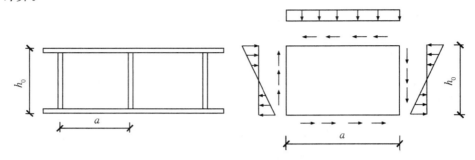

图 5-28 设置横向加劲肋的腹板

(2)同时设置横向和纵向加劲肋的腹板

同时设置横向和纵向加劲肋的腹板(图 5-29),受压区区格Ⅰ的高度比宽度小很多,其局部稳定应按下式计算:

①受压区区格Ⅰ[图 5-29(a)]:

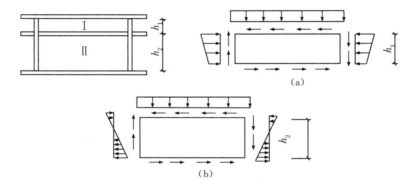

图 5-29 同时设置横向和纵向加劲肋的腹板

$$\frac{\sigma}{\sigma_{crl}}+\left(\frac{\sigma_c}{\sigma_{c,crl}}\right)^2+\left(\frac{\tau}{\tau_{crl}}\right)^2\leqslant1.0 \qquad (5-85)$$

σ_{crl},τ_{crl},$\sigma_{c,crl}$ 的实用计算表达式如下:

a)σ_{crl} 按式(5-55)～(5-57)计算,但应当将 λ_b 替换为 λ_{bl}:

当梁的受压翼缘扭转受到约束时,

$$\lambda_{bl}=\frac{\dfrac{h_1}{t_w}}{75}\sqrt{\frac{f_y}{235}} \qquad (5-86)$$

当梁的受压翼缘扭转未受到约束时,

$$\lambda_{bl}=\frac{\dfrac{h_1}{t_w}}{64}\sqrt{\frac{f_y}{235}} \qquad (5-87)$$

式中,h_1 为纵向加劲肋至腹板计算高度受压边缘的距离。

b)τ_{crl} 按式(5-65)～(5-69)计算,但应当将 h_0 替换为 h_1。

c)$\sigma_{c,crl}$ 按式(5-55)～(5-57)计算,但应当将 λ_c 替换为 λ_{cl}:

当梁的受压翼缘扭转受到约束时,

$$\lambda_{c1} = \frac{\dfrac{h_1}{t_w}}{56}\sqrt{\dfrac{f_y}{235}} \tag{5-88}$$

当梁的受压翼缘扭转未受到约束时，

$$\lambda_{c1} = \frac{\dfrac{h_1}{t_w}}{40}\sqrt{\dfrac{f_y}{235}} \tag{5-89}$$

②受拉翼缘和纵向加劲肋之间形成的下区格Ⅱ［图 5-29(b)］：

$$\left(\frac{\sigma_2}{\sigma_{cr2}}\right)^2 + \frac{\sigma_{c2}}{\sigma_{c,cr2}} + \left(\frac{\tau}{\tau_{cr2}}\right)^2 \leqslant 1.0 \tag{5-90}$$

式中，σ_2 为计算区格平均弯矩作用下，腹板纵向加劲肋处的弯曲压应力；σ_{c2} 为腹板在纵向加劲肋处的局部压应力，取 $\sigma_{c2} = 0.3\sigma_c$；$\tau$ 的计算同前。

σ_{cr2}、τ_{cr2}、$\sigma_{c,cr2}$ 的实用计算表达式如下：

a）σ_{cr2} 按式(5-55)～(5-57)计算，但应将 λ_b 替换为 λ_{b2}：

$$\lambda_{b2} = \frac{\dfrac{h_2}{t_w}}{194}\sqrt{\dfrac{f_y}{235}} \tag{5-91}$$

式中，h_2 为纵向加劲肋至腹板计算高度受拉边缘的距离。

b）τ_{cr2} 按式(5-65)～(5-69)计算，但应将 h_0 替换为 h_2。

c）$\sigma_{c,cr2}$ 按式(5-75)～(5-79)计算，但应将 h_0 替换为 h_2：

当 $\dfrac{a}{h_2} > 2$ 时，取 $\dfrac{a}{h_2} = 2$。

（3）受压翼缘和纵向加劲肋间设有短加劲肋的区格板

受压翼缘和纵向加劲肋间设有短加劲肋的区格板（图 5-30），由于腹板上部区格宽度减小，对弯曲压应力的临界值无影响，对剪应力的临界值虽有影响，但仍可用受压区区格Ⅰ的临界应力公式(5-85)来计算。

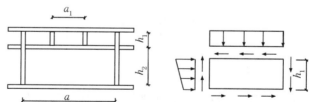

图 5-30　受压翼缘和纵向加劲肋间设有短加劲肋的区格板

式中，σ、σ_c、τ 的计算同前。

σ_{cr1}、τ_{cr1}、$\sigma_{c,cr1}$ 的实用计算表达式如下：

a）σ_{cr1} 与式(5-85)中 σ_{cr1} 计算一致。

b）τ_{cr1} 按式(5-65)～(5-69)计算，但应将 h_0、a 替换为 h_1、a_1。

c）$\sigma_{c,cr1}$ 按式(5-55)～(5-57)计算，但应将 λ_b 替换为下列 λ_{c1}：

当梁的受压翼缘扭转受到约束时，

$$\lambda_{c1} = \frac{\dfrac{a_1}{t_w}}{87}\sqrt{\dfrac{f_y}{235}} \tag{5-92}$$

当梁的受压翼缘扭转未受到约束时，

$$\lambda_{c1}=\frac{\dfrac{a_1}{t_w}}{73}\sqrt{\frac{f_y}{235}}$$ (5-93)

对于 $a_1/h_1>1.2$ 的区格，上两式右侧应乘以 $1/\left(0.4+0.5\dfrac{a_1}{h_1}\right)^{\frac{1}{2}}$。

腹板中间加劲肋指专门为加强腹板局部稳定而设置的纵、横向加劲肋。加劲肋宜成对配置在腹板两侧，也可单侧配置，但支撑加劲肋、重级工作制吊车梁的加劲肋不建议单侧配置。

横向加劲肋的最小间距应为 $0.5h_0$，除符合《钢结构设计标准》(GB 50017—2017)规定的个别情况，最大间距应不超过 $2h_0$。纵向加劲肋至腹板计算高度受压边缘的距离应在 $h_c/2.5\sim h_c/2$ 范围内。

①在腹板两侧成对配置的钢板横向加劲肋，其截面尺寸应符合下列公式要求：
外伸宽度：

$$b_s\geqslant\frac{h_0}{30}+40$$ (5-94)

厚度：

$$t_s\geqslant\frac{b_s}{15}（承压加劲肋），t_s\geqslant\frac{b_s}{19}（不受力加劲肋）$$ (5-95)

在腹板一侧配置的钢材横向加劲肋，其外伸宽度应大于按式(5-94)计算结果的 1.2 倍，厚度应符合式(5-95)的规定。

②在同时用横向加劲肋和纵向加劲肋加强的腹板中，横向加劲肋的截面尺寸除应符合上述规定外，其截面惯性矩 I_z 尚应符合下列要求：

$$I_z=\frac{1}{12}t_s(2b_s+t_w)^3\geqslant3h_0t_w^3$$ (5-96)

纵向加劲肋的截面惯性矩 I_y，应符合下列要求：
当 $a/h_0\leqslant0.85$ 时，

$$I_y\geqslant1.5h_0t_w^3$$ (5-97)

当 $a/h_0>0.85$ 时，

$$I_y\geqslant\left(2.5-0.45\frac{a}{h_0}\right)\left(\frac{a}{h_0}\right)^2h_0t_w^3$$ (5-98)

③短加劲肋的最小间距为 $0.75h_1$。短加劲肋外伸宽度应取横向加劲肋外伸宽度的 70%～100%，厚度不应小于短加劲肋外伸宽度的 1/15。

④梁的支撑加劲肋，应按轴心受压构件计算其在腹板平面外的稳定性，其中轴心压力大小取为梁支座反力或固定集中荷载。此受压构件的截面应包括加劲肋和加劲肋每侧 $15t_w\sqrt{235/f_y}$ 范围内的腹板面积，计算长度取 h_0。

当梁支撑加劲肋的端部为刨平顶紧时，应按其所承受的支座反力或者固定集中荷载计算其端面承压应力；当端部为焊接时，应按传力情况计算其焊缝应力。

5.5.3　焊接组合截面考虑屈曲后强度的截面承载力(Post-buckling Strength of Welded Built-up Sections)

对于承受静力荷载和间接承受动力荷载的焊接截面组合梁，可在设计中利用截面的屈曲后强度。考虑屈曲后强度的设计计算有两种基本考虑方式：一是采用有效宽度的概念，即认为截面发生屈曲的部分退出工作；二是降低设计用的材料强度值。

1）受弯构件中受压板件屈曲后的承载强度

工字形截面、槽形截面等的受压外伸翼缘，虽然是一边自由的板件，也存在屈曲后的强度。板件一旦失稳，近腹板处的承载强度还能有所提高，如图 5-31 所示。但屈曲后继续承载的潜力不是很大，计算也很复杂，一般在工程设计中不考虑利用外伸翼缘的屈曲后强度。

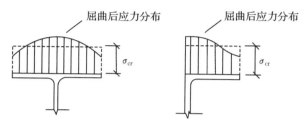

图 5-31 受压翼缘屈曲后应力分布的变化

①受弯构件的腹板发生失稳后中和轴下移、压应力增长呈现非线性[图 5-32(a)]。屈曲部分的纵向纤维有伸长的趋势，影响压应力的发展，但腹板靠近受压翼缘处仍可保持应力增长。在这种情况下，仍可采用受压有效宽度的概念。

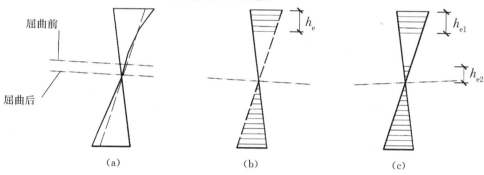

图 5-32 腹板在弯曲应力作用下屈曲后的应力分布图

②双轴对称工字形截面采用图 5-32 所示的有效宽厚比模式时，若设 $h_e = 30t_w$，则考虑腹板弯曲屈曲后的截面最大抗弯承载力可表达为

$$M_{eur} = \beta_c M_{er} \tag{5-99}$$

式中，β_c 为腹板受弯局部失稳后边缘屈服弯矩的折减系数：

$$\beta_c = 1 - 0.000\,5\frac{A_w}{A_f}\left(\frac{h_0}{t_w} - 5.7\sqrt{\frac{E}{f_y}}\right) \tag{5-100}$$

式中，A_f、A_w 分别为一个翼缘和腹板的面积；h_0 为梁截面中翼缘中线形成的高度，$h_0 = h - t_f$；h 为梁的外包高度。

式(5-100)中的 $5.7\sqrt{\dfrac{E}{f_y}}$ 可写为 $169\sqrt{\dfrac{235}{f_y}}$，该值接近于腹板受弯局部失稳时的临界宽厚比限值$\left(174\sqrt{\dfrac{235}{f_y}}\right)$。当 $\dfrac{h_0}{t_w}$ 小于此值时，β_c 将大于 1.0，意味在弹性范围内不需考虑腹板局部失稳引起的抗弯强度的降低；当 $\dfrac{h_0}{t_w}$ 大于此值时，β_c 将小于 1.0，表明在局部失稳情况下，截面抗

弯承载力达不到边缘屈服弯矩,但并非不能继续承载。式(5-99)的本质是将截面抗弯强度适当降低,属于上述计算方法的第二种形式。

③双轴对称工字形截面采用图 5-32(c)所示的模式时,有效宽度的计算可以采用如下公式:

$$h_{e1} = 0.4h_e \tag{5-101}$$

$$h_{e2} = 0.6h_e \tag{5-102}$$

当 $\dfrac{h_w}{t_w}\sqrt{\dfrac{f_y}{235}} \leqslant 93$ 时,

$$h_e = \frac{1}{2}h_w \tag{5-103}$$

当 $93 < \dfrac{h_w}{t_w}\sqrt{\dfrac{f_y}{235}} < 240$ 时,

$$h_e = \left(37.2 + 0.1\frac{h_w}{t_w}\sqrt{\frac{f_y}{235}}\right)t_w\sqrt{\frac{235}{f_y}} \tag{5-104}$$

当 $240 \leqslant \dfrac{h_w}{t_w}\sqrt{\dfrac{f_y}{235}}$ 时,

$$h_e = 61.2t_w\sqrt{\frac{235}{f_y}} \tag{5-105}$$

然后按上述有效截面及其分布计算在边缘屈服准则下的截面抗弯承载能力。

2)构件受剪时板件屈曲后的承载强度

简支梁的腹板设有横向加劲肋,加劲肋与翼缘所围区间在剪力作用下发生局部失稳后,主压应力不能增长,而主拉应力还可以随外荷载的增加而增加[图 5-33(b)],因此还有继续承载的能力。当到达极限状态时,梁的上下翼缘犹如桁架的上下弦,横向加劲肋如同受压竖杆,失稳区段内的斜向张力带则起到受拉斜杆的作用[图 5-33(c)]。这种状况可以持续到翼缘板上也出现塑性铰,整个板格成为机构为止(图 5-34)。

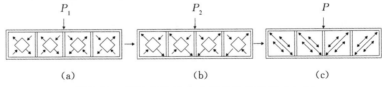

图 5-33 腹板受剪屈曲后形成的桁架受力机制

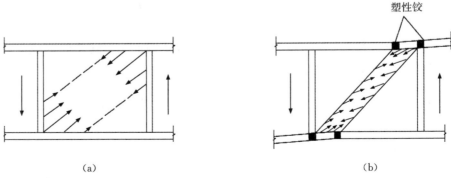

图 5-34 腹板受剪屈曲后板格形成的桁架受力机制及塑性铰

118

如何考虑张力带有不同的假定和模型，一般计算比较复杂。本节介绍一种实用的工程计算方法。

考虑仅由截面的腹板承剪，但材料的承剪强度是折减过的屈服剪应力：

$$\tau_{vd} = \beta_\tau f_{vd} \tag{5-106}$$

式中，β_τ 为考虑腹板受剪屈曲的折减系数，β_τ 按下式计算：

当 $\dfrac{h_w}{t_w}\sqrt{\dfrac{f_y}{235}} \leqslant 30\sqrt{k_\tau}$ 时，

$$\beta_\tau = 1.0 \tag{5-107}$$

当 $30\sqrt{k_\tau} < \dfrac{h_w}{t_w}\sqrt{\dfrac{f_y}{235}} < 45\sqrt{k_\tau}$ 时，

$$\beta_\tau = 1.5 - \frac{1}{60\sqrt{k_\tau}}\left(\frac{h_w}{t_w}\sqrt{\frac{f_y}{235}}\right) \tag{5-108}$$

当 $\dfrac{h_w}{t_w}\sqrt{\dfrac{f_y}{235}} \geqslant 45\sqrt{k_\tau}$ 时，

$$\beta_\tau = 33.75\sqrt{k_\tau}\left(\frac{t_w}{h_w}\sqrt{\frac{235}{f_y}}\right) \tag{5-109}$$

式中，k_τ 为受剪腹板的屈曲系数。

当 $\dfrac{a}{h_w} \leqslant 1$ 时，

$$k_\tau = 4 + \frac{5.35}{\left(\dfrac{a}{k_w}\right)^2} \tag{5-110}$$

当 $\dfrac{a}{h_w} > 1$ 时，

$$k_\tau = 5.34 + \frac{4}{\left(\dfrac{a}{h_w}\right)^2} \tag{5-111}$$

截面能够安全承剪的条件是

$$V_y \leqslant V_d = h_w t_w \tau_{vd} \tag{5-112}$$

这一方法是用降低截面承剪的设计强度来反映局部失稳的影响。

式(5-100)、式(5-107)～(5-109)是根据数值分析结果得到的计算公式，我国《钢结构设计标准》(GB 50017—2017)则采用了另一种表达形式，即式(5-113)和式(5-115)。

3)同时受弯和受剪的板屈曲后的承载强度

实际工程中的受弯构件大多数情况同时受到剪力和弯矩的作用。当截面的剪力较小时，可不考虑其对截面抗弯承载力的影响；反之，则应考虑两种局部失稳模式对抗弯抗剪承载力的综合影响。我国《钢结构设计标准》(GB 50017—2017)对双轴对称工字形截面受弯构件采用如下计算公式反映这一关系：

$$\left(\frac{V}{0.5V_u} - 1\right)^2 + \frac{M - M_f}{M_{eu} - M_f} \leqslant 1 \tag{5-113}$$

$$M_f = \left(A_{f1}\frac{h_{m1}^2}{h_{m2}} + A_{f2}h_{m2}\right)f \tag{5-114}$$

式中，M、V分别为梁的同一截面上同时产生的弯矩和剪力设计值，当$V < 0.5V_u$时，取$V = 0.5V_u$，当$M < M_f$，取$M = M_f$；M_f为梁两翼缘所承担的弯矩设计值；A_{f1}、h_{m1}为较大翼缘的截面面积及其形心至梁中和轴的距离；A_{f2}、h_{m2}为较小翼缘的截面面积及其形心至梁中和轴的距离；M_{eu}、V_u分别为梁抗弯和抗剪承载力设计值。

M_{eu}按下列公式计算：

$$M_{eu} = \gamma_x \alpha_e W_x f \tag{5-115}$$

$$\alpha_e = 1 - \frac{(1-\rho)h_c^3 t_w}{2I_x} \tag{5-116}$$

式中，α_e为梁截面模量考虑腹板有效高度的折减系数，I_x为按梁截面全部有效算得的绕x轴的惯性矩，h_c为按梁截面全部有效算得的腹板受压区高度，γ_x为梁截面塑性发展系数，ρ为腹板受压区有效高度系数。

当$\lambda_b \leqslant 0.85$时，

$$\rho = 1.0 \tag{5-117}$$

当$0.85 < \lambda_b \leqslant 1.25$时，

$$\rho = 1 - 0.82(\lambda_b - 0.85) \tag{5-118}$$

当$\lambda_b > 1.25$时，

$$\rho = \frac{1}{\lambda_b}\left(1 - \frac{0.2}{\lambda_b}\right) \tag{5-119}$$

式中，λ_b为用于腹板受弯计算时的通用高厚比，按式(5-58)、式(5-59)计算。

V_u按下列公式计算：

当$\lambda_s \leqslant 0.8$时，

$$V_u = h_w t_w f_{vd} \tag{5-120}$$

当$0.8 < \lambda_s \leqslant 1.2$时，

$$V_u = h_w t_w f_{vd}[1 - 0.5(\lambda_s - 0.8)] \tag{5-121}$$

当$\lambda_s > 1.2$时，

$$V_u = \frac{h_w t_w f_{vd}}{\lambda_s^{1.2}} \tag{5-122}$$

式中，λ_s为用于腹板受剪计算时的通用高厚比，按式(5-68)、式(5-69)计算。当组合梁仅配置支座加劲肋时，取式(5-69)中的$\frac{h_0}{a} = 0$。

4）利用局部屈曲后强度的意义

若要完全防止钢构件发生局部失稳可以采用增大截面板厚、设置加劲肋等措施来实现。一方面，这两种方法都会耗用较多的钢材。例如，设腹板面积占整个截面面积的50%，当腹板由6 mm增大到8 mm，构件的用钢量就会增加16%以上。另一方面，板件发生局部失稳并不意味着构件整体丧失承载能力，实际发现构件最终承载强度还可能高于局部失稳时的截面抗力。因此，工程设计中不要求所有情况都以防止板件局部失稳作为设计准则。这样做可以使截面布置得更有效，以较少的钢材来满足构件整体稳定的要求和刚度的要求。

在计算中，如果板件的宽厚比超过了局部失稳临界值对应的要求，在计算构件强度、稳定性时要考虑截面的有效宽度，或采用适当降低截面（材料）设计强度的方法。实际工程设计中，由于已考虑各种安全系数使构件中实际工作应力较小，在正常使用条件下一般不会出现明显的局部失稳现象。如果板件局部失稳临界应力超过材料比例极限,那么板件进入非弹性状态。局部失稳临界应力越接近材料屈服点,其屈曲后的承载能力提高空间就越小。

此外需要注意:当承受反复荷载时,局部失稳后的变形容易引起构件发生疲劳破坏,在这类荷载条件下,一般不考虑利用屈曲后强度;当结构进行塑性设计时,局部失稳将使构件塑性变形能力不能充分发展,此时也不得利用屈曲后强度。

5.6 腹板开孔的受弯构件(Flexural Members with Web Perforations)

在建筑结构中,设备管线是不可缺少的组成部分,为增加建筑净空高度,可在梁腹板上开设孔洞从而让管线穿过。腹板开孔可以减轻构件自重,提高受弯构件的材料利用效率进而降低成本。腹板开孔可能对构件受弯性能产生影响,因此有必要对腹板开孔的受弯构件提供相应的设计指导,以保证实际工程的安全应用。

腹板开孔形状主要有圆形、圆端矩形、正方形、矩形、正六边形、正八边形等,如图 5-35 所示。其中最常见的有圆形、正六边形以及圆端矩形。

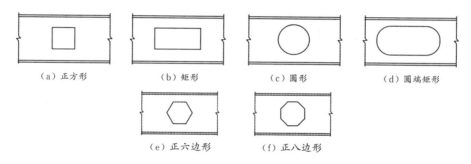

（a）正方形　　　（b）矩形　　　（c）圆形　　　（d）圆端矩形

（e）正六边形　　　（f）正八边形

图 5-35　不同孔洞形状的腹板开孔梁

根据开孔方式划分,开孔梁可分为连续规则开孔和间断性开孔两种。前者也称为蜂窝梁。通常蜂窝梁由 H 型钢经过在腹板沿纵向切割后错位进行焊接制作而成。与切割前的 H 型钢截面相比,这种方式不仅不会浪费材料,还可增大截面高度,增大截面惯性矩和截面模量,从而提高截面刚度和承载能力,具有很好的经济适用性。目前常见的蜂窝梁有圆孔和正六边形两种类型(图 5-36)。

（a）　　　　　　　　　　（b）

图 5-36　圆孔形蜂窝梁与正六边形蜂窝梁

腹板孔洞会降低钢梁的承载能力,尤其是抗剪能力,在集中荷载作用下也可能导致腹板压溃破坏。对这种情况,一方面应对孔洞尺寸等构造要求作出规定,另一方面也可以在开孔处设置加劲肋来补强。

5.6.1　腹板开孔梁的计算和设计（Calculation and Design of Web Perforated Beams）

在进行腹板开孔梁的设计时，开孔梁应满足整体稳定及局部稳定要求，同时还应进行实腹截面和开孔截面处的受弯和受剪承载力验算，以及开孔处顶部及底部 T 形截面受弯剪共同作用的承载力验算。

目前我国《钢结构设计标准》（GB 50017—2017）仅对蜂窝梁的计算提供了指导方法，其他不规则开孔梁的计算和设计方法仍在研究和完善中。

5.6.2　腹板开孔梁的构造要求（Detailing Requirements of Web Perforated Beams）

在材料强度方面，腹板开孔梁钢材的屈服强度不应大于 $420\ N/mm^2$。当孔洞形状为圆形［图 5-37（a）］时，圆孔孔口直径不宜大于 70% 的梁高，相邻圆形孔口边缘之间的距离不宜小于梁高的 25%。当孔洞形状为矩形［图 5-37（b）］时，矩形孔口高度不宜大于梁高的 50%，孔口长度不宜大于梁高，也不宜大于 3 倍孔高。矩形孔口与相邻孔口边缘的距离不宜小于梁高，也不宜小于矩形孔口长度，孔口的上下边缘至梁翼缘外表面的距离不宜小于梁高的 25%。无论是圆形还是矩形孔口，开孔处梁上下 T 形截面高度均不宜小于 15% 的梁高，开孔长度或直径与 T 形截面高度的比值不宜大于 12。

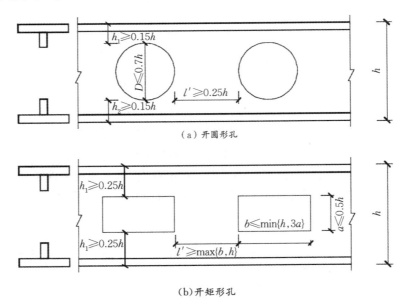

（a）开圆形孔

（b）开矩形孔

图 5-37　开孔尺寸及位置要求

孔洞不应设置在与梁端距离等于梁高的范围内，对于抗震设防的结构孔洞不应设置在隅撑与梁柱连接区域范围内。

5.6.3　腹板开孔处的补强（Reinforcement at the Web Openings）

如前所述，腹板开孔会降低钢梁的抗弯及抗剪承载力，必要时应对开孔腹板进行补强。开孔腹板的补强应遵循以下原则：

①当圆形孔直径 $d \leqslant 1/3$ 梁高时,可不设补强;当孔径大于梁高时,可用环形加劲肋[图 5-38(a)]、环形补强板[图 5-38(b)]或者套管[图 5-38(c)]来进行补强。

②当采用加劲肋补强圆孔时,加劲肋截面不宜小于 100 mm×100 mm,加劲肋边缘至圆形孔口边缘的距离不宜大于 12 mm。当采用套管补强圆孔时,套管厚度不宜小于梁腹板厚度。当采用环形板补强时,如果在梁腹板两侧均设置环形板,其厚度可稍小于腹板厚度,其宽度可取 75~215 mm。

矩形孔口的边缘宜采用纵向和横向加劲肋进行补强,孔口上下边缘的水平加劲肋端部宜伸至孔口边缘以外单面加劲肋宽度的 2 倍,当矩形孔口长度大于梁高时,应沿梁全高设置横向加劲肋。此外,矩形孔口加劲肋截面总宽度不宜小于翼缘宽度的 1/2,厚度不宜小于翼缘厚度。当孔口长度大于 500 mm 时,应在梁腹板两面都设置加劲肋。

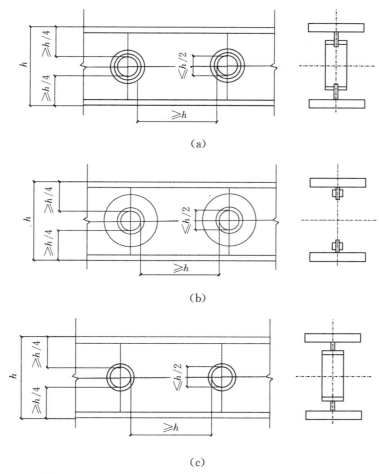

(a)

(b)

(c)

图 5-38 腹板开圆形孔洞的补强方式

5.7 小结(Summary)

①受弯构件的设计应包含抗弯强度、抗剪强度、局部承压强度、折算应力、刚度、整体稳定、局部稳定等验算内容。

②开口截面构件自由扭转时,截面上剪应力沿板件厚度呈线性分布,板件厚度中央为零;

闭口截面构件自由扭转时,板件内剪应力沿壁厚方向可以认为是不变的。开口截面的约束扭转比较复杂,一般分解为自由扭转和翘曲扭转两部分进行考虑。

③影响梁的整体稳定临界弯矩的因素主要包括梁的侧向抗弯刚度、抗扭刚度、翘曲刚度、侧向支撑点间的距离、支座约束方式(能否提供面外转动约束或扭转约束)、荷载在梁截面上的作用位置等。沿梁跨度范围内弯矩越饱满的情况对应临界弯矩值越低。

④受弯构件的局部稳定一般可通过限制板件宽厚比的方法来保证。当不满足时,可根据具体情况设置不同形式的加劲肋。在实际设计中对于承受静力荷载和间接承受动力荷载的焊接截面梁可合理地利用局部屈曲后强度,以达到更为经济合理的目的。

⑤在梁腹板上开孔的应用情形日益普遍,应考虑孔洞位置处截面的承载力和进行稳定性验算,必要时对孔洞进行补强。

思考题(Questions)

5-1 受弯构件需要考虑哪些可能的破坏形式?

5-2 如何理解受弯构件的塑性弯矩设计值和屈服弯矩设计值?何为有限截面塑性发展系数?

5-3 梁的扭转包括哪些形式?它们有何区别?

5-4 何为翘曲应力?梁在何种受力状态下会发产生翘曲应力?

5-5 梁的整体稳定具体表现为哪种失稳方式?影响梁的整体稳定临界承载力的因素有哪些?

5-6 钢梁在什么条件下不需要进行整体失稳的验算?

5-7 什么是受弯构件的局部稳定?影响构件局部稳定的关键参数是什么?

5-8 梁腹板设置加劲肋的原则是什么?

5-9 什么是焊接组合截面梁屈曲后强度?屈曲后强度如何考虑和计算?

5-10 腹板开孔梁在计算时如何考虑孔洞的影响?

习题(Exercises)

5-1 某外伸梁上作用均布恒荷载标准值 $q_1=4.5$ kN/m(未计入梁本身质量),均布活荷载标准值 $q_2=10$ kN/m,两支座间中央作用集中活荷载 $F=12$ kN,如图 5-39 所示。假设在 A、B、C、D 各点处梁侧设有支撑以防止整体失稳。试选择质量最轻的热轧普通工字钢截面型号。荷载分项系数对恒载取 1.3,活载取 1.5,钢材抗拉、抗压和抗弯强度设计值取 205 N/mm²,抗剪强度设计值取 120 N/mm²。梁的允许扰度值为:跨中 $l_2/400$,外伸段 $2l_1/250$。按截面有限塑性发展准则设计,并取有限截面塑性发展系数为 1.05。

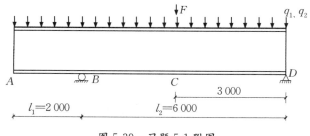

图 5-39 习题 5-1 附图

5-2 工字形焊接组合截面简支梁,其上密铺刚性板可以阻止弯曲平面外变形,如图 5-40 所示。梁上均布荷载(包括梁自重)$q=4.5$ kN/m,跨中已有一集中荷载 $F_0=90$ kN,现需在距

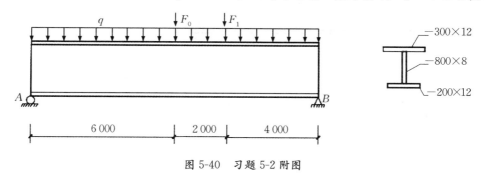

图 5-40 习题 5-2 附图

右端 4 m 处设一集中荷载 F_1。集中力作用处已有支承加劲肋保证局部承压有足够强度。问:根据边缘屈服准则,F_1 最大可达多少?设各集中荷载的作用位置距梁顶面为 120 mm,分布长度为 120 mm。钢材的强度设计值取为 300 N/mm^2。在所有的已知荷载和所有未知荷载中,都已包含有关荷载的分项系数。

5-3 一卷边 Z 形冷弯薄壁型钢,截面规格 $160\times60\times20\times3.0$,用于屋面檩条,跨度 6 m,如图 5-41 所示。作用于其上的均布荷载垂直于地面,$q=1.4$ kN/m。试验算檩条是否安全。设檩条在给定荷载下不会发生整体失稳,按边缘屈服准则作强度计算。所给荷载条件中已包含分项系数。钢材强度设计值取为 210 N/mm^2。

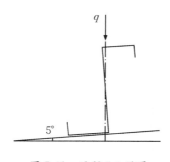

图 5-41 习题 5-3 附图

5-4 一双轴对称工字形截面构件,一端固定,一端外挑 3.5 m,沿构件长度无侧向支承,悬挑端部下挂一重载 F,如图 5-42 所示。若不计构件自重,F 的最大值为多少?钢材强度设计值取为 215 N/mm^2。

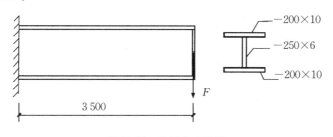

图 5-42 习题 5-4 附图

5-5 一双轴对称工字形截面构件,两端简支,除两端外无侧向支承,跨中作用一集中荷载 $F=520$ kN,如图 5-43 所示。如以保证构件的整体稳定为控制条件,构件的最大长度 l 的

上限是多少? 设钢材的屈服点为 235 N/mm² (计算本题时不考虑各种分项系数)。

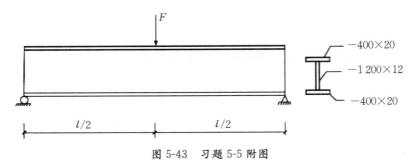

图 5-43　习题 5-5 附图

5-6　按弹性设计验算如图 5-44 所示梁的强度与刚度。已知永久荷载的标准值 $q_1=$ 15 kN/m,可变荷载的标准值 $q_2=20$ kN/m,截面 $I_x=2\,370$ cm⁴,$I_x/S_x=17.2$ cm,$E=$ 2.06×10⁵ N/mm²,$f=235$ N/mm²,$[V/l]=1/250$,$f_v=125$ N/mm²。

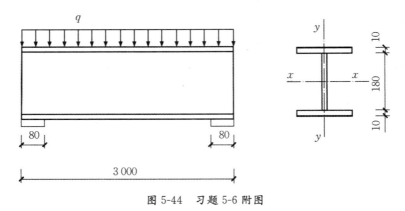

图 5-44　习题 5-6 附图

5-7　一等截面焊接简支梁,在均布荷载 q 作用下,如图 5-45 所示,跨中有一侧向支承点,已知钢材为 Q235B,$I_x=391\,600$ cm⁴,$\beta_b=1.15$,$f=215$ N/mm²。试按整体稳定要求,计算梁所能承受的最大均布荷载 q(设计值)。

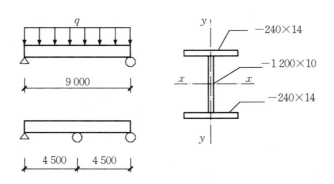

图 5-45　习题 5-7 附图

第6章 拉弯与压弯构件

（Members Under Combined Axial Force and Bending）

本章学习目标

掌握单向压弯构件的强度计算、单向压弯构件的整体稳定计算；

理解拉弯、压弯构件强度、稳定性相关公式的物理意义；

熟悉单向压弯构件弯矩作用平面内、外的临界应力确定方法，掌握实腹式和格构式单向压弯构件的计算步骤。

6.1 概述（Introduction）

拉弯与压弯构件是指同时承受轴心拉力或压力以及弯矩的构件，也称偏拉或偏压构件。

拉弯构件是同时承受轴向拉力和弯矩的构件；压弯构件是同时承受轴向压力和弯矩的构件，如图 6-1 所示。常见的有受节间荷载作用的桁架上下弦杆、抗风柱和天窗架的侧立柱等，如图 6-2。

当弯矩作用于截面的一个主轴平面内时称为单向压弯（或拉弯）构件；当弯矩作用于两主轴平面内时称为双向压弯（或拉弯）构件。

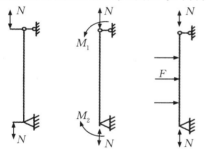

图 6-1 拉弯、压弯构件图

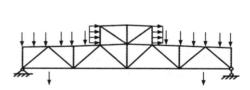

图 6-2 屋架中的拉弯、压弯构件

压弯构件广泛应用于柱子，例如工业厂房中的框架柱，承受上部结构传来的轴向压力，同时还受弯矩和剪力作用，如图 6-3 所示。

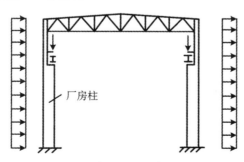

图 6-3 单层工业厂房框架柱

在进行拉弯和压弯构件设计时，构件需同时满足承载能力极限状态和正常使用极限状态的要求。拉弯构件需计算其强度和刚度（限制长细比）；压弯构件除了计算强度和刚度（限制长细比）外，还需计算整体稳定（弯矩作用平面内稳定和弯矩作用平面外稳定）和局部稳定。

拉弯构件和压弯构件的容许长细比分别与轴心拉杆和轴心压杆相同，见表 4-1、表 4-2。

6.2 拉弯和压弯构件的强度（Strength of the Members Under Combined Axial Force and Bending）

钢材具有较好的塑性性能，故拉弯和压弯构件的强度极限允许截面部分出现塑性甚至全截面塑性。拉弯和压弯构件在轴心力和弯矩的共同作用下截面应力发展相似，工字形构件在轴心压力和弯矩共同作用下截面上应力发展过程如图 6-4 所示。

在轴向力和弯矩作用下，随着弯矩不断增加，截面上应力发展经历四个阶段：边缘纤维的最大应力达到屈服点前[图 6-4(a)]，整个截面仍处于弹性阶段；最大应力达到屈服点后，随着弯矩增大截面一侧部分发展塑性[图 6-4(b)]；两侧截面均出现部分塑性[图 6-4(c)]；整个截面进入塑性[图 6-4(d)]，构件达到承载能力极限状态。

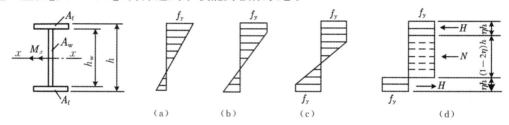

图 6-4 压弯构件的截面应力

当截面进入全塑性状态，建立力的平衡方程，合力 N 应与外轴力平衡，一对水平力 H[图 6-4(d)]产生的力偶与外力矩 M 平衡。为了简化，取 $h \approx h_w$，令 $A_f = \alpha A_w$，则全截面面积 $A = (2\alpha+1)A_w$。

内力的计算分为两种情况：

(1)中和轴在腹板范围内（$N \leqslant A_w f_y$）

$$N = (1-2\eta)ht_w f_y = (1-2\eta)A_w f_y \tag{6-1}$$

$$M_x = A_f f_y h + \eta A_w f_y (1-\eta)h = A_w h f_y (\alpha+\eta-\eta^2) \tag{6-2}$$

消去以上二式中的 η，并令

$$N_p = Af_y = (2\alpha+1)A_w f_y \tag{6-3}$$

$$M_{pr} = W_{pr} f_y = (\alpha A_w h + 0.25 A_w h)f_y = (\alpha+0.25)A_w h f_y \tag{6-4}$$

得 N 和 M_x 的相关公式：

$$\frac{(2\alpha+1)^2}{4\alpha+1}\frac{N^2}{N_p^2} + \frac{M_x}{M_{pr}} = 1 \tag{6-5}$$

(2)中和轴在翼缘范围内（$N > A_w f_y$）

按上述相同方法可以得到

$$\frac{N}{N_p} + \frac{4\alpha+1}{2(2\alpha+1)}\frac{M_x}{M_{pr}} = 1 \tag{6-6}$$

式(6-5)和式(6-6)均为曲线，图 6-5 中的外凸实线即为弯矩绕强轴作用下工字形截面的相关曲线。曲线外凸程度与翼缘与腹板面积比 $\left(\alpha = \dfrac{2A_f}{A_w}\right)$相关，$\alpha$ 较大，外凸不多。为简化计算,同时考虑附加挠度的不利影响,《钢结构设计标准》(GB 50017—2017)采用斜直线(图 6-5 中的虚线)代替曲线。

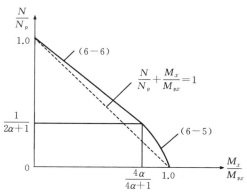

图 6-5　压弯和拉弯构件强度相关曲线

$$\frac{N}{N_{\mathrm{p}}}+\frac{M_x}{M_{\mathrm{px}}}=1 \tag{6-7}$$

考虑塑性发展部分,令 $N_{\mathrm{p}}=A_{\mathrm{n}}f_{\mathrm{y}}$,$M_{\mathrm{px}}=\gamma_x W_{\mathrm{nx}}f_{\mathrm{y}}$,引入抗力分项系数,获得《钢结构设计标准》(GB 50017—2017)单向拉弯和压弯构件的强度计算式:

$$\frac{N}{A_{\mathrm{n}}}\pm\frac{M_x}{\gamma_x W_{\mathrm{nx}}}\leqslant f \tag{6-8}$$

对于双向弯矩的拉弯和压弯构件,《钢结构设计标准》(GB 50017—2017)采用与式(6-8)相衔接的线性公式:

$$\frac{N}{A_{\mathrm{n}}}\pm\frac{M_x}{\gamma_x W_{\mathrm{nx}}}\pm\frac{M_y}{\gamma_y W_{\mathrm{ny}}}\leqslant f \tag{6-9}$$

式中,A_{n} 为净截面面积;W_{nx}、W_{ny} 分别为对 x 轴、y 轴的净截面模量;γ_x、γ_y 为截面塑性发展系数,当压弯构件受压翼缘的外伸宽度与其厚度之比 $\frac{b_1}{t}$ 大于 $13\sqrt{\frac{235}{f_{\mathrm{y}}}}$ 但不超过 $15\sqrt{\frac{235}{f_{\mathrm{y}}}}$,以及构件需要计算疲劳时,取 1.0。

例 6-1　图 6-6 所示的拉弯构件,同时承受静力轴向拉力和横向均布荷载,轴向拉力设计值为 800 kN,横向均布荷载设计值为 7 kN/m。钢材材质为 Q345B,截面无削弱,试设计此截面。

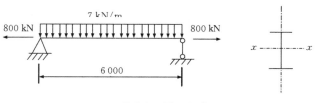

图 6-6　例 6-1 图

解　设采用普通工字钢 I22a,截面积 $A=42.1\ \mathrm{cm}^2$,质量 0.32 kN/m,$W_x=309\ \mathrm{cm}^3$,$i_x=8.99\ \mathrm{cm}$,$i_y=2.31\ \mathrm{cm}$。

(1)验算强度

$$M_x=\frac{1}{8}ql^2=\frac{1}{8}(7+0.32\times1.2)\times6^2=33.2(\mathrm{kN\cdot m})$$

$$\frac{N}{A_n} + \frac{M_x}{\gamma_x W_{nx}} = \frac{800 \times 10^3}{42.1 \times 10^2} + \frac{33.2 \times 10^6}{1.05 \times 309 \times 10^3} = 292(\text{N/mm}^2) \leqslant f = 305(\text{N/mm}^2)$$

（2）验算长细比

$$\lambda_x = \frac{l_{0x}}{i_x} = \frac{600}{8.99} = 66.7 < [\lambda] = 350$$

$$\lambda_y = \frac{l_{0y}}{i_y} = \frac{600}{2.31} = 259.7 < [\lambda] = 350$$

所选截面满足设计要求。

6.3 实腹式压弯构件的整体稳定（Overall Stability of Solid-web Bending Member）

压弯构件的截面尺寸通常由稳定承载力确定。对双轴对称截面一般将弯矩绕强轴作用，而单轴对称截面则将弯矩作用在对称截面内，使压力作用在分布材料较多的一侧。压弯构件可能在弯矩作用平面内弯曲失稳，也可能在弯矩作用平面外弯扭失稳。所以，压弯构件应分别计算弯矩作用平面内和弯矩作用平面外的稳定。

6.3.1 弯矩作用平面内的稳定计算（Stability Calculation in the Plane of Moment Action）

压弯构件在轴力 N 和弯矩 M 共同作用时，二者的相关关系并无显式表达方法。《钢结构设计标准》（GB 50017—2017）采用了弹性压弯构件边缘纤维屈服准则相关公式的形式［式(6-10)］，引入等效弯矩系数和抗力分项系数，得到轴力 N 和弯矩 M 共同作用下格构式压弯构件绕虚轴平面内稳定计算的相关公式［式(6-11)］；实腹式压弯构件当受压最大边缘刚屈服时尚有较大的强度储备（即容许截面发生塑性），《钢结构设计标准》（GB 50017—2017）采用数值计算方法（逆算单元长度法），计算弯曲应力时考虑了截面的塑性发展和二阶弯矩，对于初弯曲 $\left(\frac{l}{1\,000}\right)$ 和残余应力的影响，用等效偏心距综合考虑，提出近似相关公式［式(6-12)］。

$$\frac{N}{\varphi_x A} + \frac{M_x}{W_{1x}\left(1 - \varphi_x \frac{N}{N_{Ex}}\right)} = f_y \tag{6-10}$$

$$\frac{N}{\varphi_x A f} + \frac{M_x}{W_{1x}\left(1 - \varphi_x \frac{N}{N'_{Ex}}\right)f} \leqslant 1.0 \tag{6-11}$$

$$\frac{N}{\varphi_x A f} + \frac{M_x}{W_{px}\left(1 - 0.8 \frac{N}{N'_{Ex}}\right)f} \leqslant 1.0 \tag{6-12}$$

式中，φ_x 为弯矩作用平面内的轴心受压构件整体稳定系数；W_{1x} 为按受压最大分肢轴线或腹板外边缘确定的毛截面模量；W_{px} 为截面塑性模量；系数 0.8 是经数值计算和比较而得，0.8 可使式(6-11)的计算结果与各种截面的理论结果误差最小，即 0.8 是最优值。图 6-7 中的虚线即为焊接工字钢按式(6-11)计算的结果。

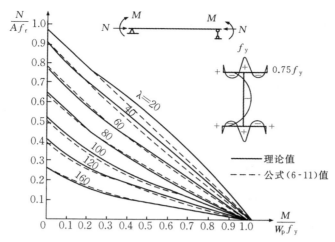

图 6-7　焊接工字钢压弯构件的相关曲线

式(6-12)仅适用于弯矩沿杆长均匀分布的两端铰接压弯构件。当弯矩为非均匀分布时，构件的实际承载能力将比式(6-12)计算值高。为了把式(6-12)推广应用于其他荷载作用时的压弯构件，可用等效弯矩 $\beta_{mx}M_x$ 代替公式中的 M_x 来考虑这种有利因素。另外，考虑部分截面发展塑性，采用 $W_{px}=\gamma_x W_{1x}$，并引入抗力分项系数，即得到《钢结构设计标准》(GB 50017—2017)采用的实腹式压弯构件弯矩作用平面内的稳定计算式：

$$\frac{N}{\varphi_x Af}+\frac{\beta_{mx}M_x}{\gamma_x W_{1x}\left(1-0.8\dfrac{N}{N'_{Ex}}\right)f}\leqslant 1.0 \tag{6-13}$$

式中，N 为所计算构件段范围内轴向压力设计值；M_x 为所计算构件段范围内的最大弯矩设计值；φ_x 为弯矩作用平面内的轴心受压构件的稳定系数；W_{1x} 为弯矩作用平面内对较大受压纤维的毛截面模量；N'_{Ex} 为参数，$N'_{Ex}=\dfrac{\pi^2 EA}{1.1\lambda_x^2}$；$\beta_{mx}$ 为等效弯矩系数。

式(6-13)中的等效弯矩系数 β_{mx} 应按下列规定采用。

(1)无侧移框架柱和两端支承的构件

①无横向荷载作用：$\beta_{mx}=0.6+0.4\dfrac{M_2}{M_1}$，$M_1$ 和 M_2 为端弯矩，使构件产生同向曲率(无反弯点)时取同号，使构件产生反向曲率(有反弯点)时取异号，$|M_1|\geqslant|M_2|$。

②无端弯矩但有横向荷载作用：

跨中单个集中荷载：$\beta_{mqx}=1-0.36\dfrac{N}{N_{cr}}$；$N_{cr}$ 为弹性临界力，$N_{cr}=\dfrac{\pi^2 EI}{(\mu l)^2}$；$\mu$ 为构件的计算长度系数。

全跨均布荷载：$\beta_{mqx}=1-0.18\dfrac{N}{N_{cr}}$。

③有端弯矩和横向荷载同时作用时，将式(6-13)的 $\beta_{mx}M_x$ 取为 $\beta_{mqx}M_{qx}+\beta_{m1x}M_1$，即取工况①和工况②等效弯矩的代数和。$M_{qx}$ 为横向荷载产生的弯矩最大值，β_{m1x} 取按工况①计算的等效弯矩系数。

(2)有侧移框架柱和悬臂构件

①有横向荷载的柱脚铰接的单层框架柱和多层框架柱的底层柱：$\beta_{mx}=1.0$。

②除①所规定之外的框架柱：$\beta_{mx}=1-0.36\dfrac{N}{N_{cr}}$。

③自由端作用有弯矩的悬臂柱：$\beta_{mx}=\dfrac{N_{cr}-0.36(1-m)N}{N_{cr}}$，$m$ 为自由端弯矩与固定端弯矩之比，当弯矩图无反弯点时取正号，有反弯点时取负号。

当框架内力采用二阶分析时，柱弯矩由无侧移弯矩和放大的侧移弯矩组成，此时可对两部分弯矩分别乘以无侧移柱和有侧移柱的等效弯矩系数。

对于 T 形等单轴对称截面压弯构件，当弯矩作用于对称平面且使较大翼缘受压时，构件失稳时出现的塑性区除存在前述受压区屈服和受压、受拉区同时屈服两种情况外，还可能在受拉区首先出现屈服而导致构件失去承载能力，故除了按式(6-13)计算外，还应按下式计算：

$$\left|\frac{N}{Af}+\frac{\beta_{mx}M_x}{\gamma_x W_{2x}\left(1-1.25\dfrac{N}{N'_{Ex}}\right)f}\right|\leqslant 1.0 \tag{6-14}$$

式中，W_{2x} 为受拉侧最外纤维的毛截面模量；系数 1.25 是经过与理论计算结果比较后引进的修正系数。

6.3.2 弯矩作用平面外的稳定计算(Out-of-plane Stability Calculation of Bending Moment)

开口薄壁截面压弯构件的抗扭刚度及弯矩作用平面外的抗弯刚度通常较小，当构件在弯矩作用平面外没有足够的支撑以阻止其产生侧向位移和扭转时，构件可能因弯扭屈曲而破坏。

如图 6-8 所示的双轴对称工字形截面，两端铰接夹支，但端截面可以自由翘曲，压力作用于 y 轴的 D 点上，偏心距为 e，杆件变形后，对 x 轴建立弯矩平衡方程：

$$-EI_x v''=N(v-e) \tag{6-15}$$

式(6-15)表示杆件绕强轴发生平面弯曲变形。

属于弯矩作用平面外的弯扭屈曲的平衡方程包括以下两种：

①对 y 轴的弯矩平衡方程，截面剪心(即形心)的侧向位移为 u，扭角 φ 使压力作用点增加的位移为 $e\varphi$，故平衡方程为

$$-EI_y u''=N(u+e\varphi) \tag{6-16}$$

②对 z 轴(纵轴)的扭矩平衡方程，由于侧向位移，横向剪力对剪心产生扭矩 Neu'，对纵轴扭矩的平衡方程应是在轴心压杆扭转屈曲平衡方程的基础上增加外扭矩，即

$$-EI_\omega \varphi'''+GI_t\varphi'=Ni_0^2\varphi'+Neu' \tag{6-17}$$

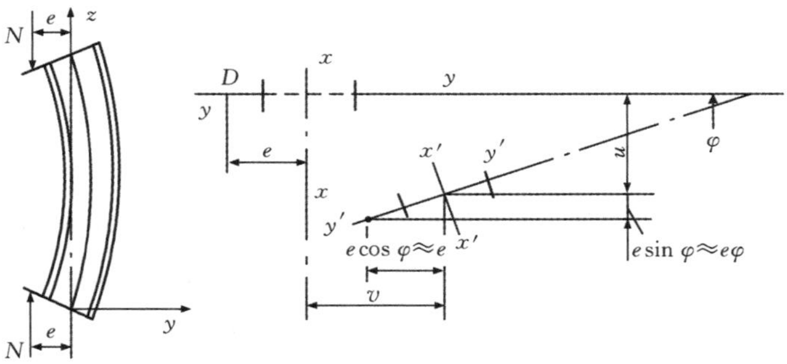

图 6-8　工字形截面的位移和扭转

式(6-16)、式(6-17)与单轴对称截面轴心压杆的平衡方程相似，只不过将前者的剪心与形心距离 a_0 改为偏心距 e 而已。所以，不再重复推导，直接列出双轴对称截面偏心压杆的临界力计算式：

$$(N_{Ey}-N)(N_z-N)-\left(\frac{Ne}{i_0}\right)^2=0 \tag{6-18}$$

式(6-18)的解即为偏心距为 e 的双轴对称截面偏心压杆的临界力：

$$N_{cr}=\frac{1}{2}\left[(N_{Ey}+N_z)-\sqrt{(N_{Ey}-N_z)^2+\left(\frac{2Ne}{i_0}\right)^2}\right] \tag{6-19}$$

如果偏心距 $e=0$，即构件的端弯矩 $M=0$，由式(6-19)可以得到轴心受压构件的临界力 $N_{cr}=N_{Ey}$ 或 $N_{cr}=N_z$。这里，绕界面弱轴弯矩屈曲的临界力：

$$N_{Ey}=\frac{\pi^2EI_y}{l_y^2} \tag{6-20}$$

绕截面纵轴扭曲屈曲的临界力

$$N_z=\frac{\left(GI_t+\frac{\pi^2EI_\omega}{l_\omega^2}\right)}{i_0^2} \tag{6-21}$$

式中，I_t 为截面的抗扭惯性矩；I_ω 为截面的翘曲惯性矩；i_0 为截面的极回转半径，$i_0^2=\frac{(I_x+I_y)}{A}$；$l_y$、$l_\omega$ 分别是构件的侧向弯曲自由长度和扭转自由长度，对于两端铰接的杆 $l_y=l_\omega=l$。

如果设端弯矩 $Ne=M_x$ 保持为定值，在 e 无限增加的同时 N 趋近于零，则由式(6-18)得到双轴对称纯弯曲梁的临界弯矩

$$M_{crx}=\sqrt{i_0^2N_{Ey}N_z} \tag{6-22}$$

由此，式(6-18)可以改写为

$$\left(1-\frac{N}{N_{Ey}}\right)\left(1-\frac{N}{N_{Ey}}\frac{N_{Ey}}{N_z}\right)-\left(\frac{M_x}{M_{crx}}\right)^2=0 \tag{6-23}$$

式(6-23)就是双轴对称截面压弯构件纯弯曲时弯矩作用平面外稳定计算的相关方程。把式(6-23)绘制成 $\frac{N}{N_{Ey}}$ 和 $\frac{M_x}{M_{crx}}$ 的相关曲线，如图 6-9 所示。

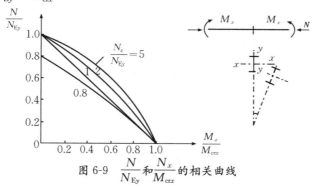

图 6-9 $\frac{N}{N_{Ey}}$ 和 $\frac{M_x}{M_{crx}}$ 的相关曲线

这些曲线与 $\frac{N_z}{N_{Ey}}$ 的比值有关，$\frac{N_z}{N_{Ey}}$ 值愈大，曲线愈外凸，压弯构件弯扭屈曲的承载能力愈

高。对于钢结构中常用的双轴对称工字形截面,其$\frac{N_z}{N_{Ey}}$值总是大于1.0,如偏安全地取$\frac{N_z}{N_{Ey}}=$
1.0,则上式成为

$$\left(\frac{M_x}{M_{crx}}\right)^2 = \left(1-\frac{N}{N_{Ey}}\right)^2 \tag{6-24}$$

$$\frac{N}{N_{Ey}} + \frac{M_x}{M_{crx}} = 1 \tag{6-25}$$

式(6-25)是根据弹性工作状态的双轴对称截面导出的理论简化式,是一个简单的直线式。理论分析和试验研究表明,此式同样适用于弹塑性压弯构件的弯扭屈曲计算,而且对于单轴对称截面的压弯构件,只要用单轴对称截面轴心压杆的弯扭屈曲临界力N_{cr}代替式中的N_{Ey},相关公式仍然适用。

在式(6-25)中,将$N_{Ey}=\varphi_y f_y A$,$M_{crx}=\varphi_b f_y W_{1x}$代入,并引入非均匀弯矩作用时的等效弯矩系数$\beta_{tx}$、箱形截面的调整系数$\eta$以及抗力分项系数$\gamma_R$后,即得到《钢结构设计标准》(GB 50017—2017)规定的压弯构件在弯矩作用平面外稳定计算的相关公式:

$$\frac{N}{\varphi_y A f} + \eta \frac{\beta_{tx} M_x}{\varphi_b \gamma_x W_{1x} f} \leqslant 1.0 \tag{6-26}$$

式中,M_x为所计算构件范围内(构件侧向支承点间)的最大弯矩;η为截面影响系数,闭合截面$\eta=0.7$,其他截面$\eta=1.0$;φ_y为弯矩作用平面外的轴心受压构件稳定系数;φ_b为考虑弯矩变化和荷载位置影响的受弯构件整体稳定系数,采用近似计算公式计算,对闭口截面$\varphi_b=1.0$,计算格构式弯矩平面外整体稳定时,取$\varphi_b=1.0$;β_{tx}为等效弯矩系数。

等效弯矩系数β_{tx}应按下列规定采用:

①在弯矩作用平面外有支承的构件,应根据两相邻支承间构件段内的荷载和内力情况确定。

a)无横向荷载作用时,$\beta_{tx}=0.65+0.35\frac{M_2}{M_1}$。

b)端弯矩和横向荷载同时作用时,使构件产生同向曲率时,$\beta_{tx}=1.0$;使构件产生反向曲率时,$\beta_{tx}=0.85$。

c)无端弯矩有横向荷载作用时,$\beta_{tx}=1.0$。

②弯矩作用平面外为悬臂的构件,$\beta_{tx}=1.0$。

弯矩作用平面外的整体稳定性可不计算,但应计算分肢的稳定性,分肢的轴心力应按桁架的弦杆计算。分肢的稳定性计算见6.3.4节。

6.3.3 双向弯曲实腹式压弯构件的整体稳定(Overall Stability of Two-way Curved Solid Abdominal Bending Members)

前面所述的压弯构件,弯矩仅作用在构件的一个主轴平面内,为单向弯曲压弯构件。弯矩作用在两个主轴平面内为双向弯曲压弯构件,在实际工程中较为少见。《钢结构设计标准》(GB 50017—2017)仅规定了双轴对称截面压弯构件的计算方法。

对双轴对称的工字形截面(H型钢)和箱形(闭口)截面的压弯构件,当弯矩作用在两个主轴平面内时,可用下列与式(6-13)和式(6-26)相衔接的线性公式计算其稳定性:

$$\frac{N}{\varphi_x A f} + \frac{\beta_{mx} M_x}{\gamma_x W_x \left(1-0.8\frac{N}{N'_{Ex}}\right) f} + \eta \frac{\beta_{ty} M_y}{\varphi_{by} \gamma_y W_y f} \leqslant 1.0 \tag{6-27}$$

$$\frac{N}{\varphi_y A f} + \eta \frac{\beta_{tx} M_x}{\varphi_{bx} W_x f} + \frac{\beta_{my} M_y}{\gamma_y W_y \left(1 - 0.8 \frac{N}{N'_{Ey}}\right) f} \leqslant 1.0 \qquad (6\text{-}28)$$

式中，φ_x、φ_y 分别为对强轴（x 轴）和弱轴（y 轴）的轴心受压构件稳定系数；φ_{bx}、φ_{by} 为考虑弯矩变化和荷载位置的受弯构件整体稳定系数，对于工字形、H 形截面的非悬臂（悬伸）构件，φ_{bx} 可按近似公式计算，φ_{by} 可取 1.0，对闭口截面，取 $\varphi_{bx} = \varphi_{by} = 1.0$；$M_x$、$M_y$ 分别为所计算构件段范围内对强轴和弱轴的最大弯矩；N'_{Ex}、N'_{Ey} 为参数，$N'_{Ex} = \frac{\pi^2 EA}{1.1 \lambda_x^2}$，$N'_{Ey} = \frac{\pi^2 EA}{1.1 \lambda_y^2}$；$W_x$、$W_y$ 分别为对强轴和弱轴的毛截面模量；β_{mx}、β_{my} 为弯矩作用平面内等效弯矩系数；β_{tx}、β_{ty} 为弯矩作用平面外等效弯矩系数，取值同 6.3.2 节。

6.3.4 双向弯曲格构式压弯构件的整体稳定（Overall Stability of Two-way Bending Lattice Bending Members）

弯矩作用在两个主平面内的双肢格构式压弯构件（图 6-10），其稳定性按下列规定计算：

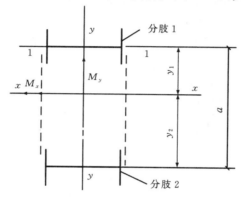

图 6-10 双向压弯格构柱

（1）整体稳定计算

《钢结构设计标准》（GB 50017—2017）采用与边缘屈服准则导出的弯矩绕虚轴作用的格构式压弯构件平面内整体稳定计算式（6-11）相衔接的线性公式进行计算，即

$$\frac{N}{\varphi_x A f} + \frac{\beta_{mx} M_x}{W_{1x} \left(1 - \frac{N}{N'_{Ex}}\right) f} + \frac{\beta_{ty} M_y}{W_{1y} f} \leqslant 1.0 \qquad (6\text{-}29)$$

式中，φ_x 和 N'_{Ex} 由换算长细比确定。

（2）分肢的稳定计算

分肢按实腹板压弯构件计算，计算分肢作为桁架弦杆在轴力和弯矩共同作用下产生的内力（图 6-10）。

分肢 1：

$$M_{y1} = \frac{I_1/y_1}{I_1/y_1 + I_2/y_2} M_y \qquad (6\text{-}30)$$

分肢 2：

$$M_{y2} = \frac{I_2/y_2}{I_1/y_1 + I_2/y_2} M_y \qquad (6\text{-}31)$$

式中，I_1、I_2 分别为分肢 1 和分肢 2 对 y 轴的惯性矩；y_1、y_2 分别为 M_y 作用的主轴平面至分肢 1 和分肢 2 轴线的距离。

式(6-30)、式(6-31)适用于当 M_y 作用在构件的主平面时的情形。当 M_y 不是作用在构件的主轴平面而是作用在一个分肢的轴线平面（如图 6-10 中分肢 1 的 1-1 轴线平面）时，则 M_y 视为全部由该分肢承受。

（3）格构柱的横隔及分肢的局部稳定

对格构式柱，不论截面大小，均应设置横隔，横隔的设置方法与轴心受压格构柱相同，构造可参见图 4-22。

格构式柱分肢的局部稳定计算同实腹式柱。

6.4 实腹式压弯构件的局部稳定（Local Stability of Solid Abdominal Bending Members）

要保证压弯构件的局部稳定，需对构件翼缘宽厚比和腹板高厚比作出限制。其中受压翼缘板的局部稳定保证类同于受压翼缘；腹板的局部稳定由于受非均匀压应力和剪应力的共同作用（图 6-11），由构件的长细比和沿腹板高度边缘的应力情况控制。

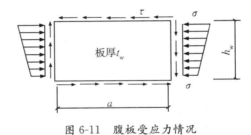

图 6-11 腹板受应力情况

6.4.1 单向压弯构件翼缘的局部稳定（Local Stability of the Unidirectional Compression Member Flange）

工字形截面、箱形截面的翼缘自由外伸宽度 b_1 与其厚度 t 之比（单边支撑）应满足：

$$\frac{b_1}{t} \leqslant 15\varepsilon_k \qquad (6\text{-}32)$$

注意：当截面考虑部分塑性，即 $\gamma_x = 1.05$，式(6-32)中的限值 15 应改为 13。

箱形截面受压翼缘板在两腹板间的翼缘宽度 b_0 与其厚度 t 之比（两边支撑）：

$$\frac{b_0}{t} \leqslant 40\varepsilon_k \qquad (6\text{-}33)$$

6.4.2 单向压弯构件腹板的局部稳定（Local Stability of the Web of One-way Bending Members）

对于承受不均匀压应力和剪应力的腹板局部稳定，引入系数应力梯度（stress gradient）：

$$\alpha_0 = \frac{\sigma_{\max} - \sigma_{\min}}{\sigma_{\max}} \qquad (6\text{-}34)$$

式中，$\sigma_{\max}$为腹板计算高度边缘的最大应力；$\sigma_{\min}$为腹板计算高度另一边缘的应力，压应力取正值，拉应力取负值。

6.5 实腹式单向压弯构件的计算（Calculation of Solid Abdominal One-way Bending Members）

实腹式单向压弯构件的计算，首先应选定截面的形式，再根据构件所承受的轴力 N、弯矩 M 和构件的计算长度 l_{0x}、l_{0y}初步确定截面的尺寸，然后进行强度、整体稳定、局部稳定和刚度的验算，同时注意构造要求。

6.5.1 截面形式与选择（Section Form and Selection）

当承受的弯矩较小时，其截面形式与一般的轴心受压构件相同。当弯矩较大时，宜采用弯矩平面内截面高度较大的双轴或单轴对称截面，如图 6-12 所示。由于压弯构件的验算式中未知量较多，一般先根据构造要求或设计经验，假设适当的截面，然后进行各项验算。验算不合格时，适当调整截面尺寸，再重新验算，直至满意为止。对于轴力大、弯矩小的构件，可参照轴压构件初估；对于轴力小、弯矩大的构件，可参照受弯构件初估。

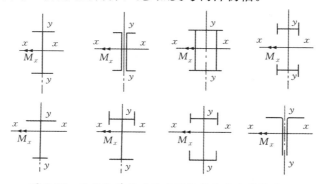

图 6-12　双轴和单轴对称实腹板单向受弯构件截面

6.5.2 构件验算内容（Component Verification Content）

常见的实腹式压弯构件需要验算的内容如下：
①强度验算。参考 6.2 节相应的公式。
②刚度验算。其长细比不超过构件的允许长细比。
③整体稳定性验算。参考 6.3 节相应的公式。
④局部稳定性验算。包括腹板高厚比和受压翼缘的宽厚比计算，参考 6.4 节相应的公式。

6.5.3 构造要求（Construction Requirements）

实腹式压弯构件的构造要求与实腹式轴心受压构件相似。
对于大型实腹式压弯构件，应在承受较大横向荷载处和每个计算单元的两端设置横隔。在设置横向支撑点时，对于截面较小的构件，可仅在腹板中央部位通过加劲肋或横隔与支撑连接；对截面高度较大或受力较大的构件，则应在两个翼缘内同时支承。

例 6-2 试验算图 6-13 所示压弯构件的稳定性。已知 $N=1\,000$ kN，$F=100$ kN，采用 Q235 钢材，$f=205$ N/mm²，$E=206\times10^3$ N/mm²，$\beta_{mx}=1.0$，$\gamma_x=1.05$，$\varphi_b=1.07-\dfrac{\lambda_y^2}{44\,000}\times\dfrac{f_y}{235}\leqslant1.0$，跨中有一侧向支撑。

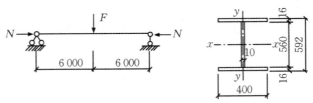

图 6-13　例 6-2 图

解　(1)根据材料力学知识可得截面的几何特性：

$$A=184\text{ cm}^2,\ I_x=120\,803\text{ cm}^4,\ I_y=17\,067\text{ cm}^4$$

$$W_{1x}=\frac{2I_x}{h}=\frac{120\,803\times2}{59.2}=4\,081(\text{cm}^3)$$

$$i_x=\sqrt{\frac{I_x}{A}}=\sqrt{\frac{120\,803}{184}}=25.62(\text{cm})$$

$$i_y=\sqrt{\frac{I_y}{A}}=\sqrt{\frac{17\,067}{184}}=9.63(\text{cm})$$

$$\lambda_x=\frac{l_{0x}}{i_x}=\frac{1\,200}{25.62}=46.84$$

查附表 3-2，并通过插值法计算得 $\varphi_x=0.871$。

$$\lambda_y=\frac{l_{0y}}{i_y}=\frac{600}{9.63}=62.31$$

查附表 3-2，并通过插值法计算得 $\varphi_y=0.795$。

$$N'_{Ex}=\frac{\pi^2EA}{1.1\lambda_x^2}=\frac{3.14^2\times206\times10^3\times184\times10^2}{1.1\times46.84^2}=15\,485(\text{kN})$$

(2)平面内稳定验算

$$M_x=\frac{100}{2}\times6=300(\text{kN}\cdot\text{m})$$

$$\frac{N}{\varphi_xAf}+\frac{\beta_{mx}M_x}{\gamma_xW_{1x}\left(1-0.8\dfrac{N}{N'_{Ex}}\right)f}$$

$$=\frac{1\,000\times10^3}{0.871\times184\times10^2\times205}+\frac{1.0\times300\times10^6}{1.05\times4\,081\times10^3\times\left(1-0.8\times\dfrac{1\,000}{15\,485}\right)\times205}=0.66<1.0$$

(3)平面外稳定验算

$$\varphi_b=1.07-\frac{\lambda_y^2}{44\,000}\times\frac{f_y}{235}=1.07-\frac{62.31^2}{44\,000}=0.982$$

$$\frac{N}{\varphi_xAf}+\frac{\eta\beta_{tx}M_x}{\varphi_bW_{1x}f}=\frac{1\,000\times10^3}{0.795\times184\times10^2\times205}+\frac{1.0\times300\times10^6}{0.982\times4\,081\times10^3\times205}$$

$$=0.70<1.0$$

(4)局部稳定验算

①受压翼缘板：

$$\frac{b_1}{t}=\frac{400-10}{2\times16}=12.2<15\varepsilon_k=15$$

②腹板

腹板计算高度边缘的最大应力和最小应力为

$$\sigma_{max}=\frac{N}{A}+\frac{M_x}{I_x}\cdot\frac{h_0}{2}=\frac{1\,000\times10^3}{184\times10^2}+\frac{300\times10^6}{120\,803\times10^4}\times\frac{560}{2}=123.88(\text{N/mm}^2)$$

$$\sigma_{min}=\frac{N}{A}-\frac{M_x}{I_x}\cdot\frac{h_0}{2}=\frac{1\,000\times10^3}{184\times10^2}-\frac{300\times10^6}{120\,803\times10^4}\times\frac{560}{2}=-15.18(\text{N/mm}^2)$$

$$应力梯度\ \alpha_0=\frac{\sigma_{max}-\sigma_{min}}{\sigma_{max}}=\frac{123.88-(-15.18)}{123.88}=1.12<1.6$$

$$\frac{h_0}{t_w}=\frac{560}{10}=56<(45+25\alpha_0^{1.66})\varepsilon_k=75.17$$

满足要求。

6.6 格构式单向压弯构件的计算(Calculation of Lattice Unidirectional Compression and Bending Members)

格构式压弯构件一般用于厂房的框架柱和高大的独立柱,且单向绕虚轴弯矩作用的构件较多。由于在弯矩作用平面内的截面高度较大,且通常又有较大的外部剪力作用,构件肢件间经常用缀条连接以节省材料,缀板连接则相对较少。特别地,格构式单向压弯构件的计算,与实腹式相比,除了要初选截面,进行强度、刚度计算,弯矩作用平面内整体稳定计算,局部稳定计算外,还要进行分肢稳定计算和缀材设计。

6.6.1 截面形式与选择(Section Form and Selection)

常用的格构式压弯构件如图 6-14 所示。当柱中弯矩不大或正负弯矩的绝对值相差不大时,可用对称的截面形式;如果正负弯矩的绝对值相差较大时,常采用不对称截面,并将较大肢放在受压较大的一侧。

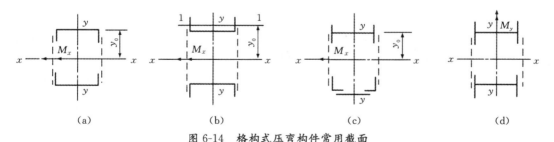

| (a) | (b) | (c) | (d) |

图 6-14 格构式压弯构件常用截面

6.6.2 构件验算内容(Component Verification Content)

常见的格构式压弯构件需要验算的内容如下:

(1)强度验算

以截面边缘纤维屈服作为强度计算依据,在式(6-9)中,截面塑性发展系数取值为 1.0。

（2）刚度验算

对绕构件虚轴的长细比，采用换算长细比 λ_{0x}，λ_{0x} 的计算方法同格构式轴心受压构件。

（3）弯矩作用平面内稳定性验算

《钢结构设计标准》（GB 50017—2017）采用式（6-35）进行格构式压弯构件绕虚轴平面内稳定计算：

$$\frac{N}{\varphi_x A f} + \frac{\beta_{mx} M_x}{W_{1x}\left(1-\dfrac{N}{N'_{Ex}}\right) f} \leqslant 1.0 \tag{6-35}$$

$$W_{1x} = \frac{I_x}{y_0} \tag{6-36}$$

式中，I_x 为对 x 轴（虚轴）的毛截面惯性矩；y_0 为由 x 轴到压力较大分肢腹板外边缘[图 6-15(c)]或者到压力较大分肢轴线[图 6-15(d)]的距离，二者取较大值；φ_x、N'_{Ex} 分别为轴心压杆的整体稳定系数和考虑抗力分项系数 γ_R 的欧拉临界力，均由对虚轴（x 轴）的换算长细比 λ_{0x} 确定。

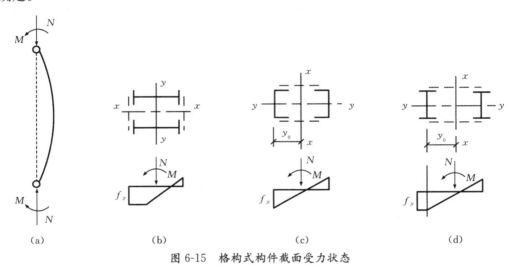

图 6-15 格构式构件截面受力状态

（4）分肢的稳定验算

对于弯矩绕虚轴作用的压弯构件，由于组成压弯构件的两个肢件在弯矩作用平面外的稳定都已经在计算单肢时得到保证，不必再计算整个构件在平面外的稳定性。

计算时，整个构件视为一平行弦桁架，将构件的两个分肢看作桁架体系的弦杆，两分肢的轴心力应按下列公式计算，然后按轴心受压整体稳定公式验算：

分肢 1：

$$N_1 = N\frac{y_2}{a} + \frac{M}{a} \tag{6-37}$$

分肢 2：

$$N_2 = N - N_1 \tag{6-38}$$

缀条式压弯构件的分肢按轴心压杆计算。分肢的计算长度，在缀材平面内取缀条体系的节间长度 $l_{0x}=l_1$；在缀条平面外，取整个构件两侧向支撑点间的距离。不设支撑时，取 l_{0y} 等于柱子全高。

140

缀板式压弯构件的分肢计算时,除轴心力 N_1(或 N_2)外,还应考虑由剪力作用引起的局部弯矩,按实腹式压弯构件验算单肢的稳定性。

分肢的局部稳定验算同实腹式轴压柱。

(5)缀材的计算和构造要求

计算压弯构件的缀材时,应取构件实际剪力和计算剪力两者中的较大值。计算方法与格构式轴心受压构件相同。

对格构式柱,均应设置横隔,方法与格构式轴心受压柱相同。

例 6-3 图 6-16(a)所示为一单层厂房框架柱的下柱,在框架平面内(有侧移框架柱)的计算长度为 $l_{0x}=21.7$ m,在框架平面外的计算长度(两端铰接)$l_{0y}=12.21$ m,钢材为 Q235。试验算此柱在下列组合内力(设计值)作用下整体稳定是否满足设计要求。已知第一组(使分肢1受压最大):$M=3\ 000$ kN·m,$N=4\ 100$ kN,$V=210$ kN。第二组(使分肢2受压最大):$M=2\ 500$ kN·m,$N=4\ 000$ kN,$V=210$ kN。

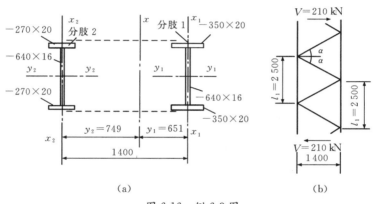

图 6-16 例 6-3 图

解 (1)截面的几何特征

①分肢 1:

$$A_1=2\times35\times2+64\times1.6=242.4(\text{cm}^2)$$

$$I_{y1}=\frac{1}{12}(35\times68^3-33.4\times64^3)=187\ 459.2(\text{cm}^4)$$

$$i_{y1}=27.8\ \text{cm}$$

$$I_{x1}=2\times\frac{1}{12}\times2\times35^3=14\ 291.7(\text{cm}^4)$$

$$i_{x1}=7.7\ \text{cm}$$

②分肢 2:

$$A_2=2\times27\times2+64\times1.6=210.4(\text{cm}^2)$$

$$I_{y2}=\frac{1}{12}(27\times68^3-25.4\times64^3)=152\ 601(\text{cm}^4)$$

$$i_{y2}=26.9\ \text{cm}$$

$$I_{x2}=2\times\frac{1}{12}\times2\times27^3=6\ 561(\text{cm}^4)$$

$$i_{x2}=5.6\ \text{cm}$$

③整个截面:

$$A = 242.4 + 210.4 = 452.8 (\text{cm}^2)$$

$$y_1 = \frac{210.4 \times 140}{452.8} = 65.1 (\text{cm})$$

$$y_2 = 140 - 65.1 = 74.9 (\text{cm})$$

$$I_x = 14\,291.7 + 242.4 \times 65.1^2 + 6\,561 + 210.4 \times 74.9^2 = 2\,228\,492 (\text{cm}^4)$$

$$i_x = \sqrt{\frac{2\,228\,492}{452.8}} = 70.2 (\text{cm})$$

(2)斜缀条截面选择[图6-16(b)]

计算剪力：

$$V = \frac{Af}{85} \varepsilon_k = \frac{452.8 \times 10^2 \times 205}{85} \times 1 = 109 (\text{kN}) < 210 (\text{kN})$$

$$\tan \alpha = \frac{125}{140} = 0.893, \alpha = 41.8°$$

缀条内力及长度：

$$N_c = \frac{210}{2\cos 41.8°} = 140.8 (\text{kN})$$

$$l = \frac{140}{\cos 41.8°} = 187.8 (\text{cm})$$

选用单角钢∟100×8,$A = 15.64 \text{ cm}^2$,$i_{\min} = 1.98 \text{ cm}$。

$$\lambda = \frac{195 \times 0.9}{1.98} = 88.6 < [\lambda] = 150$$

查附表3-2,并通过插值法计算得$\varphi = 0.631$。

单角钢单面连接的设计强度折减系数：

$$\eta = 0.6 + 0.001\,5\lambda = 0.733$$

验算缀条稳定：

$$\frac{N_c}{\varphi A} = \frac{140.8 \times 10^3}{0.631 \times 15.64 \times 10^2} = 142.7 (\text{N/mm}^2) < 0.733 \times 215 = 157.6 (\text{N/mm}^2)$$

满足稳定要求。

(3)验算弯矩作用平面内柱的整体稳定

$$\lambda_x = \frac{l_{0x}}{i_x} = \frac{2\,170}{70.2} = 30.9$$

换算长细比：

$$\lambda_{0x} = \sqrt{\lambda_x^2 + 27 \times \frac{A}{A_1}} = \sqrt{30.9^2 + 27 \times \frac{452.8}{2 \times 15.64}} = 36.7 < [\lambda] = 150$$

查附表3-2,并通过插值法计算得$\varphi_x = 0.919$。

$$N'_{Ex} = \frac{\pi^2 EA}{1.1\lambda_{0x}^2} = \frac{3.14^2 \times 206\,000 \times 452.8 \times 10^2}{1.1 \times 36.7^2} = 62\,074 \times 10^3 (\text{N})$$

有侧移框架柱$\beta_{mx} = 1.0$。

①第一组内力,使分肢1受压最大：

$$W_{1x} = \frac{I_x}{y_1} = \frac{2\,228\,492}{65.1} = 34\,232 (\text{cm}^3)$$

$$\frac{N}{\varphi_x Af} + \frac{\beta_{mx} M_x}{\gamma_x W_{1x}\left(1 - \frac{N}{N'_{Ex}}\right)f} = \frac{4\,100 \times 10^3}{0.919 \times 452.8 \times 10^2 \times 205} + \frac{1.0 \times 3\,000 \times 10^6}{1 \times 34\,232 \times 10^3 \times \left(1 - \frac{4\,100}{62\,074}\right) \times 205}$$

$$= 0.94 < 1.0$$

②第二组内力,使分肢 2 受压最大:

$$W_{2x} = \frac{I_x}{y_2} = \frac{2\,228\,492}{74.9} = 29\,753 (\mathrm{cm}^3)$$

$$\frac{N}{\varphi_x Af} + \frac{\beta_{mx} M_x}{\gamma_x W_{2x}\left(1 - \frac{N}{N'_{Ex}}\right)f} = \frac{4\,000 \times 10^3}{0.919 \times 452.8 \times 10^2 \times 205} + \frac{1.0 \times 2\,500 \times 10^6}{1 \times 29\,753 \times 10^3 \times \left(1 - \frac{4\,000}{62\,074}\right) \times 205}$$

$$= 0.91 < 1.0$$

(4)验算分肢 1 的稳定(采用第一组内力)

最大压力:

$$N_1 = \frac{0.749}{1.4} \times 4\,100 + \frac{3\,000}{1.4} = 4\,336.4\ (\mathrm{kN})$$

$$\lambda_{x1} = \frac{250}{9.0} = 27.8 < [\lambda] = 150$$

$$\lambda_{y1} = \frac{1\,221}{28.2} = 43.3 < [\lambda] = 150$$

查附表 3-2,通过插值法计算,并比较得 $\varphi_{\min} = 0.886$。

$$\frac{N_1}{\varphi_{\min} A_1} = \frac{4\,336.4 \times 10^3}{0.886 \times 242.4 \times 10^2} = 201.9 (\mathrm{N/mm}^2) < f = 205 (\mathrm{N/mm}^2)$$

(5)验算分肢 2 的稳定(采用第二组内力)

最大压力:

$$N_2 = \frac{0.651}{1.4} \times 4\,000 + \frac{2\,500}{1.4} = 3\,645.7 (\mathrm{kN})$$

$$\lambda_{x2} = \frac{250}{5.6} = 44.6 < [\lambda] = 150$$

$$\lambda_{y2} = \frac{1\,221}{26.9} = 45.4 < [\lambda] = 150$$

查附表 3-2(b 类截面),通过插值法计算,并比较得 $\varphi_{\min} = 0.876$。

$$\frac{N_2}{\varphi_{\min} A_2} = \frac{3\,645.7 \times 10^3}{0.876 \times 210.4 \times 10^2} = 197.8 (\mathrm{N/mm}^2) < f = 205 (\mathrm{N/mm}^2)$$

(6)分肢局部稳定验算

此分肢属轴心受压构件,只需验算分肢 1 的局部稳定。

翼缘:

$$\frac{b_1}{t} = \frac{167}{20} = 8.4 < 15\varepsilon_k = 15 \times 1 = 15$$

腹板:

$$\sigma_{\max} = \frac{N}{A} + \frac{M_x}{I_x} \cdot \frac{h_0}{2} = \frac{4\,100 \times 10^3}{242.4 \times 10^2} + \frac{3\,000 \times 10^6}{2\,228\,492 \times 10^4} \times \frac{640}{2} = 212.2 (\mathrm{N/mm}^2)$$

$$\sigma_{\min} = \frac{N}{A} - \frac{M_x}{I_x} \cdot \frac{h_0}{2} = \frac{4\,100 \times 10^3}{242.4 \times 10^2} - \frac{3\,000 \times 10^6}{2\,228\,492 \times 10^4} \times \frac{640}{2} = 126.1 (\mathrm{N/mm}^2)$$

应力梯度：

$$\alpha_0 = \frac{\sigma_{max} - \sigma_{min}}{\sigma_{max}} = \frac{212.2 - 126.1}{212.2} = 0.41 < 1.6$$

以上验算结果表明,柱截面满足设计要求。

6.7 小结(Summary)

①拉弯构件是同时承受轴向拉力和弯矩的构件;压弯构件是同时承受轴向压力和弯矩的构件。二者也分别称为偏拉或偏压构件。

②当弯矩作用于截面的一个主轴平面内时,称为单向压弯(或拉弯)构件;当弯矩作用于两主轴平面内时,称为双向压弯(或拉弯)构件。

③在进行拉弯和压弯构件设计时,构件需同时满足承载能力极限状态和正常使用极限状态的要求。拉弯构件需计算其强度和刚度(限制长细比);压弯构件除了强度和刚度(限制长细比)外,还需计算整体稳定(弯矩作用平面内稳定和弯矩作用平面外稳定)和局部稳定。

④压弯构件的截面尺寸通常由稳定承载力确定。压弯构件可能在弯矩作用平面内发生弯曲失稳,也可能在弯矩作用平面外发生弯扭失稳。

⑤压弯构件的局部稳定通过对构件翼缘宽厚比和腹板高厚比作出限制来保证。

思考题(Questions)

6-1　试述在进行组合截面拉弯、压弯构件设计时,应分别满足的要求。

6-2　简述拉弯和压弯构件,在 N、M 共同作用下,截面应力的发展过程。

6-3　试述《钢结构设计标准》(GB 50017—2017)给定的压弯构件弯矩作用平面内的整体稳定计算公式的确定原则。

6-4　简述单向压弯构件平面内稳定和平面外稳定的联系与区别。

6-5　简述单向压弯构件局部稳定计算应力梯度的意义和具体计算公式。

6-6　简述实腹式压弯构件和格构式压弯构件计算内容的区别。

6-7　压弯构件翼缘宽厚比为什么与长细比 λ 无关? 这一限值是根据什么原则确定下来的?

6-8　试述工字形截面压弯构件翼缘与受弯构件翼缘宽厚比的关系。

习题(Exercises)

6-1　某构件采用 I20a 的工字钢,钢材为 Q235B,承受轴心拉力设计值 $N = 450$ kN,长 5 m,两端铰接,求此工字钢构件绕强轴和弱轴可以承受的横向均布荷载。

6-2　两端铰接的拉弯构件承受的荷载如图 6-17 所示,构件截面无削弱,试确定构件所能承受的最大轴心拉力设计值。截面为 I45a 轧制工字钢,钢材为 Q235。

6-3　单向压弯构件如图 6-18 所示,两端铰接。已知承受轴心压力设计值 $N = 400$ kN,端弯矩设计值 $M_A = 100$ kN·m,$M_B = 50$ kN·m,均为顺时针方向作用在构件端部,为静力荷载。构件长 $l = 6.0$ m,在构件两端及跨中点各有一侧向支承点。构件截面为 I36a,钢材为 Q235。试验算此构件的稳定和截面强度,并说明构件承载力由何种条件控制。

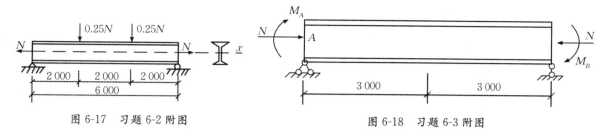

图 6-17 习题 6-2 附图   图 6-18 习题 6-3 附图

6-4 图 6-19 所示悬臂柱,承受偏心距为 250 mm 的设计压力 1 600 kN。在弯矩作用平面外有支撑体系对柱上端形成支点[图 6-19(b)],要求确定热轧 H 型钢或焊接工字形截面,钢材为 Q235(注:当选用焊接 H 形截面时,可试用翼缘 2—400×20,焰切边,腹板 1—460×12)。

6-5 习题 6-4 中,如果弯矩作用平面外的支撑改为如图 6-20 所示,所选截面需要如何调整才能适应? 调整后柱截面面积可以减少多少?

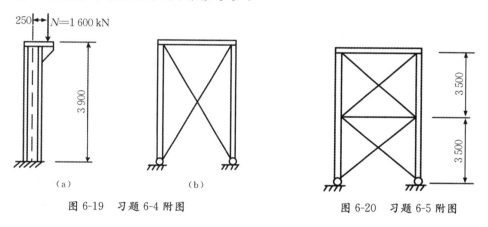

图 6-19 习题 6-4 附图   图 6-20 习题 6-5 附图

6-6 图 6-21 所示的天窗架侧柱 AB,承受轴心压力的设计值为 85.8 kN,风荷载设计值为 $w=\pm2.87$ kN/m(正号为压力,负号为吸力),计算长度 $l_{0x}=l=3.5$ m,$l_{0y}=3.0$ m。钢材为 Q235。要求确定双角钢截面。

6-7 图 6-22 所示为一压弯构件。构件长 12 m,两端铰接。在截面的腹板的平面内偏心受压,偏心距为 780 mm。钢材为 Q235,翼缘为火焰切割边。试计算此压杆所能承受压力的设计值。如果钢材改用 Q345,压力的设计值有何改变?

6-8 验算习题 6-7 压弯构件的翼缘和腹板的宽厚比是否满足局部稳定要求。

6-9 一缀条式格构式压弯构件,钢材为 Q235,截面及缀条布置等如图 6-23 所示,承受的荷载设计值 $N=500$ kN 和 $M_x=120$ kN·m。在弯矩作用平面内构件上、下端有相对侧移,其计算长度取为 9.0 m。在垂直于弯矩作用平面内构件两端均有侧向支撑,其计算长度取为构件的高度 6.2 m。试验算此构件截面是否满足要求。

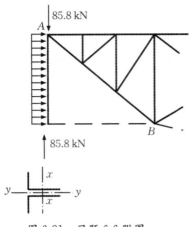

图 6-21 习题 6-6 附图

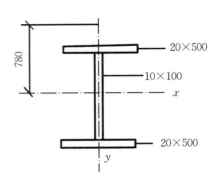

图 6-22 习题 6-7 附图

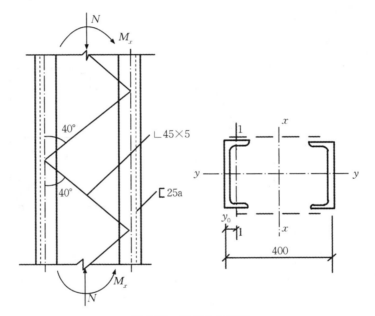

图 6-23 习题 6-9 附图

146

第7章 钢结构的连接

(Connections of Steel Structures)

本章学习目标

了解常用的钢结构连接方法、特点及适用范围；

掌握对接焊缝、直角角焊缝在各种受力情况下的计算方法；

了解焊接变形、焊接应力的成因及其对结构性能的影响并了解减小焊接应力与减弱焊接变形的措施；

了解并掌握普通螺栓连接的抗剪、抗拉工作性能和可能的破坏形式及其在各种受力情况下的计算方法；

了解并掌握高强度螺栓摩擦型和承压型连接的抗剪、抗拉工作性能和可能的破坏形式及其在各种受力情况下的计算方法；

了解销轴连接构造及设计方法。

7.1 概述(Introduction)

钢结构的构件是由型钢、钢板等通过相应连接方法组装而成的,各个构件再通过组装连接成整个结构。如果连接的构造不合理或受力性能不足,会使结构构件的强度得不到充分发挥。因此,连接在钢结构中占有非常重要的地位。**在进行连接的设计时,必须遵循安全可靠、传力明确、构造简单、施工方便和节约钢材的原则。**

钢结构的主要连接方法有:焊缝连接、螺栓连接、铆钉连接和销轴连接四种(图 7-1)。

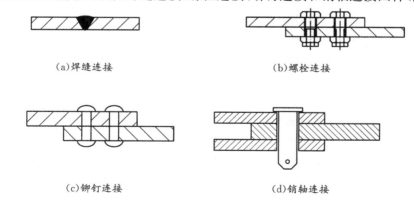

(a)焊缝连接   (b)螺栓连接

(c)铆钉连接   (d)销轴连接

图 7-1 钢结构的连接方法

7.2 钢结构的连接方法(Connections Methods of Steel Structures)

7.2.1 焊缝连接(Welded Connection)

钢结构最主要的连接方法就是焊缝连接。焊缝连接的优点是:构造简单、不削弱截面,结构刚度大;易于加工;可以实现连接的密闭性。其缺点是:焊缝热影响区内,局部材质变脆;需考虑残余变形和焊接残余应力的不利影响;对裂纹非常敏感,存在低温冷脆的问题。

7.2.2 螺栓连接(Bolted Connections)

螺栓连接可以分普通螺栓连接和高强度螺栓连接。

(1)普通螺栓连接

普通螺栓有 A、B、C 三个等级,A 级与 B 级为精制螺栓,一般用 45 号钢和 35 号钢制成,其性能等级有 5.6 级和 8.8 级;C 级为粗制螺栓,一般用 Q235 钢制成,其性能等级有 4.6 级和 4.8 级。以 4.6 级的 C 级螺栓为例说明螺栓性能等级的含义:4 表示螺栓的抗拉强度不小于 400 N/mm²,6 表示屈强比(屈服强度与抗拉强度之比)为 0.6。

C 级螺栓的连接,能有效地传递拉力,一般可用于沿螺栓杆轴向受拉的连接中。C 级螺栓相比 A 级和 B 级螺栓的螺杆与栓孔之间的间隙要大一些(表 7-1),安装方便但受剪时剪切滑移较大,仅用于次要结构的连接或临时固定。

表 7-1　C 级螺栓孔径

螺栓杆公称直径/mm	12	16	20	(22)	24	(27)	30
螺栓孔公称直径/mm	13.5	17.5	22	24	26	30	33

注:表中仅列出常用直径规格,其中括号内的螺杆直径为非优选规格。

A、B 级螺栓是精制加工而成的,表面光滑、尺寸准确,对成孔质量要求高,有较高的精度,因而受剪性能好。但制作复杂,安装容错率低,价格较高,很少用于钢结构中。

(2)高强度螺栓连接

高强度螺栓一般用 45 号钢、40B 钢和 20MnTiB 钢加工而成,其性能等级有 8.8 级和 10.9 级两种,其抗拉强度分别不低于 830 N/mm² 和 1 040 N/mm²。高强度螺栓孔应采用机械钻成孔,摩擦型连接时的螺栓孔径比螺栓的公称直径大 1.5~2.0 mm;承压型连接时的螺栓孔径比螺栓的公称直径大 1.0~1.5 mm。

高强度螺栓按其抗剪连接承载力的极限状态不同分为摩擦型连接和承压型连接。高强度螺栓连接通过预拉力把被连接的部件夹紧,被连接部件的接触面间会产生较大的挤压力,进而可以通过接触界面摩擦力来传递外力,称为**高强度螺栓摩擦型连接**。它的优点是韧性和塑性好,剪切变形小,弹性性能好,可以承受动力荷载,抗疲劳性能好,等等。高强度螺栓同普通螺栓一样依靠螺栓杆和螺栓孔壁之间的挤压来传力,称为**高强度螺栓承压型连接**。承压型连接的抗剪承载力高于摩擦型连接,其连接紧凑,允许接触面滑移,但剪切变形相对较大,不应在承受动力荷载的结构中使用。

(3)螺栓及孔眼图例

在钢结构施工图中应按标准图例来表达连接类型,螺栓及孔眼图例见表 7-2。

表 7-2　螺栓及孔眼图例

名　称	永久螺栓	高强度螺栓	安装螺栓	圆形螺栓孔	长圆形螺栓孔
图　例					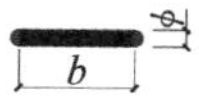

7.2.3　铆钉连接(Riveted Connections)

铆钉连接的制造有热铆和冷铆两种方法。在建筑结构中一般采用热铆,将钉坯烧红后插入相应的预留钉孔中,使用铆钉机进行铆合。钉杆由高温逐渐冷却而发生收缩,但被钉头之间的钢板阻止住,所以钉杆中产生了收缩拉应力,对钢板则产生了压缩系紧力,这种系紧力使连接十分紧密,传力可靠。但由于其施工复杂、费钢费工,在现代钢结构中铆钉连接已很少使用。

7.2.4　销轴连接(Pin Connections)

销轴连接由销轴和连接耳板组成,是工程中常用来模拟单向铰传力的一种连接方式。其构造简单、传力明确、工作可靠、拆装方便,可以用于铰接支座或拉索、拉杆的端部铰接连接,销轴与耳板的材料不宜小于 Q345。其加工精度和质量应符合相应的机械零件加工标准的要求。

7.3　焊接方法和焊缝连接形式(Welding Methods and Welded Connections Forms)

7.3.1　常用焊接方法(Common Welding Methods)

钢结构的焊接方法最常用的有三种:电弧焊、电阻焊和气体保护焊。

(1)电弧焊

电弧焊利用通电后焊条与焊件之间产生的强大电弧提供热源,焊条熔化滴落到焊件上的熔池中,并与焊件熔化部分结成焊缝,将两焊件连接成整体。电弧焊可以分为手工电弧焊和自动(半自动)埋弧焊。

手工电弧焊(图 7-2)的设备较简单,操作灵活,对于任意位置的焊接都适用,但焊接效率较低,焊接质量会受到焊工的技术水平和整体状态的影响。手工电弧焊所使用的焊条应与焊件材料相匹配,当焊接主材为 Q235 钢时,应采用 E43 型焊条;当焊接主材为 Q345 钢时,应采用 E50 型焊条;当焊接主材为 Q390 钢和 Q420 钢时,应采用 E55 型焊条;当焊接主材为不同种的钢材时,宜采用与低强度钢相匹配的焊条型号。

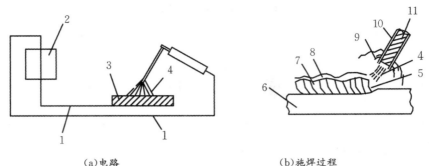

(a)电路　　　　　　　　　　　(b)施焊过程

1—导线；2—电焊机；3—焊件；4—电弧；5—熔池；6—主体金属；7—焊缝金属；
8—熔渣；9—起保护作用的气体；10—药皮；11—焊丝。

图 7-2　手工电弧焊

自动（半自动）埋弧焊是电弧在焊剂层下燃烧的一种电弧焊方法。当焊丝送进和焊接方向的移动都有专门机构进行自动控制时，称为自动埋弧焊（图 7-3）；当仅焊丝送进有专门机构进行自动控制，而焊接方向的移动需要依靠工人操作时，称为半自动埋弧焊。自动（半自动）埋弧焊生产率高，工艺条件稳定，焊缝的质量好，焊件变形小。埋弧焊同手工电弧焊一样，所用焊丝和焊剂应与焊接主材的力学性能相匹配。

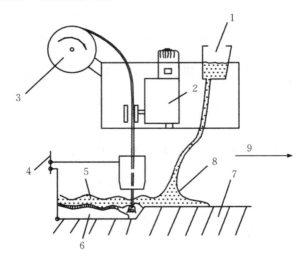

1—焊剂漏斗；2—转动焊丝的电动机；3—焊丝转盘；4—电源；
5—熔化的焊剂；6—焊缝金属；7—焊件；8—焊剂；9—移动方向。

图 7-3　自动埋弧焊

（2）电阻焊

电阻焊是利用电流通过焊件接触点表面的电阻热作为热源对焊件局部进行加热来熔化金属，同时施加一定的压力进行焊接的方法。电阻焊不需要填充金属，焊接效率较高，焊件的变形较小，可以实现自动化焊接。

（3）气体保护焊

气体保护焊是利用二氧化碳气体或其他惰性气体作为保护介质的一种电弧熔焊方法。它利用保护气体在电弧附近形成局部的无害气体保护层，以阻止有害气体的侵入，从而保证了焊缝的质量。

150

气体保护焊的焊缝不产生熔渣,焊接速度快,焊件熔深大,焊缝强度相比手工电弧焊要高,塑性及抗腐蚀性能好,适用于全位置的焊接。要注意的是,不应在大风环境中使用气体保护焊。

7.3.2 焊缝连接形式及焊缝形式(Welded Connections Forms and Weld Forms)

(1)焊缝连接形式

焊缝连接形式如图 7-4 所示,可以按被连接件的相互位置分为对接连接、搭接连接、T 形连接和角部连部四种。

图 7-4(a)所示为采用对接焊缝的对接连接,用于厚度相同或相近的两焊件的连接。对接连接的传力均匀平缓,且没有明显的应力集中,用料经济,但是焊件的边缘需要进行特殊加工。

图 7-4(b)所示为采用双层拼接盖板的对接连接,拼接盖板和焊件之间采用角焊缝传力。该连接传力不均匀、比较费料,但施工简便,连接件无需严格控制间隙的大小。

图 7-4(c)所示为采用角焊缝的搭接连接,适用于不同厚度焊件的连接。该连接传力不均匀,较费材料,但构造简单,施工比较方便。

图 7-4(d)所示为 T 形连接,常用于组拼组合截面构件。当采用角焊缝连接时,焊件间存在缝隙,应力集中情况比较严重,疲劳强度较低,仅用于不直接承受动力荷载的结构构件的连接。对于直接承受动荷载的结构,应采用焊透的 T 形对接与角接组合焊缝进行连接。

角部连接[图 7-4(e)]主要用于组拼箱形截面构件。

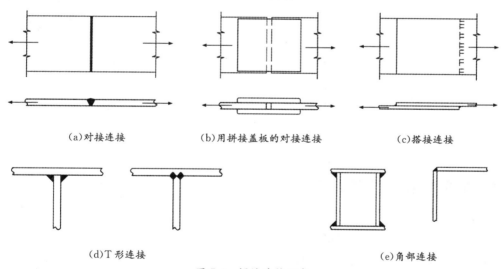

(a)对接连接　　　　(b)用拼接盖板的对接连接　　　　(c)搭接连接

(d)T 形连接　　　　　　　　　　　(e)角部连接

图 7-4　焊缝连接形式

(2)焊缝形式

焊缝可以分为对接焊缝和角焊缝两种形式。

按所受力的方向和焊缝方向的夹角可以将对接焊缝分为正对接焊缝[图 7-5(a)]和斜对接焊缝[图 7-5(b)];将角焊缝[图 7-5(c)]分为正面角焊缝、侧面角焊缝和斜焊缝。

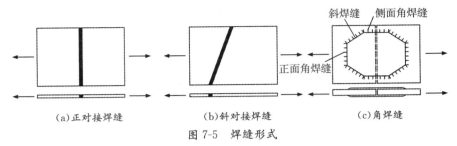

| (a)正对接焊缝 | (b)斜对接焊缝 | (c)角焊缝 |

图 7-5　焊缝形式

按照沿长度方向的分布划分,焊缝可以分为连续角焊缝和间断角焊缝(图 7-6)。连续角焊缝为主要的角焊缝形式,其受力性能较好。间断角焊缝的起、灭弧处数量多,容易引起应力集中,只能用于一些次要构件的连接或受力很小的连接中。间断角焊缝的间断距离 l 不宜过大,在受压构件中一般应满足 $l \leqslant 15t$;在受拉构件中应满足 $l \leqslant 30t$(t 为较薄焊件的厚度)。

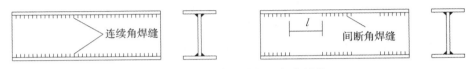

图 7-6　连续角焊缝和间断角焊缝

按施焊位置划分,焊缝可以分为平焊、横焊、立焊及仰焊(图 7-7)。平焊(又称俯焊)的施焊最方便。横焊和立焊对施焊的水平要求较高。仰焊的施焊位置最差,其焊缝质量很难得到保证,实际工程中应尽量避免仰焊。

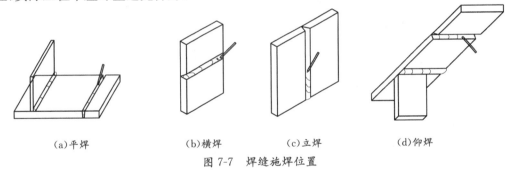

| (a)平焊 | (b)横焊 | (c)立焊 | (d)仰焊 |

图 7-7　焊缝施焊位置

7.3.3　焊缝缺陷及质量检验(Weld Defects and Quality Testing)

(1)焊缝缺陷

焊缝缺陷指焊接过程中在焊接接头部位形成的缺陷。焊缝缺陷可能出现在焊缝金属或焊缝附近热影响区的钢材表面或内部。常见的焊缝缺陷有裂纹、焊瘤、烧穿、弧坑、气孔、夹渣、咬边、未熔合、未焊透等(图 7-8),其中裂纹是焊缝连接中危害最大的缺陷。裂纹产生的原因有很多,如钢材的化学成分不当,电流、电压、焊速、施焊次序等焊接工艺条件有问题,焊件表面油污未清除干净等。

(2)焊缝质量检验

焊缝的质量检验采用外观检查和内部无损检验两种方式,外观检查主要进行焊缝的表面缺陷观察和进行焊缝几何尺寸复核,内部无损检验主要检查焊缝内部缺陷。目前焊缝的内部无损检验方法有超声波检验、磁粉检验和 X 射线或 γ 射线检验。

根据《钢结构工程施工质量验收标准》(GB 50205—2020)的规定,焊缝按其检验方法和质

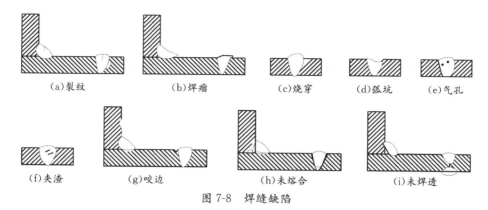

图 7-8　焊缝缺陷

量要求分为一级、二级和三级。三级焊缝只需要对全部焊缝进行外观检查且符合三级质量标准;对全焊透的一级、二级焊缝除进行外观检查外,还应采用超声波进行内部无损检验,当采用超声波探伤不能对缺陷作出判断时,应结合射线探伤进行检验。

(3)焊缝质量等级的规定

《钢结构设计标准》(GB 50017—2017)对焊缝的质量等级进行了相关规定:

①构件如需要进行疲劳验算时,凡是等强连接的对接焊缝均应焊透。与作用力方向垂直的横向对接焊缝或 T 形对接与角接组合焊缝,焊缝的质量等级受拉时应为一级,受压时不应低于二级;与作用力方向平行的纵向对接焊缝的质量等级不应低于二级。

②结构处于温度低于或等于-20 ℃的地区,其构件对接焊缝的质量不得低于二级。

③构件如不需要进行疲劳验算时,凡要求与母材等强的对接焊缝宜焊透,其质量等级受拉时不应低于二级,受压时不宜低于二级。

④不要求焊透的对接焊缝、采用角焊缝或部分焊透的对接与角接组合焊缝的 T 形连接部位,以及搭接连接角焊缝,对于需要疲劳验算的结构和吊车起质量大于或等于 50 t 的中级工作制吊车梁以及梁柱、牛腿等重要节点,焊缝的质量等级不应低于二级,其他结构焊缝的质量等级可为三级。

7.3.4　焊缝符号(Weld Symbols)

《焊缝符号表示法》(GB/T 324—2008)中规定:焊缝的符号由基本符号与指引线组成,如有必要还可以添加补充符号和焊缝尺寸等。

基本符号(表 7-3)一般用于表示焊缝的横截面形状,符号的线条宜粗于指引线;补充符号则对焊缝的某些特征进行补充说明,如用实心的小旗子表示现场焊缝等。

表 7-3　常用焊缝基本符号

名称	封底焊缝	对接焊缝					角焊缝	塞焊缝与槽焊缝	点焊缝
		I 形焊缝	V 形焊缝	单边 V 形焊缝	带钝边的 V 形焊缝	带钝边的 U 形焊缝			
符号	⌣	‖	V	V	Y	Y	∠	⊓	○

153

指引线由横线和带箭头的斜线组成,箭头尖部指到图形相应焊缝处,横线的上方和下方通常用来标注焊缝的基本符号和焊缝尺寸等。当指引线的箭头指向焊缝所在的一面时,应在水平横线的上方进行焊缝标注;当箭头指向对应焊缝所在的另一面时,则应在水平横线的下方进行焊缝标注。常用焊缝符号见表 7-4。

表 7-4　常用焊缝符号

	角焊缝				对接焊缝	塞焊缝	三面围焊
	单面焊缝	双面焊缝	安装焊缝	相同焊缝			
形式	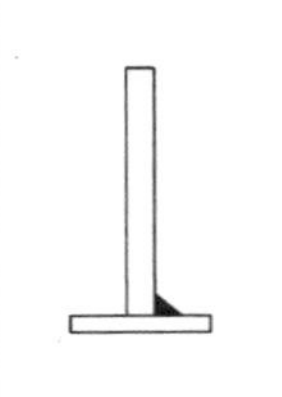	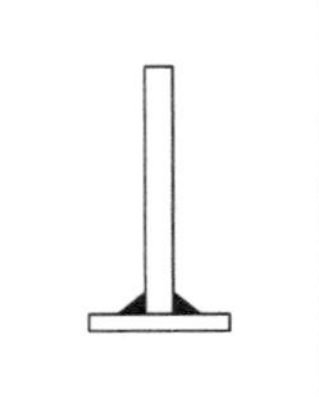	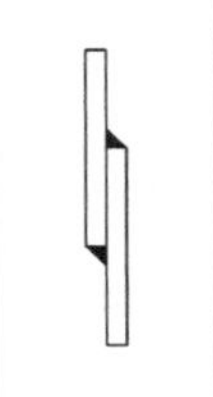	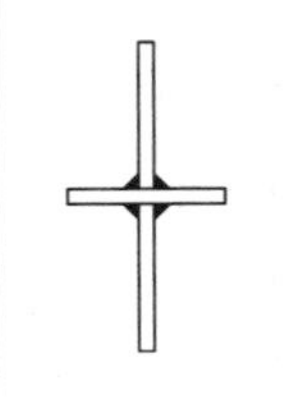	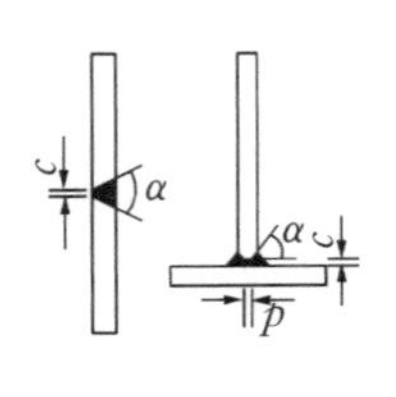		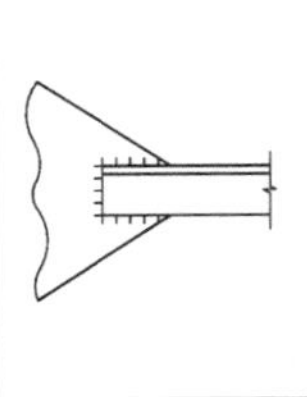
标注方式	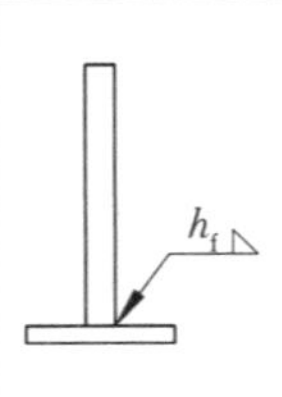	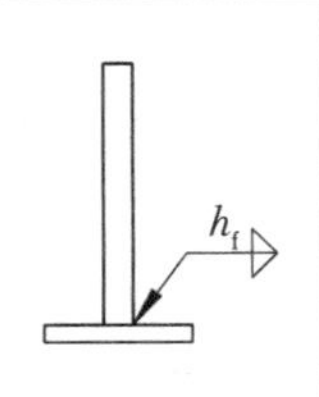	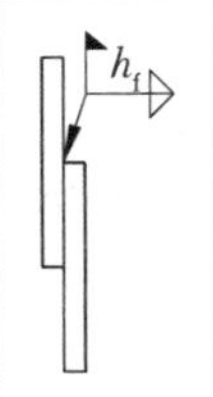	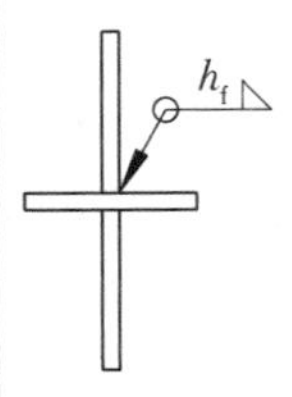	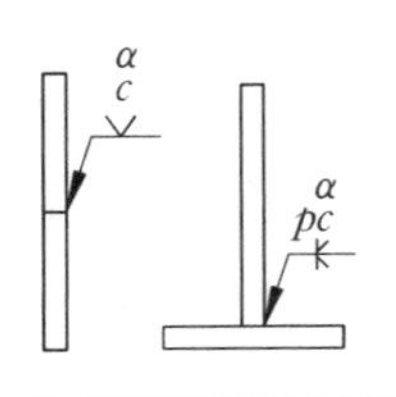	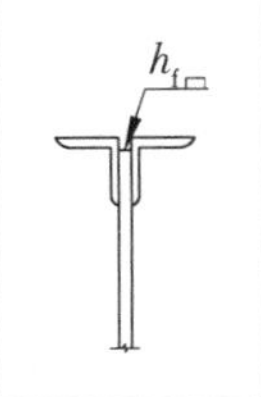	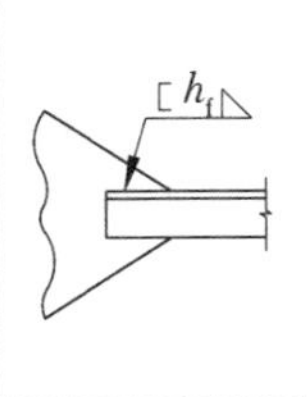

注:"c"表示焊件之间的离缝距离;"p"表示对接焊缝的坡口角度;"h_f"表示角焊缝的焊脚尺寸。

当焊缝的分布较复杂时,可以采用不同种类的栅线对焊缝进行补充标注,图 7-9 为采用栅线分别表示正面焊缝、背面焊缝和安装焊缝。

(a)正面焊缝　　　　(b)背面焊缝　　　　(c)安装焊缝

图 7-9　用栅线表示焊缝

7.4　对接焊缝的构造要求和计算(Detail Requirements and Calculation of Butt Welds)

7.4.1　对接焊缝的构造要求(Detail Requirements of Butt Welds)

对接焊缝(butt welds)的焊件一般需做成坡口,因此又称为坡口焊缝(groove welds)。其中的坡口形式与焊件厚度有关。直边缝仅适用于薄焊件(手工焊不超过 6 mm,埋弧焊不超过 10 mm)。一般厚度的焊件可开单边 V 形或 V 形的斜坡口。斜坡口和根部间隙 c 共同组成一个焊条能够操作的施焊空间,使焊缝更易于焊透;钝边 p 具有托住熔化金属的作用。U 形、K 形和 X 形坡口(图 7-10)通常适用于较厚的焊件($t > 20$ mm)。如采用 V 形和 U 形坡口,则需对焊缝根部进行补焊。对接焊缝的坡口形式,应根据焊件厚度和施焊条件按《气焊、焊条电弧焊、气体保护焊和高能束焊的推荐坡口》(GB/T 985.1—2008)和《埋弧焊的推荐坡口》(GB/T 985.2—2008)的要求进行选用。

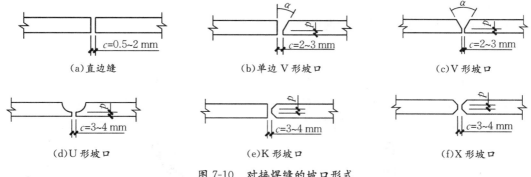

(a)直边缝　　　　　　(b)单边 V 形坡口　　　　　(c)V 形坡口

(d)U 形坡口　　　　　(e)K 形坡口　　　　　(f)X 形坡口

图 7-10　对接焊缝的坡口形式

当焊件的宽度不同或厚度相差 4 mm 以上时,为了减少应力集中,使构件传力均匀,应在对接焊缝的拼接处,分别在宽度方向或厚度方向从一侧或双侧做成坡度不大于 1∶2.5 的斜坡(图 7-11)。

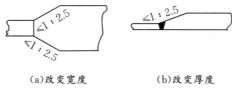

(a)改变宽度　　　　　　　(b)改变厚度

图 7-11　钢板拼接

在焊缝的起灭弧处,常会出现弧坑等缺陷,这些缺陷会对承载力产生极大的影响,因此焊接时一般应设置引弧板和引出板(图 7-12),施焊后将其割除。当结构仅承受静力荷载时,可不设置引弧(出)板,此时焊缝的有效计算长度等于焊缝实际长度减去 $2t$(t 为较薄焊件厚度)。

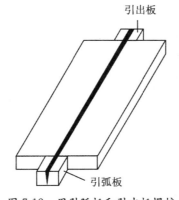

图 7-12　用引弧板和引出板焊接

7.4.2　对接焊缝的计算(Calculation of Butt Welds)

对接焊缝的强度与所用钢材的牌号、焊条型号及焊缝质量的检验标准等因素有关。由于焊接的技术问题,在焊缝中不可避免地会存在气孔、夹渣、咬边、未焊透等缺陷。设计为三级检验的焊缝允许存在的缺陷较多,故取其抗拉强度为母材强度的 85%;对于设计为一、二级检验的焊缝允许存在的缺陷较少,其抗拉强度可偏安全地取为与母材强度相等,故检验等级达到不低于二级的对接焊缝,其计算方法与构件的强度计算一样。使用引弧(出)板施焊时,仅需要对检验等级为三级的对接焊缝进行计算。

（1）轴心受力的对接焊缝

轴心受力（力的方向与焊缝方向垂直）的直对接焊缝[图 7-13(a)]的强度可按下式计算：

$$\sigma=\frac{N}{l_{w}t}\leqslant f_{t}^{w} \text{ 或 } f_{c}^{w} \tag{7-1}$$

式中，N 为轴心拉力或压力；l_{w} 为焊缝的有效计算长度，当未采用引弧（出）板施焊时，取实际长度减去 $2t$；t 为在对接接头中连接件的较小厚度，在 T 形接头中为腹板厚度；f_{t}^{w}、f_{c}^{w} 分别为对接焊缝的抗拉、抗压强度设计值。

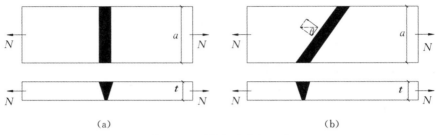

图 7-13　对接焊缝受轴心力

当直对接焊缝不能满足强度要求时，可采用斜对接焊缝[图 7-13(b)]。计算证明，当设计为三级检验的对接焊缝与作用力间的夹角 θ 满足 $\tan\theta\leqslant1.5$ 时，如斜焊缝的强度不低于母材强度，可不再进行验算。

轴心受拉斜焊缝可按下列公式计算：

$$\sigma=\frac{N\sin\theta}{l_{w}t}\leqslant f_{t}^{w} \tag{7-2}$$

$$\tau=\frac{N\cos\theta}{l_{w}t}\leqslant f_{v}^{w} \tag{7-3}$$

式中，l_{w} 为焊缝的计算长度，加引弧板时，$l_{w}=b/\sin\theta$，不加引弧板时，$l_{w}=b/\sin\theta-2t$；f_{v}^{w} 为对接焊缝的抗剪强度设计值。

（2）承受弯矩和剪力共同作用的对接焊缝

图 7-14(a)所示钢板的对接接头受到弯矩和剪力共同作用，由于焊缝截面是矩形，正应力与剪应力图形分别为三角形与抛物线形，其最大值应分别满足下列强度条件：

$$\sigma_{\max}=\frac{M}{W_{w}}=\frac{6M}{l_{w}^{2}t}\leqslant f_{t}^{w} \tag{7-4}$$

$$\tau_{\max}=\frac{VS_{w}}{I_{w}t}=\frac{3}{2}\times\frac{V}{l_{w}t}\leqslant f_{v}^{w} \tag{7-5}$$

式中，W_{w} 为焊缝截面模量；S_{w} 为焊缝截面面积矩；I_{w} 为焊缝截面惯性矩。

图 7-14(b)所示工字形截面梁的对接接头，除应分别验算最大正应力和最大剪应力外，还应对同时承受较大正应力和较大剪应力位置的焊缝，如腹板与翼缘的交接点，按下式进行折算应力的验算：

$$\sqrt{\sigma_{1}^{2}+3\tau_{1}^{2}}\leqslant1.1f_{t}^{w} \tag{7-6}$$

式中，σ_{1}、τ_{1} 为验算点处的焊缝正应力和剪应力；1.1 为考虑到最大折算应力只在局部出现，而将强度设计值适当提高的系数。

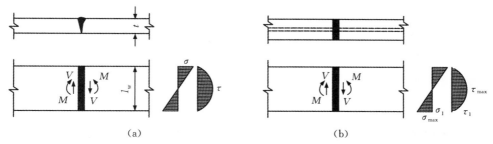

图 7-14　对接焊缝受弯矩和剪力联合作用

（3）承受轴心力、弯矩和剪力共同作用的对接焊缝

当轴心力与弯矩、剪力共同作用时，焊缝的最大正应力应为轴心力和弯矩引起的应力之和，剪应力按式（7-5）验算，折算应力仍按式（7-6）验算。

7.4.3　部分焊透的对接焊缝（Partial Penetration of Butt Welds）

在钢结构设计中，遇到板件较厚，而板件间连接受力较小的情况，可以采用部分焊透的对接焊缝（图 7-15）。当箱形截面轴压柱采用四块较厚的钢板拼焊而成时，由于厚板间的焊缝主要起到联系作用，没有必要用焊透的坡口焊缝，而采用角焊缝则外形不平整，在此情况下，就可以用部分焊透的坡口焊缝[图 7-15(f)]。

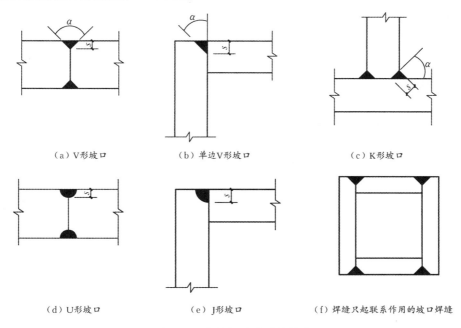

（a）V形坡口　　　　（b）单边V形坡口　　　　（c）K形坡口

（d）U形坡口　　　　（e）J形坡口　　　　（f）焊缝只起联系作用的坡口焊缝

图 7-15　部分焊透的对接焊缝

当垂直于焊缝长度方向受力时，因应力集中会带来不利的影响，对于直接承受动力荷载的连接不宜采用部分焊透；当平行于焊缝长度方向受力时，其影响较小，可以采用部分焊透。

部分焊透的对接焊缝，通常只能起到类似于角焊缝的作用，设计时应按角焊缝进行计算，取 $\beta_f = 1.0$；仅在垂直于焊缝长度的压力作用下，可取 $\beta_f = 1.22$。其有效厚度则取为：

①V 形坡口[图 7-15(a)]：当 $\alpha \geqslant 60°$ 时，$h_e = s$；当 $\alpha < 60°$ 时，$h_e = 0.75s$。

②单边 V 形和 K 形坡口[图 7-15(b)(c)]，当 $\alpha = 45° \pm 5°$ 时，$h_e = s - 3$。

③U形、J形坡口［图 7-15(d)(e)］，当 $\alpha=45°\pm5°$ 时，$h_e=s$。

其中，有效厚度 $h_e\geqslant1.5\sqrt{t}$，t 为焊件较大厚度（单位：mm）；s 为坡口根部至焊缝表面（不考虑余高）的最短距离；α 为 V 形坡口的夹角。

当熔合线处截面边长近似等于最短距离 s 时，其抗剪强度设计值应取角焊缝强度设计值的 90%。

7.5 角焊缝的构造要求和计算（Detail Requirements and Calculation of Fillet Welds）

7.5.1 角焊缝的构造要求（Detail Requirements of Fillet Welds）

1）角焊缝的形式和强度

按角焊缝与作用力的关系可以将其分为：正面角焊缝（焊缝长度方向与作用力方向的夹角 $\theta=90°$）、侧面角焊缝（$\theta=0°$）和斜焊缝（$\theta\neq0°$且 $\theta\neq90°$）。按其横截面的形式可分为直角角焊缝（图 7-16）和斜角角焊缝（图 7-17）。

正面角焊缝受力非常复杂，且在焊跟处存在严重的应力集中现象。正面角焊缝相对于侧面角焊缝的刚度较大（其弹性模量 $E\approx1.5\times10^5$ N/mm²），强度较高，但塑性变形能力较差。

斜焊缝的受力性能和强度值介于正面角焊缝和侧面角焊缝之间。

直角角焊缝通常做成表面微凸的等腰直角三角形截面［图 7-16(a)］。在直接承受动力荷载的结构中，正面角焊缝的截面常采用图 7-16(b)所示形式。侧面角焊缝的截面则采用凹面形式［图 7-16(c)］，图中的 h_f 为焊脚尺寸。两焊脚边的夹角 $\alpha>90°$ 或 $\alpha<90°$ 的焊缝称为斜角角焊缝（图 7-17），斜角角焊缝常用于钢漏斗和钢管结构。除钢管结构外，对于夹角 $\alpha>135°$ 或 $\alpha<60°$ 的斜角角焊缝，不宜用作受力焊缝。

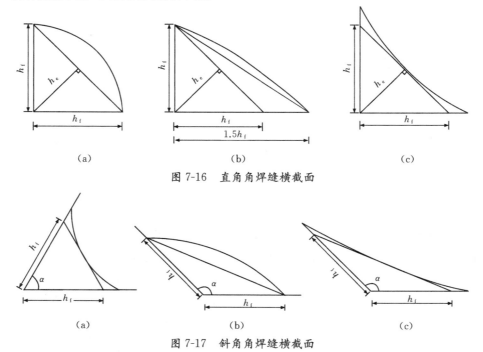

(a)　　　　　　　　　(b)　　　　　　　　　(c)

图 7-16　直角角焊缝横截面

(a)　　　　　　　　　(b)　　　　　　　　　(c)

图 7-17　斜角角焊缝横截面

2)角焊缝的构造要求

(1)最大焊脚尺寸

焊缝在施焊后,由于冷却引起了收缩应力,施焊的焊脚尺寸愈大,则收缩应力愈大,为避免焊缝区的基本金属"过烧",减小焊件的焊接残余应力和焊接变形,焊脚尺寸不宜过大。

对板件边缘的角焊缝(图 7-18),当板件厚度 $t>6$ mm 时,不易焊满全厚度,故取 $h_f \leqslant t-(1\sim2)$ mm;当 $t \leqslant 6$ mm 时,$h_f \leqslant t$;圆孔或槽孔内的角焊缝尺寸尚不宜大于圆孔直径或槽孔短径的 1/3。

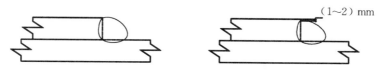

(a)母材厚度小于等于 6 mm　　　　　(b)母材厚度大于 6 mm

图 7-18　搭接角焊缝沿棱边最大焊脚尺寸

(2)最小焊脚尺寸

焊脚尺寸不宜太小,用以确保焊缝的最小承载能力,并能防止焊缝因冷却过快而产生裂纹缺陷。《钢结构设计标准》(GB 50017—2017)规定的角焊缝最小焊脚尺寸如表 7-5 所示,其中母材厚度 t 的取值与焊接方法有关。当采用不预热的非低氢焊接方法进行焊接时,t 等于焊接连接部位中较厚件的厚度,并宜采用单道焊缝;当采用预热的非低氢焊接方法或低氢焊接方法进行焊接时,t 等于焊接连接部位中较薄件的厚度。此外,对于承受动荷载的角焊缝的最小焊脚尺寸不宜小于 5 mm。

表 7-5　角焊缝最小焊脚尺寸

母材厚度/mm	角焊缝最小焊脚尺寸/mm
$t \leqslant 6$	3
$6 < t \leqslant 12$	5
$12 < t \leqslant 20$	6
$t > 20$	8

(3)搭接焊缝最大计算长度

搭接角焊缝的计算长度不宜大于 $60h_f$(当超过时,应考虑搭接焊缝应力沿长度的不均匀分布,对角焊缝的承载力设计值进行折减,折减系数 $\alpha_f = 1.5 - l_w/120h_f$,且不小于 0.5)。在任何情况下,搭接角焊缝的有效计算长度都不应超过 $180h_f$。

(4)角焊缝的最小计算长度

当角焊缝的长度较小而焊脚尺寸较大时,焊件的局部热影响较严重,焊缝起灭弧所引起的缺陷相距太近,以及焊缝中可能产生的其他缺陷,致使焊缝质量不够可靠。此外,如果焊缝长度过小,焊件的应力集中会很大。因此根据使用经验,规定角焊缝的计算长度均不得小于 $8h_f$ 和 40 mm,焊缝的计算长度应扣除引(收)弧长度后的焊缝有效长度。

(5)搭接连接的构造要求

①传递轴向力的部件,为了减少收缩应力以及因偏心在钢板与连接中产生的次应力,其搭接长度应不小于较薄件厚度的 5 倍,且不应小于 25 mm(图 7-19),并应满足搭接接头双角焊缝要求。

②只采用纵向角焊缝连接型钢杆件端部时,型钢杆件的宽度不应大于 200 mm,以免因焊

缝横向收缩,引起板件发生较大的弯曲;当宽度大于 200 mm 时,应增加横向角焊缝或进行中间塞焊。型钢杆件每一侧纵向角焊缝的长度不应小于型钢杆件的宽度。

③当采用围焊进行型钢杆件搭接连接时,为避免出现弧坑或咬边等缺陷,从而加大应力集中的影响,在转角处应连续施焊。杆件端部搭接角焊采用绕焊时,应进行连续施焊,且绕焊长度不应小于焊脚尺寸的 2 倍。

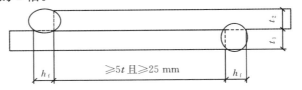

图 7-19　搭接接头双角焊缝要求

④当采用搭接角焊缝传递荷载的套管连接时,可只施焊一条角焊缝,搭接长度 L 不应小于 $5(t_1+t_2)$,且不应小于 25 mm。搭接焊缝焊脚尺寸应符合设计要求(图 7-20)。

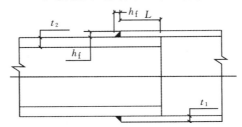

图 7-20　管材套管连接的搭接焊缝最小长度

7.5.2　角焊缝的计算(Calculation of Fillet Welds)

当角焊缝的两焊脚边的夹角均为 $90°$ 时,称为直角角焊缝。直角角焊缝的有效截面面积为焊缝有效厚度(喉部尺寸)与计算长度的乘积,而有效厚度 h_e 为焊缝横截面不考虑熔深和凸度的内接等腰三角形的最短距离(图 7-21)。

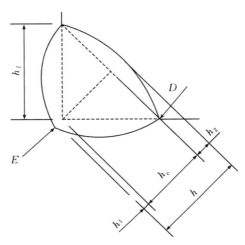

h—焊缝厚度;h_e—焊脚有效厚度(喉部位置);h_f—焊脚尺寸;h_1—熔深;h_2—凸度;D—焊趾;E—焊根。

图 7-21　角焊缝的截面

直角角焊缝是以 45°方向的最小面积的截面作为焊缝有效计算截面。作用其上的应力如图 7-22 所示,包括:正应力 $\sigma_\perp$(垂直于焊缝有效截面),剪应力 $\tau_\perp$(垂直于焊缝长度方向)以及剪应力 $\tau_{//}$(沿焊缝长度方向)。

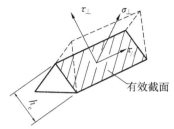

图 7-22 角焊缝有效截面上的应力

根据材料力学强度理论,直角角焊缝的计算公式为:

$$\sqrt{\sigma_\perp^2+3(\tau_\perp^2+\tau_{//}^2)}\leqslant\sqrt{3}\,f_{\mathrm{f}}^{\mathrm{w}} \tag{7-7}$$

式中,$f_{\mathrm{f}}^{\mathrm{w}}$ 为规范规定的角焊缝强度设计值。由于 $f_{\mathrm{f}}^{\mathrm{w}}$ 是由角焊缝的抗剪条件确定的,所以 $\sqrt{3}\,f_{\mathrm{f}}^{\mathrm{w}}$ 相当于角焊缝的抗拉强度设计值。

采用式(7-7)进行计算时,即使是在简单外力作用下,都要求有效截面上的应力分量 $\sigma_\perp$、$\tau_\perp$、$\tau_{//}$,过于烦琐。《钢结构设计标准》(GB 50017—2017)采用下述方法进行了简化。

现以图 7-23 所示的直角角焊缝为例进行角焊缝计算公式的推导,N_x 和 N_y 为相互垂直的两个轴心力。N_y 在焊缝有效截面上引起应力 σ_{f},该应力为 $\sigma_\perp$ 和 $\tau_\perp$ 的合应力。

$$\sigma_{\mathrm{f}}=\frac{N_y}{h_{\mathrm{e}}l_{\mathrm{w}}} \tag{7-8}$$

式中,N_y 为垂直于焊缝长度方向的轴心力;h_{e} 为垂直角焊缝的有效厚度,当两焊件间隙 $b\leqslant1.5$ mm 时,$h_{\mathrm{e}}=0.7h_{\mathrm{f}}$,当 1.5 mm$<b\leqslant5$ mm 时,$h_{\mathrm{e}}=0.7(h_{\mathrm{f}}-b)$。

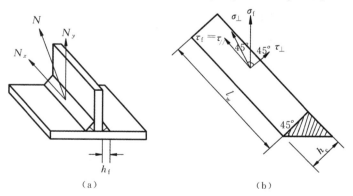

图 7-23 直角角焊缝的计算

由图 7-23(b)可知:

$$\sigma_\perp=\tau_\perp=\sigma_{\mathrm{f}}/\sqrt{2} \tag{7-9}$$

沿焊缝长度方向的分力 N_x 在焊缝有效截面上引起的剪应力 $\tau_{\mathrm{f}}=\tau_{//}$:

$$\tau_{\mathrm{f}}=\tau_{//}=\frac{N_x}{h_{\mathrm{e}}l_{\mathrm{w}}} \tag{7-10}$$

则直角角焊缝在各种综合应力作用下的计算式如下:

$$\sqrt{4\left(\frac{\sigma_f}{2}\right)^2 + 3\tau_f^2} \leqslant \sqrt{3} f_f^w \quad 或 \quad \sqrt{\left(\frac{\sigma_f}{\beta_f}\right)^2 + \tau_f^2} \leqslant f_f^w \tag{7-11}$$

式中，β_f 为正面角焊缝的强度增大系数，$\beta_f = \sqrt{\frac{3}{2}} = 1.22$。

对正面角焊缝，此时 $\tau_f = 0$，得

$$\sigma_f = \frac{N}{h_e l_w} \leqslant \beta_f f_f^w \tag{7-12}$$

对侧面角焊缝，此时 $\sigma_f = 0$，得

$$\tau_f = \frac{N}{h_e l_w} \leqslant f_f^w \tag{7-13}$$

式(7-11)～(7-13)即为角焊缝的基本计算公式。

对于直接承受动力荷载结构中的焊缝，由于正面角焊缝的刚度大、韧性差，应将其强度降低使用，取 $\beta_f = 1.0$，相当于按 σ_f 和 τ_f 的合应力进行计算，即 $\sqrt{\sigma_f^2 + \tau_f^2} \leqslant f_f^w$。

7.5.3 各种受力状态下角焊缝连接的计算(Calculation of Fillet Welds in Various Stress States)

1)承受轴心力作用时角焊缝连接计算

(1)盖板对接连接

当轴心力通过连接焊缝中心(图 7-24)时，可近似认为焊缝应力为均匀分布。当只有侧面角焊缝时，按式(7-13)进行焊缝连接计算；当采用三面围焊时，可以先按式(7-12)计算正面角焊缝承担的内力：

$$N' = \beta_f f_f^w \sum h_e l_w \tag{7-14}$$

式中，$\sum h_e l_w$ 为连接一侧正面角焊缝计算长度对应的有效截面面积之和。

再进行侧面角焊缝的强度验算：

$$\tau_f = \frac{N - N'}{\sum h_e l_w} \leqslant f_f^w \tag{7-15}$$

式中，$\sum h_e l_w$ 为连接一侧的侧面角焊缝计算长度对应的有效截面 h_e 之和。

(2)斜向角焊缝连接

受斜向轴心力的角焊缝连接(图 7-25)，应首先将 N 分解为垂直于焊缝和平行于焊缝的分力 $N_x = N\sin\theta$，$N_y = N\cos\theta$，并计算相应的焊缝计算截面应力：

$$\left.\begin{aligned} \sigma_f &= \frac{N\sin\theta}{\sum h_e l_w} \\ \tau_f &= \frac{N\cos\theta}{\sum h_e l_w} \end{aligned}\right\} \tag{7-16}$$

将式(7-16)代入式(7-11)，进行角焊缝强度的验算。

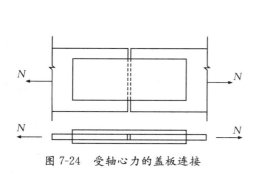

图 7-24　受轴心力的盖板连接

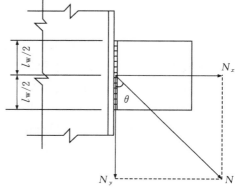

图 7-25　斜向轴心力作用

（3）角钢连接

在钢桁架结构中，双角钢截面的腹杆与节点板的连接焊缝一般采用两面侧焊，也可以采用三面围焊，情况特殊也允许采用 L 形围焊（图 7-26）。为了确保连接的轴心受力，各条焊缝所传力的合力作用线应该与角钢杆件的形心轴线重合。

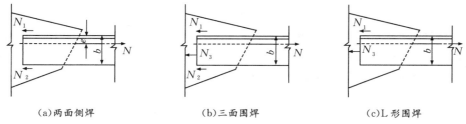

（a）两面侧焊　　　　　　　　（b）三面围焊　　　　　　　　（c）L 形围焊

图 7-26　桁架双角钢腹杆与节点板的连接图

对于三面围焊[图 7-26(b)]，根据角焊缝的构造要求设定正面角焊缝的焊脚尺寸 h_{f3}，求出正面角焊缝所分担的最大轴心力 N_3。由于腹杆为双角钢组成的 T 形截面，且肢宽为 b，应计入 2 条正面角焊缝的作用：

$$N_3 = 2 \times 0.7 h_{f3} b \beta_f f_f^w \tag{7-17}$$

由平衡条件（$\sum M = 0$）可得

$$N_1 = \frac{N(b-e)}{b} - \frac{N_3}{2} = k_1 N - \frac{N_3}{2} \tag{7-18}$$

$$N_2 = \frac{Ne}{b} - \frac{N_3}{2} = k_2 N - \frac{N_3}{2} \tag{7-19}$$

式中，N_1、N_2 分别为角钢肢背和肢尖上的侧面角焊缝所分担的轴力；e 为角钢背的形心距；k_1、k_2 分别为角钢肢背和肢尖焊缝的内力分配系数，设计时可近似取 $k_1 = \frac{2}{3}$，$k_2 = \frac{1}{3}$。

对于两面侧焊[图 7-26(a)]，因 $N_3 = 0$，可得

$$N_1 = k_1 N \tag{7-20}$$

$$N_2 = k_2 N \tag{7-21}$$

求得各条焊缝所受内力后，再根据角焊缝构造要求设定肢背和肢尖焊缝的焊脚尺寸，即可根据下式求出侧面角焊缝的计算长度：

$$l_{w1} = \frac{N_1}{2 \times 0.7 h_{f1} f_f^w} \tag{7-22}$$

163

$$l_{w2} = \frac{N_2}{2 \times 0.7 h_{f2} f_f^w} \tag{7-23}$$

式中，h_{f1}、l_{w1} 分别为单个角钢肢背上的侧面角焊缝的焊脚尺寸和计算长度，h_{f2}、l_{w2} 分别为单个角钢肢尖上的侧面角焊缝的焊脚尺寸和计算长度。

考虑到每条焊缝两端的起弧和灭弧缺陷，实际焊缝长度应将计算长度加 $2h_f$；对于采用绕脚焊的侧面角焊缝实际长度就等于计算长度。

当杆件受力很小时，可采用只有正面角焊缝和角钢肢背上的侧面角焊缝形成的 L 形围焊 [图 7-26(c)]。令式(7-19)中的 $N_2 = 0$，可得

$$N_3 = 2k_2 N \tag{7-24}$$

又

$$N_1 = N - N_3 \tag{7-25}$$

角钢肢背上的角焊缝计算长度可以按式(7-21)进行计算，角钢端部的正面角焊缝的长度为 $l_{w3} = b - h_f$，其焊脚尺寸可按下式进行计算：

$$h_{f3} = \frac{N_3}{2 \times 0.7 l_{w3} \beta_f f_f^w} \tag{7-26}$$

例 7-1 试验算图 7-25 所示直角角焊缝的强度。已知焊缝承受的静态斜向力 $N = 300$ kN(设计值)，$\theta = 60°$，角焊缝的焊脚尺寸 $h_f = 8$ mm，实际长度 $l_w' = 180$ mm，钢材为 Q235B，手工焊，焊条为 E43 型。

解 将 N 分解为垂直于焊缝和平行于焊缝的分力：

$$N_x = N\sin\theta = N\sin 60° = 300 \times \frac{\sqrt{3}}{2} = 259.8(\text{kN})$$

$$N_y = N\cos\theta = N\cos 60° = 300 \times \frac{1}{2} = 150(\text{kN})$$

$$\sigma_f = \frac{N_x}{2h_e l_w} = \frac{259.8 \times 10^3}{2 \times 0.7 \times 8 \times (180-16)} = 141.4(\text{N/mm}^2)$$

$$\tau_f = \frac{N_y}{2h_e l_w} = \frac{150 \times 10^3}{2 \times 0.7 \times 8 \times (180-16)} = 81.7(\text{N/mm}^2)$$

焊缝同时承受 σ_f 和 τ_f 作用，查附表 2-5 可得 $f_f^w = 160$ N/mm^2，用式(7-11)验算：

$$\sqrt{\left(\frac{\sigma_f}{\beta_f}\right)^2 + \tau_f^2} = \sqrt{\left(\frac{141.5}{1.22}\right)^2 + 81.7^2} = 141.9(\text{N/mm}^2) < f_f^w = 160(\text{N/mm}^2)$$

例 7-2 试设计如图 7-27 所示的采用拼接盖板连接的对接连接。已知连接钢板的宽 $B = 270$ mm，厚度 $t_1 = 26$ mm，拼接盖板的厚度 $t_2 = 16$ mm。该连接承受静态轴心力设计值 $N =$

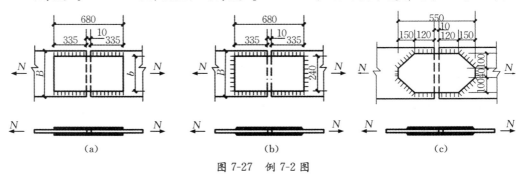

图 7-27　例 7-2 图

1 750 kN的作用,钢材采用 Q355B,手工焊,焊条为 E50 型。

解 拼接盖板的对接连接设计有两种方法:一种方法是根据构造设定焊脚尺寸求得所需焊缝长度,再由焊缝长度最终确定拼接盖板的尺寸;另一种方法是先根据构造设定焊脚尺寸和初定拼接盖板的尺寸,然后对焊缝的承载力进行验算,如验算不满足,则进行相应调整再重新验算,直到满足要求为止。

根据角焊缝的构造要求确定角焊缝的焊脚尺寸 h_f:

由于是在板件边缘施焊,且拼接盖板的厚度 $t_2 = 16$ mm> 6 mm,$t_2 < t_1$,则

$$h_{fmax} = t_2 - 1(或\ t_2 - 2) = 16 - 1(或\ 16 - 2) = 15(mm)[或\ 14(mm)]$$

$$h_{min} = 1.5\sqrt{t_1} = 1.5\sqrt{26} = 7.7(mm)$$

取 $h_f = 10$ mm,查附表 2-5 得到角焊缝的强度设计值 $f_f^w = 200$ N/mm^2。

(1)当采用两面侧焊时[图 7-27(a)]

按式(7-13)计算单侧所需要的焊缝总长度:

$$\sum l_w = \frac{N}{h_e f_f^w} = \frac{1\ 750 \times 10^3}{0.7 \times 10 \times 200} = 1\ 250(mm)$$

因拼接盖板有上下两块,侧面角焊缝共有 4 条,一条侧面角焊缝的实际长度为

$$l_w' = \frac{\sum l_w}{4} + 2h_f = \frac{1\ 250}{4} + 20 = 333(mm) < 60h_f = 60 \times 10 = 600(mm)$$

所需拼接盖板长度:

$$L = 2l_w' + 10 = 2 \times 333 + 10 = 676(mm)$$

取 680 mm。两块被连接钢板间的间隙为 10 mm。

两条侧面角焊缝之间的距离就是拼接盖板的宽度 b,应根据强度条件和构造要求来确定。在盖板与被连接钢板的钢材种类相同的情况下,根据强度条件,拼接盖板的横截面积 A' 应该大于或等于被连接钢板的截面积。

选定拼接盖板宽度 $b = 240$ mm,则

$$A' = 240 \times 2 \times 16 = 7\ 680(mm^2) > A = 270 \times 26 = 7\ 020(mm^2)$$

满足强度要求。

根据构造要求可知:

$$b = 240\ mm < l_w = 333\ mm$$

且

$$b < 16t = 16 \times 16 = 256(mm)$$

满足要求。因此选定拼接盖板尺寸为 680 mm$\times$240 mm$\times$16 mm。

(2)采用三面围焊时[图 7-27(b)]

采用三面围焊可以减小两侧侧面角焊缝的长度,从而减少拼接盖板的尺寸。设拼接盖板的宽度和厚度与采用两面侧焊时相同,故仅需求盖板长度。已知正面角焊缝的长度 $l_w' = b = 240$ mm,则正面角焊缝所能承受的内力为

$$N' = 2h_e l_w' \beta_f f_f^w = 2 \times 0.7 \times 10 \times 240 \times 1.22 \times 200 = 819.8(kN)$$

连接一侧所需侧面角焊缝的总长度:

$$\sum l_w = \frac{N - N'}{h_e f_f^w} = \frac{(1\ 750 - 819.8) \times 10^3}{0.7 \times 10 \times 200} = 664.4(mm)$$

连接一侧共有 4 条侧面角焊缝,则一条侧面角焊缝的长度为

$$l'_w = \frac{\sum l_w}{4} + h_f = \frac{664.4}{4} + 10 = 176.1 (\text{mm})$$

取为 180 mm。

拼接盖板的长度为

$$L = 2l'_w + 10 = 2 \times 180 + 10 = 370 (\text{mm})$$

(3)采用菱形拼接盖板时[图 7-27(c)]

当拼接板宽度较大时,可以采用菱形拼接盖板来减小角部的应力集中,从而改善连接的工作性能。菱形拼接盖板的连接焊缝由正面角焊缝、侧面角焊缝和斜焊缝组成。进行连接设计时,通常采用先假定拼接盖板的尺寸再进行验算。拼接盖板尺寸如图 7-27(c)所示,分别计算各条焊缝的承载力:

正面角焊缝:

$$N_1 = 2h_e l_{w1} \beta_f f_f^w = 2 \times 0.7 \times 10 \times 40 \times 1.22 \times 200 = 136.6 (\text{kN})$$

侧面角焊缝:

$$N_2 = 4h_f l_{w2} f_f^w = 4 \times 0.7 \times 10 \times (120-10) \times 200 = 616 (\text{kN})$$

斜焊缝:斜焊缝强度介于正面角焊缝与侧面角焊缝之间,从设计角度出发,将斜焊缝视作侧面角焊缝进行计算,这样处理是偏于安全的。

$$N_3 = 4h_e l_{w3} f_f^w = 4 \times 0.7 \times 10 \times \sqrt{150^2 + 100^2} \times 200 = 1\,009.6 (\text{kN})$$

连接一侧焊缝所能承受的内力为

$$N' = N_1 + N_2 + N_3 = 136.6 + 616 + 1\,009.6 = 1\,762.2 > N = 1\,400 (\text{kN})$$

满足要求。

2)复杂受力时角焊缝连接计算

当焊缝连接承受非轴心力时,可以将作用外力等效分解为轴力、弯矩、扭矩、剪力等简单受力情况,分别求出单独受力时的焊缝计算截面的应力,然后利用叠加原理,对焊缝中受力最不利点进行验算。

(1)承受轴力、弯矩、剪力联合作用时角焊缝的计算

在轴心力作用下,在焊缝有效截面上产生垂直于焊缝长度方向的均匀应力,属于正面角焊缝受力性质,则

$$\sigma_A^N = \frac{N}{A_e} = \frac{N}{2h_e l_w} \tag{7-27}$$

在弯矩 M 的作用下,角焊缝有效截面上会产生垂直于焊缝长度方向的应力,应力呈三角形分布,角焊缝受力为正面角焊缝性质,其应力的最大值为

$$\sigma_A^M = \frac{M}{W_e} = \frac{6M}{2h_e l_w^2} \tag{7-28}$$

这两部分应力在 A 点处的方向相同,进行叠加后应力值最大,故 A 点垂直于焊缝长度方向的应力为

$$\sigma_f = \frac{N}{2h_e l_w} + \frac{6M}{2h_e l_w^2}$$

在剪力 V 的作用下,会产生平行于焊缝长度方向的剪应力,属于侧面角焊缝受力性质,在受剪截面上应力分布是均匀的,则

$$\tau_A^V = \frac{V}{A_e} = \frac{V}{2h_e l_w} \tag{7-29}$$

式中，l_w 为焊缝的计算长度，为实际长度减去 $2h_f$。

则焊缝的强度计算式与式(7-11)相同。

当连接直接承受动力荷载作用时，取 $\beta_f = 1.0$。

对于 H 形截面梁(或牛脚)与钢柱翼缘的角焊缝连接如图 7-28 所示，承受弯矩 M 和剪力 V 的共同作用。计算时弯矩则由全部焊缝截面承受，剪力通常假定全部都由腹板焊缝承受。

根据平截面假定，弯曲应力沿梁高度呈三角形分布，最大的弯曲应力发生在翼缘焊缝的最外纤维处，该处的应力应满足角焊缝的强度条件：

$$\sigma_{f1} = \frac{M}{I_w} \cdot \frac{h_1}{2} \leqslant \beta_f f_f^w \tag{7-30}$$

式中，M 为全部焊缝所承受的弯矩，I_w 为全部焊缝有效截面对中性轴的惯性矩，h_1 为上下翼缘焊缝有效截面最外纤维之间的距离。

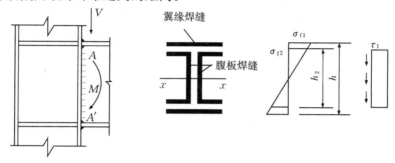

图 7-28　H 形截面梁(或牛脚)的角焊缝的连接

腹板焊缝会承受两种性质的应力作用，即垂直于焊缝长度方向且沿梁高度呈三角形分布的弯曲应力和平行于焊缝长度方向且沿焊缝截面均匀分布的剪应力的作用，设计控制最不利点(A 点)为翼缘焊缝与腹板焊缝的交点，A 点的弯曲应力和剪应力分别为

$$\sigma_{f2} = \frac{M}{I_w} \cdot \frac{h_2}{2} \tag{7-31}$$

$$\tau_{f2} = \frac{V}{\sum h_{e2} l_{w2}} \tag{7-32}$$

式中，$\sum h_{e2} l_{w2}$ 为腹板焊缝有效截面积之和，h_2 为腹板焊缝的实际长度。

则 A 点的强度验算如下：

$$\sqrt{\left(\frac{\sigma_{f2}}{\beta_f}\right)^2 + \tau_{f2}^2} \leqslant f_f^w \tag{7-33}$$

H 形截面梁(或牛腿)与钢柱翼缘角焊缝的连接的另一种计算方法是使焊缝传递应力近似与钢材所承受应力相协调，即假设全部弯矩都由翼缘焊缝承担，而腹板焊缝只承受全部剪力。可以将弯矩 M 等效为一对水平力 $H = M/h_1$，则

翼缘焊缝的强度计算式为

$$\sigma_f = \frac{H}{\sum h_{e1} l_{w1}} \leqslant \beta_f f_f^w \tag{7-34}$$

腹板焊缝的强度计算式为

$$\tau_f = \frac{V}{2 h_{e2} l_{w2}} \leqslant f_f^w \tag{7-35}$$

式中，$\sum h_{e1}l_{w1}$ 为一个翼缘上角焊缝的有效截面面积之和；$2h_{e2}l_{w2}$ 为两条腹板焊缝的有效面积。

例 7-3 试验算如图 7-29 所示的牛腿与钢柱连接角焊缝的强度。钢材采用 Q355B，使用手工焊，焊条选用 E50 型。静态荷载设计值为 $N=400$ kN，偏心距 $e=350$ mm，焊脚尺寸 $h_{f1}=8$ mm，$h_{f2}=6$ mm。焊缝有效截面示意图如图 7-29(b)所示。

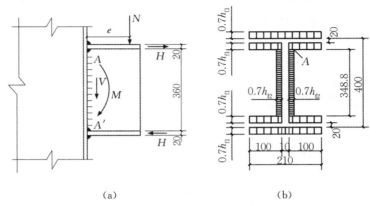

(a)　　　　　　　　　　　　　(b)

图 7-29　例 7-3 图

解　在竖向力 N 的作用下，焊缝截面处的 $V=N=400$ kN 和弯矩 $M=Ne=400\times0.35=140$(kN·m)。

(1)考虑腹板焊缝参加传递弯矩的计算方法

全部焊缝有效截面对其中和轴的惯性矩为

$$I_w=2\times\frac{0.7\times0.6\times34.88^3}{12}+2\times21\times0.7\times0.8\times20.28^2+4\times10\times0.7\times0.8\times17.72^2$$
$$=19\,677(\text{cm}^4)$$

翼缘焊缝的最大应力：

$$\sigma_{f1}=\frac{M}{I_w}\cdot\frac{h}{2}=\frac{140\times10^6}{19\,677\times10^4}\times205.6=146.3(\text{N/mm}^2)<\beta_f f_f^w=1.22\times200=244(\text{N/mm}^2)$$

腹板焊缝中由弯矩 M 引起的最大应力：

$$\sigma_{f2}=146.3\times\frac{174.4}{205.6}=124.1(\text{N/mm}^2)$$

由剪力 V 在腹板焊缝中产生的平均剪应力：

$$\tau_f=\frac{V}{\sum(h_{e2}l_{w2})}=\frac{400\times10^3}{2\times0.7\times6\times348.8}=136.5(\text{N/mm}^2)$$

则腹板焊缝的强度(A 点为设计控制点)为

$$\sqrt{\left(\frac{\sigma_{f2}}{\beta_f}\right)^2+\tau_f^2}=\sqrt{\left(\frac{124.1}{1.22}\right)^2+136.5^2}=170.3(\text{N/mm}^2)<f_f^w=200(\text{N/mm}^2)$$

(2)不考虑腹板焊缝参加传递弯矩的计算方法

翼缘焊缝所承受的水平力：

$$H=\frac{M}{h}=\frac{140\times10^6}{380}=368.5(\text{kN})(h\text{ 值近似取为翼缘中线间距离})$$

翼缘焊缝厚度：

$$\sigma_f = \frac{H}{h_{e1}l_{w1}} = \frac{368.5 \times 10^3}{0.7 \times 8 \times (210 + 2 \times 100)} = 160.5(\text{N/mm}^2) < \beta_f f_f^w = 244(\text{N/mm}^2)$$

腹板焊缝的强度：

$$\tau_f = \frac{V}{2h_{e2}l_{w2}} = \frac{400 \times 10^3}{2 \times 0.7 \times 6 \times 348.8} = 136.5(\text{N/mm}^2) < 200(\text{N/mm}^2)$$

（2）在扭矩、剪力和轴心力联合作用时角焊缝的计算

图 7-30 所示的搭接连接中，力 N 通过围焊缝的形心 O 点，而力 V 距 O 点的距离为$(e + a)$。将力向围焊缝的形心 O 点处简化，可得到剪力 V 和扭矩 $T = V(e + a)$。计算角焊缝在扭矩 T 作用下产生的应力时，采用如下假定：①被连接构件是绝对刚性的，而角焊缝则是弹性的；②被连接构件绕角焊缝有效截面形心 O 旋转，角焊缝任意一点的应力方向垂直于该点与形心的连线，且应力大小与其距离 r 的大小成正比。

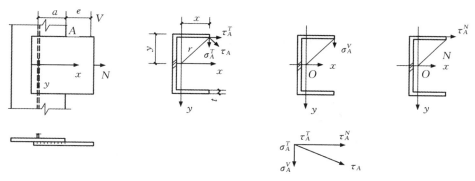

图 7-30　受扭、受剪、受轴心力作用的角焊缝应力

在扭矩作用下，A 点由扭矩引起的切应力最大。扭矩 T 在 A 点引起的切应力为

$$\tau_A = \frac{Tr}{I_p} = \frac{Tr}{I_x + I_y} \tag{7-36}$$

式中，I_p 为焊缝有效截面的极惯性矩，$I_p = I_x + I_y$。

式（7-36）所得出的应力与焊缝的长度方向成斜角，将其沿 x 轴和 y 轴分解：

$$\tau_A^T = \frac{Tr_y}{I_p} \qquad \text{（侧面角焊缝受力性质）} \tag{7-37}$$

$$\sigma_A^T = \frac{Tr_x}{I_p} \qquad \text{（正面角焊缝受力性质）} \tag{7-38}$$

由剪力 V 在焊缝群引起的剪应力均匀分布，A 点处应力垂直于焊缝长度方向，属于正面角焊缝受力性质，可通过下式：

$$\sigma_A^V = \frac{V}{\sum h_e l_w} \tag{7-39}$$

计算出 σ_A^V。由轴心力 N 引起的应力在 A 点处平行于焊缝长度方向，属侧面角焊缝受力性质，可通过下式：

$$\tau_A^N = \frac{N}{\sum h_e l_w} \tag{7-40}$$

计算出 τ_A^N。则

$$\tau_f = \tau_A^T + \tau_A^N \tag{7-41}$$

$$\sigma_f = \sigma_A^T + \sigma_A^V \tag{7-42}$$

A 点的合应力应满足式(7-11)。

当连接直接承受动态荷载时,取 $\beta_f = 1.0$。

7.5.4 斜角角焊缝的计算(Calculation of Oblique Fillet Welds)

斜角角焊缝通常用于腹板倾斜的 T 形接头,其计算公式与直角角焊缝相同。斜角角焊缝不论其计算截面上的应力情况如何,均不考虑焊缝的方向(取 $\beta_f = 1.0$)。

在确定斜角角焊缝有效厚度时(图 7-31),通常假定焊缝破坏发生在其所成夹角的最小斜面上。《钢结构设计标准》(GB 50017—2017)对两焊脚边夹角 $60° \leqslant \alpha \leqslant 135°$ 的 T 形接头规定:

①当根部间隙(b、b_1 或 b_2)不大于 1.5 mm 时,焊缝的有效厚度为

$$h_e = h_f \cos \frac{\alpha}{2} \tag{7-43}$$

②当根部间隙大于 1.5 mm 时,焊缝的有效厚度为

$$h_e = \left[h_f - \frac{b(\text{或}\ b_1\text{、}b_2)}{\sin \alpha} \right] \cos \frac{\alpha}{2} \tag{7-44}$$

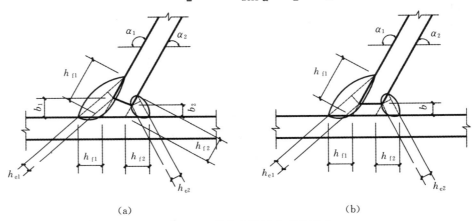

(a)   (b)

图 7-31 斜角角焊缝的有效厚度

图 7-31 中的根部间隙最大不得超过 5 mm。当图 7-31(a)中的 $b_1 > 5$ mm 时,可将板边作成图 7-31(b)的形式。

③当 $30° \leqslant \alpha < 60°$ 或 $\alpha < 30°$ 时,焊缝有效厚度应按《钢结构焊接规范》(GB 50661—2011)的有关规定计算取值。

7.6 焊接残余应力和焊接残余变形(Welding Residual Stresses and Deformations)

7.6.1 焊接残余应力(Welding Residual Stresses)

焊接过程是一个不均匀加热和冷却的过程,焊接应力可以分为沿焊缝长度方向的纵向焊接应力、垂直于焊缝长度方向的横向焊接应力和沿厚度方向的焊接应力。

(1)纵向焊接应力

如图 7-32 所示,在两块钢板上施焊时,钢板上会产生不均匀的温度场,焊缝附近温度最高

可以达到 1 600 ℃，其毗邻区域温度会降低，而且距离越远下降得越快。由于温度场是不均匀的，会产生不均匀的膨胀。焊缝附近高温处的钢材膨胀最大，受到毗邻膨胀小的区域的约束，从而产生了热状态的塑性压缩。当焊缝冷却时钢材收缩，焊缝区收缩变形又受到两侧钢材的约束而产生纵向拉力，两侧钢材会因中间焊缝收缩而产生纵向压力，这就是纵向收缩引起的纵向焊接应力。

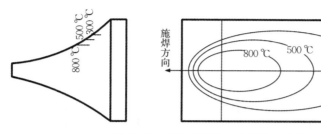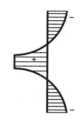

图 7-32　施焊时焊缝及附近的温度场和纵向焊接残余应力

三块钢板拼成的 H 型钢，腹板与翼缘采用角焊缝连接。翼缘与腹板连接处会因焊缝收缩受到两边钢板的约束而产生纵向拉应力，翼缘两边因中间收缩而产生压应力，因而形成中部焊缝区受拉而两边钢板受压的纵向焊接应力分布。腹板纵向应力分布则相反，由于腹板与翼缘焊缝收缩受到腹板中间钢板的阻碍而受拉，腹板中间因两端受拉而产生压应力，因而形成中间钢板受压而两边焊缝区受拉的纵向焊接应力分布，如图 7-33 所示。

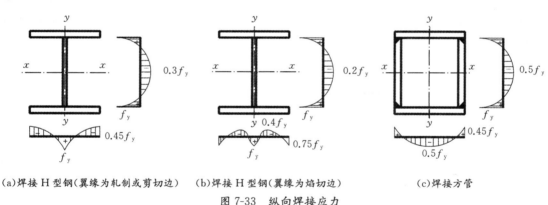

(a)焊接 H 型钢(翼缘为轧制或剪切边)　(b)焊接 H 型钢(翼缘为焰切边)　　(c)焊接方管

图 7-33　纵向焊接应力

（2）横向焊接应力

横向焊接应力由两部分组成：一部分是焊缝纵向收缩，使两块钢板趋向于形成反方向的弯曲变形，但实际上焊缝将两块钢板连成整体，在焊缝中部产生横向拉应力，而两端则产生横向压应力，如图 7-34 所示。另一部分是由于施焊过程有先后，焊缝的冷却时间也会不同，先焊的焊缝会先凝固并具有一定强度，后焊焊缝的横向自由膨胀会受到先凝固焊缝的约束，从而发生横向的塑性压缩变形；当先焊部分凝固后，中间焊缝部分逐渐冷却，后焊部分开始冷却，这三部分产生杠杆作用，结果后焊部分收缩而受拉，先焊部分因杠杆作用也受拉，中间部分受压。这两种横向应力叠加成最后的横向应力。

横向收缩引起的横向应力与施焊方向和先后顺序有关。焊缝冷却时间不同，产生的应力分布也不同[图 7-34(c)(d)(e)]。

171

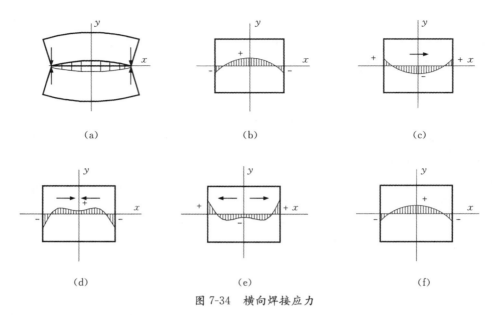

(a) (b) (c)

(d) (e) (f)

图 7-34 横向焊接应力

(3)沿厚度方向的焊接应力

对厚钢板进行焊接时,为减小焊接应力和焊接变形的影响通常需要对其进行多层施焊。因此,在对厚板施焊时,除了会产生纵向和横向焊接应力 σ_x、σ_y 以外,沿钢板厚度方向还存在厚度方向的焊接应力 σ_z(图 7-35)。σ_x、σ_y 和 σ_z 形成三向拉应力场,会大大降低连接的塑性。

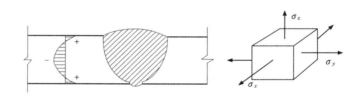

图 7-35 厚板中的焊接残余应力

7.6.2 焊接残余变形(Welding Residual Deformations)

焊接变形是焊接结构中比较普遍的现象。焊接变形是焊接构件经局部加热冷却后产生的不可恢复变形,包括纵向收缩变形、横向收缩变形、弯曲变形、角变形、波浪变形或扭曲变形等(图 7-36)。实际的焊接变形一般是多种焊接残余变形的组合。如果焊接残余变形超过了相关规范的规定,就必须进行相应矫正,以免对构件的外观和承载能力造成影响。

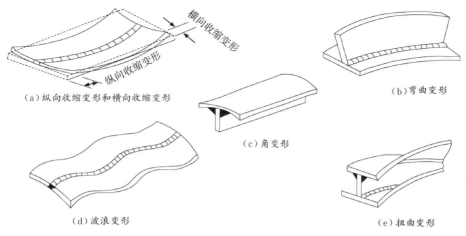

（a）纵向收缩变形和横向收缩变形   （b）弯曲变形

（c）角变形

（d）波浪变形   （e）扭曲变形

图 7-36 焊接变形

7.6.3 焊接残余应力和残余变形对结构性能的影响（Performance Impact of Welding Residual Stresses and Residual Deformations）

（1）焊接应力对结构性能的影响

①对结构静力强度的影响。钢材在常温下工作通常具有一定的塑性，钢材屈服会引起截面应力重分布现象，因此，焊接应力对结构的静力强度不会产生影响。

②对结构刚度的影响。焊接残余应力会使结构的刚度降低。对于有残余应力的轴心受拉构件，当加载时，受到焊接残余应力的影响，截面局部先达到塑性，截面的塑性区逐渐向弹性区扩展，而弹性区会逐渐减小，使构件变形增大，从而导致结构的刚度降低。

③对低温工作的影响。在厚板焊接处或具有交叉焊缝（图 7-37）的部位，会产生三向焊接拉应力，使得该应力区域钢材塑性变形的发展受到阻碍，在低温下可能会引发钢材的脆断，使裂纹容易发生和发展。

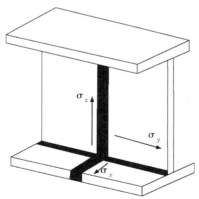

图 7-37 三向残余应力

④对疲劳强度的影响。在焊缝及其附近的主体金属中残余拉应力通常可达到钢材的屈服强度，此部位为疲劳裂纹最为敏感的区域。因此，焊接残余应力会对结构的疲劳强度产生很不利的影响。

（2）焊接变形对结构性能的影响

当焊接构件出现了超出标准的焊接残余变形时，需要增加矫正工序。当焊接变形太大时，如果矫正困难,会产生废品。焊接变形不仅会影响结构的尺寸和外观,而且还有可能降低结构的承载能力。

7.6.4 减少焊接残余应力和残余变形的措施(Measures to Reduce Welding Residual Stresses and Residual Deformations)

(1)设计上的措施

①设计合理的焊缝位置。应尽可能将焊缝布置在构件截面上对称位置,以抵消的方法来减小焊接变形,如图 7-38(a)和图 7-38(c)所示情况。

②设计适当的焊缝尺寸。在满足强度和构造的前提下,不得随意增大焊缝的厚度和长度,从而避免引起过大的焊接残余应力或可能引发的焊穿、过热等缺陷。

③设计焊缝的数量不宜过多,且不宜过分集中。当连接设计需要将几块钢板交会于一处时,可采用图 7-38(e)所示的连接方式。如采用图 7-38(f)所示的连接方式,会导致热量的高度集中,进而引起过大的焊接变形,同时热量高度集中部位的焊缝和附近金属也会发生组织改变。

④设计时,应尽量避免两条或三条焊缝垂直交叉。例如梁的横向加劲肋与腹板及翼缘的连接焊缝,就应对横向加劲板采用切角的方式予以处理[图 7-38(g)],以保证翼缘与腹板的连接的主要的焊缝连续通过。

⑤设计合理的焊接方式,宜尽量避免产生沿母材厚度方向的收缩应力。如采用图 7-38(j)所示的焊缝连接方式,在焊缝收缩应力作用下,易引起未剖口钢板端部发生层状撕裂,因此采用图 7-38(i)所示的连接方式更为合理。

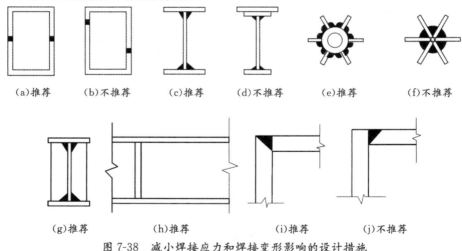

图 7-38 减小焊接应力和焊接变形影响的设计措施

(2)工艺上的措施

①采用合理的施焊次序。例如钢板对接连接时采用分段退焊,厚板对焊时焊缝可以采用分层焊,H 形截面可以采用对角跳焊的方式进行组拼(图 7-39)。

②采用反变形的方式进行焊接变形的预控。在对焊件施焊前,先根据经验进行焊接变形的预测,给焊件以一个与焊接变形反方向的预变形,使之可以抵消部分或全部的焊接变形,从而达到减小或消除焊接变形的目的(图 7-40)。

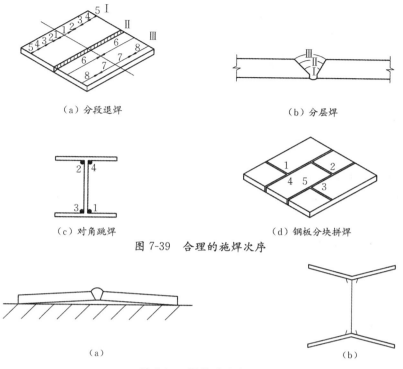

（a）分段退焊　　　　　　　　　　（b）分层焊

（c）对角跳焊　　　　　　　　　　（d）钢板分块拼焊

图 7-39　合理的施焊次序

（a）　　　　　　　　　　　　　　（b）

图 7-40　焊接前反变形

③采用焊前预热或焊后回火的方式,可以消除部分焊接应力和焊接变形,此方式仅适用于小尺寸焊件。也可采用刚性固定法将构件加以固定来限制焊接变形,但会增加焊接残余应力。

7.7　普通螺栓连接的构造要求和计算（Detail Requirements and Calculation of Common Bolt Connections）

7.7.1　螺栓的排列和构造要求（Bolt Arrangement and Detail Requirements）

（1）螺栓的排列

螺栓在构件上排列应简单、统一、整齐而紧凑,按照螺栓孔的排列方式可以分为并列和错列两种形式（图 7-41）。并列的螺栓孔排列方式比较简单整齐,连接板尺寸相对较小,但螺栓

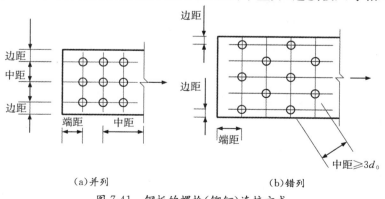

（a）并列　　　　　　　　　　（b）错列

图 7-41　钢板的螺栓（铆钉）连接方式

孔对连接钢板截面的削弱较大。错列的螺栓孔排列方式可以减小螺栓孔对截面的削弱,但螺栓孔排列不够紧凑,连接钢板的尺寸也较大。

螺栓的排列应满足下列要求:

①受力要求。当螺栓孔端距过小时,钢材可能会发生剪断或撕裂破坏。当螺栓孔距和线距太小时,如考虑开螺栓孔对连接板的削弱情况,连接钢板可能会发生沿着穿过螺栓孔的折线或直线破坏。当沿作用力方向螺栓孔距过大时,对于受压连接,被连接件可能发生鼓曲和张口现象。

②构造要求。螺栓孔的中距及边距不宜过大,否则连接钢板间的挤压不够紧密,存在间隙,形成潮气侵入的通道从而造成钢材的锈蚀。

③施工要求。螺栓距不应太小,需保证在螺栓安装时留有足够的操作螺栓扳手的空间。

对于角钢、工字钢和槽钢截面上排列螺栓的线距应满足附表 11.1～11.3 的要求。

(2)螺栓连接的构造要求

除了需满足螺栓排列的要求外,螺栓连接还应满足下列构造要求:

①当杆件在节点上或拼接接头的一端时,永久性的螺栓(或铆钉)数不宜少于两个。对组合构件的缀条,其端部连接可采用一个螺栓(或铆钉)。

②高强度螺栓承压型连接采用标准孔,其孔径 d_0 可参考表 7-6;高强度螺栓摩擦型连接可采用标准孔、大圆孔和槽孔,孔型尺寸可参考表 7-6,同一连接面只能在盖板和芯板其中之一的板上采用大圆孔或槽孔,其余仍采用标准孔。

表 7-6　高强度螺栓连接的孔型尺寸匹配　　　　　　　　　　　　　mm

螺栓公称直径			M12	M16	M20	M22	M24	M27	M30
孔型	标准孔	直径	13.5	17.5	22	24	26	30	33
	大圆孔	直径	16	20	24	28	30	35	38
	槽孔	短向	13.5	17.5	22	24	26	30	33
		长向	22	30	37	40	45	50	55

③在高强度螺栓连接范围内,构件截面的处理方法应在施工图中注明。

④C 级普通螺栓宜用于沿其杆轴受拉方向连接,在下列情况下可用于受剪连接:承受静力荷载或间接承受动力荷载结构中的次要连接;承受静力荷载的可拆卸结构的连接;临时固定构件用的安装连接。

⑤对直接承受动力荷载的普通螺栓受拉连接应采用双螺母或其他能防止螺帽松动的有效措施。

⑥当型钢构件拼接采用高强度螺栓连接时,其拼接件宜采用钢板。

⑦沉头和半沉头铆钉不得用于沿其杆轴方向受拉的连接。

⑧沿杆轴方向受拉的螺栓(或铆钉)连接中的端板(法兰板),应适当增强其刚度(如加设加筋肋),以减少撬力对螺栓(或铆钉)抗拉承载力的不利影响。

7.7.2　普通受剪连接螺栓的工作性能和计算(Performance and Calculation of Shear Common Bolts)

1)受剪连接螺栓的传力机理

受剪连接是最常见的螺栓连接。通过一个螺栓连接试件[图 7-42(a)]的抗剪试验,可得到作用力 N 与位移 δ(A、B 两点之间沿受力方向的相对位移)的关系曲线[图 7-42(b)]。该曲线对试件加载的全过程进行了描述,试件从加载到破坏总共经历了以下四个阶段:

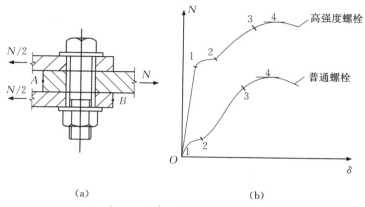

(a)   (b)

图 7-42　单个螺栓抗剪试验结果

①摩擦传力的弹性阶段(线段 0-1)。由于连接板接触界面上存在摩擦力,在施加荷载之初,螺栓杆与孔壁之间存在间隙,不发生接触,连接板在该阶段处于线弹性工作状态。

②滑移阶段(线段 1-2)。荷载继续增大,当剪力超过连接板接触界面上摩擦力的最大值时,连接板在接触界面位置发生相对滑移,直至点 2 螺栓栓杆与孔壁接触。

③栓件传力的弹性阶段(线段 2-3)。随着荷载的继续增加,主要依靠螺栓栓杆与孔壁挤压传递超出最大摩擦力的剪力。这时,栓杆的受力比较复杂,除了要承受剪力外,还要承受弯矩和轴向拉力,而螺栓孔壁则受到栓杆的挤压。直到点 3 连接件都近似处于弹性工作状态。

④弹塑性阶段(线段 3-4)。荷载继续增加,N-δ 曲线升势趋缓,荷载达点 4 后开始下降,剪切变形迅速增大,直至剪切破坏。显然点 4 所对应的为极限承载力状态。

2)受剪螺栓连接的破坏形式

受剪螺栓连接可能的破坏形式有以下几种:

①当栓杆直径较小,板件相对较厚时,可能发生栓杆剪断破坏[图 7-43(a)]。

②当栓杆直径较大,板件相对较薄时,可能发生板件的孔壁挤压破坏[图 7-43(b)]。由于栓件和板件的挤压是相对的,故也把这种破坏叫螺栓承压破坏。

③板件可能因螺栓孔削弱太多而被拉断[图 7-43(c)]。

④当螺栓孔的端距 a_1 太小时,端距范围内的板件有可能发生冲剪破坏[图 7-43(d)]。

普通螺栓的受剪连接计算只需考虑①②两种破坏形式,第③种破坏属于连接板件的强度验算的范畴,第④种破坏形式可以通过螺栓孔端距 $a_1 \geqslant 2d$ 来保证。

3)单个普通螺栓的受剪承载力计算

普通螺栓的受剪承载力主要有栓杆受剪和孔壁承压两种模式,因此应分别计算,取较小值进行设计。假定螺栓受剪面上的剪应力均匀分布,挤压力沿栓杆直径平面均匀分布。

受剪承载力设计值:

$$N_v^b = n_v \frac{\pi d^2}{4} f_v^b \tag{7-45}$$

承压承载力设计值:

$$N_c^b = d\left(\sum t\right) f_c^b \tag{7-46}$$

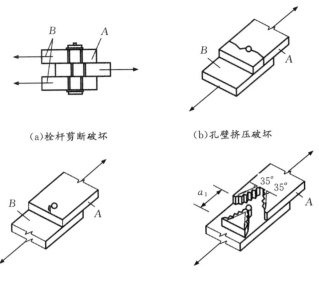

(a)栓杆剪断破坏　　　　　　　　(b)孔壁挤压破坏

(c)板件拉断破坏　　　　　　　　(d)板件冲剪破坏

图 7-43　抗剪螺栓连接的破坏形式

式中，n_v 为受剪面数目，单剪 $n_v=1$，双剪 $n_v=2$，四剪 $n_v=4$；d 为螺栓杆直径；$\sum t$ 为两个不同受力方向中承压构件总厚度的较小值；f_v^b、f_c^b 分别为螺栓的抗剪和承压强度设计值。

4）普通螺栓群受剪连接计算

试验结果表明，当螺栓群的抗剪连接件承受轴心力时，螺栓群沿着长度方向上的各螺栓受力并不均匀（图 7-44），呈现出两端螺栓受力大，而中间螺栓受力小的特点。当连接长度 $l_1 \leqslant 15d_0$（d_0 为螺孔直径）时，可近似地认为轴心力 N 由每个螺栓平均分担，即螺栓数 n 为

$$n=\frac{N}{N_{\min}^b} \qquad (7-47)$$

式中，$N_{\min}^b$ 为单个螺栓受剪承载力设计值与承压承载力设计值的较小值。

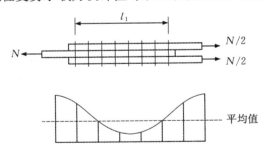

图 7-44　长接头螺栓的内力分布

当 $l_1>15d_0$ 时，连接工作进入弹塑性阶段后，各螺栓所受内力也不易均匀，端部螺栓会首先达到极限强度而破坏，随后由外向里依次破坏。

对普通螺栓构成的长连接，所需抗剪螺栓数为

$$n=\frac{N}{\eta N_{\min}^b} \qquad (7-48)$$

式中，$\eta=1.1-\dfrac{l_1}{150d_0} \geqslant 0.7$，为承载力设计值折减系数。

例 7-4 设计采用拼接盖板的普通螺栓连接件,盖板和连接板的厚度均为 8 mm。已知轴心拉力的设计值为 $N=370$ kN,钢材采用 Q235A,螺栓直径为 $d=20$ mm(C 级螺栓),试计算所需螺栓数量。

解 单个螺栓的承载力设计值:

由附表 2-6 可知,$f_v^b=140$ N/mm²,$f_c^b=305$ N/mm²。

抗剪承载力设计值:

$$N_v^b=n_v\frac{\pi d^2}{4}f_v^b=2\times\frac{3.14\times20^2}{4}\times140=87.9(\text{kN})$$

承压承载力设计值:

$$N_c^b=d(\sum t)f_c^b=20\times8\times305=48.8(\text{kN})$$

连接一侧所需螺栓数:

$$n=\frac{370}{48.8}=7.6$$

取 8 个。

5)普通螺栓群在剪力、扭矩作用下的抗剪计算

图 7-45 所示为螺栓群承受偏心剪力的情形,可将偏心力等效为轴心力 F 和扭矩 $T=Fe$。

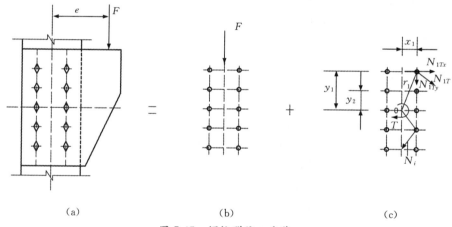

图 7-45 螺栓群偏心受剪

在轴心力作用下,每个螺栓平均受力为:

$$N_{1F}=\frac{F}{n} \tag{7-49}$$

在扭矩 $T=Fe$ 作用下,通常采用弹性分析。假定连接板的旋转中心在螺栓群的形心,则螺栓剪力的大小与该螺栓至中心点距离 r_i 成正比,方向则与此距离垂直[7-45(c)]。

$$N_{1T}r_1+N_{2T}r_2+\cdots+N_{iT}r_i+\cdots=T \tag{7-50}$$

因

$$\frac{N_{1T}}{r_1}=\frac{N_{2T}}{r_2}=\cdots=\frac{N_{iT}}{r_i}=\cdots \tag{7-51}$$

得

$$\frac{N_{1T}}{r_1}(r_1^2+r_2^2+\cdots+r_i^2+\cdots)=\frac{N_{1T}}{r_1}\sum r_i^2=T \tag{7-52}$$

最大剪力：

$$N_{iT} = \frac{Tr_1}{\sum r_i^2} = \frac{Tr_1}{\sum x_i^2 + \sum y_i^2} \tag{7-53}$$

将 N_{1T} 分解为水平分力和垂直分力：

$$N_{1Tx} = N_{1T}\frac{y_1}{r_1} = \frac{Ty_1}{\sum x_i^2 + \sum y_i^2} \tag{7-54}$$

$$N_{1Ty} = N_{1T}\frac{x_1}{r_1} = \frac{Tx_1}{\sum x_i^2 + \sum y_i^2} \tag{7-55}$$

由此可得到受力最大螺栓所承受的合力 N_1 的计算式：

$$N_1 = \sqrt{N_{1Tx}^2 + (N_{1Ty} + N_{1F})^2} \leqslant N_{\min}^b \tag{7-56}$$

当螺栓布置在一个狭长带，例如 $y_1 \geqslant 3x_1$ 时，可假定式（7-54）和式（7-55）中的 $x_i = 0$，由此得 $N_{iTy} = 0$，$N_{iTx} = Ty_1/\sum y_i^2$，计算式为

$$N_1 = \sqrt{\left[\frac{Ty_1}{\sum y_i^2}\right]^2 + \left(\frac{F}{n}\right)^2} \leqslant N_{\min}^b \tag{7-57}$$

式中，$N_{\min}^b$ 为单个螺栓的受剪承载力设计值。

以上设计方法，除受力最大的螺栓外，其余大多数螺栓均有潜力。所以按式（7-49）计算轴心力 F 作用下的螺栓内力时，即使连接长度 $l_1 > 15d_0$，也不用考虑长接头的折减系数 η。

例 7-5 设计如图 7-45(a) 所示的普通螺栓连接，螺栓水平间距为 120 mm，垂直间距为 80 mm。柱翼缘厚度为 10 mm，连接板厚为 8 mm，钢材为 Q235B，荷载设计值 $F = 200$ kN，偏心距 $e = 200$ mm，粗制螺栓 M22。

解　　　　$\sum x_i^2 + \sum y_i^2 = 10 \times 6^2 + (4 \times 8^2 + 4 \times 16^2) = 1\,640(\text{cm}^2)$

$$T = Fe = 200 \times 0.2 = 40(\text{kN} \cdot \text{m})$$

$$N_{1Tx} = \frac{Ty_1}{\sum x_i^2 + \sum y_i^2} = \frac{40 \times 0.16}{1\,640 \times 10^{-4}} = 39(\text{kN})$$

$$N_{1Ty} = \frac{Tx_1}{\sum x_i^2 + \sum y_i^2} = \frac{40 \times 0.06}{1\,640 \times 10^{-4}} = 14.6(\text{kN})$$

$$N_{1F} = \frac{F}{n} = \frac{200}{10} = 20(\text{kN})$$

$$N_1 = \sqrt{N_{1Tx}^2 + (N_{1Ty} + N_{1F})^2} = \sqrt{39^2 + (14.6 + 20)^2} = 52.1(\text{kN})$$

螺栓直径 $d = 22$ mm，单个螺栓的设计承载力为

螺栓抗剪：

$$N_v^b = n_v \frac{\pi d^2}{4} f_v^b = 1 \times \frac{3.14 \times 22^2}{4} \times 140 = 53.2(\text{kN}) > N_1 = 52.1(\text{kN})$$

构件承压：

$$N_c^b = d(\sum t) f_c^b = 22 \times 8 \times 305 = 53.7(\text{kN}) > N_1 = 52.1(\text{kN})$$

7.7.3　普通受拉连接螺栓的工作性能和计算（Performance and Calculation of Tensioned Common Bolts）

1）普通螺栓受拉的工作性能

沿螺栓杆轴方向受拉时,通常由于翼缘的弯曲,螺栓会受到撬力的附加作用,如图 7-46 所示。为了简化计算,《钢结构设计标准》(GB 50017—2017)通过将螺栓的抗拉强度设计值降低 20% 来考虑撬力的影响。在设计时,可采取一些构造措施,如设置图 7-47 所示的加劲肋来加强连接件的刚度,减小螺栓中的附加力。

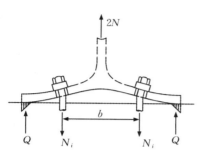
图 7-46 受拉螺栓的撬力

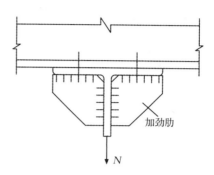
图 7-47 T 形连接中螺栓受拉

2) 单个普通螺栓的受拉承载力

单个普通螺栓的受拉承载力的设计值为

$$N_t^b = A_e f_t^b = \frac{\pi d_e^2}{4} f_t^b \tag{7-58}$$

式中,A_e 为螺栓有效截面面积;d_e 螺纹处的有效直径,$d_e = \dfrac{d_n + d_m}{2} = d - \dfrac{13}{24}\sqrt{3}\, p$,$d_n$ 为扣去螺纹后的净直径,d_m 为全直径与净直径的平均直径,p 为螺纹的螺距;f_t^b 为螺栓的抗拉强度设计值。

3) 普通螺栓群受拉

(1) 螺栓群轴心受拉

螺栓群轴心受拉时,由于垂直于连接板的端板刚度很大,通常假定各个螺栓平均受拉,则连接所需的螺栓数为

$$n = \frac{N}{N_t^b} \tag{7-59}$$

(2) 螺栓群承受弯矩作用

图 7-48 所示连接的剪力 V 通过承托板进行传递,弯矩通过螺栓群受拉来进行传递。根据弹性设计法,在弯矩作用下,离中和轴越远的螺栓所受到的拉力越大,而压力则由部分受压的端板承受,假设中和轴至端板受压边缘的距离为 c [图 7-48(a)]。这种连接的受力有如下特点:受拉螺栓截面只是孤立的几个螺栓点,端板受压区则是宽度较大的实体矩形截面 [图 7-48(b)(c)]。当把计算所得的形心位置作为中和轴时,所得到的端板受压区高度 c 总是很小,中和轴通常在受压一侧最外排螺栓附近的某个位置。因此,实际计算时可近似地取中和轴位于最下排螺栓 O 处,即认为连接变形为绕 O 处水平轴转动,螺栓拉力与 O 点算起的纵坐标 y 成正比。在对 O 点水平轴列弯矩平衡方程时,偏安全地忽略了力臂很小的端板受压区部分的力矩。

考虑到

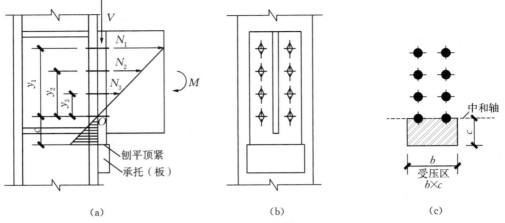

（a）　　　　　　　　　　（b）　　　　　　　　　　（c）

图 7-48　普通螺栓群弯矩受拉

$$\frac{N_1}{y_1}=\frac{N_2}{y_2}=\cdots=\frac{N_i}{y_i}=\cdots=\frac{N_n}{y_n} \qquad (7\text{-}60)$$

则

$$\begin{aligned}
M&=N_1y_1+N_2y_2+\cdots+N_iy_i+\cdots+N_ny_n\\
&=\frac{N_1}{y_1}y_1^2+\frac{N_2}{y_2}y_2^2+\cdots+\frac{N_i}{y_i}y_i^2+\cdots+\frac{N_n}{y_n}y_n^2\\
&=\frac{N_i}{y_i}\sum y_i^2
\end{aligned} \qquad (7\text{-}61)$$

螺栓 i 的拉力为

$$N_i=\frac{My_i}{\sum y_i^2} \qquad (7\text{-}62)$$

设计时要求受力最大的最外排螺栓 1 的拉力不超过单个螺栓的抗拉承载力设计值：

$$N_i=\frac{My_i}{\sum y_i^2}\leqslant N_t^b \qquad (7\text{-}63)$$

例 7-6　图 7-49 所示为牛腿与钢柱的普通螺栓连接（带承托板），承受竖向荷载（设计值）$F=200$ kN，偏心距为 $e=200$ mm。试进行螺栓连接设计。已知连接件和螺栓均用 Q235 钢材，螺栓为 M20（C 级普通螺栓），孔径为 21.5 mm。

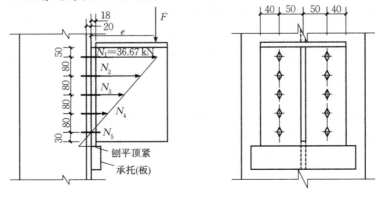

图 7-49　例 7-6 图

解 牛腿的剪力：$V=F=200(\mathrm{kN})$，由端板刨平顶紧于承托传递；弯矩 $M=Fe=200\times$ $0.2=40(\mathrm{kN\cdot m})$。初步假定螺栓布置如图 7-49 所示。最上排受力最大的螺栓 1 的拉力为

$$N_1=\frac{My_1}{\sum y_i^2}=\frac{40\times0.32}{2\times(0.08^2+0.16^2+0.24^2+0.32^2)}=33.3(\mathrm{kN})$$

单个螺栓的抗拉承载力设计值为

$$N_t^b=A_ef_t^b=245\times170=41.7(\mathrm{kN})>33.3(\mathrm{kN})$$

所假定螺栓连接满足设计要求。

（3）螺栓群偏心受拉

螺栓群的偏心受拉可等效为轴心拉力 N 和弯矩 $M=Ne$ 作用的叠加，如图 7-50(a)所示。按弹性设计法，根据偏心距的大小可分为小偏心受拉和大偏心受拉两种情况。

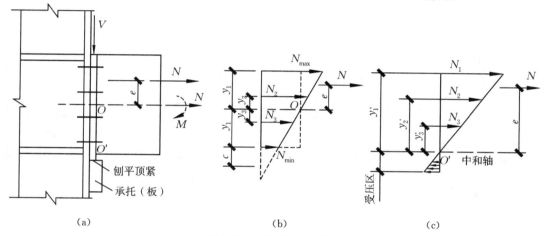

图 7-50　螺栓群偏心受拉

①小偏心受拉。当偏心较小时，所有螺栓均承受拉力作用。计算时，轴心拉力 N 由各螺栓均匀承受，弯矩 M 则产生以螺栓群形心 O 为中和轴的三角形内力分布[图 7-50(b)]，使上部螺栓受拉，下部螺栓受压，叠加后全部螺栓均受拉。可推出最大、最小受力螺栓的拉力和满足设计要求的公式如下（各 y_i 均自 O 点算起）：

$$N_{\max}=\frac{N}{n}+\frac{Ney_1}{\sum y_i^2}\leqslant N_t^b \tag{7-64}$$

$$N_{\min}=\frac{N}{n}-\frac{Ney_1}{\sum y_i^2}\geqslant 0 \tag{7-65}$$

由上式可知，当 $N_{\min}>0$ 时，偏心距 $e=\dfrac{\sum y_i^2}{ny_1}$。此时所有螺栓受拉，为小偏心受拉。

②大偏心受拉。当偏心距 e 较大时，即 $e>\rho=\dfrac{\sum y_i^2}{ny_1}$ 时，在端板底部将出现受压区[图 7-50(c)]。

按式(7-64)近似并偏安全取中和轴位于最下排螺栓 O' 处，可得（e' 和 y'_i 自 O' 点算起，最上排螺栓 1 的拉力最大）：

$$\frac{N_1}{y'_1}=\frac{N_2}{y'_2}=\cdots=\frac{N_i}{y'_i}=\cdots\frac{N_n}{y'_n} \tag{7-66}$$

$$Ne' = N_1y'_1 + N_2y'_2 + \cdots + N_iy'_i + \cdots + N_ny'_n$$
$$= \frac{N_1}{y'_1}y'^2_1 + \frac{N_2}{y'_2}y'^2_2 + \cdots + \frac{N_i}{y'_i}y'^2_i + \cdots + \frac{N_n}{y'_n}y'^2_n$$
$$= \frac{N_i}{y'_i}\sum y'^2_i \tag{7-67}$$

$$N_i = \frac{Ne'y'_i}{\sum y'^2_i} \tag{7-68}$$

$$N_i = \frac{Ne'y'_i}{\sum y'^2_i} \leqslant N_t^b \tag{7-69}$$

例7-7 图7-51为一钢接屋架支座支点的设计图,竖向力由承托承受。螺栓为C级,只承受偏心拉力。设 $N=260$ kN, $e=100$ mm。螺栓布置如图7-51(a)所示。

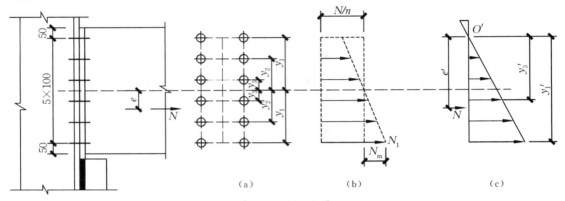

图 7-51 例 7-7 图

解 螺栓有效截面的核心距:

$$\rho = \frac{\sum y_i^2}{ny_1} = \frac{4 \times (50^2 + 150^2 + 250^2)}{12 \times 250} = 116.7(\text{mm}) > e = 100(\text{mm})$$

即偏心力作用在核心距以内,属于小偏心受拉[图7-51(c)],应由式(7-64)计算:

$$N_{max} = \frac{N}{n} + \frac{Ney_1}{\sum y_i^2} = \frac{260}{12} + \frac{260 \times 100 \times 250}{4 \times (50^2 + 150^2 + 250^2)} = 40.3(\text{kN})$$

需要的有效面积:

$$A_e = \frac{N_1}{f_t^b} = \frac{40.3 \times 10^3}{170} = 237.1(\text{mm}^2)$$

采用 M20 螺栓,根据《螺纹紧固件应力截面积和承载面积》(GB/T 16823.1—1997)可知 $A_e = 245$ mm^2。

7.7.4 普通拉剪连接螺栓的计算(Calculation of Tensioned-Shear Common Bolts)

同时承受拉力和剪力的普通螺栓可能发生两种破坏模式:第一种是栓杆拉剪复合受力破坏;第二种是孔壁承压破坏。在拉力和剪力的共同作用下,普通螺栓杆处于极限承载力时的拉力和剪力,分别除以各自单独作用时的承载力,所得到的关于 $\frac{N_t}{N_t^b}$ 和 $\frac{N_v}{N_v^b}$ 的相关曲线,近似为圆曲线(图7-52)。

184

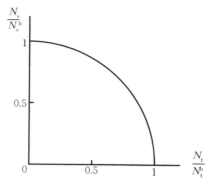

图 7-52 拉剪螺栓相关方程曲线

则验算拉剪作用时,采用下式:

$$\sqrt{\left(\frac{N_v}{N_v^b}\right)^2 + \left(\frac{N_t}{N_t^b}\right)^2} \leqslant 1 \qquad (7\text{-}70)$$

验算孔壁承压时,采用下式:

$$N_v \leqslant N_c^b \qquad (7\text{-}71)$$

式中,N_v、N_t 分别为单个螺栓所承受的剪力和拉力设计值,N_v^b、N_t^b 分别为单个螺栓抗剪和抗拉承载力设计值,N_c^b 为单个螺栓的孔壁承压承载力设计值。

7.8 高强度螺栓连接的工作性能和计算(Performance and Calculation of High Strength Bolts)

7.8.1 高强度螺栓连接的工作性能与构造要求(Performance and Detail Requirements of High Strength Bolts)

(1)高强度螺栓连接的工作性能

高强度螺栓连接可以分为摩擦型连接和承压型连接。

高强度螺栓摩擦型连接通过接触面间的摩擦力来传递外力,安装时通过拧紧螺帽对螺杆施加预拉力,把被连接的部件夹紧,依靠接触面间所产生的摩擦力来阻止其相互滑移,以实现传递外力的目的。当施加的剪力与摩擦力相等时,即为摩擦型连接的承载力极限状态。

高强度螺栓承压型连接的传力特征类似于普通螺栓传力:当所施加的剪力超过摩擦力时,连接件的接触面会产生相对滑移,螺杆最终会与螺栓孔壁接触,依靠螺栓杆和螺栓孔壁之间的挤压来传力,以螺杆被剪坏或孔壁承压破坏为其承载力极限状态。承压型连接承载力高于摩擦型连接,但剪切变形相对较大,不应在直接承受动力荷载的结构中使用。

(2)高强度螺栓连接的预拉力及抗滑移系数

高强度螺栓施工时需用力矩扳手进行拧紧,在此过程中螺杆将产生预拉力。为保证连接接触面之间摩擦力的可靠性,《钢结构设计标准》(GB 50017—2017)对各种规格高强度螺栓预拉力的取值进行了规定,如表 7-7 所示。

表 7-7　高强度螺栓的预拉力设计值 P　　　　　　　　　　　　　　kN

螺栓的性能	螺栓公称直径/mm					
等级	M16	M20	M22	M24	M27	M30
8.8 级	80	125	150	175	230	280
10.9 级	100	155	190	225	290	355

高强度螺栓连接摩擦面的抗滑移系数与接触面的处理方法和连接构件的钢号有关。当钢号相同时,不同接触面处理方式采用不同的摩擦系数 μ 值(见表 7-8)。

表 7-8　摩擦面的抗滑移系数 μ

在连接处构件接触面的处理方法	构件的钢材牌号		
	Q235 钢	Q355 钢或 Q390 钢	Q420 钢或 Q460 钢
喷硬质石英砂或铸钢棱角砂	0.45	0.45	0.45
抛丸(喷砂)	0.40	0.40	0.40
钢丝刷清除浮锈或未经处理的干净轧制表面	0.30	0.35	

在对摩擦面进行处理时应满足以下要求:钢丝刷除锈方向应与受力的方向垂直;当两个连接件的钢材牌号不同时,应按较低强度牌号确定摩擦面的抗滑移系数;采用表 7-8 中没有的接触面处理方式时,其处理工艺及抗滑移系数的取值均需由试验确定。

7.8.2　高强度螺栓抗剪连接计算(Shear Connection Calculation of High Strength Bolts)

(1)高强度螺栓摩擦型连接的抗剪承载力设计值

摩擦型连接以连接接触面上的摩擦力被克服作为其承载力极限状态。摩擦力大小与摩擦面数目、摩擦面抗滑移系数及螺栓预拉力等参数有关。单个高强度螺栓的抗剪承载力设计值:

$$N_v^b = 0.9kn_f\mu P \qquad (7\text{-}72)$$

式中,n_f 为传力摩擦面数目,单剪时,$n_f=1$,双剪时,$n_f=2$;k 为孔型系数,标准孔取 1.0,大圆孔取 0.85,内力与槽孔长向垂直时取 0.7,内力与槽孔长向平行时取 0.6;P 为单个高强度螺栓的设计预拉力,按表 7-7 取值;μ 为摩擦面抗滑移系数,按表 7-8 取值。

(2)高强度螺栓承压型连接的抗剪承载力设计值

高强度螺栓承压型连接的抗剪承载力计算方法同普通螺栓连接(但螺栓的强度设计取值不同)。

7.8.3　高强度螺栓抗拉连接计算(Tensile Connection Calculation of High Strength Bolts)

试验证明,当外拉力过大时,卸荷后螺栓将发生松弛现象,这对连接抗剪性能是不利的,因此《钢结构设计标准》(GB 50017—2017)规定一个高强度螺栓抗拉承载力不得大于 0.8P,即

$$N_t \leqslant N_t^b = 0.8P \qquad (7\text{-}73)$$

式中,P 为高强度螺栓的预拉力。

对于承压型连接的高强度螺栓,N_t^b 应按普通螺栓的公式计算(但强度设计取值不同)。

7.8.4 同时承受剪力和拉力的高强度螺栓连接承载力计算(Both Tensile and Shear Connection Calculation of High Strength Bolts)

(1)高强度螺栓摩擦型连接承载力计算

试验结果表明,外加剪力 N_v 和拉力 N_t 与高强度螺栓的受拉、受剪承载力设计值之间可以近似简化成线性相关关系。《钢结构设计标准》(GB 50017—2017)规定,当高强度螺栓摩擦型连接拉剪复合受力时,其承载力应按下式计算:

$$\frac{N_v}{N_v^b} + \frac{N_t}{N_t^b} \leqslant 1 \tag{7-74}$$

式中,N_v、N_t 分别为单个高强度螺栓所承受的剪力和拉力,N_v^b、N_t^b 分别为单个高强度螺栓的抗剪和抗拉承载力设计值。

将式(7-72)和式(7-73)代入式(7-74)可得

$$N_v \leqslant N_{t,v}^b = 0.9 k n_f \mu (P - 1.25 N_t) \tag{7-75}$$

式中,$N_{t,v}^b$ 为摩擦型连接高强度螺栓承受拉剪复合力时,单个螺栓抗剪承载力设计值。

受剪力和拉力高强度螺栓摩擦型连接承载力可以按式(7-74)或式(7-75)进行计算。

(2)高强度螺栓承压型连接承载力计算

拉剪复合受力的承压型连接高强度螺栓的计算方法同普通螺栓,即

$$\sqrt{\left(\frac{N_v}{N_v^b}\right)^2 + \left(\frac{N_t}{N_t^b}\right)^2} \leqslant 1 \tag{7-76}$$

$$N_v \leqslant \frac{N_c^b}{1.2} \tag{7-77}$$

式中,N_v、N_t 分别为单个高强度螺栓所承受的剪力和拉力;N_v^b、N_t^b、N_c^b 分别为单个高强螺栓的抗剪、抗拉和局部承压承载力设计值,计算 N_c^b 时,应采用无外拉力状态的 f_c^b 值;1.2 为高强度螺栓承压强度降低系数。

7.8.5 高强度螺栓群连接的计算(Connection Calculation of High Strength Bolt Group)

(1)高强度螺栓群轴心受剪

高强度螺栓连接所需螺栓数量:

$$n \geqslant \frac{N}{N_{min}^b} \tag{7-78}$$

式中,N_{min}^b 为相应连接类型的单个高强度螺栓受剪承载力设计值的最小值,应按相应类型由式(7-72)或式(7-45)和式(7-46)计算。

(2)高强度螺栓群承受扭矩或扭矩、剪力的共同作用

高强度螺栓群在扭矩作用或扭矩、剪力共同作用时的抗剪计算方法与普通螺栓群相同,但应采用高强度螺栓承载力设计值进行计算。

(3)高强度螺栓群承受轴心力作用

高强度螺栓群轴心受拉时所需螺栓数目:

$$n \geqslant \frac{N}{N_t^b} \tag{7-79}$$

式中，N_t^b 为沿杆轴方向受拉力时，单个高强度螺栓的抗拉承载力设计值。

（4）高强度螺栓群弯矩受拉

不管是摩擦型还是承压型高强度螺栓的外拉力 N_t 都应小于 $0.8P$，以保证连接界面在受力过程中始终能保持着紧密贴合状态，因此可近似认为中和轴与螺栓群的形心轴重合（图 7-53），弯矩作用受拉区的最外排螺栓受力最大。按照小偏心受拉（普通螺栓）中关于弯矩使螺栓产生最大拉力的推导方法，同样可得高强度螺栓群弯矩受拉时的最大拉力及其验算式：

$$N_1 = \frac{M y_1}{\sum y_i^2} \leqslant N_t^b \tag{7-80}$$

式中，y_1 为螺栓形心轴至最外排螺栓的距离，$\sum y_i^2$ 为形心轴上、下每个螺栓至形心轴距离的平方和。

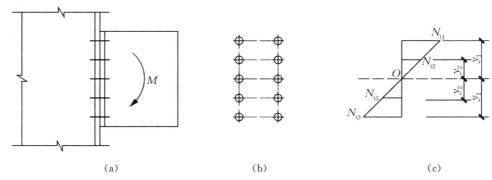

（a）　　　　　　　　　　　（b）　　　　　　　　　　　（c）

图 7-53　承受弯矩的高强度螺栓连接

（5）高强度螺栓群偏心受拉

高强度螺栓群偏心受拉时，应考虑轴拉力和偏心弯矩共同作用，其最大拉力及其验算式为

$$N_1 = \frac{N}{n} + \frac{Ne}{\sum y_i^2} y_1 \leqslant N_t^b \tag{7-81}$$

（6）高强度螺栓群承受拉力、弯矩和剪力的共同作用

螺栓连接板间的压紧力和接触面的抗滑移系数，将随外拉力的增加而减小，摩擦型连接高强度螺栓承受剪力和拉力共同作用时，单个螺栓抗剪承载力设计值为

$$N_{v,t}^b = 0.9 k n_f \mu (P - 1.25 N_t) \tag{7-82}$$

由图 7-54(c)可知，每行螺栓所受外拉力 N_u 各不相同，故应按下式计算高强度螺栓摩擦型连接的抗剪强度：

$$V \leqslant n_0 (0.9 k n_f \mu P) + 0.9 k n_f \mu \big[(P - 1.25 N_{t1}) + (P - 1.25 N_{t2}) + \cdots \big] \tag{7-83}$$

式中，n_0 为受压区（包括中和轴处）的高强度螺栓数，N_{t1}、N_{t2}、$\cdots$ 分别为受拉区高强度螺栓所承受的外拉力。

也可将式（7-83）写成下列形式：

$$V \leqslant 0.9 k n_f \mu \Big(nP - 1.25 \sum N_u \Big) \tag{7-84}$$

式中，n 为连接的螺栓总数，$\sum N_u$ 为螺栓承受外拉力的总和。

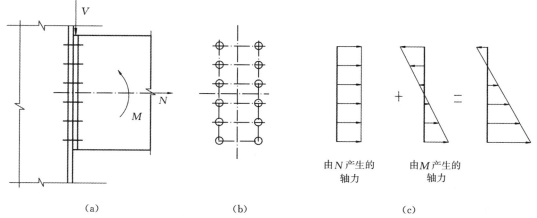

(a)　　　　　　　　(b)　　　　　　　　(c)

图 7-54　高强度螺栓摩擦型连接的受力情况

此外,螺栓最大外拉力尚应满足:

$$N_u \leqslant N_t^b \qquad (7\text{-}85)$$

对承压型连接高强度螺栓,应按式(7-76)计算螺栓杆的抗拉抗剪强度;同时还应按式(7-77)验算孔壁承压。

例7-8　试设计一个轴心受力的双盖板螺栓拼接连接。钢材 Q235B,选用 M20 高强度螺栓,等级为 8.8 级,连接件接触面采用喷硬质石英砂进行处理,作用在螺栓群形心处的轴心拉力设计值为 $N=850$ kN,试设计此连接。

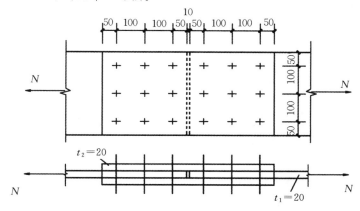

图 7-55　例 7-8 图

解　(1)采用摩擦型连接时

查表 7-7 得每个 8.8 级的 M20 高强度螺栓的预拉力 $P=125$ kN,由表 7-8 得对于 Q235 钢材接触面采用喷硬质石英砂处理时 $\mu=0.45$。

单个螺栓的承载力设计值:

$$N_v^b = 0.9 k n_f \mu P = 0.9 \times 1.0 \times 2 \times 0.45 \times 125 = 101 (\text{kN})$$

所需螺栓数:

$$n = \frac{N}{N_v^b} = \frac{850}{101} = 8.4$$

取 9 个。螺栓排列如图 7-55 所示。

（2）采用承压型连接时

由附表 2-6 可知，$f_v^b=250 \text{ N/mm}^2$，$f_c^b=470 \text{ N/mm}^2$。

单个螺栓的承载力设计值：

$$N_v^b=n_v\frac{\pi d^2}{4}f_v^b=2\times\frac{3.14\times20^2}{4}\times250=157(\text{kN})$$

$$N_c^b=d(\sum t)f_c^b=20\times20\times470=188(\text{kN})$$

则所需螺栓数：

$$n=\frac{N}{N_{\min}^b}=\frac{850}{157}=5.4$$

取 6 个。螺栓排列如图 7-55 左边所示。

例 7-9　图 7-56 所示高强度螺栓摩擦型连接，连接件钢材为 Q235B。高强度螺栓的等级为 10.9 级，高强度螺栓型号为 M22，接触面采用喷硬质石英砂处理，图中内力均为设计值，试验算此连接的承载力。

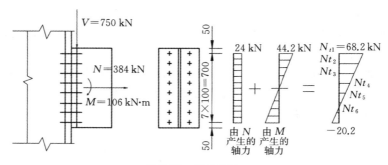

图 7-56　例 7-9 图

解　由表 7-7 和表 7-8 查得抗滑移系数为 $\mu=0.45$，预应力 $P=190 \text{ kN}$。

单个螺栓的最大拉力：

$$N_{t1}=\frac{N}{n}+\frac{My_1}{m\sum y_i^2}=\frac{384}{16}+\frac{106\times10^3\times350}{2\times2\times(350^2+250^2+150^2+50^2)}$$

$$=24+44.2=68.2(\text{kN})<0.8P=152(\text{kN})$$

连接的受剪承载力设计值应按式(7-84)计算：

$$V=0.9kn_f\mu(nP-1.25\sum N_u)$$

按比例关系可求得

$$N_{t2}=55.6 \text{ kN}$$

$$N_{t3}=42.9 \text{ kN}$$

$$N_{t4}=30.3 \text{ kN}$$

$$N_{t5}=17.7 \text{ kN}$$

$$N_{t6}=5.1 \text{ kN}$$

故有

$$\sum N_{ti}=(68.2+55.6+42.9+30.3+17.7+5.1)\times2=439.6(\text{kN})$$

验算受剪承载力设计值：

$$\sum N_{v,t}^b=0.9kn_f\mu(nP-1.25\sum N_u)$$

$$=0.9 \times 1.0 \times 1 \times 0.45 \times (16 \times 190 - 1.25 \times 439.6)$$
$$=1\,008.7(kN) > V = 750(kN)$$

7.9 销轴的构造和计算(Details and Calculation of Pin Connections)

7.9.1 销轴连接的构造(Details of Pin Connections)

销轴连接的构造应符合下列规定(图7-57):

①销轴孔中心应位于耳板的中心线上,其孔径与直径相差不应大于1 mm。

②避免连接耳板端部平面外失稳,耳板两侧宽厚比$\frac{b}{t}$不宜大于4,且耳板销轴孔边距几何尺寸应符合下列公式规定:

$$a \geqslant \frac{4}{3}b_e \tag{7-86}$$

$$b_e = 2t + 16 \leqslant b \tag{7-87}$$

式中,b为连接耳板两侧边缘与销轴孔边缘净距(mm);t为耳板厚度(mm);a为顺受力方向,销轴孔边距板边缘最小距离(mm)。

③销轴表面与耳板孔周表面宜进行机械加工。

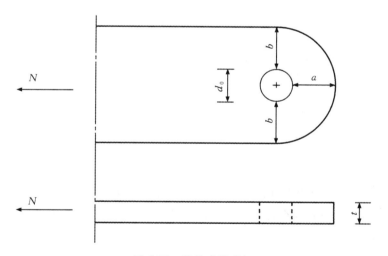

图7-57 销轴连接耳板

7.9.2 销轴的计算(Calculation of Pin Connections)

(1)耳板的计算

销轴连接中耳板可能发生净截面受拉[图7-58(a)]、端部劈裂[图7-58(b)]、端部受剪[图7-58(c)]和面外失稳[图7-58(d)]四种破坏模式,对应四种承载力极限状态。其中避免耳板面外失稳是通过限定耳板端部宽厚比的构造来保证的,其他三种破坏模式都需进行相应的计算。

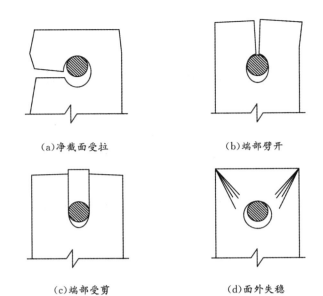

(a)净截面受拉　　　　　　　　　(b)端部劈开

(c)端部受剪　　　　　　　　　(d)面外失稳

图 7-58　销轴连接中耳板的四种承载力极限状态

连接耳板应按下列公式进行抗拉、抗剪强度的计算：

①耳板孔净截面处的抗拉强度：

$$\sigma = \frac{N}{2tb_1} \leqslant f \tag{7-88}$$

$$b_1 = \min\left\{2t + 16, b - \frac{d_0}{3}\right\} \tag{7-89}$$

②耳板端部截面抗拉（劈开）强度：

$$\sigma = \frac{N}{2t\left(a - \frac{2d_0}{3}\right)} \leqslant f \tag{7-90}$$

③耳板抗剪强度：

$$\tau = \frac{N}{2tZ} \leqslant f_v \tag{7-91}$$

式中，N 为杆件轴向拉力设计值（N），b_1 为计算宽度（mm），d_0 为销轴孔径（mm），f 为耳板抗拉强度设计值（N/mm²），Z 为耳板端部抗剪截面宽度（图 7-59）（mm），f_v 为耳板钢材抗剪强度设计值（N/mm²）。

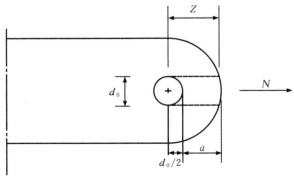

图 7-59　销轴连接耳板受剪面示意图

（2）销轴的计算

由于销轴受力情况复杂，需分别进行承压、抗剪、抗弯和同时受弯受剪组合强度验算。

①销轴承压强度：

$$\sigma_c = \frac{N}{dt} \leqslant f_c^b \tag{7-92}$$

②销轴抗剪强度：

$$\tau_b = \frac{N}{n_v \pi \dfrac{d^2}{4}} \leqslant f_v^b \tag{7-93}$$

③销轴的抗弯强度：

$$\sigma_b = \frac{M}{1.5 \dfrac{\pi d^3}{32}} \leqslant f^b \tag{7-94}$$

$$M = \frac{N}{8}(2t_e + t_m + 4s) \tag{7-95}$$

④计算截面同时受弯受剪时组合强度应按下式验算：

$$\sqrt{\left(\frac{\sigma_b}{f^b}\right)^2 + \left(\frac{\tau_b}{f_v^b}\right)^2} \leqslant 1.0 \tag{7-96}$$

式中，d 为销轴直径（mm），f_c^b 为销轴连接中耳板的承压强度设计值（N/mm²），n_v 为受剪面数目，f_v^b 为销轴的抗剪强度设计值（N/mm²），M 为销轴计算截面弯矩设计值（N·mm），f^b 为销轴的抗弯强度设计值（N/mm²），t_e 为两端耳板厚度（mm），t_m 为中间耳板厚度（mm），s 为端耳板和中间耳板间距离（mm）。

7.10　小结（**Summary**）

①钢结构连接包括焊接、栓接和铆接等形式。

②焊缝连接包括焊缝的施工方法、焊缝质量等级与检测、焊缝的构造要求、各种焊缝在多种内力作用下的计算方法和焊缝对结构的影响以及预防措施等。

③螺栓连接包括螺栓的分类、螺栓连接的破坏形式、连接的构造要求和各种螺栓连接在多种内力作用下的计算方法等。

④单个螺栓承载力设计值如表 7-9 所示。

表 7-9　单个螺栓承载力设计值

螺栓种类	受力状态	计算公式
普通螺栓	受剪	$N_v^b = n_v \dfrac{\pi d^2}{4} f_v^b, N_c^b = d\left(\sum t\right) f_c^b$，取二者较小值
	受拉	$N_t^b = A_e f_t^b$
	兼受剪拉	$\sqrt{\left(\dfrac{N_v}{N_v^b}\right)^2 + \left(\dfrac{N_t}{N_t^b}\right)^2} \leqslant 1$，且 $N_v \leqslant N_c^b$

续表

螺栓种类	受力状态	计算公式
高强度螺栓摩擦型连接	受剪	$N_v^b = 0.9 k n_f \mu P$
	受拉	$N_t^b = 0.8P$
	兼受剪拉	$\dfrac{N_v}{N_v^b} + \dfrac{N_t}{N_t^b} \leqslant 1$ 或 $N_v \leqslant N_{t,v}^b = 0.9 k n_f \mu (P - 1.25 N_t)$
高强度螺栓承压型连接	受剪	$N_v^b = n_v \dfrac{\pi d^2}{4} f_v^b, N_c^b = d(\sum t) f_c^b$,取二者较小值
	受拉	$N_t^b = A_e f_t^b$
	兼受剪拉	$\sqrt{\left(\dfrac{N_v}{N_v^b}\right)^2 + \left(\dfrac{N_t}{N_t^b}\right)^2} \leqslant 1$,且 $N_v \leqslant N_c^b / 1.2$

思考题(Questions)

7-1 钢结构的连接类型有哪些？分别有什么特点？

7-2 受剪普通螺栓有哪几种可能的破坏形式？如何防止？

7-3 试述普通螺栓连接与高强度螺栓摩擦型连接在弯矩作用下计算时的异同点。

7-4 螺栓的排列有哪些形式和规定？为何要规定螺栓排列的最大和最小间距？

7-5 影响高强度螺栓承载力的因素有哪些？

7-6 角焊缝的尺寸有哪些要求？为什么？

7-7 焊缝质量级别如何划分和应用？

7-8 如何计算对接焊缝？在什么情况下可以不必计算对接焊缝？

7-9 焊接残余应力和残余变形会对结构性能产生什么样的影响？

7-10 查找相关文献,试比较部分焊透对接焊缝计算方法与对接焊缝计算方法的异同点。

习题(Exercises)

7-1 对接焊缝连接如图 7-60 所示,钢材牌号为 Q235B,焊接采用焊条电弧焊,焊条型号为 E43 型,焊缝的质量为三级,施焊时加引弧板和引出板。已知 $f_t^w = 185$ N/mm²,$f_c^w = 215$ N/mm²,试求此连接所能承受的最大偏心荷载 F。

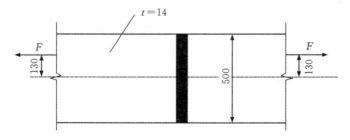

图 7-60 习题 7-1 附图

7-2 图 7-61 所示为一桁架双角钢腹杆与节点板的角焊缝连接,腹杆角钢为 2∟140×10,腹杆形心至角钢肢背距离 $e_1 = 38.2$ mm,钢材牌号为 Q235-BF,焊接采用焊条电弧焊,焊条型号为 E43 型，$f_t^w = 160 \text{ N/mm}^2$，腹杆的轴心拉力为 $N = 1\,100 \text{ kN}$(设计值)，若采用三面围焊，试设计此连接。

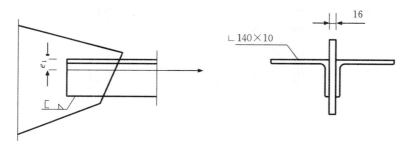

图 7-61　习题 7-2 附图

7-3　试求图 7-62 所示连接的最大设计荷载。钢材牌号为 Q235B，焊接采用焊条电弧焊，焊条型号为 E43 型，采用角焊缝连接，焊脚尺寸 $h_f = 8 \text{ mm}$，$e_1 = 30 \text{ cm}$。

7-4　试设计如图 7-63 所示牛脚与柱连接，连接采用编号为①、②、③的角焊缝连接。钢材牌号为 Q235B，焊接采用焊条电弧焊，焊条型号为 E43 型。

7-5　习题 7-4 连接中，如将焊缝②及焊缝③改为对接焊缝(焊缝质量等级为三级)，试求该连接所能承受的最大荷载 F。

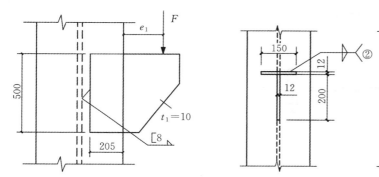

图 7-62　习题 7-3 附图

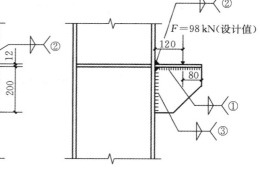

图 7-63　习题 7-4 附图

7-6　两被连接钢板的横截面尺寸为 18 mm×510 mm，钢材牌号为 Q235A，承受轴心拉力 $N = 1\,500 \text{ kN}$(设计值)，对接处采用双盖板普通螺栓连接，螺栓型号为 M22，普通螺栓的质量等级为 C 级，试对此连接进行设计。

7-7　如将焊缝连接改为粗制螺栓连接，试重新设计图 7-62 所示连接(柱翼板厚度为 12 mm)，$F = 100 \text{ kN}$(设计值)，$e_1 = 300 \text{ mm}$。

7-8　分别按照高强度螺栓摩擦型连接和承压型连接设计习题 7-6 中的双盖板拼接连接，高强度螺栓型号为 M22，等级为 8.8 级，接触面采用喷砂处理。试进行设计：(1)确定连接盖板的尺寸。(2)设计螺栓数量并进行高强度螺栓的排列布置。(3)对连接钢板的强度进行设计。

7-9　图 7-64 所示的连接节点，斜杆承受轴心拉力为 $F = 300 \text{ kN}$(设计值)，端板与柱翼缘采用 10 个 8.8 级摩擦型高强螺栓进行连接，抗滑移系数 $\mu = 0.3$，试求能采用的最小的高强度螺栓直径。

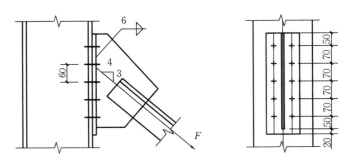

图 7-64 习题 7-9 附图

7-10 图 7-65 所示的高强度螺栓连接,钢材牌号为 Q235,螺栓型号为 M20,等级为 10.9 级,连接接触面采用喷砂处理。试分别采用摩擦型和承压型连接进行连接验算。

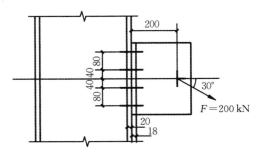

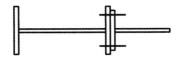

图 7-65 习题 7-10 附图

第 8 章　塑性及弯矩调幅设计

(Plastic Design and Provisions for Using Moment Redistribution)

本章学习目标

了解塑性设计及弯矩调幅设计应用范围；

掌握塑性设计及弯矩调幅设计基本概念及构件的设计计算方法；

熟悉塑性设计及弯矩调幅设计构件容许长细比及构造要求。

8.1　概述(Introduction)

塑性设计(plastic design)：以整体结构的塑性极限承载力作为结构极限状态的一种设计方法。

塑性铰(plastic hinge)：杆件的截面弯矩达到塑性极限弯矩后，在力矩作用方向形成的可以转动的类似于铰的效果，称之为塑性铰。

钢材延性良好，在充分保证结构不丧失局部稳定和侧向整体稳定的前提下，可以在超静定结构中的若干部位形成具有充分转动能力的塑性铰，从而引起结构内力的重分配，将超静定结构体系在荷载作用下相继出现几个塑性铰直至形成机构体系时的状态作为结构承载能力的极限状态，从而可充分发挥结构各部分的潜能。与常规钢结构设计相比，采用塑性设计具有如下优点：

①与常规钢结构弹性设计方法相比，可明显节约钢材(10％～15％)和降低工程造价。

②常规的钢结构弹性设计方法在弹性范围内可以给出精确的内力和位移，但却无法给出整体结构的极限承载能力；塑性设计对整体结构的安全度有更直观的估计。

③对连续梁和低层框架的内力分析较弹性方法简便。

工程应用方面，1914年匈牙利建立了世界上第一座塑性设计的建筑物，随后英、加、美等国均在本国建立了一些塑性设计的工程。设计标准方面，1948年英国第一个把塑性设计方法引进其设计规范(BSS499规范)。随后，以英、美为中心，迅速地普及塑性设计相关设计理念及设计方法。现对塑性设计的优势已达成广泛认识，塑性设计具有简单、合理的优点，而且可以较大程度地节约钢材、降低工程造价。英国和荷兰等欧洲国家的低层建筑大都采用塑性设计，美国和加拿大的大部分低层建筑也已经采用了塑性设计。

我国自1988年《钢结构设计规范》(GBJ17—88)开始列入塑性设计以来，经过近三十年的研究和发展，最新修订的《钢结构设计标准》(GB 50017—2017)又进行了较大修改，对钢结构塑性设计提供了两种实用分析设计方法：**简单塑性理论**和**弯矩调幅设计方法**。

8.2 简单塑性理论设计方法(Design Method of Simple Plastic Theory)

8.2.1 塑性铰的性质(Feature of Plastic Hinges)

本书第 5 章和第 6 章分别介绍了受弯构件和压弯构件全截面屈服的条件。塑性设计中认为,当构件截面满足了上述屈服条件时,即认为在该截面上形成了塑性铰。实际上梁的塑性铰附近截面均发展了一定的塑性,形成了一个一定长度的塑性区域,如图 8-1(a)所示。分析中为了简化计算,通常假定塑性区仅集中在塑性铰截面,而杆件的其他部分都保持为弹性。

以图 8-1(b)中两端简支、跨中承受一竖向荷载梁的受力分析塑性铰的特性。在外荷载 P 的作用下,梁跨中截面弯矩最大。随荷载 P 的增加,跨中截面达到塑性弯矩 M_p 以后,即可判定截面上出现了塑性铰。此时该截面除可以传递该弯矩外,还在力矩作用方向上允许有任意大小的转动,但不能传递大于 M_p 的弯矩。当发生卸载(或荷载反向作用)时,塑性铰恢复弹性,可以传递反方向弯矩,但不能任意转动;只有当反方向弯矩达到塑性弯矩时,才会形成反向的塑性铰。

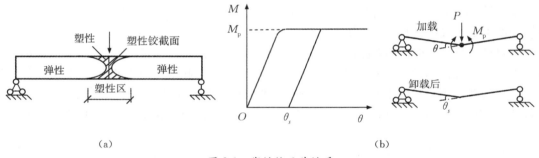

图 8-1 塑性铰及其性质

8.2.2 简单塑性理论的基本假设(Basic Assumptions of the Simple Plastic Theory)

简单塑性理论分析方法也称为极限分析(limit analysis),其采用的基本假设如下:

①结构构件以承受弯曲作用为主,且钢材是理想的弹塑性材料,不考虑钢材的强化效应。

②满足简单加载条件,即所有荷载均按同一比例增加。

③假设结构平面外有足够的侧向支撑,构件的各组成板件满足构造要求,能保证结构中塑性铰的形成及充分的转动能力,能保证直到结构形成机构、变为几何可变结构体系之前,不会发生侧扭屈曲,板件不会发生局部屈曲。

④采用一阶分析方法,不考虑二阶效应的影响。

⑤分析时假设变形均集中于塑性铰处,塑性铰间的杆件保持原形。

8.2.3 极限分析方法(Limit Analysis Method)

1)极限分析理论

根据塑性力学,结构的极限分析理论如下:

（1）上限定理

对于一个给定的结构体系与荷载系，只要存在一个满足运动约束条件的机动场（运动可能场），使外荷载所做的功率不小于内部塑性变形所消耗的功率，由此所得的荷载值，就总是大于或等于真正的极限荷载。

（2）下限定理

对于一个给定的结构与荷载系，只要存在一个满足平衡条件且不破坏屈服条件的内力场，由满足平衡条件的内外弯矩所求得的荷载值，就总是小于或等于真正的极限荷载。

（3）极限分析的全解

在极限分析中，若所求的内力场和机动场能同时满足平衡条件、破坏机构条件和屈服条件，则所求得的解答，即为极限分析的全解。若所求荷载既是极限荷载的上限，又是其下限，则该荷载便是真实的极限荷载。

2）极限分析方法

依据上述极限分析定理，形成了两种相应的分析方法：**破坏机构法**和**极限平衡法**。

（1）破坏机构法

当不考虑平衡方面的要求，而只考虑机动与屈服条件时，用上限定理求出荷载的上限解，称为破坏机构法。其主要步骤如下：

①确定结构上可能出现塑性铰的位置，一般塑性铰出现在集中力作用处、嵌固支座处和均布荷载作用时剪力为零的地方。

②画出可能的破坏机构，并找出各塑性铰处的位移关系。

③运用虚功原理逐一计算各破坏机构的破坏荷载，以其中最小的荷载作为极限荷载的上限值。虚功原理的公式为

$$\sum_{i=1}^{n} F_i \delta_i = \sum_{j=1}^{n} M_{pj} \theta_j \tag{8-1}$$

式中，F_i、δ_i 分别为结构所受的第 i 个外力和该外力方向的相应虚位移；M_{pj}、θ_j 分别为某破坏机构中出现的第 j 个塑性铰处的塑性弯矩和相应的虚转角。

④用平衡方程求出弯矩图，并检查是否满足 $-M_{pj} \leqslant M \leqslant M_{pj}$ 的塑性弯矩条件。

（2）极限平衡法（静力法）

当不考虑机动方面的要求，只考虑平衡与屈服条件时，用下限定理求出极限荷载的下限解，称为极限平衡法。其步骤如下：

①去掉多余约束，并用未知力代替，将超静定结构化为静定结构（定义为基本体系）。

②分别按外荷载和未知力在基本体系上画弯矩图。

③将弯矩图叠加，并使最大或最小弯矩达到塑性弯矩 M_p 或 $-M_p$。

④解平衡方程组，并求出极限荷载。

⑤检查是否满足破坏结构条件。

下面以两个算例对上述破坏机构法和极限平衡法的具体操作过程进行说明。

例 8-1 图 8-2（a）所示门式刚架的所有杆件均具有相同的塑性弯矩 M_p，求其极限荷载 F_u。

解 可能出现塑性铰的位置是点 1、2、3、4 和 5 处。有三种可能的破坏机构，如图 8-2（b）、（c）和（d）所示。

运用虚功原理：

对机构(b)有

$$F\Delta = F\frac{\theta l}{2} = 4M_p\theta$$

则

$$F_1 = \frac{8M_p}{l}$$

对机构(c)有

$$F\frac{\theta l}{2} = M_p(\theta + \theta + \theta + \theta)$$

则

$$F_2 = \frac{8M_p}{l}$$

对机构(d)有

$$F\Delta_1 + F\Delta_2 = M_p(\theta + 2\theta + 2\theta + \theta)$$

即

$$F\theta l = 6M_p\theta$$

则

$$F_u = F_3 = \frac{6M_p}{l}$$

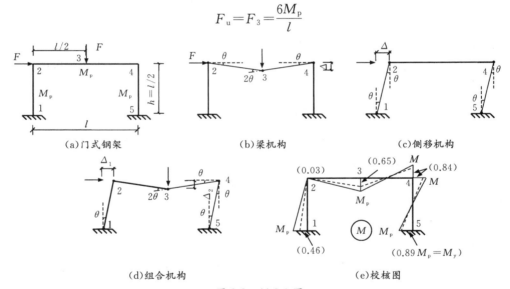

(a)门式钢架　　　　(b)梁机构　　　　(c)侧移机构

(d)组合机构　　　　(e)校核图

图 8-2　例 8-1 图

图 8-2(e)为弯矩校核,对机构(d),所有弯矩 $-M_{pj} \leqslant M \leqslant M_{pj}$,故 F_u 为该结构的极限荷载的上限。图中虚线是弯矩最大点(点 5)的弯矩达到屈服弯矩 $M_y = 0.89M_p$ 时弹性状态下结构的弯矩图。由图中可以看出,塑性弯矩的出现顺序是 5→4→3→1。

例 8-2　试用极限平衡法,求例题 8-1 的极限荷载 F_u。

解　取基本体系如图 8-3(a)所示。外荷载和未知力引起的弯矩图如图 8-3(b)(c)所示。点 1、2、3、4、5 弯矩叠加如下:

$$M_1 = M + Vl - Fl \qquad ①$$

$$M_2 = M + Vl - \frac{Fl}{2} - \frac{Hl}{2} \qquad ②$$

$$M_3 = M + \frac{Vl}{2} - \frac{Hl}{2} \qquad \text{③}$$

$$M_4 = M - \frac{Hl}{2} \qquad \text{④}$$

$$M_5 = M \qquad \text{⑤}$$

由图 8-3(b)(c)判断 M_5、M_4、M_3 可能先达到塑性弯矩,即假设 $M_5 = M_p$、$M_4 = -M_p$、$M_3 = M_p$,分别代入式⑤④③,并求解得

$$M = M_p$$

$$H = \frac{4M_p}{l}$$

$$V = \frac{4M_p}{l}$$

将 M、H、V 各值代入式①②得

$$M_1 = 5M_p - Fl$$

$$M_2 = 3M_p - \frac{Fl}{2}$$

假设 $M_2 = -M_p$,可得

$$F = \frac{8M_p}{l}, M_1 = -3M_p < -M_p$$

显然是不对的。

假设 $M_1 = -M_p$,可得

$$F = \frac{6M_p}{l}, M_2 = 0$$

此时最终弯矩图如图 8-3(d)所示,由图可见满足破坏机构条件。因此其极限荷载为

$$F_u = \frac{6M_p}{l}$$

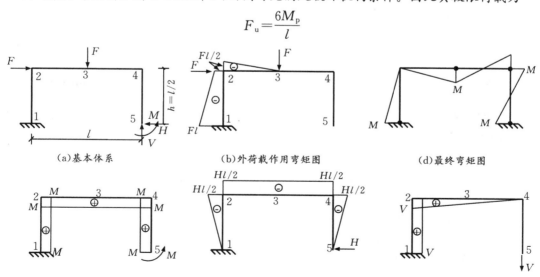

(a)基本体系   (b)外荷载作用弯矩图   (d)最终弯矩图

(c)各未知力弯矩图

图 8-3 例 8-2 图

从上述门式刚架算例的两种分析方法结果可以看出,由于该解既是机构上限解,又是平衡下限解,故该解为此门式刚架真实的极限荷载。

从上述两个例题可以看出,对于一些简单的超静定结构,可较快地假定出塑性铰的位置并进行对比计算,采用破坏机构法相对简捷,常为人们采用。

8.3 弯矩调幅设计方法(Design Method of Moment Redistribution)

8.3.1 弯矩调幅法基本概念(Basic Conceptions of Moment Redistribution)

弯矩调幅设计法简称弯矩调幅法,它是在弹性弯矩的基础上,根据需要适当调整某些截面的弯矩值,利用钢结构的塑性性能进行弯矩重分布的设计方法。通常先对那些弯矩绝对值较大的截面弯矩进行调整,如跨中和支座截面处。然后,依据调整后的内力进行构件截面设计。采用弯矩调幅设计替代塑性机构分析,可以将塑性设计与弹性分析的程序相结合,通过对程序分析结果进行适当的调整,使得塑性设计成为一种方便、快捷、实用的设计方法,更容易为广大工程设计人员所接受。以图 8-4(a) 中承受竖向均布荷载 q 的双跨连续钢梁为例,按弹性分析时,求得支座负弯矩为 M_{eB},跨中正弯矩为 M_{el};调幅后,支座负弯矩为 M'_{eB},跨中正弯矩为 M'_{el}。

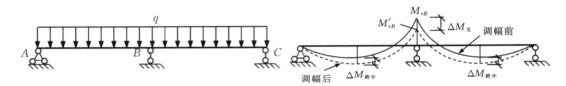

(a)连续梁示意图　　　　　　　　　　(b)调幅前及调幅后弯矩图

图 8-4　弯矩调幅法

定义弯矩调幅系数为

$$\delta = \frac{\Delta M_{支}}{M_{eB}} = \frac{M_{eB} - M'_{eB}}{M_{eB}} \tag{8-2}$$

8.3.2 弯矩调幅法计算步骤(Calculation Steps of Moment Redistribution)

①依据常规弹性分析方法计算内力,并依据活载最不利分布进行内力组合以得出结构最不利弯矩图。

②对支座弯矩调幅。

③依据支座调幅后的弯矩调幅重新计算相应的跨中弯矩值。

例 8-3　试用弯矩调幅法求图 8-5 所示连续钢梁设计弯矩,假定调幅系数 $\delta = 20\%$。

解　(1)计算弹性弯矩

如图 8-5(b)所示:支座负弯矩 $M_B = -0.188Fl$,跨中正弯矩 $M_1 = 0.156Fl$。

(2)对支座弯矩进行调幅

支座负弯矩 $M'_B = (1-\delta)M_B = -0.188Fl \times 0.8 = -0.150\,4Fl$。

(3)跨中弯矩计算

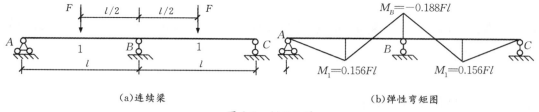

（a）连续梁 　　　　　　　　　　　　　（b）弹性弯矩图

图 8-5　例 8-3 图

①方法一：按附加三角形弯矩图计算。

相当于在原来弹性弯矩图形上叠加上一个高度为 $\Delta M = \delta M_B = 0.188Fl \times 0.2 = 0.0376Fl$ 的倒三角形，此时跨度中点的弯矩变为

$$M_1' = M_1 + \frac{1}{2}\Delta M = 0.156Fl + \frac{1}{2} \times 0.0376Fl = 0.1748Fl$$

②方法二：由平衡条件求得。

由调幅后的两端支座弯矩按简支梁静力求解，此时跨度中点的弯矩变成：

$$M_1' = M_1 + \frac{1}{2}M_B' = \frac{1}{4}Fl - \frac{1}{2} \times 0.1504Fl = 0.1748Fl$$

8.4　塑性设计的适用范围（Application Ranges of Plastic Design）

我国《钢结构设计标准》（GB 50017—2017）规定塑性设计适用于不直接承受动力荷载的下列结构或构件：

①超静定梁。

②由实腹构件组成的单层框架结构。

③水平荷载作为主导可变荷载的荷载组合不控制构件截面设计的 2 层～6 层框架结构。

④满足下列条件之一的框架-支撑（剪力墙、核心筒等）结构中的框架部分：结构下部 1/3 楼层的框架部分承担的水平力不大于该层总水平力 20％；支撑（剪力墙）系统能够承担所有水平力。

对多层框架结构而言，所指水平荷载不包括地震作用。对于民用建筑，水平荷载主要指风荷载。荷载规范规定的荷载组合应用到多层框架，涉及风力的组合如下：

组合 1A：$1.3D + 1.5L + 0.6 \times 1.5W$　　　　　主导可变荷载以活荷载为主的有风组合；

组合 1B：$1.3D + 1.5 \times 0.7$（或 0.9）$L + 1.5W$　主导可变荷载以风荷载为主的组合。

水平荷载参与的组合指组合 1B，当其不控制设计时，结构方能允许采用塑性或弯矩调幅设计。

对框架-支撑结构，按照协同分析，支撑（核心筒）承担的水平荷载达到 80％以上或支撑（核心筒）实际上能够承担 100％的水平力时，均可以对框架部分进行塑性设计。

双向受弯构件，达到塑性铰弯矩、发生塑性转动后，对于相互垂直的两个弯矩如何发生塑性流动是很难掌握的，因此目前《钢结构设计标准》（GB 50017—2017）规定，塑性设计只适用于单向弯曲的构件。

由于目前对动力荷载作用下塑性铰的形成和内力重分配等对构件的影响的研究尚不充分，故《钢结构设计标准》（GB 50017—2017）对塑性设计法在直接承受动力作用的结构中的应用进行了限制。

8.5 塑性设计的基本要求（Basic Requirements of Plastic Design）

8.5.1 对钢材的要求（Requirements for Steels）

钢结构塑性设计主要是通过在结构中的若干截面处形成塑性铰，使该截面处发生转动而产生内力重分配，并最后形成破坏机构的一种设计方法。因此要求使用的钢材必须具有良好的延性。《钢结构设计标准》（GB 50017—2017）中规定按塑性设计的钢结构，其采用的钢材必须满足以下条件：

①屈强比 $\dfrac{f_y}{f_u} \leqslant 0.85$。

②钢材有明显的屈服平台，且伸长率不应小于 20%。

以上两个条件本质上是要求钢材不仅具有良好的延性，还应具有足够的强化阶段，这是保证塑性铰具有充分的转动能力和板件进入塑性后仍能保持局部稳定所必需的。根据工程调研和独立试验实测数据，国产建筑钢材 Q235～Q460 钢的屈强比标准值都小于 0.83，伸长率都大于 20%，故均可采用。同时，为顺利形成塑性铰，塑性区不宜采用屈服强度过高的钢材。

8.5.2 对板件宽厚比的要求（Requirements for Width-Thickness Ratios of Steel Plates）

塑性设计的前提是在梁、柱等构件中必须形成塑性铰，在塑性铰处承受的弯矩等于构件的塑性弯矩，而且在塑性铰充分转动、使结构最终形成破坏机构之前，塑性铰承受的弯矩值都不得降低。因此，《钢结构设计标准》（GB 50017—2017）对塑性设计中的构件板件宽厚比提出了要求。这是因为，如果组成构件的板件宽厚比过大，可能在没达到塑性弯矩之前就发生了局部屈曲；或者虽然在达到塑性弯矩形成塑性铰之前没有发生局部屈曲，但是有可能在塑性铰没来得及充分转动形成机构之前，板件在塑性阶段就发生了局部屈曲，使塑性弯矩降低。

《钢结构设计标准》（GB 50017—2017）对构件的宽厚比采用区别对待的原则，形成塑性铰、发生塑性转动的部位，宽厚比要求较严，不形成塑性铰的部位，宽厚比放宽要求，使得塑性设计和采用弯矩调幅法设计的结构具有更好的经济性。

我国《钢结构设计标准》（GB 50017—2017）将截面根据其板件宽厚比分为 5 个等级，对塑性设计结构或构件，根据截面承载力和塑性转动变形能力的不同，板件的宽厚比要求如下：

①形成塑性铰并发生塑性转动的截面，其截面板件宽厚比等级应采用 S1 级。

②最后形成塑性铰的截面，其截面板件宽厚比等级不应低于 S2 级截面要求。

③其他截面板件宽厚比等级不应低于 S3 级截面要求。

各等级宽厚比及限值如附表 6-1 所示。

8.5.3 对弯矩调幅的要求（Requirements for Moment Redistribution）

弯矩调幅幅度不同，塑性开展的程度不一样，因此宽厚比的限值也不一样，《钢结构设计标准》（GB 50017—2017）对弯矩调幅量进行了限制。采用弯矩调幅设计后，梁的刚度和结构的抗侧刚度要比弹性设计的有所下降，因此，对结构的挠度和侧移采取增大系数来考虑，且对钢梁和组合梁的挠度计算也有所区别。当采用一阶弹性分析时，对于连续梁和框架梁、钢梁及钢-混凝土组合梁的调幅幅度限值及挠度和侧移增大系数应按表 8-1、表 8-2 的规定取值。

表 8-1　钢梁调幅幅度限值及侧移增大系数

调幅幅度限值	梁截面板件宽厚比等级	侧移增大系数
15%	S1 级	1.00
20%	S1 级	1.05

表 8-2　钢-混凝土组合梁调幅幅度限值及挠度和侧移增大系数

梁分析模型	调幅幅度限值	梁截面板件宽厚比等级	挠度增大系数	侧移增大系数
变截面模型	5%	S1 级	1.00	1.00
	10%	S1 级	1.05	1.05
等截面模型	15%	S1 级	1.00	1.00
	20%	S1 级	1.00	1.05

8.6　容许长细比和构造要求(Slenderness Limitations and Detailing Requirements)

按塑性设计要求,为了使塑性铰在充分转动中能保持承受塑性弯矩 M_p 的能力,使结构在尚未形成破坏机构之前必须能继续变形,不但要避免板件的局部屈曲,而且要避免构件的侧向弯扭屈曲。为此,应在塑性铰处及其附近适当距离处设置相应侧向支承点。试验证明:塑性铰与相邻侧向支承点间的梁段在弯矩作用平面外的长细比 λ_y(简称侧向长细比)越小,塑性铰截面的转动能力 $\dfrac{\theta}{\theta_y}$ 就越强(图 8-6),θ_y 为试验测定的塑性铰截面处的最大弹性转角。因此,可采用限制侧向长细比 λ_y 的方式保证梁段在塑性铰处的转动能力。

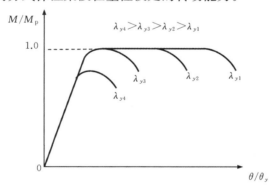

图 8-6　侧向长细比与塑性铰转动能力关系

综上原因,《钢结构设计标准》(GB 50017—2017)规定,在构件出现塑性铰的截面处应合理设置侧向支承,且该支承点与其相邻支承点间构件的长细比 λ_y 应符合下列要求:

当 $-1 \leqslant \dfrac{M_1}{\gamma_x W_x f} \leqslant 0.5$ 时:

$$\lambda_y \leqslant \left(60 - 40 \frac{M_1}{\gamma_x W_x f}\right)\varepsilon_k \tag{8-3}$$

当 $0.5 < \dfrac{M_1}{\gamma_x W_x f} \leqslant 1.0$ 时:

$$\lambda_y \leqslant \left(45 - 10\frac{M_1}{\gamma_x W_x f}\right)\varepsilon_k \tag{8-4}$$

$$\lambda_y = \frac{l_1}{i_y} \tag{8-5}$$

式中，$\gamma_x W_x$ 为对 x 轴的塑性毛截面模量；λ_y 为弯矩作用平面外的长细比，l_1 为侧向支承点间距离，i_y 为截面回转半径；M_1 为与塑性铰相距为 l_1 的侧向支承点处的弯矩，当长度 l_1 内为同向曲率时，$\dfrac{M_1}{\gamma_x W_x f}$ 为正，反之为负。

式(8-3)和式(8-4)是以塑性铰处的最大转动能力 $\theta_{\max}/\theta_y = 10$ 为标准，按试验资料加以简化得到的一种经验公式。试验结果表明，侧向支承点间的构件长细比 λ_y 主要与 M_1/M_p 的数值有关，且对任一确定的 M_1/M_p［考虑抗力分项系数后变成 $M_1/(\gamma_x W_x f)$］，均可以找到相应的 λ_y。《钢结构设计标准》(GB 50017—2017)根据国内部分分析结果并参考国外规定，加以简化即得到上述关系式。

不出现塑性铰的构件区段，其侧向支承点间距，应按普通设计时构件弯矩作用平面外的整体稳定计算确定。

除防止侧向弯扭屈曲的要求之外，塑性设计的结构尚应考虑下述构造要求：

①为避免引起过大的二阶效应，受压构件的长细比不宜大于 $130\varepsilon_k$。这比弹性设计的要求稍严。

②当工字钢梁受拉的上翼缘有楼板或刚性铺板与钢梁可靠连接时，形成塑性铰的截面应满足下列要求之一：

a)根据式(8-6)～(8-9)计算的正则化长细比不大于 0.3。

$$\lambda_{n,b} = \sqrt{\frac{f_y}{\sigma_{cr}}} \tag{8-6}$$

$$\sigma_{cr} = \frac{3.46 b_1 t_1^3 + h_w t_w^3 (7.27\gamma + 3.3)\varphi_1}{h_w^2 (12 b_1 t_1 + 1.78 h_w t_w)} E \tag{8-7}$$

$$\gamma = \frac{b_1}{t_w}\sqrt{\frac{b_1 t_1}{h_w t_w}} \tag{8-8}$$

$$\varphi_1 = \frac{1}{2}\left(\frac{5.436\gamma h_w^2}{l^2} + \frac{l^2}{5.436\gamma h_w^2}\right) \tag{8-9}$$

b)布置间距不大于 2 倍梁高的加劲肋。

c)受压下翼缘设置侧向支撑。

③用作减少构件弯矩作用平面外计算长度的侧向支撑，其轴心力应根据不同支撑布置情况按如下公式确定：

a)长度为 l 的单根柱设置一道支撑时，支撑力 F_{b1} 应按下列公式计算：

当支撑杆位于柱高度中央时：

$$F_{b1} = N/60 \tag{8-10}$$

当支撑杆位于距柱端 αl 处时($0 < \alpha < 1$)：

$$F_{b1} = \frac{N}{240\alpha(1-\alpha)} \tag{8-11}$$

b)长度为 l 的单根柱设置 m 道等间距及间距不等但与平均间距相比相差不超过 20% 的支撑时，各支承点的支撑力 F_{bm} 应按下式计算：

$$F_{bn} = \frac{N}{42\sqrt{m+1}} \tag{8-12}$$

c)被支撑构件为多根柱组成的柱列,在柱高度中央附近设置一道支撑时,支撑力 F_{bn} 应按下式计算:

$$F_{bn} = \frac{\sum N_i}{60}\left(0.6 + \frac{0.4}{n}\right) \tag{8-13}$$

式中,N 为被支撑构件的最大轴心力(N),n 为柱列中被支撑柱的根数,$\sum N_i$ 为被撑柱同时存在的轴心压力设计值之和(N)。

同时,当支撑同时承担结构上其他作用的效应时,应按实际可能发生的情况与支撑力组合;且支撑的构造应能保证被撑构件在撑点处既不能平移也不能扭转。

④所有节点及其连接应有足够的刚度,以保证节点处各构件间的夹角保持不变。因此,采用螺栓的安装接头应避开梁和柱的交接线,或者采用加腋等扩大式接头。构件拼接和构件间的连接能传递的弯矩应不低于该处最大弯矩设计值的 1.1 倍,且不得低于 $0.5\gamma_x W_x f$,以便使节点强度稍有余量,减少在连接处产生永久变形的可能性。

⑤为了保证在出现塑性铰处有足够的塑性转动能力,当板件采用手工气割或剪切机切割时,应将预期会出现塑性铰部位的边缘刨平。当螺栓孔位于构件塑性铰部位的受拉板件上时,应采用钻成孔或先冲后扩钻孔。这是因为剪切边和冲孔周围带来的金属冷加工硬化,将降低钢材的塑性,从而降低塑性铰的转动能力。

8.7 塑性设计构件的强度和稳定计算(Calculation of Plastic Design Member Strength and Stability)

塑性设计是以发挥构件截面的最大塑性强度为计算依据的,故其构件承载力的计算表达式均采用了内力表达形式。对《钢结构设计标准》(GB 50017—2017)中所规定的塑性设计适用范围,进行正常使用极限状态设计时,与普通设计要求相同,采用荷载的标准值,并应按弹性理论进行计算;按承载能力极限状态设计时,应采用荷载的设计值,用简单塑性理论进行内力分析。同时,柱端弯矩及水平荷载产生的弯矩不得进行调幅。采用塑性设计或采用弯矩调幅设计且结构有侧移失稳时,框架柱的计算长度系数应乘以放大系数 1.1 以保证安全。

8.7.1 受弯构件计算(Calculation of Flexural Members)

除采用塑性设计的塑性铰部位外,其余部位的受弯构件的强度和稳定性计算要求与本书第 5 章受弯构件计算相关规定相同。

(1)强度计算

弯矩 M_x(对 H 形和工字形截面而言,x 轴为强轴)作用在其主平面内的受弯构件,其弯曲强度应符合下式要求:

$$\frac{M_x}{\gamma_x W_{nx}} \leqslant f \tag{8-14}$$

受弯构件的剪力 V 假定由腹板承受,剪切强度应符合下式要求:

$$V \leqslant h_w t_w f_v \tag{8-15}$$

式中，W_{nx} 为对 x 轴的净截面模量，当截面板件宽厚比等级为 S1、S2 或 S3 级时，应取全截面模量；γ_x 为截面塑性发展系数；h_w、t_w 为腹板的高度和厚度；f、f_v 为钢材的抗弯和抗剪强度设计值。

对于受弯构件采用塑性设计进行强度计算［式(8-14)］时，《钢结构设计标准》(GB 50017—2017)中规定采用 $\gamma_x W_{nx} f$ 作为弯矩计算值主要是基于以下原因：

①对连续梁，采用 $\gamma_x W_{nx} f$，可以使得正常使用状态下，弯矩最大截面的屈服区深度得到一定程度的控制，减小使用阶段的变形。

②对单层和没有设置支撑架的多层框架，如果形成塑性机构，那么框架结构的物理刚度已经达到 0 的状态。但是此时框架上还有竖向重力荷载，重力荷载对于结构是一种负的刚度（几何刚度），因此在物理刚度已经为 0 的情况下，结构的总刚度（物理刚度与几何刚度之和）为负。按照结构稳定理论，此时已经超过了稳定承载力极限，荷载-位移曲线进入了卸载阶段。为避免这种情况的出现，在塑性弯矩的利用上应进行限制。

（2）整体稳定计算

与受弯构件整体稳定计算公式相同：

$$\frac{M_x}{\varphi_b W_x f} \leqslant 1.0 \tag{8-16}$$

式中，W_x 为按受压最大纤维确定的梁毛截面模量，当截面板件宽厚比等级为 S1、S2 或 S3 级时，应取全截面模量；φ_b 为梁的整体稳定性系数。

8.7.2 压弯构件计算(Calculation of Bending Members)

对于压弯构件，除采用塑性设计的塑性铰部位外，塑性设计计算的公式与弹性设计的公式完全相同，压弯构件的强度和稳定性计算与本书第 6 章压弯构件计算相关规定相同。

（1）强度计算

$$\frac{N}{A_n} + \frac{M_x}{\gamma_x W_{nx}} \leqslant f \tag{8-17}$$

式中，A_n 为净截面面积。

在应用式(8-17)计算时，其剪切强度仍应符合式(8-14)的要求。

（2）整体稳定计算

弯矩作用在一个主平面内的压弯构件，其稳定性应符合下列公式的要求：

①弯矩作用平面内：

$$\frac{N}{\varphi_x A f} + \frac{\beta_{mx} M_x}{\gamma_x W_{1x} \left(1 - 0.8 \dfrac{N}{N'_{Ex}}\right) f} \leqslant 1.0 \tag{8-18}$$

式中，φ_x、N'_{Ex} 和 β_{mx} 应按第 6 章的有关规定采用。

②弯矩作用平面外：

$$\frac{N}{\varphi_y A f} + \eta \frac{\beta_{tx} M_x}{\varphi_b W_{1x} f} \leqslant 1.0 \tag{8-19}$$

式中，φ_y、φ_b 和 β_{tx} 应按第 6 章的有关规定采用。

8.7.3 塑性铰部位强度计算(Strength Calculation of Plastic Hinge Regions)

采用塑性设计时，塑性铰部位的强度计算应符合下列公式的规定：

$$N \leqslant 0.6 A_n f \tag{8-20}$$

当 $\dfrac{N}{A_n f} \leqslant 0.15$ 时:

$$M_x \leqslant 0.9 W_{npx} f \tag{8-21}$$

当 $\dfrac{N}{A_n f} > 0.15$ 时:

$$M_x \leqslant 1.05\left(1 - \dfrac{N}{A_n f}\right) W_{npx} f \tag{8-22}$$

式中,N 为构件的压力设计值,W_{npx} 为对 x 轴的塑性净截面模量。

对同时承受压力和弯矩的塑性铰截面,塑性铰转动时,会发生弯矩-轴力极限曲面上的塑性流动,受力性能复杂化,因此形成塑性铰的截面,轴压比不宜过大。

例 8-4 例 8-1 中的门式刚架,假定轴线尺寸为 $l = 6$ m,所受荷载的设计值 $F = 660$ kN,试按塑性设计选择梁柱截面。钢材为 Q235B 级钢。计算时可忽略梁、柱自重。

解 (1)求 M_p 及刚架内力

由例题 8-1 和例题 8-2 的塑性分析知 $F_u = F = \dfrac{6M_p}{l}$,则

$$M_p = \dfrac{Fl}{6} = \dfrac{660 \times 6}{6} = 660 (\text{kN} \cdot \text{m})$$

根据内力平衡条件,求得形成机构时的刚架内力分布如图 8-7 所示。

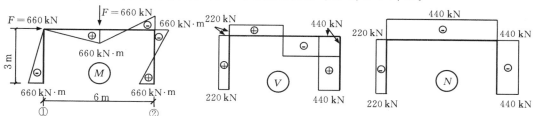

图 8-7 形成机构时的刚架内力图

(2)求所需 W_{nx}

由式(8-14)得

$$W_{nx,t} = \dfrac{M_p}{\gamma_x f} = \dfrac{660}{1.05 \times 215} = 2.92 \times 10^6 (\text{mm}^3)$$

(3)试选焊接 H 形截面(见图 8-8)

翼缘面积:

$$2A_f = 2 \times 260 \times 14 = 7\,280 (\text{mm}^2)$$

腹板面积:

$$A_w = 660 \times 12 = 7\,920 (\text{mm}^2)$$

总面积:

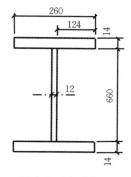

图 8-8 H 形截面

$$A_n = A_w + 2A_f = 7\,920 + 7\,280 = 15\,200 (\text{mm}^2)$$

$$I_{nx} = \dfrac{1}{12}(260 \times 688^3 - 248 \times 660^3) = 1.11 \times 10^9 (\text{mm}^4)$$

$$W_{npx} = 260 \times 14 \times 674 + 330 \times 12 \times 330 = 3.76 \times 10^6 (\text{mm}^3)$$

$$W_{nx} = \frac{1.11 \times 10^9}{344} = 3.23 \times 10^6 (\text{mm}^3) > W_{nx,t} = 2.92 \times 10^6 (\text{mm}^3)$$

(4)板件承载力验算

①腹板剪切强度验算。梁、柱中的最大剪力设计值相同,$V_{max} = 440$ kN,$h_w t_w f_v = 660 \times 12 \times 125 = 990 (\text{kN}) > 440 (\text{kN})$。

②梁、柱构件承载力验算。梁、柱均为压弯构件,且最大弯矩和压力的设计值分别相同,按压弯构件验算:

$$\frac{N}{A_n} + \frac{M_x}{\gamma_x W_{nx}} = \frac{440 \times 10^3}{15\ 200} + \frac{660 \times 10^6}{1.05 \times 3.23 \times 10^6} = 28.9 + 194.6 = 223.5 (\text{N/mm}^2) \approx f$$

(5)塑性铰部位强度验算

$$\frac{N}{A_n f} = \frac{28.9}{215} = 0.134 < 0.6$$

由于 $\frac{N}{A_n f} = \frac{28.9}{215} = 0.134 < 0.15$,故:

$$0.9 W_{npx} f = 0.9 \times 3.76 \times 10^6 \times 215 = 727.56 (\text{kN} \cdot \text{m}) > 660 (\text{kN} \cdot \text{m})$$

(6)验算板件宽厚比

①翼缘:

$$\frac{b}{t} = \frac{124}{14} = 8.86 < 9\varepsilon_k = 9\sqrt{\frac{235}{f_y}} = 9$$

②腹板:

由图 8-7 知梁、柱均为压弯构件,且最大压力设计值相同。因为

$$\sigma_{max} = 223.5 (\text{N/mm}^2), \sigma_{min} = 28.9 - 194.6 = -165.7 (\text{N/mm}^2)$$

$$\alpha_0 = \frac{\sigma_{max} - \sigma_{min}}{\sigma_{max}} = \frac{223.5 + 165.7}{223.5} = 1.74$$

所以

$$\frac{h_0}{t_w} = \frac{660}{12} = 55 \leqslant (33 + 13\alpha_0^{1.3})\varepsilon_k = (33 + 13 \times 1.74^{1.3}) \times 1 = 59.7$$

翼缘和腹板均满足 S1 级截面要求。

(7)平面内整体稳定验算

①刚架梁、柱计算长度确定。由于梁、柱均为压弯构件,均应按压弯构件验算弯矩作用平面内的整体稳定。刚架柱平面内的计算长度应按附表 7-2 有侧移框架柱的计算长度系数确定。由于梁和柱的截面相同,因此梁上端的梁、柱线刚度比 K_1 就等于刚架的高跨比 0.5,柱下端与基础刚接,取 $K_2 = 10$,由附表 7-2 查得柱计算长度系数 $\mu_c = 1.30$。同时有侧移框架柱的计算长度系数应乘以 1.1 的放大系数。因此,柱平面内计算长度等于:$l_{0xc} = \frac{\mu_c l}{2} = 1.1 \times 1.3 \times 300 = 429 (\text{cm})$。

刚架梁平面内的计算长度可按附表 7-1 无侧移框架柱的计算长度系数确定。此时可将刚架横置,以横梁为受压柱,将柱看成远端为嵌固的横梁,如图 8-9 所示。根据附表 7-1 的注,应将横梁线刚度乘以 2,因此柱(实际为梁)上、下端横梁(实际为柱)与柱的线刚度比 $K_1 = K_2 = 4$,由附表 7-1 查得实际梁的计算长度系数 $\mu_b = 0.611$,梁平面内计算长度为 $l_{0xb} = \mu_b l = 0.611 \times 600 = 366.6 (\text{cm})$。

②计算参数确定。梁、柱毛截面绕 x 轴的惯性矩：

梁、柱截面绕 x 轴的回转半径：

$$i_x=\sqrt{\frac{I_x}{A}}=\sqrt{\frac{1.11\times10^9}{15\ 200}}=270(\text{mm})=27(\text{cm})$$

梁绕 x 轴的长细比：

$$\lambda_{xb}=\frac{l_{0xb}}{i_x}=\frac{366.6}{27}=13.6$$

柱绕 x 轴的长细比：

$$\lambda_{xc}=\frac{l_{0xc}}{i_x}=\frac{429}{27}=15.9$$

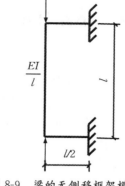

图 8-9 梁的无侧移框架模型

查附表 5-2,得梁、柱的轴心受压构件稳定系数分别为：$\varphi_{xb}\approx$ 0.986,$\varphi_{xc}\approx0.981$。

参数

$$N'_{Exb}=\frac{\pi^2EA}{1.1\lambda_{xb}^2}=\frac{3.14^2\times2.06\times10^5\times15\ 200}{1.1\times13.6^2}$$
$$=1.52\times10^8(\text{N})=1.52\times10^5(\text{kN})$$

$$N'_{Exc}=\frac{\pi^2EA}{1.1\lambda_{xc}^2}=\frac{3.14^2\times2.06\times10^5\times15\ 200}{1.1\times15.9^2}=1.11\times10^5(\text{kN})$$

以右侧刚架柱($N_{c1}=440$ kN)为例,刚架柱按有侧移框架计算,由等效弯矩系数 β_{mx} 的规定可知：

$$N_{crc}=\frac{\pi^2EI}{\left(\frac{\mu_c l}{2}\right)^2}=\frac{\pi^2EI}{(l_{0xc})^2}=\frac{3.14^2\times2.06\times10^5\times1.11\times10^9}{4\ 290^2}=1.22\times10^5(\text{kN})$$

$$\beta_{mx1}=1-\frac{0.36N_{c1}}{N_{crc}}=1-\frac{0.36\times440}{1.22\times10^5}=0.999$$

(8)刚架柱平面内整体稳定验算

考虑轴力和弯矩的综合作用,柱的稳定验算如下：

$$\frac{N}{\varphi_x Af}+\frac{\beta_{mx}M_x}{\gamma_x W_{1x}\left(1-0.8\frac{N}{N'_{Ex}}\right)f}$$

$$=\frac{440\times10^3}{0.981\times1.52\times10^4\times215}+\frac{0.999\times660\times10^6}{1.05\times3.23\times10^6\times215\times\left(1-0.8\times\frac{440\times10^3}{1.11\times10^8}\right)}$$

$$=0.137+0.907=1.04\approx1.0$$

可以看出,右侧刚架柱平面内的稳定性验算结果略高于《钢结构设计标准》(GB 50017—2017)的要求。为保证结构具有一定的安全储备,可进一步对构件截面进行调整后按上述计算流程重新进行验算。

读者可参考例 8-4 的步骤自行完成其余梁、柱的平面内稳定验算,以及侧向支承点设置和压弯构件弯矩作用平面外稳定性的验算。

8.8 小结（Summary）

①由于钢材具有良好的塑性,在保证结构安全的前提下允许结构若干部位形成塑性铰,引起内力重分布从而可充分发挥结构各部分的潜能。

②塑性设计主要采用简单塑性理论和弯矩调幅设计方法。采用弯矩调幅代替塑性机构分析,可以将塑性设计与弹性分析的程序相结合,便于为实际工程设计人员掌握,将使得塑性设计实用化。

③钢结构塑性设计分为塑性铰区域和非塑性铰区域,对两个不同受力区域采用不同的计算公式。

④弯矩调幅幅度不同,塑性开展的程度不一样,因此宽厚比的限值也不一样,对钢梁和组合梁的挠度计算也有所区别。

思考题（Questions）

8-1 什么是塑性设计？塑性设计的特点有哪些？

8-2 什么是塑性铰？塑性铰的特征有哪些？

8-3 塑性设计适用范围有哪些？塑性设计方法有几种？

8-4 塑性设计中受弯构件强度验算采用何种截面模量？请陈述采用此种截面模量的理由。

习题（Exercises）

8-1 采用简单塑性分析方法,求出图 8-10 所示超静定梁的极限荷载。当 $0<\zeta<1$ 时,试求最大极限荷载的作用位置及数值(用 M_p 表示)。

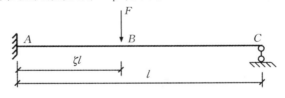

图 8-10 习题 8-1 附图

8-2 采用简单塑性分析方法,求出图 8-11 所示门式刚架的极限荷载,假定图中梁柱截面完全相等。

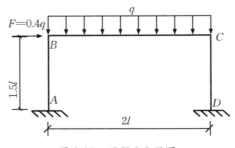

图 8-11 习题 8-2 附图

8-3 假定习题 8-2 图中的刚架 $l=3$ m,$q=120$ kN/m(荷载设计值),试按塑性设计选择梁、柱截面。计算时可忽略梁柱自重。

第9章 钢结构抗震性能化设计

(Performance-Based Seismic Design Method of Steel Structure)

本章学习目标

了解基于性能的抗震设计的基本概念；

熟悉钢结构抗震性能化设计的基本思路；

熟悉钢结构抗震承载性能等级与延性等级的匹配方式；

掌握钢结构性能系数的基本概念及其计算方法；

掌握钢结构性能化设计结构构件的设计验算方法及相关构造措施。

9.1 概述 (Introduction)

工程结构抗震设计以保障生命财产安全为基本出发点，防止结构在地震作用下发生倒塌是近现代抗震设计的一个核心目标。现阶段，我国结构工程抗震设计的"三水准"为"小震不坏，中震可修，大震不倒"；"两阶段"为第一阶段的弹性抗震设计与第二阶段的大震下弹塑性变形分析。为了在相对经济的范围内实现这一目标，对于普通建筑结构，所有结构构件在预期地震作用下允许进入塑性并耗散塑性性能。然而，近年几次大地震的震害及研究表明，对于充分开展塑性变形的结构，即便其能满足不倒塌的要求，构件经历过大的塑性变形后产生的残余变形及破坏将产生高昂的修复或拆除重建代价。随着我国城镇建设的迅速发展，建筑结构的密度也在迅速增大，且分布广，修复或重建所产生的代价都将难以负担。因此，反映结构抵抗地震灾害的能力及震后恢复能力的"可恢复性"成为工程结构抗震的一个关键点。抗震设计应考虑控制建筑结构和设施的地震破坏发展程度，尽量实现中小地震时正常的生产、生活功能持续，减少地震给社会经济生活所带来的危害。在这样的背景下，美、日学者提出了**基于性能的设计**(performance based design，PBD)概念。其基本思想就是使所设计的工程结构在使用期间满足各种预定的性能目标要求，而具体性能要求可根据建筑物和结构的重要性确定。

所谓建筑工程的抗震性能化设计，就是根据工程结构的具体情况，确定合理的**抗震性能目标**，并采取恰当的计算和抗震措施实现相应的目标的抗震设计。抗震性能化设计相对于传统的基于单一抗震设防目标的抗震设计而言，给了设计人员一定"自主选择"抗震设防标准的空间，其实施的关键是要确定建筑物的性能目标，同时提出实施性能设计的具体方法。对于抗震设防烈度不高于 8 度(0.20g)，结构高度不高于 100 m 的钢结构工程框架结构、支撑结构和框架-支撑结构，《钢结构设计标准》(GB 50017—2017)给出了结构构件和节点的抗震性能化设计方法；同时规定，地震动参数和性能化设计原则应符合现行国家标准《建筑抗震设计规范》(GB 50011—2010)(2016 年版)的规定。

9.2 钢结构性能化设计的性能等级与目标（Performance Levels and Objectives of Performance-Based Design of Steel Structures）

对于钢结构的抗震，提高结构或构件的承载力和变形能力，都是提高结构抗震性能的有效途径，而采用基于承载力的抗震设计，仅以提高承载力实现高效抗震需要以对地震作用的准确预测为基础。限于地震研究的现状，提高结构（局部）或构件的变形能力并同时提高抗震承载力，是目前抗震性能化设计的基本思路。针对钢结构工程抗震性能化设计，《钢结构设计标准》（GB 50017—2017）的基本做法是：引入**承载性能等级**反映构件的承载力，**引入延性**等级反映构件延性，延性等级和承载性能等级合理匹配实现"高延性、低承载力""低延性、高承载力"的抗震设计。

9.2.1 抗震承载性能等级与目标（Levels and Objectives of Seismic Bearing Capacity Performance）

结构的性能目标，是指在一定超越概率的地震发生时，结构期望的最大破坏程度。钢结构抗震设计思路是进行塑性机构控制，非塑性耗能区构件和节点的承载力设计要求取决于结构体系及构件塑性耗能区的性能，因此抗震设计重点在于实现构件塑性耗能区的抗震性能目标，首先就是抗震承载性能目标。表 9-1 列出了可供参考的构件塑性耗能区的抗震承载性能等级和目标，承载性能分为 7 个等级，由性能 1 级到性能 7 级，承载力是逐渐降低的。

表 9-1　构件塑性耗能区的抗震承载性能等级和目标

承载性能等级	地震动水准		
	多遇地震	设防地震	罕遇地震
性能 1	完好	完好	基本完好
性能 2	完好	基本完好	基本完好—轻微变形
性能 3	完好	实际承载力满足高性能系数的要求	轻微变形
性能 4	完好	实际承载力满足较高性能系数的要求	轻微变形—中等变形
性能 5	完好	实际承载力满足中性能系数的要求	中等变形
性能 6	基本完好	实际承载力满足低性能系数的要求	中等变形—显著变形
性能 7	基本完好	实际承载力满足最低性能系数的要求	显著变形

所谓塑性耗能区，对于框架结构，除单层和顶层框架外，一般为框架梁端和柱脚；对于支撑结构，塑性区一般集中在成对设置的支撑；对于框架-中心支撑结构，塑性耗能区一般为成对设置的支撑及框架梁端；而对于框架-偏心支撑结构，则是指耗能梁段和框架梁端。表 9-1 中列出了塑性耗能区的相关性能目标。具体而言，"完好"指承载力设计值满足弹性计算内力设计值的要求，"基本完好"指承载力设计值满足刚度适当折减后的内力设计值要求或承载力标准值满足要求，"轻微变形"指层间侧移约 1/200 时塑性耗能区的变形，"显著变形"指层间侧移为 1/50～1/40 时塑性耗能区的变形，"多遇地震不坏"即允许耗能构件的损坏处于日常维修范围内。对于抗震设防类别为标准设防类（丙类）的建筑，可以按照表 9-2 来初步选择耗能区的承载力性能等级。

表 9-2　塑性耗能区承载性能等级参考选用表

设防烈度	单层	$H \leqslant 50$ m	50 m$<H \leqslant 100$ m
6 度(0.05g)	性能 3～7	性能 4～7	性能 5～7
7 度(0.10g)	性能 3～7	性能 5～7	性能 6～7
7 度(0.15g)	性能 4～7	性能 5～7	性能 6～7
8 度(0.20g)	性能 4～7	性能 6～7	性能 7

注:H 为钢结构房屋的高度,即室外地面到主要屋面板板顶的高度(不包括局部突出屋面的部分)。

9.2.2　结构构件延性等级(Ductility Grade of Members and Structure)

由于地震作用的不确定性,结构在经历大地震时通常会进入非线性阶段,故保障延性以实现结构的抗倒塌更为重要。按照承载力与延性合理匹配的设计思路,应依据设防类别与结构高度确定耗能区最低承载性能等级,《钢结构设计标准》(GB 50017—2017)规定了与各承载性能等级相匹配的延性等级(表 9-3)。结构构件的延性分为五个等级,不同的延性等级对应着抗震设计不同的抗震措施要求,从Ⅰ级至Ⅴ级,结构构件延性等级依次降低。

表 9-3　结构构件最低延性等级

设防类别	塑性耗能区最低承载性能等级						
	性能 1	性能 2	性能 3	性能 4	性能 5	性能 6	性能 7
适度设防类(丁类)				Ⅴ级	Ⅳ级	Ⅲ级	Ⅱ级
标准设防类(丙类)			Ⅴ级	Ⅳ级	Ⅲ级	Ⅱ级	Ⅰ级
重点设防类(乙类)		Ⅴ级	Ⅳ级	Ⅲ级	Ⅱ级	Ⅰ级	
特殊设防类(甲类)	Ⅴ级	Ⅳ级	Ⅲ级	Ⅱ级	Ⅰ级		

基于表 9-3 的规定,结构进行中震性能设计时,通过承载力性能等级和延性等级两个参数关联地震作用大小和延性强弱,可实现"高承载力、低延性"和"低承载力、高延性"两种抗震设计思路。对于标准设防类(丙类):性能 7 地震作用最小,延性Ⅰ级最好,属于典型的"低承载力、高延性";性能 3 地震作用最大,延性Ⅴ级最差,属于典型的"高承载力、低延性"。

9.3　性能化设计钢结构材料要求 (Requirements of Steel Structure Materials for Performance-Based Design)

性能化设计重点要进行塑性机制控制,在结构钢材的选用上,首先要求钢材的质量等级符合下列规定:

①当工作温度高于 0 ℃时,其质量等级不应低于 B 级。

②当工作温度不高于 0 ℃但高于−20 ℃时,Q235、Q345 钢不应低于 B 级,Q390、Q420 及 Q460 钢不应低于 C 级。

③当工作温度不高于−20 ℃时,Q235、Q345 钢不应低于 C 级,Q390、Q420 及 Q460 钢不应低于 D 级。

对于构件塑性耗能区,钢材的选择还应满足如下要求:

①钢材的屈服强度实测值与抗拉强度实测值的比值不应大于 0.85。

②钢材应有明显的屈服台阶,且伸长率不应小于 20%。

③钢材应满足屈服强度实测值不高于上一级钢材屈服强度规定值的条件。

④钢材工作温度时夏比冲击韧性不宜低于 27 J。

针对构件的焊接连接，为了保证焊缝和构件具有足够的塑性变形能力，真正做到"强连接弱构件"和实现设计确定的屈服机制，设计标准引入了关键焊缝的概念，规定以下四类焊缝为关键焊缝，同时要求构件关键性焊缝的填充金属应检验 V 形切口的冲击韧性，其工作温度时夏比冲击韧性不应低于 27 J。

①框架结构的梁翼缘与柱的连接焊缝。

②框架结构的抗剪连接板与柱的连接焊缝。

③框架结构的梁腹板与柱的连接焊缝。

④节点域及其上下各 600 mm 范围内的柱翼缘与柱腹板间或箱形柱壁板间的连接焊缝。

9.4 结构分析与构件承载能力验算(Structural Analysis and Bearing Capacity Calculation of Members)

9.4.1 结构的分析模型及其参数要求(Structural Analysis Model and Parameter Requirement)

在性能化抗震设计中，需要确定在不同水平地震作用下结构的反应性能指标(结构变形或其他相关定义的破坏指标)，这就需要在结构分析中采用合理的结构模型、恰当的分析方法进行结构受力分析。由于基于性能化抗震设计要考虑不同水平地震作用下结构的性能状态，不仅需要对结构在低水平地震作用下(小震)的情况进行弹性分析，更重要的是对结构在强烈地震作用下(中震、大震)的情况进行非线性受力分析。对于弹性结构分析，一般可采用弹性静力或弹性动力分析手段。而对于非线性分析，一般采用弹塑性时程分析或者弹塑性静力分析方法。弹塑性时程分析，由于计算量大，分析复杂，且在合理选择地震动时程时也有很大困难，不适合设计阶段的广泛应用。当结构性能指标以结构变形(层间位移、顶点位移或某些构件的截面的变形)来表示时，弹塑性静力分析可以很方便地确定这些性能指标，目前应用较为广泛。

在结构分析当中，结构模型应满足如下要求：

①模型应正确反映构件及其连接在不同地震动水准下的工作状态。

②整个结构的弹性分析可采用线性方法；弹塑性分析可根据预期构件的工作状态，分别采用增加阻尼的等效线性化方法及静力或动力非线性设计方法。

③在罕遇地震下应计入重力二阶效应。

④弹性分析的阻尼比可按现行国家标准《建筑抗震设计规范》(GB 50011—2010)(2016 年版)的规定取值；弹塑性分析的阻尼比可适当增加，采用等效线性化方法时不宜大于 5%。

⑤构成支撑系统的梁柱，计算重力荷载代表值产生的效应时，不宜考虑支撑作用。

9.4.2 结构构件性能系数计算(Calculation of Performance Coefficient of Structural Members)

钢结构性能化设计引入性能系数，通过不同种类构件的性能系数的差异来体现承载力设计理念，控制塑性机制的发展。**性能系数**，就是指进行设防地震作用验算时，考虑结构的延性对地震作用的折减系数。耗能构件在地震作用下首先形成塑性铰，性能系数取值小，而非耗能构件为保证在耗能构件屈服时还处于弹性状态,其性能系数取值大。除性能目标为完好的结构构件以外,中震下结构进入弹塑性的,通过性能系数 Ω 对地震作用力的折减,可以实现对构件地震作用力大小的控制。确定了构件的地震作用以后即可进行承载力验算。

(1)确定塑性耗能区目标性能系数最小值

塑性耗能区最先形成塑性铰,该区域目标性能系数一般取最小值。对于规则结构,根据其承载性能等级,性能系数最小值按表 9-4 取值。而对于不规则结构,其目标性能系数最小值宜比规则结构增大 15%~50%。

表 9-4　规则结构塑性耗能区不同承载性能等级对应的性能系数最小值

承载性能等级	性能 1	性能 2	性能 3	性能 4	性能 5	性能 6	性能 7
性能系数最小值	1.10	0.9	0.70	0.55	0.45	0.35	0.28

(2)计算塑性耗能区实际性能系数最小值

对于塑性耗能区的实际性能系数,应依据其实际承载力确定,即结构在设防地震作用下,按弹性设计所需屈服强度的折减系数。各类型构件的实际性能系数 Ω_0^a 确定方法如下:

框架结构:

$$\Omega_0^a \geq \frac{W_E f_y - M_{GE} - 0.4 M_{Evk2}}{M_{Ehk2}} \tag{9-1}$$

支撑结构:

$$\Omega_0^a \geq \frac{N'_{br} - N'_{GE} - 0.4 N'_{Evk2}}{\eta_{br} N'_{Ehk2}} \tag{9-2}$$

框架-偏心支撑结构:

设防地震性能组合的消能梁段轴力为 $N_{p,l}$,可按下式计算:

$$N_{p,l} = N_{GE} + 0.28 N_{Ehk2} + 0.4 N_{Evk2} \tag{9-3}$$

当 $N_{p,l} \leq 0.15 A f_y$ 时,实际性能系数应取式(9-4)和式(9-5)的较小值:

$$\Omega_0^a = \frac{W_{p,l} f_y - M_{GE} - 0.4 M_{Evk2}}{M_{Ehk2}} \tag{9-4}$$

$$\Omega_0^a = \frac{V_l - V_{GE} - 0.4 V_{Evk2}}{V_{Ehk2}} \tag{9-5}$$

当 $N_{p,l} > 0.15 A f_y$ 时,实际性能系数应取式(9-6)和式(9-7)的较小值:

$$\Omega_0^a = \frac{1.2 W_{p,l} f_y \left(1 - \dfrac{N_{p,l}}{A f_y}\right) - M_{GE} - 0.4 M_{Evk2}}{M_{Ehk2}} \tag{9-6}$$

$$\Omega_0^a = \frac{V_{lc} - V_{GE} - 0.4 V_{Evk2}}{V_{Ehk2}} \tag{9-7}$$

框架-支撑结构:

$$\Omega_0^a = \min\left\{\frac{W_E f_y - M_{GE} - 0.4 M_{Evk2}}{M_{Evk2}}, \frac{N'_{br} - N'_{GE} - 0.4 N'_{Evk2}}{N_{Ehk2}}\right\} \tag{9-8}$$

式中,Ω_0^a 为构件塑性耗能区实际性能系数;W_E 为构件塑性耗能区截面模量,按表 9-5 取值;f_y 为钢材屈服强度;M_{GE}、N_{GE}、V_{GE} 分别为重力荷载代表值产生的弯矩效应、轴力效应和剪力效应,可按《建筑抗震设计规范》(GB 50011—2010)(2016 年版)的规定取值;M_{Ehk2}、M_{Evk2} 分别为按弹性或等效弹性计算的构件水平设防地震作用标准值的弯矩效应、8 度且高度大于 50 m 时按弹性或等效弹性计算的构件竖向设防地震作用标准值的弯矩效应;V_{Ehk2}、V_{Evk2} 分别为按弹性或等效弹性计算的构件水平设防地震作用标准值的剪力效应、8度且高度大于50 m时按弹性或等效弹性计算的构件竖向设防地震作用标准值的剪力效应；N'_{br}、N'_{GE}分别为支撑对承载力标准值、重力荷载代表值产生的轴力效应；N'_{Ehk2}、N'_{Evk2}分别为按弹性或等效弹性计算的支撑对水平设防地震作用标准值的轴力效应、8度且高度大于50 m时按弹性或等效弹性计算的支撑对竖向设防地震作用标准值的轴力效应；N_{Ehk2}、N_{Evk2}分别为按弹性或等效弹性计算的支撑水平设防地震作用标准值的轴力效应、8度且高度大于50 m时按弹性或等效弹性计算的支撑竖向设防地震作用标准值的轴力效应；$W_{p,l}$为消能梁段塑性截面模量；V_l、V_{lc}分别为消能梁段受剪承载力和计入轴力影响的受剪承载力。

表 9-5　构件截面模量 W_E 取值

截面板件宽厚比等级	S1	S2	S3	S4	S5
构件截面模量	$W_E=W_p$		$W_E=\gamma_x W$	$W_E=W$	$W_E=\alpha_e W$

注：W_p 为塑性截面模量；γ_x 为截面塑性发展系数；W 为弹性截面模量；α_e 为梁截面模量考虑腹板有效高度的折减系数，按《钢结构设计标准》(GB 50017—2017)中的式(6.4.1-4)计算。

（3）计算结构的性能系数

在确定了塑性耗能区的性能系数最小值后，结构构件的性能系数按式(9-9)确定。

$$\Omega_i \geqslant \beta_e \Omega_{i,\min}^a \tag{9-9}$$

式中，Ω_i 为 i 层构件性能系数，通常同一楼层统一取一个性能系数；

$\Omega_{i,\min}^a$ 为 i 层构件塑性耗能区实际性能系数最小值；

β_e 为水平地震作用非塑性耗能区内力调整系数，塑性耗能区构件应取1.0，其余构件不宜小于 $1.1\eta_y$，η_y 为考虑实际屈服强度超出设计屈服强度的超强系数，按表 9-6 取值；当钢结构构件延性等级为 V 级时，非塑性耗能区内力调整系数可采用1.0；对于支撑系统的水平地震作用非塑性耗能区内力调整系数，应按式(9-10)确定。

$$\beta_{br,ei} = 1 + 0.7\beta_i \tag{9-10}$$

式中，β_i 为 i 层支撑水平地震剪力分担率，对屈曲约束支撑取0，当大于0.714时，取为0.714。

表 9-6　钢材超强系数 η_y

		塑性耗能区	
		Q235	Q345、Q345GJ
弹性区	Q235	1.15	1.05
	Q345、Q345GJ、Q390、Q420、Q460	1.2	1.1

注：当塑性耗能区的钢材为管材时，η_y 可取表中数值乘以1.1。

对于结构构件的性能系数，塑性耗能区的取值最低，关键构件和节点的取值较高（不宜小于0.55）。关键构件和节点一般有三种情形：通过增加其承载力保证结构预定传力途径的构件和节点；关键传力部位；结构薄弱部位。

9.4.3　钢结构构件承载力验算(Bearing Capacity Checking of Steel Structures and Members)

对于抗震性能化设计的钢结构工程，中震下的地震作用组合及承载力按式(9-11)、式(9-12)验算。

$$S_{E2} = S_{GE} + \Omega_i S_{Ehk2} + 0.4 S_{Evk2} \tag{9-11}$$

$$S_{E2} \leqslant R_k \tag{9-12}$$

式中，S_{E2} 为构件设防地震内力性能组合值，S_{GE} 为构件中重力荷载代表值产生的效应，S_{Ehk2}、S_{Evk2} 分别为按弹性或等效弹性计算的构件水平设防地震作用标准效应、8 度且高度大于 50 m 时按弹性或等效弹性计算的构件竖向设防地震作用的标准值效应，R_k 为按屈服强度计算的构件实际截面承载力标准值；Ω_i 为构件性能系数。

(1)框架梁

框架梁的抗震承载力验算应符合下列要求：

①框架结构中框架梁进行受剪计算时，剪力应按式(9-13)计算：

$$V_{pb} = V_{Gb} + \frac{W_{Eb,A} f_y + W_{Eb,B} f_y}{l_n} \tag{9-13}$$

②框架-偏心支撑结构中非消能梁段的框架梁，应按压弯构件计算；计算弯矩及轴力效应时，其非塑性耗能区内力调整系数宜按 $1.1\eta_y$ 取值。

③交叉支撑系统中的框架梁，应按压弯构件计算；轴力可按式(9-14)计算，计算弯矩效应时，其非塑性耗能区内力调整系数宜按 $1.1\eta_y$ 取值。

$$N = A_{br1} f_y \cos\alpha_1 - \eta\varphi A_{br2} f_y \cos\alpha_2 \tag{9-14}$$

$$\eta = 0.65 + 0.35\tanh(4 - 10.5\lambda_{n,br}) \tag{9-15}$$

$$\lambda_{n,br} = \frac{\lambda_{br}}{\pi}\sqrt{\frac{f_y}{E}} \tag{9-16}$$

④人字形、V 形支撑系统中的框架梁在支撑连接处应保持连续，并按压弯构件计算；轴力可按式(9-14)计算；弯矩效应宜按不计入支撑支点作用的梁承受重力荷载和支撑屈曲时不平衡力作用计算，竖向不平衡力计算宜符合下列规定：

a)除顶层和出屋面房间的框架梁外，竖向不平衡力可按式(9-17)计算：

$$V = \eta_{red}(1 - \eta\varphi) A_{br} f_y \sin\alpha \tag{9-17}$$

$$\eta_{red} = 1.25 - 0.75\frac{V_{P,F}}{V_{br,k}} \tag{9-18}$$

b)顶层和出屋面房间的框架梁，竖向不平衡力宜按式(9-14)计算结果的 50% 倍取值。

式中，V_{Gb} 为梁在重力荷载代表值作用下截面的剪力值；$W_{Eb,A}$、$W_{Eb,B}$ 分别为梁端截面 A 和 B 处的构件截面模量，可按表 9-5 的规定取值；l_n 为梁的净跨；A_{br1}、A_{br2} 分别为上、下层支撑截面面积；α_1、α_2 分别为上、下层支撑斜杆与横梁的交角；λ_{br} 为支撑最小长细比；η 为受压支撑剩余承载力系数，应按式(9-15)计算；$\lambda_{n,br}$ 为支撑正则化长细比；E 为钢材弹性模量；α 为支撑斜杆与横梁的交角；η_{red} 为竖向不平衡力折减系数，当按式(9-18)计算的结果小于 0.3 时，应取为 0.3，大于 1.0 时，应取 1.0；A_{br} 为支撑杆截面面积；φ 为支撑的稳定系数；$V_{P,F}$ 为框架独立形成侧移机构时的抗侧承载力标准值；$V_{br,k}$ 为支撑发生屈曲时，由人字形支撑提供的抗侧承载力标准值。

(2)框架柱

框架柱的抗震承载力验算应符合下列要求：

①柱端截面的墙柱弱梁要求：

a)等截面梁。

柱截面板件宽厚比等级为 S1、S2 时：

$$\sum W_{Ec}\left(f_{yc} - \frac{N_p}{A_c}\right) \geqslant \eta_y \sum W_{Eb} f_{yb} \tag{9-19}$$

柱截面板件宽厚比等级为 S3、S4 时：

$$\sum W_{Ec}\left(f_{yc}-\frac{N_p}{A_c}\right) \geqslant 1.1\eta_y \sum W_{Eb}f_{yb} \tag{9-20}$$

b）端部翼缘变截面的梁。

柱截面板件宽厚比等级为 S1、S2 时：

$$\sum W_{Ec}\left(f_{yc}-\frac{N_p}{A_c}\right) \geqslant \eta_y\left(\sum W_{Eb1}f_{yb}+V_{pb}s\right) \tag{9-21}$$

柱截面板件宽厚比等级为 S3、S4 时：

$$\sum W_{Ec}\left(f_{yc}-\frac{N_p}{A_c}\right) \geqslant 1.1\eta_y\left(\sum W_{Eb1}f_{yb}+V_{pb}s\right) \tag{9-22}$$

②符合下列情况之一的框架柱可不进行强柱弱梁的验算：

a）单层框架和框架顶层柱。

b）规则框架，本层的受剪承载力比相邻上一层的受剪承载力高出 25%。

c）不满足强柱弱梁要求的柱子提供的受剪承载力之和，不超过总受剪承载力的 20%。

d）与支撑斜杆相连的框架柱。

e）框架柱轴压比$\left(\dfrac{N_p}{N_y}\right)$不超过 0.4 且柱的截面板件宽厚比等级满足 S3 级要求。

f）柱满足构件延性等级为 V 级时的承载力要求。

③框架柱应按压弯构件计算，计算弯矩效应和轴力效应时，其非塑性耗能区内力调整系数不宜小于 $1.1\eta_y$。对于框架结构，进行受剪计算时，剪力应按式（9-23）计算；计算弯矩效应时，多高层钢结构底层柱的非塑性耗能区内力调整系数不应小于 1.35。对于框架-中心支撑结构，框架柱计算长度系数不宜小于 1。

$$V_{pc}=V_{Gc}+\frac{W_{Ec,A}f_y+W_{Ec,B}f_y}{h_n} \tag{9-23}$$

式中，W_{Ec}、W_{Eb} 分别为交会于节点的柱和梁的截面模量，按表 9-5 的规定取值；W_{Eb1} 为梁塑性铰截面的截面模量，按表 9-5 的规定取值；f_{yc}、f_{yb} 分别为柱和梁的钢材屈服强度；N_p 为设防地震内力性能组合的柱轴力，应按式（9-11）计算，非塑性耗能区内力调整系数可取 1.0；A_c 为框架柱的截面面积；η_y 为钢材超强系数，可按表 9-6 取值，其中塑性耗能区、弹性区分别采用梁、柱替代；V_{pb}、V_{pc} 为产生塑性铰时塑性铰截面的剪力，分别按式（9-13）、式（9-23）计算；s 为塑性铰截面至柱侧面的距离；V_{Gc} 为在重力荷载代表值作用下柱的剪力效应；$W_{Ec,A}$、$W_{Ec,B}$ 分别为柱端截面 A 和 B 处的构件截面模量，按表 9-5 的规定采用；h_n 为柱的净高。

9.4.4　钢结构连接承载力验算（Bearing Capacity Checking of Steel Connection）

（1）强连接弱构件验算

钢结构构件的连接抗震验算应满足强连接弱构件要求，并符合下列规定：

①与塑性耗能区连接的极限承载力应大于与其连接构件的屈服承载力。

②采用高强度螺栓连接时，弹性设计阶段应采用摩擦型连接计算，极限承载力验算可采用承压型连接计算。

③梁与柱刚性连接的极限承载力，应按下列公式验算：

$$M_u^j \geqslant \eta_j W_E f_y \tag{9-24}$$

$$V_u^j \geqslant 1.2\left(\frac{2W_E f_y}{l_n}\right) + V_{Gb} \tag{9-25}$$

④与塑性耗能区的连接及支撑拼接的极限承载力,应按下列公式验算:

支撑连接和拼接 $\qquad N_{ubr}^j \geqslant \eta_j A_{br} f_y \tag{9-26}$

梁的连接 $\qquad M_{ub,sp}^j \geqslant \eta_j W_E f_y \tag{9-27}$

⑤柱脚与基础的连接极限承载力,应按下式验算:

$$M_{u,base}^j \geqslant \eta_j W_{Ec} f_y \tag{9-28}$$

式中,V_{Gb}为梁在重力荷载代表值作用下,按简支梁分析的梁端截面剪力效应;A_{br}为支撑杆件的截面面积;M_u^j、V_u^j分别为连接的极限受弯、受剪承载力;N_{ubr}^j、$M_{ub,sp}^j$分别为支撑连接和拼接的极限受拉(压)承载力、梁拼接的极限受弯承载力;$M_{u,base}^j$为柱脚的极限受弯承载力;η_j为连接系数,可按表9-7取值,当梁腹板采用改进型过焊孔或梁柱连接采用自由翼缘节点时,梁柱刚性连接的连接系数可乘以不小于0.9的折减系数。

表9-7 连接系数

母材牌号	梁柱连接		支撑连接、构件拼接		柱脚
	焊接	螺栓连接	焊接	螺栓连接	
Q235	1.40	1.45	1.25	1.30	1.2(埋入式)
Q345	1.30	1.35	1.20	1.25	1.2(外包式)
Q345GJ	1.25	1.30	1.15	1.20	1.2(外露式)

注:1.屈服强度高于Q345的钢材,按Q345的规定取值;
　　2.屈服强度高于Q345GJ的GJ钢材,按Q345GJ的规定取值;
　　3.翼缘焊接腹板栓接时,连接系数分别按表中连接形式取值。

(2)梁柱刚性连接节点域验算

当框架结构的梁柱采用刚性连接时,H形和箱形截面柱的节点域抗震承载力应符合下列规定:

①当与梁翼缘平齐的柱横向加劲肋的厚度不小于梁翼缘厚度时,H形和箱形截面柱的节点域抗震承载力验算应符合下列规定:

a)当结构构件延性等级为Ⅰ级或Ⅱ级时,节点域的承载力验算应符合式(9-29)的要求:

$$\alpha_p \frac{M_{Pb1} + M_{Pb2}}{V_P} \leqslant \frac{4}{3} f_{yv} \tag{9-29}$$

b)当结构构件延性等级为Ⅲ级、Ⅳ级或Ⅴ级时,节点域的承载力应符合式(9-30)的要求:

$$\frac{M_{b1} + M_{b2}}{V_P} \leqslant f_{ps} \tag{9-30}$$

式中,M_{b1}、M_{b2}分别为节点域两侧梁端的设防地震性能组合的弯矩,应按式(9-11)计算,非塑性耗能区内力调整系数可取1.0;M_{pb1}、M_{pb2}分别为与框架柱节点域连接的左、右梁端截面的全塑性受弯承载力;V_P为节点域的体积;f_{ps}为节点域的抗剪强度;α_p为节点域弯矩系数,边柱取0.95,中柱取0.85。

②当节点域的计算不满足①的规定时,应采取加厚柱腹板或贴焊补强板的构造措施。补强板的厚度及其焊接应按传递补强板所分担剪力的要求设计。

9.5　结构构件抗震措施(Seismic Details of Structural Members)

为满足不同的结构构件延性要求,保证结构的节点破坏不先于构件破坏,结构构件应符合

221

相应的抗震措施要求。

（1）总体要求

①考虑地震作用为强烈的动力作用，节点连接应满足承受动力荷载的构造要求，进行抗震设防的钢结构节点连接应满足《钢结构焊接规范》（GB 50661—2011）第 5.7 节的规定；结构高度大于 50 m 或所处地区地震烈度高于 7 度的多高层钢结构截面板件宽厚比等级不宜采用 S5 级。

②构件塑性耗能区应符合下列规定：

a）塑性耗能区板件间的连接应采用完全焊透的对接焊缝。

b）位于塑性耗能区的梁或支撑宜采用整根材料，当热轧型钢超过材料最大长度规格时，可进行等强拼接。

c）位于塑性耗能区的支撑不宜进行现场拼接。

③在支撑系统之间，直接与支撑系统构件相连的刚接钢梁，当其在受压斜杆屈曲前屈服时，应按框架结构的框架梁设计，非塑性耗能区内力调整系数可取 1.0，截面板件宽厚比等级宜满足受弯构件 S1 级要求。

（2）框架梁抗震措施要求

框架梁端塑性耗能区性能系数较小，要求的延性性能较高，应满足如下构造要求：

①与构件延性等级对应的塑性耗能区（梁端）截面板件宽厚比等级和设防地震性能组合下的最大轴力 N_{E2}、按式（9-13）计算的剪力 V_{pb} 应符合表 9-8 的要求。

表 9-8　结构构件延性等级对应的塑性耗能区（梁端）截面板件宽厚比等级和轴力、剪力限值

结构构件延性等级	V 级	IV 级	III 级	II 级	I 级
截面板件宽厚比最低等级	S5	S4	S3	S2	S1
N_{E2}		$\leqslant 0.15Af$		$\leqslant 0.15Af_y$	
V_{pb}（未设置纵向加劲肋）		$\leqslant 0.5h_w t_w f_v$		$\leqslant 0.5h_w t_w f_{vy}$	

注：单层或顶层无需满足最大轴力与最大剪力的限值。

②当梁端塑性耗能区为工字形截面时，应符合下列要求之一：

a）工字形梁上翼缘有楼板且腹板布置间距有不大于 2 倍梁高的加劲肋。

b）工字形梁受弯正则化长细比 $\lambda_{n,b}$ 限值符合表 9-9 的要求。

c）上、下翼缘均设置侧向支承。

表 9-9　工字形梁受弯正则化长细比 $\lambda_{n,b}$ 限值

结构构件延性等级	I 级、II 级	III 级	IV 级	V 级
上翼缘有楼板	0.25	0.40	0.55	0.80

（3）框架柱抗震措施要求

①当框架柱的长细比越大、轴压比越大时，结构承载能力和塑性变形能力越小，侧向刚度降低，易引起整体失稳。抗震性能化设计钢结构框架柱长细比应满足表 9-10 的要求。

表 9-10　框架柱长细比要求

结构构件延性等级	V 级	IV 级	I 级、II 级、III 级
$\dfrac{N_{GE}}{Af_y} \leqslant 0.15$	180	150	$120\varepsilon_k$
$\dfrac{N_{GE}}{Af_y} > 0.15$		$125\left(1-\dfrac{N_{GE}}{Af_y}\right)\varepsilon_k$	

②当框架结构的梁柱采用刚性连接时，H 形和箱形截面柱的节点域受剪正则化宽厚比

$\lambda_{n,s}$ 限值应符合表 9-11 的规定。

表 9-11　H 形和箱形截面柱节点域受剪正则化宽厚比 $\lambda_{n,s}$ 的限值

结构构件延性等级	Ⅰ级、Ⅱ级	Ⅲ级	Ⅳ级	Ⅴ级
$\lambda_{n,s}$	0.4	0.6	0.8	1.2

(4)梁柱刚性节点抗震措施要求

①梁翼缘与柱翼缘焊接时,应采用全熔透焊缝。

②在梁翼缘上下各 600 mm 的节点范围内,柱翼缘与柱腹板间或箱形柱壁板间的连接焊缝,应采用全熔透焊缝。在梁上下翼缘标高处设置的柱水平加劲肋或隔板的厚度应不小于梁翼缘厚度。

③梁腹板的过焊孔应使其端部与梁翼缘和柱翼缘间的全熔透坡口焊缝完全隔开,并宜采用改进型过焊孔(图 9-1)或采用自由翼缘节点,亦可采用常规型过焊孔(图 9-2)。

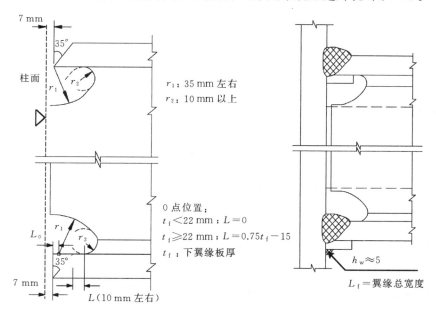

图 9-1　改进型过焊孔

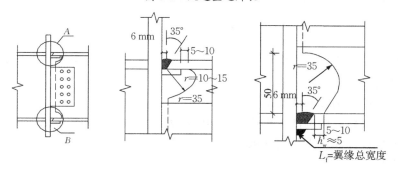

图 9-2　常规型过焊孔

④梁翼缘和柱翼缘焊接孔下焊接衬板长度不应小于翼缘宽度＋50 mm 和翼缘宽度＋两倍翼缘厚度;与柱翼缘的焊接构造(图 9-3)应满足下列要求:

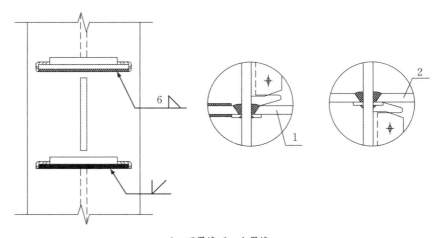

1—下翼缘;2—上翼缘。

图 9-3　衬板与柱翼缘的焊接构造

a)上翼缘的焊接衬板可采用角焊缝,引弧部分应采用绕角焊。

b)下翼缘衬板应采用从上部往下熔透的焊缝与柱翼缘焊接。

9.6　小结(**Summary**)

①根据结构要求的不同,确定结构的性能等级,然后按表 9-4 选用相应的目标性能系数;依据承载性能与延性等级匹配关系(表 9-3),确定结构相应的延性等级。一般来说,由于地震作用的不确定性,延性比承载力更为重要,因此,对于多高层民用钢结构,首先必须保证必要的延性,一般应采用"高延性、低承载力"的设计思路;而对于工业建筑,为降低造价,宜采用"低延性、高承载力"的设计思路。

②按"高延性、低承载力"思路进行设计时,可采用下列措施进行延性开展机构的控制:采用能力设计法,进行塑性开展机构的控制;引入非塑性耗能区内力调整系数,引导构件相对强弱符合延性开展的要求;引入相邻构件材料相对强弱系数,确保延性开展机构的实现。

③根据结构构件延性等级要求,采用相应的抗震构造。

④在承载力和延性间权衡,使得结构在相同的安全度下,更具经济性。

思考题(**Questions**)

9-1　什么是钢结构的性能化设计? 它与传统的钢结构抗震设计有什么区别与联系?

9-2　钢结构性能化设计的基本思路是什么?

9-3　什么是结构构件的性能系数?

9-4　性能化设计结构构件水平地震作用的内力调整系数是如何取值的?

9-5　性能化设计如何进行构件承载力性能验算?

9-6　塑性耗能区的设计要点有哪些?

9-7　抗震性能化设计需确定结构构件的性能目标,请问结构构件的性能目标是如何确定的?

第 10 章　钢结构的疲劳和脆性断裂

(Fatigue and Brittle Fracture of Steel Structures)

本章学习目标

了解钢结构脆性断裂的分类与防脆性断裂的措施；

熟悉影响结构脆性断裂的因素；

掌握疲劳破坏的过程及其破坏特征；

掌握影响疲劳破坏的主要因素；

掌握疲劳计算的方法。

10.1　概述 (Introduction)

钢材或者构件在反复交变荷载作用下,在其强度尚低于钢材抗拉强度甚至低于钢材屈服点的情况下,会逐渐累积损伤、产生裂纹且裂纹逐渐扩展,直到最后突然断裂,这种现象称为疲劳破坏。根据材料破坏前所经历的循环次数(即寿命)以及疲劳荷载的应力水平,疲劳又可以分为高周疲劳和低周疲劳。寿命周期长,循环次数 $n \geqslant 5 \times 10^4$,断裂应力水平低,即 $\sigma < f_y$ 时的疲劳破坏称为高周疲劳,也叫低应力疲劳,简称"疲劳";寿命周期短,循环次数 $n = 100 \sim 5 \times 10^4$,断裂应力水平高,即 $\sigma \geqslant f_y$ 时的疲劳破坏称为低周疲劳,也叫高应力疲劳。根据循环荷载的幅值和频率,疲劳可以分为等幅疲劳和变幅疲劳。本章对疲劳破坏的研究是指高周疲劳。

由于疲劳破坏是突然产生的,属脆性破坏范畴,事先无警告,危害性较大。在承受重复荷载的钢结构的设计中,特别是在工作繁重的吊车梁、吊车桁架和工作平台梁等构件或结构的设计中应予以重视。我国《钢结构设计标准》(GB 50017—2017)中规定直接承受动力荷载重复作用的钢结构构件及其连接,当应力变化的循环次数 $n \geqslant 5$ 万次时,应进行疲劳计算。美国AISC 规范则规定应力变化循环次数 $n < 2$ 万次时可不计算疲劳,$n \geqslant 2$ 万次时应进行疲劳计算。

钢材或钢结构的脆性断裂是指低于名义应力(低于钢材抗拉强度或屈服强度)情况下发生突然断裂的破坏。其断裂面通常是纹理方向单一和较平的劈裂表面,很少或没有剪切唇边。脆性破坏前塑性变形很小,甚至没有塑性变形,计算应力可能小于钢材的屈服强度,断裂从应力集中处开始。冶金和机械加工过程中产生的缺陷,特别是缺口和裂纹,常是断裂的发源地。破坏前没有任何征兆,破坏是突然发生的,断口平直呈有光泽的晶粒状。由于脆性破坏前没有明显的征兆,无法及时察觉和采取补救措施,而且个别构件的断裂常引起整个结构塌毁,危及生命财产安全,后果严重。在设计、施工和使用钢结构时,要特别注意防止出现脆性破坏。

10.2 钢结构的疲劳破坏(Fatigue Failure of Steel Structures)

10.2.1 疲劳破坏的过程及其破坏特征(Fatigue Failure Process and Its Failure Characteristics)

一般地说,疲劳破坏经历三个阶段:裂纹的形成、裂纹的缓慢扩展和裂纹的迅速断裂。

对于钢结构,实际上只有后两个阶段,因为在钢材生产和结构制造等过程中,不可避免地在结构的某些部位存在着局部微小缺陷,如钢材化学成分的偏析、非金属杂质、非焊接构件表面上的刻痕、轧钢皮的凹凸、轧钢缺陷和分层以及制造时的冲孔、剪边、火焰切割带来的毛边和裂纹,焊接构件中有侵入焊缝趾部的焊渣[图 10-1(a)]、存在于焊缝内的气孔[图 10-1(b)]、欠焊,这些缺陷都是可能产生裂纹源的主要部位。这些缺陷本身就起着类似于微裂纹的作用,故也可称其为"类裂纹"。当重复连续荷载作用时,在这些部位的截面上应力分布不均,引起应力集中现象,在高峰应力处将首先出现微观裂纹。同样,其他有严重的应力集中的部位,如截面几何形状突变处,存在高峰应力,又经受多次重复作用的影响,故即使在该处没有存在缺陷,也会产生微观裂纹,形成裂纹源。

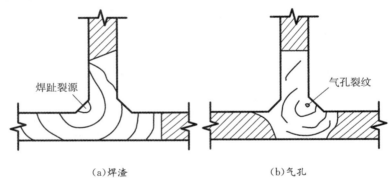

（a)焊渣 　　　　　　　　（b)气孔
图 10-1　焊缝缺陷造成的疲劳裂纹

随着应力循环次数的增加,裂纹大体上以同心圆的形式从表面的裂纹源向内部逐渐扩展(图 10-2)。其扩展十分缓慢,当构件应力较小时,扩展区所占范围较大;而当构件应力很大时,扩展区就比较小。疲劳裂纹两边的表面在循环应力作用下,时而分开时而压紧,起研磨的作用,因而扩展区的表面光滑,而且是愈近裂纹源愈光滑,常可见到放射和年轮状花纹。当裂纹源

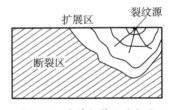

图 10-2　疲劳断裂面的分区

发展成为宏观裂纹时,构件截面的有效面积被削弱。当有效面积减小到难以承受荷载时,在偶尔的振动或冲击下,发生突然拉断,即形成断裂区,出现人字纹或晶粒状脆性断口。

疲劳破坏与静载破坏全然不同,它具有下列特点:

①疲劳破坏时的最大应力值远低于静力试验时材料的强度极限,甚至低于屈服强度。

②疲劳破坏总是发生在高局部应力的截面,而不是在具有最大应力的截面。

③疲劳破坏时,构件没有明显的塑性变形。即使是塑性材料,也呈脆性断裂。断裂是在没有明显预兆的情况下突然发生的,从而造成严重事故,有时带来巨大的损失和伤亡。

④疲劳破坏时在断口处明显地分成三个区域:裂纹源、裂纹扩展区和脆性断裂区,如图

10-2 所示。裂纹两端是应力集中的区域，一般处于双向或三向拉伸应力状态，不易发生塑性变形，所以断裂区可能是脆性的颗粒状断口，也可能是带有一定韧性的断口。

⑤疲劳对材料缺陷（包括裂纹、组织缺陷等）或构件开孔、缺口、台阶等几何不连续处十分敏感。这类几何不连续将引起应力集中，加速裂纹萌生和扩展。

10.2.2　疲劳破坏的重要参数(Key Parameters for Fatigue Failure)

（1）循环应力

引起疲劳破坏的交变荷载有两种类型：一种为常幅交变荷载，引起的应力称为常幅循环应力，简称循环应力，如图 10-3(b)～(e)所示；一种为变幅交变荷载，引起的应力称为变幅循环应力，简称变幅应力，如图 10-3(f)所示。应力随时间变化的图形称为应力谱，如图 10-3 所示。

图 10-3 所示为应力谱的几种类别。表示应力循环特征的参数是应力比 ρ、应力幅 $\Delta\sigma$ 和最大应力 σ_{max}。图 10-3(a)表示静力荷载，应力无波动，此时 $\sigma_{max}=\sigma_{min}$，因此 $\rho=1$，$\Delta\sigma=0$；图 10-3(c)为脉冲循环，此时 $\sigma_{min}=0$，因而 $\rho=0$，$\Delta\sigma=\sigma_{max}$；图 10-3(e)表示完全对称循环，此时 $\sigma_{max}=-\sigma_{min}$，因而 $\rho=-1$，$\Delta\sigma=2\sigma_{max}$。图 10-3(b)～(e)中每一应力循环的应力幅均相同，称为等幅循环；图 10-3(f)中各应力循环的应力幅均不同，其变化是随机的，称为变幅循环。

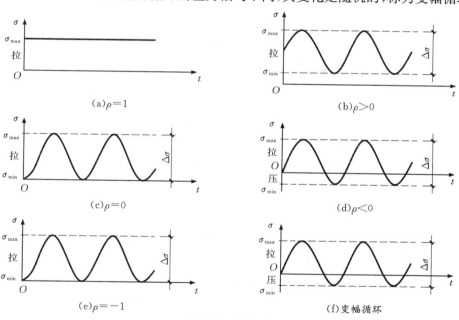

图 10-3　应力谱

（2）应力幅

应力幅 $\Delta\sigma$ 是应力循环中最大拉应力 σ_{max} 与最小拉应力或压应力 σ_{min} 之差，即 $\Delta\sigma=\sigma_{max}-\sigma_{min}$。

（3）应力比

应力比 ρ 是按绝对值计算的最小应力和最大应力之比，即 $\rho=\sigma_{min}/\sigma_{max}$（拉应力取正号，压应力取负号）。应力比必然是在下列范围内变化：$-1\leqslant\rho\leqslant1$。应力循环的特征可以由应力比 ρ 来表示。

（4）应力循环次数（疲劳寿命）

循环应力的每一周期变化称为一个应力循环，周期变化的次数称为应力循环次数 n。在一定的循环应力作用下,钢构件和连接疲劳破坏时所对应的应力循环次数称为疲劳寿命。

（5）疲劳强度

在循环应力作用下,材料抵抗疲劳破坏的能力称为疲劳强度。常幅疲劳计算时,钢材在规定的作用重复次数和作用变化幅度下,所能承受的最大动态应力称为钢材的疲劳强度。

10.2.3　影响疲劳破坏的因素(Influencing Factors on Fatigue Failure)

金属材料疲劳性能的系统性研究始于 19 世纪中期,大量的疲劳试验研究表明,疲劳强度除与主体金属和连接类型有关外,还与循环应力比 ρ、应力幅 $\Delta\sigma$ 和循环次数 n 有关。

非焊接钢结构的疲劳试验证明,当应力比 ρ 为定值时,试件的疲劳寿命 n 与其所受最大应力 σ_{max} 的大小有关,如图 10-4 所示,图中的水平虚线表示疲劳强度极限。疲劳强度极限随着应力比 ρ 的变化而改变。因此,非焊接钢结构的疲劳计算条件是构件或连接中的最大应力 σ_{max} 应小于相应的疲劳容许应力,而疲劳容许应力又与应力比 ρ 密切相关。

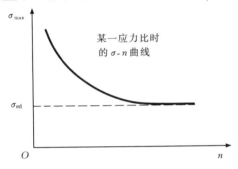

图 10-4　不同循环次数时的最大应力曲线

当以 $n=2\times10^6$ 为疲劳寿命时,我国《钢结构设计规范》(TJ 17—74)曾根据试验得到简化疲劳曲线,由此得到验算以拉应力为主的疲劳计算公式如下:

$$\sigma_{max}\leqslant[\sigma^P]=\frac{[\sigma_0^P]}{1-k\rho} \tag{10-1}$$

式中,σ_{max} 为交变荷载作用下,需验算部位的最大拉应力;$[\sigma^P]$ 为与构造形式有关的以拉应力为主的疲劳容许强度;$[\sigma_0^P]$ 为相应构造形式当 $\rho=0$ 时的疲劳容许强度,由试验确定;k 为与构造形式有关的系数,由试验确定。

随着焊接结构的不断发展和应用,发现式(10-1)不适用于焊接结构。对大量试验数据进行统计和分析,结果表明:控制焊接结构疲劳寿命最主要的因素是构件和连接的构造类型以及应力幅,而与应力比无关。

焊接结构与非焊接结构的根本区别在于焊接残余应力。在焊接结构中,构件和焊缝中有较大的残余应力,例如焊接工字形板梁在其与腹板相交处附近的翼缘板内存在较大的残余拉应力,其值可高达钢材的屈服点,该处是萌生和发展疲劳裂纹最敏感的区域。板梁截面内的实际应力是外荷载产生的弯曲正应力与残余应力之和。这样,在外荷载的应力循环中由外荷载产生的应力比就与实际的应力比截然不同。例如,图 10-5 所示工字形板梁受拉翼缘板在其与腹板相交处附近有残余拉应力 f_y。当名义循环应力为拉时,承受最大残余拉应力的区域钢材已达屈服点,外加应力不能使该处应力增加,从而该处应力仍然保持 f_y 不变;当名义循环应力减小到最小值时,焊缝附近的实际应力将降至 $f_y-\Delta\sigma=f_y-(\sigma_{max}-\sigma_{min})$。显然,焊缝附近的实际应力比为 $\rho=(f_y-\Delta\sigma)/f_y$,这说明考虑残余应力影响后的应力比已与原先的应力比完全不同,但此时两者的应力幅却是完全相同的。上述内容说明在焊接钢结构中由于残余应力的影响,在最有可能出现疲劳裂纹的应力高峰部位,不论外加应力循环中 σ_{max} 和 σ_{min} 为多大,应力比为何值,其实际应力状态大都在 f_y 和 $f_y-\Delta\sigma$ 之间变化,因而名义应力比已无实际意义。

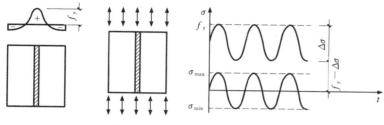

图 10-5　焊缝附近的真实循环应力

通过近期对焊接钢结构疲劳强度的研究,许多国家设计规范中的疲劳计算,已摒弃使用构件或连接内的最大应力小于疲劳容许应力这一计算方法,而改用构件或连接中的应力幅应小于疲劳容许应力幅,即以应力幅 $\Delta\sigma$ 作为影响疲劳性能的主要因素而建立的疲劳校核准则:

$$\Delta\sigma<[\Delta\sigma] \tag{10-2}$$

容许应力幅 $[\Delta\sigma]$ 计算如下:

$$[\Delta\sigma]=\left(\frac{C_z}{n}\right)^{1/\beta_z} \tag{10-3}$$

由式(10-3)可知 $\log[\Delta\sigma]$ 与 $\log n$ 线性相关,常采用疲劳强度 S-N 曲线来描述 $[\Delta\sigma]$ 与 n 之间的相互关系,如图 10-6 所示。式(10-3)中,参数 β_z 表示 S-N 曲线的斜率,而以 10 为底的对数 $\log C_z$ 表示 S-N 曲线在纵轴上的截距。

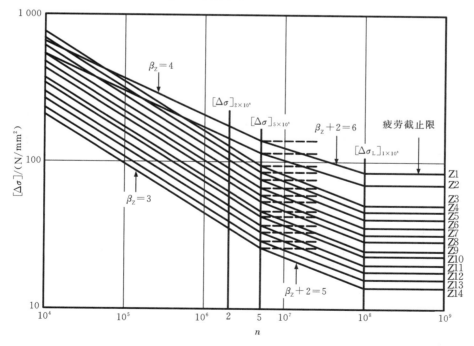

图 10-6　关于正应力幅值的疲劳强度 S-N 曲线

构件和连接的形式是影响参数 β_z 及 C_z 取值的重要因素。借鉴国外成熟经验,我国《钢结构设计标准》(GB 50017—2017)把正应力作用下的构件和连接划分为 14 个类别,称为 Z1~Z14(附录 8)。这 14 类主要体现应力集中的严重程度,而应力集中既因构造方案的不同而产生差别,也因施工方案和施工质量而异。比如有横向对接焊缝的等厚度板件,当焊缝为一级且焊后加工磨平时,母材属于 Z2 类,而不加工磨平者属于 Z4 类(附表 8-3 中项次 1)。当对接焊缝连接的两板厚度不同时,如果厚板在连接前以 1∶4 的坡度把厚度减小到和薄板相同时,可以和等厚度的连接同样对待(附表 8-3 中项次 2);如果厚板不加工减薄,则连接处的母材下降为 Z8 类(附表 8-3 中项次 6)。又如,有纵向对接焊缝的板,施焊时采用垫板和不采用垫板,母材所属类别不同(附表 8-2 中项次 1 和项次 2);而有垫板时是否有引弧板,类别又有区别(附表 8-2 中项次 2)。焊有角焊缝的母材,疲劳强度一般偏低。但这里还要区分角焊缝是否传递母材所受的力。比较附表 8-5 中项次 4 和 7 可见,角焊缝不传递母材所受的力时,母材属于 Z8 类;而母材的力经过角焊缝传递时,属于 Z13 类,差别较大,传力的横向角焊缝造成的应力集中十分严重。

对于不同类别的构件和连接,β_z 变化不大,Z1 和 Z2 分别属于无连接处的母材和不因连接而产生应力集中处的母材,疲劳强度最高,因此,对 Z1 和 Z2 两类取 $\beta_z=4$,其他各类取 $\beta_z=3$;而参数 C_z 随类别的变化较大,Z1 类 $C_z=1\,920\times10^{12}$,Z14 类 $C_z=0.09\times10^{12}$。

以上论述都是针对常值正应力幅这一工况的,当受剪的角焊缝、受剪的普通螺栓和焊接栓钉需要验算剪应力幅 $\Delta\tau$ 作用下的疲劳强度时,式(10-3)中的参数 β_z 和 C_z 分别用 β_J 和 C_J 来替代,把剪应力幅分为 3 类,称为 J1~J3(附表 8-6)。其 S-N 曲线以同一斜率 β_J 延伸至疲劳截止限 $[\Delta\tau_L]_{1\times10^8}$(图 10-7)。

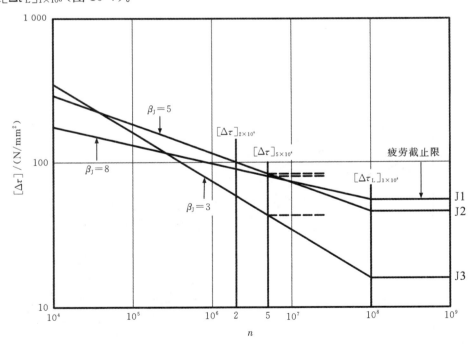

图 10-7 关于剪应力幅的疲劳强度 S-N 曲线

目前对疲劳计算仍然采用容许应力幅法,采用容许应力幅法计算时,应力应按弹性状态计算,荷载为标准值。

10.2.4 疲劳计算(Fatigue Calculation)

1）疲劳截止限

当结构所受的应力幅较低时,可采用式(10-4)和式(10-8)快速验算疲劳强度。现有疲劳试验研究表明,无论是常幅疲劳还是变幅疲劳,低于疲劳截止限的应力幅一般不会导致疲劳破坏。我国《钢结构设计标准》(GB 50017—2017)规定:在结构使用寿命期间,当常幅疲劳或变幅疲劳的最大应力幅符合式(10-4)和式(10-8)时,即应力幅小于疲劳截止限,则疲劳强度满足要求。其中,疲劳截止限是指疲劳寿命为 1×10^8 时对应的容许应力幅。

（1）正应力幅的疲劳计算

$$\Delta\sigma < \gamma_t[\Delta\sigma_L]_{1\times10^8} \tag{10-4}$$

对焊接部位:

$$\Delta\sigma = \sigma_{max} - \sigma_{min} \tag{10-5}$$

对非焊接部位:

$$\Delta\sigma = \sigma_{max} - 0.7\sigma_{min} \tag{10-6}$$

应力幅准则是由焊接构件或连接得来的。由于焊缝及其近旁存在高残余拉应力,每次应力循环下应力变化幅度都是 $\sigma_{max} - \sigma_{min}$,和最大应力值无关。非焊接结构没有焊接残余应力,情况有所不同。用过去采用的验算最大应力的方法进行非焊接结构的疲劳计算并非不可,但为了统一疲劳计算公式,对非焊接结构的疲劳计算也采用应力幅法计算,但把非焊接结构的应力幅 $\Delta\sigma$ 改为折算应力幅。对不同应力比的高强度螺栓连接和带孔试件的 $n=2\times10^6$ 次疲劳试验数据回归分析,由平均值减去 2 倍标准差后的疲劳强度方程可归纳为(即取 k 值为 0.7):

$$\sigma_{max} = \frac{\Delta\sigma}{1 - 0.7\dfrac{\sigma_{min}}{\sigma_{max}}} \tag{10-7}$$

由此得到非焊接结构的折算应力幅如式(10-4)。

（2）剪应力幅的疲劳计算

$$\Delta\tau < [\Delta\tau_L]_{1\times10^8} \tag{10-8}$$

对焊接部位:

$$\Delta\tau < \tau_{max} - \tau_{min} \tag{10-9}$$

对非焊接部位:

$$\Delta\tau < \tau_{max} - 0.7\tau_{min} \tag{10-10}$$

（3）板厚或直径修正系数计算

①对于横向角焊缝连接和对接焊缝连接,当连接板厚 t 超过 25 mm 时,应按下式计算:

$$\gamma_t = \left(\frac{25}{t}\right)^{0.25} \tag{10-11}$$

其原因是:附表 8-1 的数据都是由厚度不超过 25 mm 的试件试验得出的,板厚度大,焊缝缺陷等不利影响会比较大。

②对于螺栓轴向受拉连接,当螺栓的公称直径 d 大于 30 mm 时,应按下式计算:

$$\gamma_t = \left(\frac{30}{d}\right)^{0.25} \tag{10-12}$$

③其余情况取 $\gamma_t = 1.0$。

式中，$\Delta\sigma$ 为构件或连接计算部位的正应力幅（N/mm²）；σ_{max} 为计算部位应力循环中的最大拉应力（取正值）（N/mm²）；σ_{min} 为计算部位应力循环中的最小拉应力或压应力（N/mm²），拉应力取正值，压应力取负值；$\Delta\tau$ 为构件或连接计算部位的剪应力幅（N/mm²）；τ_{max} 为计算部位应力循环中的最大剪应力（N/mm²）；τ_{min} 为计算部位应力循环中的最小剪应力（N/mm²）；$[\Delta\sigma_L]$ 为正应力幅的疲劳截止限（N/mm²），根据附录 8 规定的构件和连接类别按表 10-1 取值；$[\Delta\tau_L]$ 为剪应力幅的疲劳截止限（N/mm²），根据附录 8 规定的构件和连接类别按表 10-2 取值。

表 10-1 正应力幅的疲劳计算参数

构件与连接类别	构件与连接的相关系数		循环次数 n 为 2×10^6 次的容许正应力幅 $[\Delta\sigma]_{2\times10^6}$ /(N/mm²)	循环次数 n 为 5×10^6 次的容许正应力幅 $[\Delta\sigma]_{5\times10^6}$ /(N/mm²)	疲劳截止限 $[\Delta\sigma_L]_{1\times10^8}$ /(N/mm²)
	C_Z	β_Z			
Z1	$1\,920\times10^{12}$	4	176	140	85
Z2	861×10^{12}	4	144	115	70
Z3	3.91×10^{12}	3	125	92	51
Z4	2.81×10^{12}	3	112	83	46
Z5	2.00×10^{12}	3	100	74	41
Z6	1.46×10^{12}	3	90	66	36
Z7	1.02×10^{12}	3	80	59	32
Z8	0.72×10^{12}	3	71	52	29
Z9	0.50×10^{12}	3	63	46	25
Z10	0.35×10^{12}	3	56	41	23
Z11	0.25×10^{12}	3	50	37	20
Z12	0.18×10^{12}	3	45	33	18
Z13	0.13×10^{12}	3	40	29	16
Z14	0.09×10^{12}	3	36	26	14

注：构件与连接的分类应符合附录 8 的规定。

表 10-2 剪应力幅的疲劳计算参数

构件与连接类别	构件与连接的相关系数		循环次数 n 为 2×10^6 次的容许剪应力幅 $[\Delta\tau]_{2\times10^6}$ /(N/mm²)	疲劳截止限 $[\Delta\tau_L]_{1\times10^8}$ /(N/mm²)
	C_J	β_J		
J1	4.10×10^{11}	3	59	16
J2	2.00×10^{16}	5	100	46
J3	8.61×10^{21}	8	90	55

注：构件与连接的类别应符合附录 8 的规定。

2）常幅疲劳

当常幅疲劳计算不能满足式(10-4)或式(10-8)的要求时，应按下列规定进行计算。

（1）正应力幅的疲劳计算

$$\Delta\sigma < \gamma_t[\Delta\sigma] \tag{10-13}$$

当 $n \leqslant 5\times10^6$ 时：

$$\left[\Delta\sigma\right]=\left(\frac{C_Z}{n}\right)^{1/\beta_Z} \tag{10-14}$$

当 $5\times10^6 < n \leqslant 1\times10^8$ 时：

$$\left[\Delta\sigma\right]=\left[\left(\left[\Delta\sigma\right]_{5\times10^6}\right)^2\frac{C_Z}{n}\right]^{1/(\beta_Z+2)} \tag{10-15}$$

当 $n > 1\times10^8$ 时：

$$\left[\Delta\sigma\right]=\left[\Delta\sigma_L\right] \tag{10-16}$$

（2）剪应力幅的疲劳计算

$$\Delta\tau\leqslant\left[\Delta\tau\right] \tag{10-17}$$

当 $n \leqslant 1\times10^8$ 时：

$$\left[\Delta\tau\right]=\left(\frac{C_J}{n}\right)^{1/\beta_J} \tag{10-18}$$

当 $n > 1\times10^8$ 时：

$$\Delta\tau=\left[\Delta\tau_L\right] \tag{10-19}$$

式中，$[\Delta\sigma]$ 为常幅疲劳的容许正应力幅（N/mm²）；n 为应力循环次数；C_Z、β_Z 为构件和连接的相关参数，应根据附录 8 规定的构件和连接类别，按表 10-1 取值；$[\Delta\sigma]_{5\times10^6}$ 为循环次数 n 为 5×10^6 次的容许正应力幅（N/mm²），应根据附录 8 规定的构件和连接类别，按表 10-1 取值；$[\Delta\tau]$ 为常幅疲劳的容许剪应力幅（N/mm²）；C_J、β_J 为构件和连接的相关系数，应根据附录 8 规定的构件和连接类别，按表 10-2 取值。

需要注意的是，虽然在高残余拉应力区施加的应力循环完全在压力范围内时，仍可以使疲劳裂纹扩展，但是裂纹扩展使残余拉应力得到足够释放后，就不会再发展了。因此，《钢结构设计标准》（GB 50017—2017）规定，在应力循环中不出现拉应力的部位可不计算疲劳。

表 10-1 容许应力幅并不随钢材抗拉强度的变化而变化。因此当进行疲劳计算控制设计时，高强钢材往往不能充分发挥作用。

例 10-1 如图 10-8 所示的焊接箱型钢梁，在跨中截面受到 $F_{min}=10$ kN 和 $F_{max}=100$ kN 的常幅交变荷载作用，跨中截面对其水平形心轴 z 的惯性矩 $I_z=6.85\times10^{-5}$ m⁴。该梁由手工焊接而成，属 Z5 类构件，预使构件在服役期限内，能承受 4×10^6 次交变荷载作用。试校核其疲劳强度。

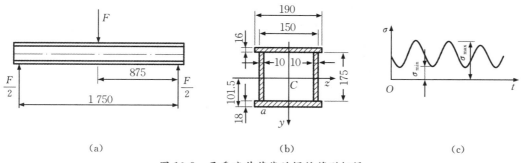

（a）　　　　　　　　　　（b）　　　　　　　　　　（c）

图 10-8　承受疲劳荷载的焊接箱型钢梁

解　（1）计算跨中截面危险点（截面最外边缘点）的应力幅

$$\sigma_{min}=\frac{(F_{min}l/4)y_a}{I_z}=6.48(\text{N/mm}^2)$$

233

$$\sigma_{\max}=\frac{(F_{\max}l/4)y_a}{I_z}=64.83(\text{N/mm}^2)$$

$$\Delta\sigma=\sigma_{\max}-\sigma_{\min}=64.83-6.48=58.53(\text{N/mm}^2)$$

修正系数 γ_t 取 1.0，查表 10-1 可得 $[\Delta\sigma_L]_{1\times10^8}$ 取 41 N/mm²，故

$$\Delta\sigma=58.53\ \text{MPa}>\gamma_t[\Delta\sigma_L]_{1\times10^8}=41(\text{N/mm}^2)$$

疲劳强度不满足要求，应再按式（10-14）计算。

（2）确定 $[\Delta\sigma]$，并校核疲劳强度

从表 10-1 中查得 $C_Z=2.00\times10^{12}$，$\beta_Z=3$

$$[\Delta\sigma]=\left(\frac{C_Z}{n}\right)^{1/\beta_Z}=\left(\frac{2.00\times10^{12}}{4\times10^6}\right)^{1/3}=79.37(\text{N/mm}^2)$$

显然 $\Delta\sigma<\gamma_t[\Delta\sigma]$，疲劳强度满足要求。

3）变幅疲劳

当变幅疲劳计算不能满足式（10-4）或式（10-8）的要求时，应按下列规定进行计算。

（1）正应力幅的疲劳计算

假设设计应力谱包括应力幅水平 $\Delta\sigma_1$、$\Delta\sigma_2$、$\cdots$、$\Delta\sigma_i$、$\cdots$ 及对应的循环次数 n_1、n_2、$\cdots$、n_i、$\cdots$，然后按目前国际上通用的 Miner 线性累计损伤定律进行计算，其原理如下：计算部位在某应力幅水平 $\Delta\sigma_i$ 作用有 n_i 次循环，由 $S\text{-}N$ 曲线计算得 $\Delta\sigma_i$ 对应的疲劳寿命 N_i，则 $\Delta\sigma_i$ 应力幅所占损伤率为 n_i/N_i，对设计应力谱内所有应力幅均做类似的损伤计算，则得

$$\sum\frac{n_i}{N_i}=\frac{n_1}{N_1}+\frac{n_2}{N_2}+\cdots+\frac{n_i}{N_i}+\cdots \tag{10-20}$$

从工程应用的角度，可粗略地认为当 $\sum\dfrac{n_i}{N_i}=1$ 时发生疲劳破坏。

计算疲劳累计损伤时还应涉及 $S\text{-}N$ 曲线斜率的变化和截止应力问题。现有疲劳试验表明：对变幅疲劳问题，常幅疲劳所谓的疲劳极限并不适用；随着疲劳裂纹的扩展，一些低于疲劳极限的低应力幅将成为裂纹扩展的应力幅而加速疲劳累积损伤；低应力幅比高应力幅的疲劳损伤作用要弱，并且也不是任何小的低应力幅都有疲劳损伤作用，小到一定程度就没有损伤作用了。

实际结构中重复作用的荷载，一般并不是固定值，若能根据结构实际的应力状况（应力的测定资料），并按雨流法或泄水法等计数方法进行应力幅的频次统计、预测或估算得到结构的设计应力谱，按照图 10-6 与图 10-7 及以上 Miner 损伤定律，可将变幅疲劳问题换算成应力循环 200 万次的等效常幅疲劳进行计算。以变幅疲劳的等效正应力幅为例，推导过程如下：

设有一变幅疲劳，其应力谱由 $(\Delta\sigma_i, n_i)$ 和 $(\Delta\sigma_j, n_j)$ 两部分组成，总应力循环 $\sum n_i+\sum n_j$ 次后发生疲劳破坏，则按照 $S\text{-}N$ 曲线的方程，分别对 i 级的应力幅 $\Delta\sigma_i$、频次 n_i 和 j 级的应力幅 $\Delta\sigma_j$、频次 n_j 有

$$N_i=C_Z/(\Delta\sigma_i)^{\beta_Z} \tag{10-21}$$

$$N_j=C_Z'/(\Delta\sigma_j)^{\beta_Z+2} \tag{10-22}$$

$$\sum\frac{n_i}{N_i}+\sum\frac{n_j}{N_j}=1 \tag{10-23}$$

式中，C_Z、C_Z' 分别为斜率 β_Z 和 β_Z+2 的 $S\text{-}N$ 曲线参数。

由于斜率 β_Z 和 β_Z+2 的两条 $S\text{-}N$ 曲线在 $N=5\times10^6$ 处交会，则满足下式：

$$C'_Z = \frac{(\Delta\sigma_{5\times10^6})^{\beta_Z+2}}{(\Delta\sigma_{5\times10^6})^{\beta_Z}}C_Z = (\Delta\sigma_{5\times10^6})^2 C_Z \tag{10-24}$$

设想上述的变幅疲劳破坏与一常幅疲劳(应力幅为 $\Delta\sigma_e$ 循环 200 万次)的疲劳破坏具有等效的疲劳损伤效应,则

$$C_Z = 2\times10^6(\Delta\sigma_e)^{\beta_Z} \tag{10-25}$$

将式(10-21)、式(10-22)、式(10-24)和式(10-25)代入式(10-23),可得到式(10-27)常幅疲劳 200 万次的等效应力幅表达式:

$$\Delta\sigma_e \leqslant \gamma_t [\Delta\sigma]_{2\times10^6} \tag{10-26}$$

$$\Delta\sigma_e = \left[\frac{\sum n_i(\Delta\sigma_i)^{\beta_Z} + ([\Delta\sigma]_{5\times10^6})^{-2}\sum n_j(\Delta\sigma_j)^{\beta_Z+2}}{2\times10^6}\right]^{1/\beta_Z} \tag{10-27}$$

(2)剪应力幅的疲劳计算

$$\Delta\tau_e \leqslant [\Delta\tau]_{2\times10^6} \tag{10-28}$$

$$\Delta\tau_e = \left[\frac{\sum n_i(\Delta\tau_i)^{\beta_J}}{2\times10^6}\right]^{1/\beta_J} \tag{10-29}$$

式中,$\Delta\sigma_e$ 表示由变幅疲劳预期使用寿命(总循环次数 $n = \sum n_i + \sum n_j$)折算成循环次数 n 为 2×10^6 次的等效正应力幅(N/mm^2);$[\Delta\sigma]_{2\times10^6}$ 表示循环次数 n 为 2×10^6 次的容许正应力幅(N/mm^2),应根据附录 8 规定的构件和连接类别,按表 10-1 取值;$\Delta\sigma_i$、n_i 为应力谱中循环次数 $n \leqslant 5\times10^6$ 范围内的正应力幅 $\Delta\sigma_i$(N/mm^2)及其频次;$\Delta\sigma_j$、n_j 为应力谱中 $5\times10^6 < n \leqslant 1\times10^8$ 范围内的正应力幅 $\Delta\sigma_j$(N/mm^2)及其频次;$\Delta\tau_e$ 为由变幅疲劳预期使用寿命(总循环次数 $n = \sum n_i$)折算成循环次数 n 为 2×10^6 次常幅疲劳的等效剪应力幅(N/mm^2);$[\Delta\tau]_{2\times10^6}$ 为循环次数 n 为 2×10^6 次的容许剪应力幅(N/mm^2),应根据附录 8 规定的构件和连接类别,按表 10-2 取值;$\Delta\tau_i$、n_i 为应力谱中循环次数 $n \leqslant 1\times10^8$ 范围内的剪应力幅 $\Delta\tau_i$(N/mm^2)及其频次。

4)吊车梁的疲劳计算

重级工作制吊车梁和重级、中级工作制吊车桁架的变幅疲劳可取应力循环中最大的应力幅按下列公式计算。

(1)正应力幅的疲劳计算

$$\alpha_f \Delta\sigma_e \leqslant \gamma_t [\Delta\sigma]_{2\times10^6} \tag{10-30}$$

(2)剪应力幅的疲劳计算

$$\alpha_f \Delta\tau_e \leqslant \gamma_t [\Delta\tau]_{2\times10^6} \tag{10-31}$$

式中,α_f 为欠载效应的等效系数,按表 10-3 取值。

表 10-3　吊车梁和吊车桁架欠载效应的等效系数 α_f

吊车类别	α_f
A6、A7、A8 工作级别(重级)的硬钩吊车	1.0
A6、A7 工作级别(重级)的软钩吊车	0.8
A4、A5 工作级别(中级)的吊车	0.5

5)其他注意事项

①直接承受动力荷载重复作用的钢结构构件及其连接,当应力变化的循环次数 n 等于或

大于 $5×10^4$ 次时,应进行疲劳计算。对非焊接的构件和连接,其应力循环中不出现拉应力的部位可不计算疲劳强度。

②疲劳计算应采用容许应力幅法,应力应采用标准荷载按弹性分析计算,容许应力幅应按构件和连接类别、应力循环次数以及计算部位的板件厚度确定。

③需计算疲劳构件所用钢材应具有冲击韧性的合格保证,钢材质量等级的选用应符合我国《钢结构设计标准》(GB 50017—2017)第 4.3.3 条的规定。

④本章规定的结构构件及其连接的疲劳计算,不适用于下列条件:构件表面温度高于 150 ℃,处于海水腐蚀环境,焊后经热处理消除残余应力,构件处于低周-高应变疲劳状态。

⑤采用本章规定疲劳验算方法计算的结构构件及其连接,应满足我国《钢结构设计标准》(GB 50017—2017)第 16.3 条的构造要求。

10.3 钢结构的脆性断裂(Brittle Fracture of Steel Structures)

10.3.1 脆性破坏分类(Classification of Brittle Fracture)

①过载断裂:由于过载、强度不足而导致的断裂。其特点是破坏速度快,主要发生部位是钢丝束、钢绞线和钢丝绳等。

②非过载断裂:塑性很好的钢构件在缺陷、低温等因素影响下突然呈脆性断裂。

③应力腐蚀断裂:在腐蚀性环境中承受静力或准静力荷载作用的结构,在远低于屈服极限的应力状态下发生的断裂,强度越高则对应力腐蚀断裂越敏感。

④疲劳断裂与腐蚀疲劳断裂:在交变荷载作用下,裂纹的失稳扩展导致的断裂称为疲劳断裂,高周循环周数在 10^5 以上,低周循环次数只有几百或几十次。环境介质导致或加速疲劳裂纹的萌生和扩展称为腐蚀疲劳。

⑤氢脆断裂:钢材中氢元素使材料韧性降低而导致的断裂。

10.3.2 影响钢结构断裂的因素(Influencing Factors on Brittle Fracture)

影响钢材性能和脆性破坏的因素很多,现对其分别加以论述。

(1) 化学成分

钢的化学成分直接影响钢的颗粒组织和结晶构造,并与钢材机械性能关系密切。钢的基本元素是铁和少量的碳。碳素结构钢中纯铁约占 99%,其余是碳和硅、锰等有利元素以及在冶炼过程中不易除尽的有害杂质元素,如硫、磷、氧、氮等。在低合金高强度结构钢中,除上述元素外,还含有改善钢的某些性能的合金元素,主要有钒、钛、铌和铝以及铬、镍、钼、稀土元素等,其总含量一般低于 3%。在钢中碳和其他元素的含量尽管不大,但对钢的性能却有着决定性的影响。

碳是除纯铁外钢的最主要元素,其含量直接影响钢材的强度、塑性、韧性和可焊性等。随着碳含量的增加,钢材的屈服点和抗拉强度提高,而塑性和冲击韧性尤其是低温冲击韧性下降,冷弯性能、可焊性和抗锈蚀性能也明显恶化,容易脆断。因此,钢结构采用的钢材碳含量不宜太高,故《钢结构设计标准》(GB 50017—2017)对各牌号钢规定含碳量上限值为 0.17%～0.22%,即在低碳钢范围。

硫与铁的化合物硫化铁一般散布于纯铁体的间层中,在高温(800~1 200 ℃)时会熔化而使钢材变脆,故在焊接或热加工过程中有可能引起裂纹,称为"热脆"。此外,硫还会降低钢的塑性、冲击韧性和抗锈蚀性能。因此,应严格控制钢材中硫的含量,且质量等级愈高,即钢材对韧性要求愈高,其含量控制愈严格。碳素结构钢一般应不大于 0.035%~0.050%。低合金高强度结构钢不大于 0.020%~0.035%。对建筑结构用钢板则不应大于 0.015%,若为 Z 向性能钢板更严格,不应大于 0.005%~0.01%。

磷能提高钢的强度和抗锈蚀能力,但严重地降低钢的塑性、冲击韧性、冷弯性能和可焊性,特别是在低温时使钢材变脆,称为"冷脆"。因此钢材中磷含量也要严格控制。同样,质量等级愈高,控制愈严。碳素结构钢一般应不超过 0.035%~0.045%,低合金高强度结构钢应为 0.025%~0.035%。对建筑结构用钢板则不应大于 0.020%~0.025%,Z 向钢板则一律不大于 0.020%。

氧和氮也属于有害杂质。氧的影响与硫相似,使钢"热脆"。氮的影响则与磷相似,使钢"冷脆"。因此,氧和氮的含量也应严加控制,一般氧含量应低于 0.05%,氮含量应低于 0.008%。

氢元素溶于钢中,聚合为氢分子,造成应力集中,超过钢的强度极限,在钢内部形成细小的裂纹,称为"氢脆"。因为微裂纹内壁为白色,又称"白点"。

(2) 应力集中

如图 10-9(a)所示,在钢构件中常存在孔洞、缺口、凹角以及截面的厚度或宽度变化等,截面的突然改变,致使应力线曲折、密集,故在孔洞边缘或缺口尖端等处,将出现局部高峰应力,而其他部位应力则较低,这种截面应力分布不均匀的现象称为应力集中。

如图 10-9(b)所示,在应力集中处,由于出现了应力线曲折,除了产生与构件受力方向一致的纵向应力 σ_x,还将产生与构件受力方向不一致的横向应力 σ_y。若构件较厚,还将产生厚度方向应力 σ_z。由于 σ_x、σ_y 和 σ_z 同号,构件处于同号的双向或三向应力场的复杂应力状态,从而使钢材沿受力方向的变形受到约束,以至塑性降低而产生脆性破坏。

图 10-9(c)所示为 4 种不同开槽钢试件的拉升 $\sigma\text{-}\varepsilon$ 曲线,它显示应力集中的程度取决于槽口形状的变化。变化越剧烈,抗拉强度增长越多,而钢材的塑性降低也越多,脆性破坏的危险性也越大。

由于钢结构用钢材塑性较好,当内力增大时,应力不均匀现象会逐渐趋于平缓,故不影响截面的极限承载能力。因此,对承受静力作用在常温下工作的构件,设计时一般可不考虑应力集中的影响。但是,对低温下直接承受动力作用的构件,若应力集中严重,加上冷作硬化等的不利影响,容易发生脆性破坏。故设计时,应采取避免截面急剧改变等构造措施,以减小应力集中。

(3) 温度

前面所讨论的均是钢材在常温下的工作性能。当温度从常温升高至约 100 ℃时,钢材的抗拉强度、屈服点及弹性模量均有变化,总的情况是强度降低,塑性增大,但数值变化不大,如图 3-15 所示。然而在 250 ℃左右时,钢材抗拉强度却有提高,而塑性和冲击韧性则下降,出现脆性破坏特征,这种现象称为"蓝脆"(因表面氧化膜呈现蓝色)。在蓝脆温度范围内进行热加工,则钢材易产生裂纹。当温度超过 350 ℃时,屈服强度和抗拉强度都显著下降,而伸长率却明显增大,产生徐变现象。当温度达 600 ℃时,强度接近为零。因此,当结构的表面长期受辐射热达 150 ℃以上或可能受到炽热熔化金属的侵害时,应采用砖或耐热材料做成的隔热层加以防护。

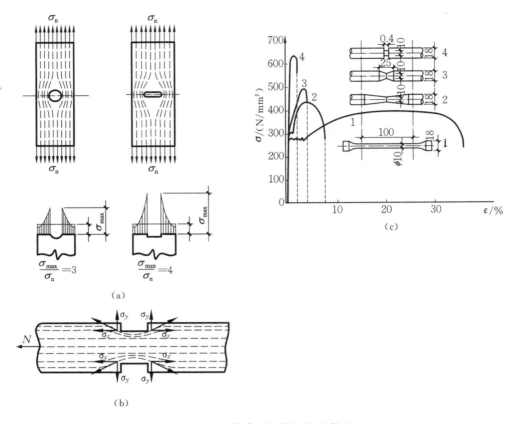

图 10-9　应力集中对钢材性能的影响

当温度从常温下降时,钢材的强度将略有提高,但塑性和韧性降低,脆性增大。尤其是当温度下降到某一负温区间时,其冲击韧性陡然急剧降低,破坏特征明显地由塑性破坏转变为脆性破坏,出现低温脆断。如图 3-16 所示冲击功-温度关系曲线,其中 $T_1 \sim T_2$ 区段称为钢材的脆性转变温度区段。该区段内曲线的最陡点(反弯点)所对应的温度 T_0 称为脆性转变温度。每种钢材的脆性转变温度区段 $T_1 \sim T_2$ 可由大量的试验数据统计确定。为了防止脆性破坏,在对钢结构进行设计时一般应使结构工作温度高于钢材脆性转变温度区段的下限值 T_1。若取上限值 T_2 虽更安全,但过于严格,易造成浪费和选材困难。

如图 3-17 所示,材料断裂时吸收的能量和温度有密切关系。吸收的能量可以划分为三个区域,即变形是塑性的、弹塑性的和弹性的。后者属于完全脆性的断裂,也属于平面应变状态。显然,我们要求材料的韧性不低于线 Ⅰ,以避免出现完全脆性的断裂。然而也没有必要要求韧性高于线 Ⅱ,对钢材要求过高,必然会提高造价。因此,冲击韧性的指标宜定在线 Ⅰ、Ⅱ 之间。

（4）加荷速率

加荷速率是一个影响能量吸收颇为重要的因素。从图 10-9 也可以看出,随着加荷速率的减小,曲线向温度较低的方向移动。有些结构的钢材在工作温度下冲击韧性值很低,但仍然保持完好,就可以由加荷速率来说明。设计者应该了解这一因素的影响。对于同一冲击韧性的材料,当设计承受动力荷载时,允许最低的使用温度要比承受静力荷载时高得多。

巴森和罗尔夫按应变速率 ε 把加荷速率分为三级:

缓慢加荷:$\varepsilon = 10^{-5} \text{ s}^{-1}$

238

中速加载:$\varepsilon = 10^{-3}\ s^{-1}$

动力加载:$\varepsilon = 10\ s^{-1}$

一般房屋结构中带有动力性质的荷载,其应变速率都不高,如厂房中吊车梁应变速率大多在 $10^{-4}\ s^{-1}$ 左右,最多不超过 $10^{-3}\ s^{-1}$。金属材料的应变速率敏感性界限大约为 $10^{-3}\sim$ $10^{3}\ s^{-1}$。当应变速率低于 $10^{-3}\ s^{-1}$ 时属于准静态情况,应变速率效应可略去不计。图 10-10 所示为加荷速率对断裂韧性的影响曲线。由图可见,中速加荷时断裂韧性比缓慢加荷时下降不多,而比动力加荷却高出很多。欧洲标准委员会的钢结构设计规范把加荷速率分为二级:R1 级为静力及缓慢加载,适合于承受自重、楼面荷载、车辆荷载、风及波浪荷载以及提升荷载的结构;R2 级为冲击荷载,适用于高应变速率如爆炸和冲撞荷载。因此,除遭强烈地震作用袭击外,建筑结构通常可列为准静态的结构,即在考虑荷载的动力系数后按静态结构对待,不过承受多次循环荷载时需要进行疲劳计算。

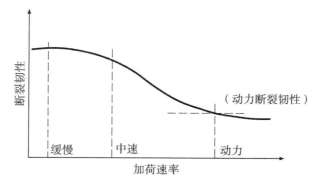

图 10-10　加荷速率对断裂韧性的影响

（5）钢板厚度

随着钢结构向大型化发展,尤其是高层钢结构的兴起,构件钢板的厚度大有增加的趋势。钢板厚度对脆性断裂有较大影响,通常钢板越厚,脆性破坏倾向愈大,"层状撕裂"问题应引起高度重视。

10.3.3　裂纹基本型式(Main Modes of Crack)

断裂力学认为脆性断裂是由裂纹引起的,是在荷载和侵蚀性环境的作用下,裂纹扩展到明显尺寸时发生的。断裂力学是研究裂纹平衡(即裂纹的允许尺寸,在外力作用下裂纹不扩大)、扩展(即裂纹扩展率,从允许裂纹至大裂纹需多长时间)和失稳(即裂纹的失稳扩展尺寸,裂缝加速扩展而断裂)规律的一门学科。

裂纹按其受力及裂纹扩展途径分为三种基本型式,如图 10-11 所示。第一种型式称为张开型,简称Ⅰ型,外力垂直于裂纹面;第二种型式称为滑移型,简称Ⅱ型,外力平行于裂纹面扩展方向;第三种形式称为撕开型,简称Ⅲ型。对钢结构而言主要的裂纹是Ⅰ型,Ⅰ型也是三种裂纹型式中最危险的一种。

10.3.4　断裂力学分析方法(Fracture Mechanics Analysis Methods)

断裂力学分析方法有线弹性断裂力学和弹塑性断裂力学两种。

构件的断裂是由裂纹扩展失稳引起的,而裂纹的扩展失稳由裂纹端点开始。因此,与裂端区应力场、应变场的强度有关,用应力强度因子来表达裂纹端点区应力场、应变场强度。如图

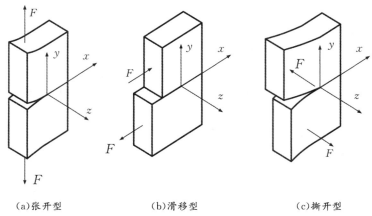

| （a）张开型 | （b）滑移型 | （c）撕开型 |

图 10-11　裂纹基本型式

10-12 所示，由线弹性断裂力学分析，得出求解平面问题时应力强度因子为

$$K_1 = \alpha \sqrt{\pi a}\, \sigma \tag{10-32}$$

式中，K_1 为应力强度因子（$\mathrm{MN/m^{2/3}}$）；α 为与裂纹形状、板的几何形状和宽度、应力梯度等有关的系数；a 为裂纹宽度的一半；σ 为板的应力。

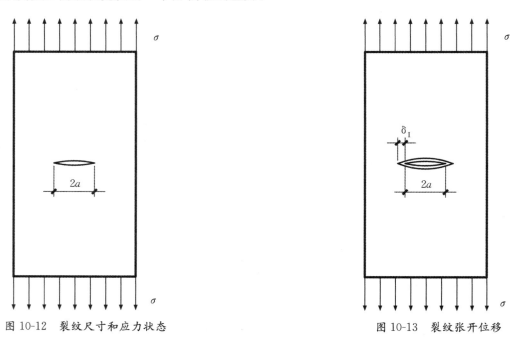

图 10-12　裂纹尺寸和应力状态　　　　　　　　　　图 10-13　裂纹张开位移

板的应力不断增加将使板的裂纹从平衡状态向扩展失稳状态转换。设从平衡状态（不失稳状态）向扩展失稳状态转换的临界应力为 σ_0，将它代入式（10-32）得到的应力强度因子称为断裂韧性，用 K_{ic} 表示。

$$\left. \begin{array}{l} K_1 < K_{ic} \quad 稳定状态，裂纹不扩展 \\ K_1 = K_{ic} \quad 临界状态 \\ K_1 > K_{ic} \quad 扩展失稳状态，裂纹扩展 \end{array} \right\} \tag{10-33}$$

从上式可以判断构件在外荷载作用下是否会发生脆断。断裂韧性与屈服点一样是材料本身固有的特性，可通过试验获得。

上述分析是假定材料为无限弹性，当弹性分析所得的裂纹尖端应力超过钢材屈服点，而材料韧性较好时，应采用弹塑性断裂力学来分析。它的分析方法目前有裂纹张开位移理论（COD理论）和J积分两种。

裂纹张开位移理论认为在失稳断裂前，裂纹端头产生很大的塑性区，裂纹端部张开相当大位移 δ_1，如图10-13所示，用 δ_1 来判断裂纹是否扩展失稳。

$$\left.\begin{array}{ll} \delta_1 \leqslant \delta_{ic} & 稳定状态 \\ \delta_1 > \delta_{ic} & 扩展失稳状态 \end{array}\right\} \tag{10-34}$$

式中，δ_1 为裂纹端部张开位移，$\delta_1 = \dfrac{\pi\sigma^2 a}{Ef_y}$；$f_y$ 为材料的屈服点；δ_{ic} 为位移临界值，它与 K_{ic} 的关系为 $K_{ic} = \sqrt{Ef_y\delta_{ic}}$，其值也可由试验获得。

J积分法是用J积分值表示裂纹端应力应变的综合强度，J积分与积分线路的选取无关，在分析中容易求得。

10.3.5 防止脆性断裂的方法(Methods for Preventing Brittle Fracture)

由上述介绍可以看出，影响钢材在一定条件下出现脆性破坏的因素主要有钢材的内在因素，如钢材的化学成分、组织构造和缺陷等；钢材的外在因素，如构造缺陷和焊接加工引起的应力集中(特别是厚板的应力集中)、低温影响、动荷作用、冷作硬化和应变时效硬化等。为了防止脆性破坏的发生，钢结构在设计和施工过程中应符合下列规定。

(1) 钢结构设计时

①选择的钢结构连接构造和加工工艺应减少结构的应力集中和焊接约束应力，焊接构件宜采用较薄的板件组成。

②应避免现场低温焊接。

③减少焊缝的数量和降低焊缝尺寸，同时避免焊缝过分集中或多条焊缝交会。

④在工作温度等于或低于 -30 ℃的地区，焊接构件宜采用实腹式构件，避免采用手工焊接的格构式构件。

(2) 焊接连接的构造在工作温度等于或低于 -20 ℃的地区

①在桁架节点板上，腹杆与弦杆相邻焊缝焊趾间净距不宜小于 $2.5t$，t 为节点板厚度。

②节点板与构件主材的焊接连接处宜做成半径 r 不小于 60 mm 的圆弧并予以打磨，使之平缓过渡。

③在构件拼接连接部位，应使拼接件自由段的长度不小于 $5t$，t 为拼接件厚度，如图10-14。

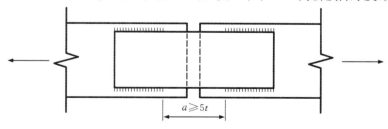

图 10-14　盖板拼接处的构造

(3) 结构设计及施工在工作温度等于或低于 -20 ℃的地区

①承重构件和节点的连接宜采用螺栓连接，临时施工安装连接应避免采用焊缝连接。

②受拉构件的钢材边缘宜为轧制边或自动气割边。对厚度大于 10 mm 的钢材采用手工

气割或剪切边时,应沿全长刨边。

③板件制孔应采用钻成孔或先冲后扩钻孔。

④受拉构件或受弯构件的拉应力区不宜使用角焊缝。

⑤对接焊缝的质量等级不得低于二级。

对于特别重要或特殊的结构构件和连接节点,可采用断裂力学和损伤力学的方法对其进行抗脆断验算。

10. 4　小结(Summary)

①钢材或者构件反复交变荷载作用下,在其强度尚低于钢材抗拉强度甚至低于钢材屈服点的情况下,会逐渐累积损伤、产生裂纹且裂纹逐渐扩展,直到最后突然断裂,称为疲劳破坏。疲劳破坏经历三个阶段:裂纹的形成,裂纹的缓慢扩展,裂纹的迅速断裂。疲劳破坏时在断口处明显地分成三个区域:裂纹源、裂纹扩展区和脆性断裂区。

②疲劳强度除与主体金属和连接类型有关外,还与循环应力比 ρ、应力幅 $\Delta\sigma$ 和循环次数 n 有关。以应力幅 $\Delta\sigma$ 作为影响疲劳性能的主要因素而建立的疲劳校核准则规定或连接中的应力幅 $\Delta\sigma$ 应小于疲劳容许应力幅。

③结构的脆性断裂是指低于名义应力(低于钢材抗拉强度或屈服强度)情况下发生突然断裂的破坏。影响钢材性能和脆性破坏的因素很多,如:化学成分、应力集中、温度、加荷速率、钢板厚度等。

思考题(Questions)

10-1　钢材疲劳破坏的影响因素有哪些?

10-2　为何影响焊接结构疲劳强度的主要因素是应力幅,而不是应力比?

10-3　何谓变幅疲劳的等效应力幅? 它是根据什么原理求得的?

10-4　钢材的静力强度对焊接构件和连接的疲劳强度有影响吗? 为什么?

10-5　引起钢材脆性断裂的主要因素有哪些? 应如何防止脆性破坏的发生?

习　题(Exercises)

10-1　图 10-15 所示的构造,截面为一热轧工字钢 I18,采用对焊而成。承受静力荷载设计值 $P_1=260$ kN(拉力),对称循环的动力荷载 $P_2=100$ kN,设循环次数为 $n=5\times10^5$,钢材为 Q355 钢,试确定此构造是否安全。

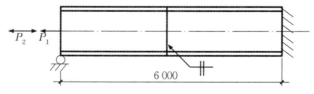

6 000

图 10-15　习题 10-1 附图

10-2　图 10-16 所示焊接连接承受静力荷载设计值 $N=500$ kN(拉力),动力荷载 $P_1=40$ kN(拉力),$P_2=30$ kN(压力),设循环次数 $n=5\times10^5$,采用三面围焊,焊脚尺寸为 6 mm,钢材为 Q235 钢,试验算此连接是否安全。

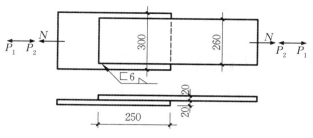

图 10-16 习题 10-2 附图

10-3 图 10-17 所示为一钢板与工字形柱的角焊缝 T 形连接,h_f=8 mm。钢板与一拉杆相连,拉杆受轴力。设钢板高度为 $2a$=400 mm,钢材为 Q235B 钢。采用焊接连接承受静力荷载设计值 N=500 kN(拉力),动力荷载 P_1=250 kN(拉力),P_2=150 kN(压力),设循环次数 n=5×10^5,试验算此连接是否安全。

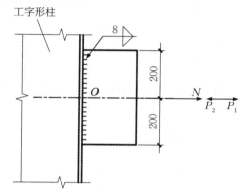

图 10-17 习题 10-3 附图

10-4 图 10-18 所示为一焊接 H 型钢简支梁,跨度 6 m,跨中位置施加一集中动力荷载,动力荷载 P_1=250 kN(向上),P_2=150 kN(向下)。钢梁截面为 H600×300×10×16,钢材为 Q235B,钢梁翼缘和腹板间采用双面角焊缝连接。设循环次数 n=5×10^5,试求焊脚尺寸 h_f。

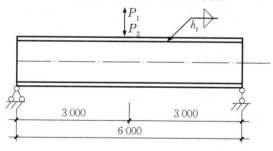

图 10-18 习题 10-4 附图

第 11 章　钢结构防护
(Steel Structure Protection)

本章学习目标

了解钢结构防腐的意义和措施,掌握钢结构的除锈等级及方法;

了解火灾对钢结构的危害及防止钢结构发生火灾的意义;

掌握建筑物耐火等级与耐火极限;

掌握高温下钢结构的物理、力学性能和高温过火冷却后的力学性能;

掌握钢结构抗火设计的一般原则以及设计计算方法;

了解钢结构防火保护措施和基本的方法。

11.1　钢结构防腐(Anti-corrosion of Steel Structure)

11.1.1　钢结构的腐蚀(Corrosion of Steel Structure)

钢结构构件的腐蚀主要是由于结构表面未进行保护或者保护不当,在氧、酸、浓碱、盐溶液等腐蚀性介质中受到侵蚀而出现锈蚀。腐蚀速度与环境腐蚀条件、钢材质量、钢结构构造等有关。其中,环境中水气含量和电解质含量越高,构件腐蚀速度越快。钢结构的腐蚀导致构件截面减小、承载力降低,缩短结构的使用寿命,因此,必须采取防腐措施加以保护。

钢结构的腐蚀分为电化学腐蚀和化学腐蚀两种。

电化学腐蚀是钢材表面与电解质溶液产生腐蚀电流,使钢材产生腐蚀的现象。

暴露在大气中的金属材料与氧气进行反应,往往在金属表面形成一层氧化膜。如暴露在大气中的铝表面形成一层 Al_2O_3,从而将铝或者铝合金与周围环境隔绝,而钢表面形成的 Fe_2O_3 无法形成有效的保护作用,因此,在水和氧气共同存在的情况下,将产生电化学腐蚀作用,从而形成红褐色的铁锈。

化学腐蚀是钢材直接与空气、工业废气或者非电解质液体发生表面化学反应而产生的腐蚀。

这种腐蚀经常出现在钢铁企业、化工厂及其附近的建筑物中。如钢铁冶炼过程中产生的 SO_2,一部分在空气中直接氧化成 SO_3,并由于水解作用生成硫酸;另一部分吸附在金属表面,与铁作用生成 $FeSO_4$ 并进一步被氧化。

腐蚀不仅会给工程和设备造成巨大的损失,还会带来严重的环境污染,同时也增加了工业废水和废渣的排放量和处理难度。另外,腐蚀导致人身安全事故和灾难性事故的报道屡见不鲜,所造成的损伤也极为严重。2012 年,美国弗吉尼亚州一天然气管道因腐蚀造成破裂并发生爆炸,该事故导致附近建筑物损坏、基础设施被破坏。据发达国家的不完全统计,每年由于腐蚀造成的经济损失约占国民经济总产值的 1%～5%。1969 年英国的腐蚀损失约为 13.65亿英镑;1998 年美国的腐蚀损失约为 2 757 亿美元;我国 2000 年的腐蚀损失约为 5 000 亿元,约占国民生产总值的 6%。

11.1.2 钢结构的防腐设计(Anti-corrosion Design of Steel Structure)

(1)钢结构防腐蚀设计原则

钢结构的腐蚀是钢结构设计、施工和使用中必须要解决的问题,与结构的耐久性、造价、维护费用以及使用性能等诸方面密切相关。钢结构设计应遵循安全可靠、经济合理的原则,根据《钢结构设计标准》(GB 50017—2017),按下列要求进行防腐蚀设计:

①钢结构防腐蚀设计应根据建筑物的重要性、环境腐蚀条件、施工和维修条件等要求合理确定防腐蚀设计年限。

②防腐蚀设计应考虑环保节能的要求。

③钢结构除必须采取防腐蚀措施外,还应尽量避免加速腐蚀的不良设计。

④防腐蚀设计中应考虑钢结构全寿命期内的检查、维护和大修。

(2)钢结构的防腐蚀设计方法

钢结构的防腐蚀方法一般包括四类:

①涂层法:在钢结构表面涂(喷)油漆等非金属防腐蚀涂料。这种方法效果好,价格低廉,施工方便,故应用广泛,但是涂料耐久性较差,需要定时进行维修。

②采用各种工艺形成锌、铝等金属保护层。如电镀或热浸镀锌等方法进行表面处理。这种方法质量稳定、耐久性强,多用于受大气腐蚀较严重且不易维修的钢结构中。近年来在轻钢结构中广泛使用的压型钢板就是采用热浸镀(或热镀)锌防腐蚀方法。

③水下或地下钢结构可以采用阴极保护的方法。

④采用具有抗腐蚀能力的耐候钢。

钢结构的防腐设计还需注意以下事项:

①钢结构防腐设计应该综合考虑环境中介质的腐蚀性、环境条件、施工和维修条件因素,因地制宜,选择合适的防腐方案或者采用组合的防腐方案。

②在设计中,对危及人身安全、维修困难的部位以及重要的承重结构和构件应该加强防护。对处于严重腐蚀的使用环境且仅靠涂装无法有效保护的主要承重钢结构构件,宜采用耐候钢或者外包混凝土的方式。

③一般钢结构防腐蚀设计年限不宜低于5年,重要结构不宜低于15年,应权衡设计使用年限中一次投入和维护费用的高低,从而合理选择防腐蚀设计年限。当某些次要构件的设计使用年限与主体结构的设计使用年限不相同时,次要构件应便于更换。

④防腐蚀设计与环保节能密切相关。如设计中注意防腐蚀材料中的挥发性有机物含量、重金属和有毒溶剂等危害健康的物质含量,防腐蚀材料生产和运输的能耗,防腐蚀施工过程的能耗,等等。

⑤在钢结构设计文件中,应注明防腐蚀方案。如采用涂(镀)层方案,须注明所要求的钢材除锈等级和所要用的涂料(或镀层)及涂(镀)层厚度,并注明使用单位在使用过程中对钢结构防腐蚀进行定期检查和维修的要求,建议制订防腐蚀维护计划。

(3)钢结构防腐蚀设计的构造要求

钢结构防腐蚀设计应符合下列构造要求:

①当采用型钢组合的杆件时,型钢间的空隙宽度宜满足防护层施工、检查和维修的要求。

②不同金属材料接触会加速腐蚀时,应在接触部位采用隔离措施。

③焊条、螺栓、垫圈、节点板等连接构件的耐腐蚀性能,不应低于主材材料。螺栓直径不应

小于 12 mm。垫圈不应采用弹簧垫圈。螺栓、螺母和垫圈应采用镀锌等方法防护,安装后再采用与主体结构相同的防腐蚀方案。

④设计使用年限大于或等于 25 年的建筑物,对不易维修的结构应加强防护。

⑤避免出现难于检查、清理和涂漆之处,以及能积留湿气和大量灰尘的死角或凹槽。闭口截面构件应沿全长和端部焊接封闭。

⑥柱脚在地面以下的部分应采用强度等级较低的混凝土包裹(保护层厚度不应小于 50 mm),包裹的混凝土高出室外地面不应小于 150 mm,室内地面不宜小于 50 mm,并宜采取措施防止水分残留。当柱脚底面在地面以上时,柱脚底面高出室外地面不应小于 100 mm,室内地面不宜小于 50 mm。

11.1.3 钢材防腐表面处理(Anti-corrosion Surface Treatment of Steel)

一般来说,钢材表面处理状态是影响防腐性能最重要的因素。彻底清除构件表面的铁锈、油污、毛刺及其他脏污,可以增强涂层与构件间的附着力和黏结力,防止涂层因构件锈蚀而导致脱落,因此,涂装前钢材表面除锈的质量对涂层预计能够获得的防护效果有着重要的影响。

(1)钢材表面锈蚀等级

《涂覆涂料前钢材表面处理 表面清洁度的目视评定 第 1 部分:未涂覆过的钢材表面和全面清除原有涂层后的钢材表面的锈蚀等级和处理等级》(GB/T 8923.1—2011)将钢材表面分成 A、B、C、D 四个锈蚀等级。A 级是指大面积覆盖着氧化皮,几乎没有铁锈的钢材表面;B 级是已经发生锈蚀,并且有部分氧化皮开始剥落的钢材表面;C 级是氧化皮因锈蚀而剥落,或者可以刮除,并且在正常视力观察下可见轻微点蚀的钢材;D 级是氧化皮已经因为锈蚀而剥落,并且在正常视力观察下可见普遍发生点蚀的钢材表面。

另外应注意,表面原始锈蚀等级为 D 级的钢材不应用作结构钢。

(2)钢材表面除锈等级

钢结构表面的除锈分为喷射清理、手工和动力工具清理以及火焰清理三种类型。

喷射清理用"Sa"表示,分为 Sa1、Sa2、Sa2$^{1/2}$ 和 Sa3 四个等级,分别表示对钢材表面进行轻度的喷射清理、彻底的喷射清理、非常彻底的喷射清理以及使钢材表观洁净的表面清理。

手工除锈和动力工具除锈用"St"表示,分为 St2 和 St3 两个等级。St2 是彻底的手工和动力工具清理,表面应无可见的油、脂和污物,并且应无附着不牢的氧化皮、铁锈、涂层和外来杂质;St3 是比 St2 更为彻底的手工和动力工具清理,钢材显露部分的表面应具有金属光泽。

火焰除锈仅有一个等级,用"F1"表示,是用火焰进行烘烤或加热,并配合使用动力钢丝刷清理掉加热后附着在钢材表面的残剩物。火焰除锈后,钢材表面应无氧化皮、铁锈、涂层和外来杂质,任何残留的痕迹应仅为表面变色。火焰除锈经常用于具有一定厚度的钢铁结构及铸件表面处理中,使用氧-乙炔或者氧-丙烷焰火将钢材进行加热。由于钢材与氧化皮的热膨胀系数存在差异,可使得氧化皮破裂而脱落,此外还可以将铁锈中存在的水分脱掉。

另外应注意,喷砂或抛丸用的磨料等表面处理材料应符合防腐蚀产品对表面清洁度和粗糙度的要求,并符合环保要求。

(3)常用的钢材表面除锈方法

钢材表面处理最常见的手段包括手工处理和机械处理两种方式。手工处理是用钢丝刷、砂纸或电动砂轮等动力工具将钢材表面的氧化铁、铁锈和油污等清除掉,这种操作方式虽然比较简单,但除锈效率低下、质量较差;机械除锈是采用喷砂、抛丸等方式进行的表面除锈方法,这种方法在钢结构加工厂应用非常普遍,不仅效率高,而且除锈彻底。

①喷砂除锈。喷砂除锈是利用压缩空气将石英砂等喷砂磨料高速喷射到需要处理的构件表面,依靠石英砂的冲击和摩擦作用将构件表面的氧化铁皮、铁锈和油污等清除掉,同时构件表面也获得一定的粗糙度。喷砂机是钢结构加工厂普遍配备的设备。喷砂除锈的效率高、质量稳定,但费用高且污染环境。

②抛丸除锈。抛丸除锈是指抛丸器抛出的铁丸以一定角度冲撞构件表面,从而达到设计所要求的光亮度、清洁度和粗糙度。对于比较薄的构件,抛丸可能导致板件变形,因此,抛丸适用于板件较厚的构件。与喷砂除锈相比,钢丸的硬度适中、韧性强,有很好的抗冲击能力,使用寿命长,是优质的耐磨材料,可以使钢结构构件具有更好的抗腐蚀能力,且劳动强度和费用较低,对环境污染也较轻。

11.1.4　钢结构的涂层防腐法(Anti-corrosive Coating for Steel Surface)

目前,一般钢结构建筑中多采用涂层法进行防腐。防腐涂料是一种含油或者不含油的胶体溶液,通过不同的施工工艺,涂覆在物件表面,形成黏附牢固、具有一定强度、连续的固态薄膜,保护钢结构不受周围侵蚀介质的影响。早期的涂料主要由植物油或者天然树漆加工而成,随着化学工业的发展,人们开始大量使用各种合成树脂来制造涂料。

(1)防腐涂料的方案选择

防腐涂料一般由底漆、中间漆和面漆组成。底漆成膜粗糙,与钢材表面的黏附着力强、与面漆结合性好,具有化学防腐蚀或者电化学防腐蚀的功能,也称防锈底漆;中间漆通常具有隔离水气的功能;面漆成膜有光泽,能够起到保护底漆和抵抗空气中有害介质的作用,既能增加建筑的美观,也能起到防腐作用。常用的防锈底漆和面漆如表 11-1 和表 11-2 所示。

涂料是防腐蚀方案中的重要材料,通常几种涂料产品组成配套方案。涂料种类繁多、性能各异,选择时应根据结构所处的环境选择涂料的种类,还应考虑与除锈等级的匹配以及与底漆、中间漆和面漆的匹配。钢结构防腐蚀涂料的配套方案,可根据环境腐蚀条件、防腐蚀设计年限、施工和维修条件等要求设计。当配套方案未经工程实践检验时,应进行相容性试验。设计时涂料、涂装次数以及涂层厚度均应符合设计要求。

(2)防腐涂料的施工方法

钢结构防腐涂料的施工通常有刷涂、辊涂和喷涂三种方法。刷涂法是传统方法,适用于渗透性大、干燥较慢的油性基料刷涂,对空隙宽度的要求最小,故形状复杂的构件使用刷涂法比较方便。但该方法劳动强度大,生产效率低,在大型工程项目中已由喷涂法代替。辊涂法在涂覆大平面时比刷涂法快得多,但是辊涂时漆膜的厚度不易控制,而且由于渗透性不佳,在漆膜中或钢材表面易截留空气,故不适用于第一道涂料的施工,可涂刷大多数有装饰性的面漆。喷涂法效率高,施工方便,适应性强,适用于大面积施工,对于快干和挥发性强的涂料尤为适合。但是喷涂法的涂料损耗比刷涂法大,对环境也有一定的污染。

表 11-1　常用的防锈底漆

名称	型号	性能	使用范围	配套要求
红丹油性防锈漆	Y53-1	防锈能力强,漆膜坚韧,施工性能好,但干燥较慢	适用于室内外钢结构防锈打底,但因有电化学作用,不能用于有色金属铝、锌等表面	与油性瓷漆、酚醛瓷漆或醇酸瓷漆配套使用,不能与过氯乙烯漆配套使用
铁红油性防锈漆	Y53-2	附着力强,防锈性能仅次于红丹油性防锈漆,耐磨性差	适用于防锈要求不高的钢结构表面防锈打底	与酯胶瓷漆、酚醛瓷漆配套使用
红丹酚醛防锈漆	F53-1	防锈性能好,漆膜坚固,附着力强,干燥较快	同红丹油性防锈漆	与酚醛瓷漆、醇酸瓷漆配套使用
铁红酚醛防锈漆	F53-3	附着力强,漆膜较软,耐磨性差,防锈性能不如红丹酚醛防锈漆	适用于防锈要求不高的钢结构表面防锈打底	与酚醛瓷漆配套使用
红丹醇酸防锈漆	C53-1	防锈性能好,漆膜坚固,附着力强,干燥较快	同红丹油性防锈漆	与醇酸瓷漆、酚醛瓷漆和酯胶瓷漆等配套使用
铁红醇酸底漆	C06-1	具有良好的附着力和防锈性能,在一般气候下耐久性好,但在湿热性气候和潮湿条件下耐久性差些	适用于一般钢结构表面防锈打底	与醇酸瓷漆、硝基瓷漆和过氯乙烯瓷漆等配套使用
各色硼钡酚醛防锈漆	F53-9	具有良好的抗大气腐蚀性能,干燥快,施工方便;逐步取代一部分红丹防锈漆	适用于室内外钢结构防锈打底	与酚醛瓷漆、醇酸瓷漆等配套使用
乙烯磷化底漆	X06-1	附着力极强,在钢材表面形成钝化膜,能延长有机涂层的寿命	适用于钢结构表面防锈打底,可省去磷化和钝化处理,不能代替底漆使用,可增强涂层附着力	不能与碱性涂料配套使用
铁红过氯乙烯底漆	G06-4	有一定的防锈性及耐化学腐蚀性,但附着力不太好,与乙烯磷化底漆配套使用,可耐海洋性和湿热气候	适用于沿海地区和湿热条件下的钢结构表面防锈打底	与乙烯磷化底漆和过氯乙烯防腐漆配套使用
铁红环氧酯底漆	H06-2	漆膜坚韧耐久,附着力强,耐化学腐蚀,绝缘性良好,与磷化底漆配套使用,可提高漆膜的防潮、防盐雾及防锈性能	适用于沿海地区和湿热条件下的钢结构表面防锈打底	与磷化底漆和环氧瓷漆、环氧防腐漆配套使用

表 11-2　常用的面漆

名称	型号	性能	使用范围	配套要求
各色油性调和漆	Y03-1	耐候性较酯胶调和漆好,但干燥时间较长,漆膜较软	适用于室内一般钢结构	
各色酯胶调和漆	T03-1	干燥性能比油性调和漆好,漆膜较硬,有一定的耐水性	适用于一般钢结构	
各色酚醛瓷漆	F04-1	漆膜坚硬,有光泽,附着力较好,但耐候性较醇酸瓷漆差	适用于室内一般钢结构	与红丹防锈漆、铁红防锈漆配套使用

名称	型号	性能	使用范围	配套要求
各色醇酸瓷漆	C04-42	具有良好的耐候性和较好的附着力,漆膜坚韧,有光泽	适用于室外钢结构	先涂 1～2 道 C06-1 铁红醇酸底漆,再涂 2 道 C06-10 醇酸底漆,再涂该漆
各色纯醇酸酚醛漆	F04-11	漆膜坚硬,耐水性、耐候性及耐化学性均比 F04-1 酚醛瓷漆好	适用作防潮和干湿交替的钢结构面漆	与各种防锈漆、酚醛底漆配套使用
灰酚醛防锈漆	F53-2	耐候性较好,有一定的防水性能	适用于室内外钢结构	与红丹或铁红类防锈漆配套使用

11.2 建筑结构抗火概述(Introduction of Building Struc-tures Fire Resistance)

火灾是指在时间或空间上失去控制的灾害性燃烧现象。

与地震灾害、风灾害一样,火灾是危害建筑结构安全的灾害之一。火灾热量以热辐射、热对流和热传导的方式输入结构,升温导致结构热力耦合效应和结构材料性能的改变。建筑火灾在各类火灾中发生次数最多、损失最大,占全部火灾的 80% 左右。建筑火灾除烧毁生活或生产设备、对人的生命造成威胁外,还损毁建筑室内装饰及门窗等建筑构件,并可能造成结构构件破坏,甚至引起结构发生整体倒塌。据统计,1991 年,美国因火灾造成的直接经济损失达109 亿美元,日本为 7 900 亿日元,我国 1993—2011 年间平均每年发生火灾 187 726 起,造成直接经济损失 15 亿元,间接损失为直接经济损失的 3 倍左右。

而对于钢结构而言,钢材本身在烈焰中形成,是一种不可燃烧的材料,其屈服强度和弹性模量在高温下迅速降低,这使得钢结构本身具有较低的耐火性能。在温度达到 600 ℃时,钢结构将丧失大部分的强度和刚度。建筑物中的火灾将导致钢结构发生整体的倒塌或者严重的损坏。因此,无保护措施的钢结构极易在火灾中被破坏。例如,在某钢结构厂房火灾发生后出现的厂房垮塌以及钢结构梁柱火灾下扭曲的现象(见图 11-1、图 11-2)。有时在受火后钢结构房屋即使没发生垮塌也已经不能继续使用。

图 11-1 火灾下某厂房的整体垮塌

图 11-2 火灾中厂房柱子的扭曲现象

11.3 建筑结构抗火要求 (Building Structures Fire Resis-tance Requirements)

在建筑火灾安全领域,防火、耐火与抗火有严格的定义。

建筑防火是通过人工或自动控制设施探测火灾发生、阻隔火灾蔓延、扑灭火灾火势、疏导人员逃生。这些主动防止技术措施包括烟感探头、自动灭火装置、隔火设施、防排烟管道和人员疏散管道等,目的是降低火灾发生的概率,减少火灾造成的直接经济损伤,避免或减少人员的伤亡。

耐火极限指在标准耐火试验条件下,建筑构件、配件或结构从受到火的作用时起,至失去承载能力、完整性或隔热性时止所用的时间,用 h 表示。

耐火时间是指火灾防止措施中采用的设施部件(如防火墙、防火门、梁、柱、楼板)在火灾中有效的工作时间。

如果耐火时间小于规定的耐火极限,就必须通过技术手段延长耐火时间使其满足规定要求。各类建筑由于使用性质、重要程度、规模大小、层数多少、火灾荷载大小、火灾危险性或火灾扑救难易程度存在差异,所要求的耐火能力有所不同。根据建筑物不同的耐火能力要求,可将建筑物分成若干耐火等级。

耐火等级是衡量建筑物耐火程度的分级标度。它由组成建筑物的构件的燃烧性能和耐火极限来确定,受建筑物构件的材料和构件的构造做法影响。

我国《建筑设计防火规范(2018 版)》(GB 50016—2014)中,民用建筑根据其建筑高度和层数可以分为单、多层民用建筑和高层民用建筑。高层民用建筑根据其建筑高度、使用功能和楼层面积可以分为一类和二类,具体划分如表 11-3 所示。

表 11-3 民用建筑的分类

名称	高层民用建筑		单、多层民用建筑
	一类	二类	
住宅建筑	建筑高度大于 54 m 的住宅建筑(包括设置商业服务网点的住宅建筑)	建筑高度大于 27 m,但不大于 54 m 的住宅建筑(包括设置商业服务网点的住宅建筑)	建筑高度不大于 27 m 的住宅建筑(包括设置商业服务网点的住宅建筑)
公共建筑	1.建筑高度大于 50 m 的公共建筑 2.建筑高度 24 m 以上部任一楼层建筑面积大于 1 000 m² 的商店、展览、电信、邮政、财贸金融建筑和其他多种功能组合的建筑 3.医疗建筑、重要公共建筑、独立建造的老年人照料设施 4.省级及以上的广播电视和防灾指挥调度建筑、网局级和省级电力调度建筑 5.藏书超过 100 万册的图书馆、书库	除一类高层公共建筑外的其他高层公共建筑	1.建筑高度大于 24 m 的单层公共建筑 2.建筑高度不大于 24 m 的其他公共建筑

注:1.表中未列入的建筑,其类别应根据本表类比确定。

2.除另有规定外,宿舍、公寓等非住宅类居住建筑的防火要求,应符合《建筑设计防火规范(2018 版)》(GB 50016—2014)有关公共建筑的规定。

3.除另有规定外,裙房的防火要求应符合《建筑设计防火规范(2018 版)》(GB 50016—2014)有关高层民用建筑的规定。

我国《建筑设计防火规范（2018版）》（GB 50016—2014）将民用建筑耐火等级分成四级。

一级耐火等级建筑：主要建筑构件全部为不燃烧性。

二级耐火等级建筑：主要建筑构件（除吊顶）为难燃烧性，其他为不燃烧性。

三级耐火等级建筑：屋顶承重构件为可燃性。

四级耐火等级建筑：防火墙为不燃烧性，其余为难燃性和可燃性。

除规范另有规定外，不同耐火等级建筑相应构件的燃烧性能和耐火极限不应低于表11-4所示。

表 11-4 同耐火等级建筑相应构件的燃烧性能和耐火极限 h

构件名称		耐火等级			
		一级	二级	三级	四级
墙	防火墙	不燃性 3.00	不燃性 3.00	不燃性 3.00	不燃性 3.00
	承重墙	不燃性 3.00	不燃性 2.50	不燃性 2.00	难燃性 0.50
	非承重墙	不燃性 1.00	不燃性 1.00	不燃性 0.50	可燃性
	楼梯间和前室的墙 电梯井的墙 住宅建筑单元之间的墙和分户墙	不燃性 2.00	不燃性 2.00	不燃性 1.50	难燃性 0.50
	疏散走道两侧的隔墙	不燃性 1.00	不燃性 1.00	不燃性 0.50	难燃性 0.25
	房间隔墙	不燃性 0.75	不燃性 0.50	不燃性 0.50	难燃性 0.25
柱		不燃性 3.00	不燃性 2.50	不燃性 2.00	难燃性 0.50
梁		不燃性 2.00	不燃性 1.50	不燃性 1.00	难燃性 0.50
楼板		不燃性 1.50	不燃性 1.00	不燃性 0.50	可燃性
屋顶承重构件		不燃性 1.50	不燃性 1.00	可燃性 0.50	可燃性
疏散楼梯		不燃性 1.50	不燃性 1.00	不燃性 0.50	可燃性
吊顶（包括吊顶搁栅）		不燃性 0.25	难燃性 0.25	难燃性 0.15	可燃性

注：1.除另有规定外，以木柱承重且墙体采用不燃材料的建筑，其耐火等级应按四级确定。

2.住宅建筑构件的耐火极限和燃烧性能可按《住宅建筑规范》（GB 50368—2005）的规定执行。

①民用建筑的耐火等级应根据其建筑高度、使用功能、重要性和火灾扑救难度等确定，并应符合下列规定：

a）地下或半地下建筑（室）和一类高层建筑的耐火等级不应低于一级。

b）单、多层重要公共建筑和二类高层建筑的耐火等级不应低于二级。

c）除木结构建筑外，老年人照料设施的耐火等级不应低于三级。

②建筑高度大于 100 m 的民用建筑,其楼板的耐火极限不应低于 2.00 h。一、二级耐火等级建筑的上人平屋顶,其屋面板的耐火极限分别不应低于 1.50 h 和 1.00 h。

③一、二级耐火等级建筑的屋面板应采用不燃材料。屋面防水层宜采用不燃、难燃材料,当采用可燃防水材料且铺设在可燃、难燃保温材料上时,防水材料或可燃、难燃保温材料应采用不燃材料作防护层。

④二级耐火等级建筑内采用难燃性墙体的房间隔墙,其耐火极限不应低于 0.75 h;当房间的建筑面积不大于 100 m² 时,房间隔墙可采用耐火极限不低于 0.50 h 的难燃性墙体或耐火极限不低于 0.30 h 的不燃性墙体。二级耐火等级多层住宅建筑内采用预应力钢筋混凝土的楼板,其耐火极限不应低于 0.75 h。

⑤建筑中的非承重外墙、房间隔墙和屋面板,当确需采用金属夹芯板材时,其芯材应为不燃材料,且耐火极限应符合《建筑设计防火规范(2018 版)》(GB 50016—2014)的有关规定。

⑥二级耐火等级建筑内采用不燃材料的吊顶,其耐火极限不限。三级耐火等级的医疗建筑、中小学校的教学建筑、老年人照料设施及托儿所、幼儿园的儿童用房和儿童游乐厅等儿童活动场所的吊顶,应采用不燃材料;当采用难燃材料时,其耐火极限不应低于 0.25 h。二、三级耐火等级建筑内门厅、走道的吊顶应采用不燃材料。

⑦建筑内预制钢筋混凝土构件的节点外露部位,应采取防火保护措施,且节点的耐火极限不应低于相应构件的耐火极限。

建筑结构抗火是指由建筑材料构成的建筑空间骨架受力体系在火灾中保持承受一定荷载的能力。

具体抗火对策包括:对构件进行防火保护,延迟结构材料的升温时间,从而达到提高结构耐火时间的目的;或者通过计算得到火灾荷载效应,对结构进行抗火设计,使其在一定的外荷载条件下满足规定的结构构件耐火极限要求。

钢结构抗火研究的目的是避免或减少人民的生命财产损失。研究意义在于:给火灾中人员的救援提供便利与保障;避免结构的大范围破坏;降低结构后期修复成本,减少经济损失。

11.4 结构抗火设计方法(Structure Fire Resistance Design Method)

11.4.1 结构抗火设计方法分类(Classification of Fire Resistance Design Methods for Structures)

(1)基于试验的结构抗火设计方法

基于构件试验的结构抗火设计方法,以试验为设计依据,通过进行不同类型构件(梁和柱)在规定荷载分布与标准升温条件下的耐火试验,确定在采取不同防火措施(如防火涂料)后构件的耐火时间,先通过一系列的试验确定各种防火措施,包括同种防火措施不同防护程度,如不同防火涂料厚度所对应的构件耐火时间,然后根据建筑的重要性及火灾的危险性,同时考虑构件的重要性,按构件在标准升温试验中确定的抗火能力评判其是否满足《建筑设计防火规范(2018 版)》(GB 50016—2014)规定的耐火极限。

基于构件试验的结构抗火设计方法简单、直观、应用方便,最初各国钢结构的抗火设计均采用这种方法。我国现行《建筑设计防火规范(2018 版)》(GB 50016—2014)中也是基于这种方法制定了关于钢梁和钢柱的耐火要求。然而,基于构件试验的抗火设计方法存在严重缺陷,即荷载作用形式与大小对构件抗火能力的影响较难逐一通过标准件受火试验检测。由于实际构件的受力状况千差万别,试验的标准受载状态难以与实际保持一致,如果用试验的方法确定上述不同条件下的构件抗火能力,那么所耗时间与其费用将难以承受。例如,在荷载大小相同的条件下,轴心受压柱的耐火时间将比偏心受压柱的耐火时间长;跨中作用集中荷载的梁将比支座附近作用集中荷载的梁的耐火时间长;构件在真实的结构中所受的端部约束状态较难在标准构件受火试验中重现。结构中构件之间的相互约束以及端部的约束会影响构件的抗火承载力以及温度应力,从而导致构件的耐火时间差异。

(2)基于计算的结构抗火设计方法

与风和地震作用对结构的影响相似,结构的抗火承载力可以基于理论分析通过计算确定。为避免基于标准构件试验的结构抗火方法中的缺陷,先建立结构抗火设计模型,再由火灾分析模型得到火灾输入结构的能量,接着通过结构分析模型得出构件或结构的受火力学反应,根据热传导理论和结构分析理论,通过计算确定构件的抗火能力,最终提出结构防火保护措施,这种基于计算的结构抗火设计方法可分为承载力法、临界温度法和性能化结构抗火设计方法。

①承载力法:根据初步设计的构件防火保护措施,得到防火保护材料的技术参数,如保护层厚度、导热系数等,通过计算保证结构或构件在规定的耐火极限内,其承载力不小于荷载作用组合效应,从而保障结构或构件在防火保护下的耐火时间不小于规定的耐火极限。

②临界温度法:验算结构或构件在火灾工况下,达到承载力极限状态时的某特征温度是否小于结构或构件在规定的耐火极限内该特征点的实际温度。临界温度法和承载力法的本质是一样的,均是对结构或构件的高温承载力进行验算,区别在于承载力法未通过时间指标验算其抗火承载力是否满足要求,而临界温度法则是将结构或构件在火灾工况荷载效应组合设计值下达到承载能力的极限状态时所对应的特征温度是否小于其在规定的极限内达到的温度,作为依据,判别结构或构件的抗火承载力是否满足要求。针对工程应用,基于计算给出了关键因素影响下的结构或构件的临界温度值,可直接查用。在建筑设计软件 PKPM 中,常采用该方法进行防火设计。

③性能化结构抗火设计方法:根据具体结构对象,直接以人员安全和火灾经济损失最小为目标,确定结构抗火需求,基于计算确定实际火灾升温下构件及结构整体抗火能力。由于性能化方法以结构抗火需求为目标,最大程度地真实模拟结构的实际抗火能力,因此是一种较为先进的抗火设计方法。目前,对一些建筑功能需求超出《建筑设计防火规范(2018 版)》(GB 50016—2014)规定的大型工程,可采用性能化结构抗火设计方法来保障结构在火灾下的安全。

11.4.2 钢结构防火设计(Design of Fire Protection for Steel Structures)

(1)基本要求

钢结构构件的设计耐火极限应根据建筑的耐火等级,按《建筑设计防火规范(2018 版)》(GB 50016—2014)的规定确定。柱间支撑的设计耐火极限应与柱相同,楼盖支撑的设计耐火极限应与梁相同,屋盖支撑和系杆的设计耐火极限应与屋顶承重构件相同。钢结构构件的耐火极限经验算低于设计耐火极限时,应采取防火保护措施。

钢结构节点的防火保护应与被连接构件中防火保护要求最高者相同。

钢结构的防火设计文件应注明建筑的耐火等级、构件的设计耐火极限、构件的防火保护措施、防火材料的性能要求及设计指标。

当施工所用防火保护材料的等效热传导系数与设计文件要求不一致时,应根据防火保护层等效热阻相等的原则确定保护层的施用厚度,并应经设计单位认可。对于非膨胀型钢结构防火涂料、防火板,可按《建筑钢结构防火技术规范》(GB 51249—2017)附录 A 确定防火保护层的施用厚度;对于膨胀型防火涂料,可根据涂层的等效热阻直接确定其施用厚度。

(2)防火设计

钢结构应按结构耐火承载力极限状态进行耐火验算与防火设计。钢结构耐火承载力极限状态的最不利荷载(作用)效应组合设计值,应考虑火灾时结构上可能同时出现的荷载(作用),且应按下列组合值中的最不利值确定:

$$S_{\mathrm{m}} = \gamma_{0\mathrm{T}}(\gamma_G S_{Gk} + S_{Tk} + \varphi_{\mathrm{f}} S_{Qk}) \qquad (11\text{-}1)$$

$$S_{\mathrm{m}} = \gamma_{0\mathrm{T}}(\gamma_G S_{Gk} + S_{Tk} + \varphi_{\mathrm{q}} S_{Qk} + \varphi_{\mathrm{w}} S_{Wk}) \qquad (11\text{-}2)$$

式中,S_{m} 为荷载(作用)效应组合的设计值;S_{Gk} 为按永久荷载标准值计算的荷载效应值;S_{Tk} 为按火灾下结构的温度标准值计算的作用效应值;S_{Qk} 为按楼面或屋面活荷载标准值计算的荷载效应值;S_{Wk} 为按风荷载标准值计算的荷载效应值;$\gamma_{0\mathrm{T}}$ 为结构重要性系数,对于耐火等级为一级的建筑,$\gamma_{0\mathrm{T}} = 1.1$,对于其他建筑,$\gamma_{0\mathrm{T}} = 1.0$;$\gamma_G$ 为永久荷载的分项系数,一般可取 $\gamma_G = 1.0$,当永久荷载有利时,取 $\gamma_G = 0.9$;φ_{w} 为风荷载的频遇值系数,取 $\varphi_{\mathrm{w}} = 0.4$;$\varphi_{\mathrm{f}}$ 为楼面或屋面活荷载的频遇值系数,应按《建筑结构荷载规范》(GB 50009—2012)的规定取值;φ_{q} 为楼面或屋面活荷载的准永久值系数,应按《建筑结构荷载规范》(GB 50009—2012)的规定取值。

①钢结构的防火设计应根据结构的重要性、结构类型和荷载特征等选用基于整体结构耐火验算或基于构件耐火验算的防火设计方法,并应符合下列规定:

a)跨度不小于 60 m 的大跨度钢结构,宜采用基于整体结构耐火验算的防火设计方法。

b)预应力钢结构和跨度不小于 120 m 的大跨度建筑中的钢结构,应采用基于整体结构耐火验算的防火设计方法。

②基于整体结构耐火验算的钢结构防火设计方法应符合下列规定:

a)各防火区应分别作为一个火灾工况并选用最不利火灾场景进行验算。

b)应考虑结构的热膨胀效应、结构材料性能受高温作用的影响,必要时还应考虑结构几何非线性的影响。

③基于构件耐火验算的钢结构防火设计方法应符合下列规定:

a)计算火灾下构件的组合效应时,对于受弯构件、拉弯构件和压弯构件等以弯曲变形为主的构件,可不考虑热膨胀效应,且火灾下构件的边界约束和在外荷载作用下产生的内力可采用常温下的边界约束和内力,计算构件在火灾下的组合效应;对于轴心受拉、轴心受压等以轴向变形为主的构件,应考虑热膨胀效应对内力的影响。

b)计算火灾下构件的承载力时,构件温度应取其截面的最高平均温度,并应采用结构材料在相应温度下的强度与弹性模量。

④钢结构构件的耐火验算和防火设计,可采用耐火极限法、承载力法或临界温度法,且应符合下列规定:

a)耐火极限法。在设计荷载作用下,火灾下钢结构构件的实际耐火极限不应小于其设计耐火极限,并应按式(11-3)进行验算。其中,构件的实际耐火极限可按《建筑构件耐火试验方法 第 1 部分:通用要求》(GB/T 9978.1—2008)、《建筑构件耐火试验方法 第 5 部分:承重水平分隔构件的特殊要求》(GB/T 9978.5—2008)、《建筑构件耐火试验方法 第 6 部分:梁的特殊要求》(GB/T 9978.6—2008)、《建筑构件耐火试验方法 第 7 部分:柱的特殊要求》(GB/T

9978.7—2008)通过试验测定,或按《建筑钢结构防火技术规范》(GB 51249—2017)有关规定计算确定。

$$t_{\mathrm{m}} \geqslant t_{\mathrm{d}} \tag{11-3}$$

b)承载力法。在设计耐火极限时间内,火灾下钢结构构件的承载力设计值不应小于其最不利的荷载(作用)组合效应设计值,并应按式(11-4)进行验算。

$$R_{\mathrm{d}} \geqslant S_{\mathrm{m}} \tag{11-4}$$

c)临界温度法。在设计耐火极限时间内,火灾下钢结构构件的最高温度不应高于其临界温度,并应按式(11-5)进行验算。

$$T_{\mathrm{d}} \geqslant T_{\mathrm{m}} \tag{11-5}$$

式中,t_{m} 为火灾下钢结构构件的实际耐火极限,t_{d} 为钢结构构件的设计耐火极限,S_{m} 为荷载(作用)效应组合的设计值,R_{d} 为结构构件抗力的设计值,T_{m} 为在设计耐火极限时间内构件的最高温度,T_{d} 为构件的临界温度。

11.5 火灾下钢结构的材料性能(Material Properties of Steel Structures Under Fire)

11.5.1 火灾标准升温曲线(Fire Standard Warming Curve)

早期通过抗火试验来确定构件的抗火性能。为了使试件抗火性能可以进行横向比较,试验需采用统一的升温条件,为此许多国家与组织都制定了相关的标准,供抗火试验和抗火设计使用。图11-3为一些国家和组织采用的标准升温曲线,表11-5以表格形式列出了 ISO 834 标准升温曲线过程的升温段。

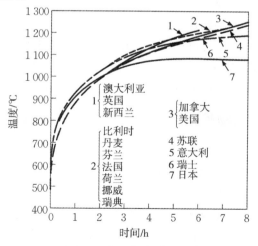

图 11-3 各国标准升温曲线

表 11-5　ISO 834 标准升温曲线温度时间关系

时间/min	温度升高($T_g - T_0$)/℃
0	0
5	556
10	659
15	718
30	821
60	925
90	986
120	1 029
180	1 090
240	1 133
360	1 193

常见建筑的室内火灾升温曲线可按下列规定确定：

①对于以纤维类物质为主的火灾,可按式(11-6)确定：

$$T_g - T_{g0} = 345 \lg(8t + 1) \tag{11-6}$$

②对于以烃类物质为主的火灾,可按式(11-7)确定：

$$T_g - T_{g0} = 1\ 080 \times (1 - 0.325 e^{-t/6} - 0.675 e^{-2.5t}) \tag{11-7}$$

式中,t 为火灾持续时间(min);T_g 为火灾发展到 t 时刻的热烟气平均温度(℃);T_{g0} 为火灾前室内环境的温度(℃),可取 20 ℃。

当能准确确定建筑的火灾荷载、可燃物类型及其分布、几何特征等参数时,火灾升温曲线可按其他有可靠依据的火灾模型确定。

当实际火灾升温曲线不同于标准火灾升温曲线时,钢结构在实际火灾作用下的等效曝火时间 t_e 可按实际火灾升温曲线、时间轴、时刻 t 直线三者所围成的面积与标准火灾升温曲线、时间轴、时刻 t_e 直线三者所围成的面积相等的原则经计算确定。

11.5.2　高温下钢结构的物理特性(Physical Properties of Steel Structures at High Temperature)

普通建筑结构钢材主要包括热轧低碳钢和低合金高强度钢两大类,主要有 Q235、Q345、Q390 和 Q420 四种,通常作为各种型材和板材。耐火钢中加入耐高温合金元素钼、铬和铌等,从而大幅度降低防火涂料的厚度或无需防火保护,在 600 ℃时的屈服强度不小于其常温屈服强度的 2/3。高温作用下结构钢的物理特性主要包括热膨胀系数、热传导系数、比热容和密度等。

高温作用下结构钢的物理特性如表 11-6 所示。

表 11-6　高温下钢材的物理参数

参数	符号	数值	单位
热膨胀系数	α_s	1.4×10^{-5}	m/(m · ℃)
热传导系数	λ_s	45	W/(m · ℃)

参数	符号	数值	单位
比热容	c_s	600	J/(kg·℃)
密度	ρ_s	7 850	kg/m³

（1）热膨胀系数

热膨胀系数指固体在温度每升高 1 ℃时长度或体积发生的相对变化量。

当温度升高时,钢构件会发生膨胀。钢的热膨胀系数（线膨胀系数）实际随温度的升高会发生变化,但变化幅度不大,图 11-4 为从室温开始升温时钢的热膨胀与温度升高的关系。图中显示钢的热膨胀系数随温度升高而升高。但试验表明:在 0～700 ℃,钢的平均热膨胀系数与温度正相关;随着温度进一步上升,达到 800 ℃左右时,两者呈负相关;直至 900 ℃后,两者再次呈正相关。该现象称为"相位变换"。

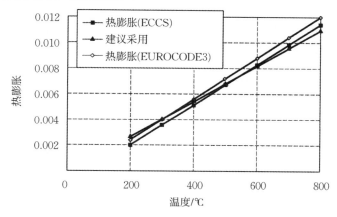

图 11-4　钢的热膨胀与温度的关系

注:ECCS 指欧洲钢结构协会规范,EUROCODE3 指欧洲规范。

（2）比热容

比热容是指单位质量的物质温度升高或降低 1 ℃时所吸收或释放的热量。

钢材的比热容与温度呈正相关,但在 725 ℃左右时,钢材内部颗粒成分与结构发生变化,比热容迅速增大之后又迅速回落。可近似用式(11-8)表示,也可用图 11-5 表示。

$$c_s = 38 \times 10^{-5} T_s + 20 \times 10^{-2} T_s + 470 \tag{11-8}$$

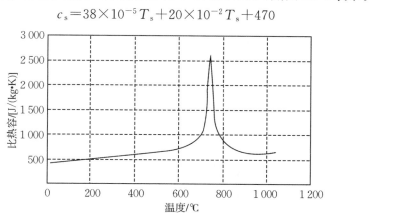

图 11-5　钢材的比热容随温度变化的关系

（3）导热系数

导热系数又称为热传导系数，指在单位温度梯度下，在单位时间内单位面积上所传递的能量。

钢材的导热系数很大，与温度呈负相关，但温度达到 750 ℃后，钢材的导热系数维持稳定，可近似用式（11-9）表示：

$$\lambda_s = 52.08 - 5.05 \times 10^{-5} T_s^2 \tag{11-9}$$

在结构钢抗火计算时，一般假定钢材的热传导系数与温度无关。

（4）密度

密度是指单位体积的质量。

钢的密度随温度的变化很小，一般忽略不计。高温作用下结构钢的物理特性如表 11-6 所示。

11.5.3 高温下钢结构的力学特性（Mechanical Properties of Steel Structures at High Temperature）

高温下的钢结构的力学性能有一定差别，主要包括强度、应力-应变关系、蠕变、松弛、弹性模量。

（1）强度

试验表明，钢的屈服强度随温度的升高而降低，600 ℃时的屈服强度仅为常温下的 20.8%（图 11-6）。钢的极限强度先随温度的升高而升高，200 ℃出现"蓝脆"现象时，极限强度最高，超过 200 ℃后极限强度降低，600 ℃时最低，仅为常温下的 23.4%（图 11-7）。由于高温下钢结构的应力-应变关系曲线没有明显的屈服极限和屈服平台，为了描述钢结构高温下的屈服强度，按 0.2% 较大应变下的名义屈服强度，得到高温下钢结构的屈服强度随温度变化的拟合公式。高温下钢结构的强度设计值应按下列公式计算。

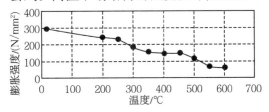

图 11-6 屈服强度随温度变化趋势

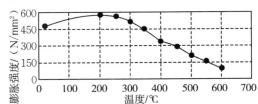

图 11-7 极限强度随温度变化趋势

$$f_T = \eta_{sT} f \tag{11-10}$$

$$\eta_{sT} = \begin{cases} 1.0 & (20\ ℃ \leqslant T_s \leqslant 300\ ℃) \\ 1.24 \times 10^{-8} T_s^3 - 2.096 \times 10^{-5} T_s^2 + 9.228 \times 10^{-3} T_s - 0.216\ 8 & (300\ ℃ < T_s < 800\ ℃) \\ 0.5 - T_s/2\ 000 & (800\ ℃ \leqslant T_s \leqslant 1\ 000\ ℃) \end{cases}$$

$$\tag{11-11}$$

式中，T_s 为钢材的温度（℃），f_T 为高温下钢材的强度设计值（N/mm²），f 为常温下钢材的强度设计值（N/mm²），η_{sT} 为常温下钢材的屈服强度折减系数。

高温下耐火钢的强度可按式（11-10）确定。其中，屈服强度折减系数 η_{sT} 应按式（11-12）计算。

$$\eta_{sT} = \begin{cases} \dfrac{6(T_s - 768)}{5(T_s - 918)} & (20\ ℃ \leqslant T_s < 700\ ℃) \\[2mm] \dfrac{1\,000 - T_s}{8(T_s - 600)} & (700\ ℃ \leqslant T_s \leqslant 1\,000\ ℃) \end{cases} \tag{11-12}$$

（2）应力-应变关系

钢材在高温下的应力-应变关系试验分为恒载升温和恒温加载两个方式。恒载升温过程更接近结构钢材料在火灾中的工作状态，但是恒温加载更利于获取较为完整的应力-应变曲线。当钢的温度低于 250 ℃时，钢的弹性模量和强度无明显变化；当温度高于 250 ℃时，钢材会出现"塑性流动"；当温度升高至 300 ℃后，应力-应变关系曲线不会出现明显的屈服极限和屈服平台，钢材的弹性模量和强度也会急剧下降。高温下钢构件的总应变增量 $\Delta\varepsilon$ 包括三个部分：由应力产生的瞬时应变 ε_σ、蠕变 ε_{cr} 和由于热膨胀产生的应变 ε_{th}：

$$\Delta\varepsilon = \varepsilon_\sigma + \varepsilon_{cr} + \varepsilon_{th} \tag{11-13}$$

$$\varepsilon_{th} = \Delta T_s \cdot \alpha_s \tag{11-14}$$

总应变与应力过程和升温过程有关。当构件的升温速度在 5～50 ℃/min 且构件的温度不超过 600 ℃时，蠕变较小，一般将蠕变包括在 ε_σ 中一起考虑，而不另外考虑蠕变的影响，因而也不考虑应力过程和升温过程对总应变的影响。否则，蠕变的影响要单独考虑。应力-应变关系实际上是指应力 σ 和由应力产生的应变 ε_σ 之间的关系。软钢的经典应力-应变关系曲线如图 11-8、图 11-9 所示。

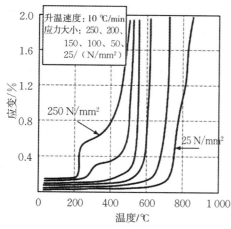

图 11-8　低碳钢恒载升温试验测得的应
　　　　　力-应变曲线

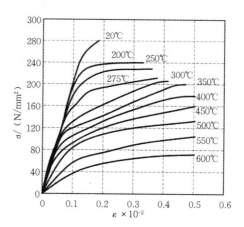

图 11-9　低碳钢各温度下的应力-应变
　　　　　曲线

（3）蠕变

蠕变是固体材料在保持应力不变的条件下，应变随时间延长而增加的现象。

蠕变与塑性变形不同，塑性变形与时间无关，一般出现在弹性极限以后；蠕变与时间相关，即使应力较小，低于弹性极限，只要作用时间较长，也会出现蠕变。由蠕变试验得到的蠕变曲线（应变与时间关系曲线）如图 11-10 所示。典型蠕变曲线有以下特征（以图中曲线 b 为例）：荷载不变的情况下，加载瞬间产生的应变为弹性应变与塑性应变之和；在蠕变初期（图中第一阶段），应变速率与时间呈负相关；直至达到稳定蠕变阶段（图中第二阶段），应变速率基本稳定，该阶段也被称为最小蠕变速度阶段；最后为加速蠕变阶段（图中第三阶段），该阶段应变速率增长较快，直至构件失稳断裂。上述过渡、稳定、加速蠕变也分别称为第一阶段蠕变、第二阶段蠕变、第三阶段蠕变。

这三个阶段蠕变的组成关系主要与试件的应力和温度相关。在温度相同的条件下,若应力较大,则第二阶段蠕变几乎消失,试件直接由第一阶段进入第三阶段,直至断裂,如曲线 a 所示;若应力较小,则第二阶段蠕变会持续较长时间,如曲线 c 所示。在应力相同的条件下,第二阶段蠕变的持续时间与温度呈负相关。但总的来说,第二阶段蠕变在整体蠕变中所占比例较小。

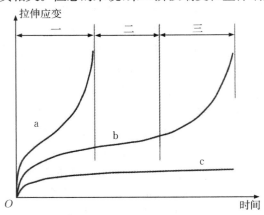

图 11-10　典型蠕变曲线

由于火灾的持续时间较短,一般不超过几个小时,因此火灾中钢结构的蠕变一般以第一阶段蠕变为主,另外由于第二阶段蠕变在整体蠕变中所占比例较小,因此一般不考虑其影响。对于高温下钢结构的短期蠕变,一般通过大量试验的统计分析得到回归公式来进行蠕变的预测。

（4）松弛

松弛是指在一定的温度下,一个受拉或者受压的金属构件,若使用过程中总变形保持不变,则应力会自发下降的现象。

典型的松弛曲线一般可分为两个阶段,如图 11-11 所示。对于火灾中的松弛问题,松弛的第一阶段起主要作用,一般考虑第一阶段松弛即可。高温下金属材料的松弛起因于蠕变现象,所以可以把它看作是变动应力下的蠕变问题之一。因此,蠕变的变形理论也适用于松弛问题。

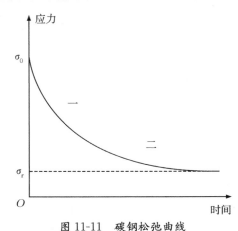

图 11-11　碳钢松弛曲线

松弛过程中的应变关系可用式（11-15）表示:

$$\varepsilon = \varepsilon_\sigma(\sigma, T_s) + \varepsilon_{cr}(\sigma, T_s, t) \tag{11-15}$$

式中,ε 为恒定值;$\varepsilon_\sigma(\sigma, T_s)$ 为由应力产生的应变,与试件所受应力大小和材性（受温度影响)有关;$\varepsilon_{cr}(\sigma,T_s,t)$ 为温度和应力同时变动情况下的蠕变。

钢结构中常用来传递荷载的摩擦型高强螺栓连接,其荷载传递机理是对螺栓施加预拉力产生挤压,使构件在有相对运动的趋势时产生摩擦力,通过摩擦力来传递荷载。在火灾情况下,节点区温度会升高,使得螺栓产生松弛,螺栓的预拉力大幅度下降,从而显著降低螺栓的连接性能。无论是国内还是国外,现阶段对于高强螺栓火灾下的连接性能的深入研究还比较少,国外规范仅通过更加严格要求连接的耐火时间来防止火灾下连接过早地破坏。

（5）弹性模量

高温下钢结构的弹性模量,是指钢结构的高温应力-应变关系曲线中每一个温度下对应的现行阶段的斜率值。高温下结构钢的弹性模量应按下列公式计算:

$$E_{sT}=\chi_{sT}E_s \tag{11-16}$$

$$\chi_{sT}=\begin{cases} \dfrac{7T_s-4\,780}{6T_s-4\,760} & (20\ ^\circ\!C \leqslant T_s < 600\ ^\circ\!C) \\[2mm] \dfrac{1\,000-T_s}{6T_s-2\,800} & (600\ ^\circ\!C \leqslant T_s \leqslant 1\,000\ ^\circ\!C) \end{cases} \tag{11-17}$$

式中,E_{sT} 为高温下钢材的弹性模量（N/mm²）,E_s 为常温下钢材的弹性模量（N/mm²）,χ_{sT} 为高温下钢材的弹性模量折减系数。

高温下耐火钢的弹性模量可按式(11-16)确定。其中,弹性模量折减系数 χ_{sT} 应按式(11-18)计算。

$$\chi_{sT}=\begin{cases} 1-\dfrac{T_s-20}{2\,520} & (20\ ^\circ\!C \leqslant T_s < 650\ ^\circ\!C) \\[2mm] 0.75-\dfrac{7(T_s-650)}{2\,500} & (650\ ^\circ\!C \leqslant T_s < 900\ ^\circ\!C) \\[2mm] 0.5-0.000\,5T_s & (900\ ^\circ\!C \leqslant T_s \leqslant 1\,000\ ^\circ\!C) \end{cases} \tag{11-18}$$

11.6 钢结构构件抗火保护(Fire Protection for Steel Structure Members)

11.6.1 抗火保护原则和基本方法(Fire Protection Principles and Methods for Steel Structures)

钢结构若不做防火处理,其耐火能力极差,为了弥补其抗火性能差的缺点,需采取相应的防护措施,以达到规范的要求。

根据《建筑钢结构防火技术规范》(GB 51249—2017)的要求,钢结构的防火保护措施应根据钢结构的结构类型、设计耐火极限和使用环境等因素,按照下列原则确定:

①防火保护施工时,不产生对人体有害的粉尘或气体。

②钢构件受火后发生允许变形时,防火保护不发生结构性破坏与失效。

③施工方便且不影响前期已完工的施工及后续施工。

④具有良好的耐久、耐候性能。

提高钢结构抗火性能的主要方法:

①水冷冷却:通过水循环系统将钢构件中的热量带走,降低构件温度。典型案例为美国钢

铁公司大厦的应用,如图 11-12 所示,钢结构柱内部为空心,在其上设有通道,与水箱直接相连,形成水流循环系统。在火灾发生时,系统中的水循环将带走大量的热量,可以防止钢柱在高温下工作,保证结构的安全。但是,循环使用的水中需掺入外加剂,以防止钢材锈蚀和冬季胀裂,实际应用范围较窄。

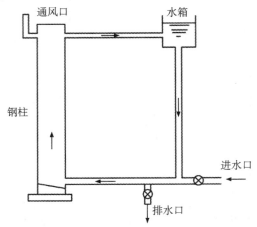

图 11-12　钢柱水冷却法示意图

②单面屏障法:在钢构件的迎火面设置阻火屏障,将构件与火焰隔开。如图 11-13 所示,在钢梁、钢柱的周围设置防火板,阻碍火焰热量的传递。该方法较为经济。

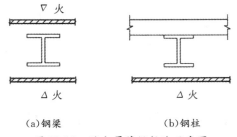

(a)钢梁　　　　　(b)钢柱

图 11-13　防火屏障保护法示意图

③浇筑混凝土或砌筑耐火砖:采用混凝土或耐火砖完全封闭钢构件(图 11-14)。美国的纽约宾馆、英国的伦敦保险公司办公楼、中国的上海浦东世界金融大厦的钢柱均采用这种方法。国内石化工业钢结构厂房以前也大多采用砌砖方法加以保护。这种方法优点是强度高、耐冲击,但缺点是占用空间较大,例如,用 C20 混凝土保护钢柱,其厚度为 5~10 cm 才能达到1.5~3 h 的耐火极限。另外,施工也较麻烦,特别在钢梁、斜撑上,施工十分困难。

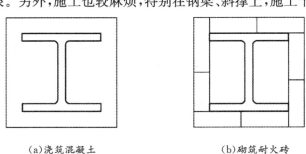

(a)浇筑混凝土　　　　　(b)砌筑耐火砖

图 11-14　浇筑混凝土或砌筑耐火砖

④采用耐火轻质板材作为防火外包层:采用纤维增强水泥板(如 TK 板、FC 板)、石膏板、硅酸钙板、蛭石板将钢构件包覆起来。防火板由工厂加工,表面平整、装饰性好,施工为干作业,用于钢柱防火具有占用空间少、综合造价低的优点。据报道,日本无石棉硅酸钙板(KB 板)作为高层钢结构建筑的防火包覆材料已被广泛应用,总用量已达到钢结构防护面积的 10%左右。

⑤涂抹防火涂料:将防火涂料涂覆于钢材表面。这种方法施工简便、质量轻、耐火时间长,而且不受钢结构几何形状限制,具有较好的经济性和实用性。

11.6.2 钢结构防火涂料(Fire Protection Paint for Steel Structures)

钢结构采用喷涂防火涂料保护时,应符合下列规定:

①室内隐蔽构件,宜选用非膨胀型防火涂料。

②设计耐火极限大于 1.50 h 的构件,不宜选用膨胀型防火涂料。

③室外、半室外钢结构采用膨胀型防火涂料时,应选用符合环境对其性能要求的产品。

④非膨胀型防火涂料涂层的厚度不应小于 10 mm。

⑤防火涂料与防腐涂料应相容、匹配。

钢结构防火涂料的品种繁多,一般根据其在高温下体积是否发生变化分为膨胀型和非膨胀型系列。

膨胀型防火涂料,又称薄型防火涂料,一般厚度在 2～7 mm,主要材料为有机树脂。其中还含有发泡剂、碳化剂等成分,使得涂料在火灾下会发泡膨胀,形成较原涂层厚十几倍到几十倍的多孔碳质层,多孔碳质层具有良好的隔热性能,耐火极限可达 0.5～1.5 h。膨胀型防火涂料涂层薄、容重轻,还具有抗震性和较好的装饰性,但在施工过程中会产生较大的气味,而且易老化,在潮湿环境下会吸水,从而会丧失膨胀性。

非膨胀型防火涂料,其主要成分为无机绝热材料,遇火不膨胀,自身具有良好的隔热性,故又称隔热型防火涂料。除了材料本身良好的绝热性外,其部分成分会在高温下蒸发或发生分解等烧蚀反应,以此来阻隔和消耗向基材传递的热量,从而延缓钢构件达到临界温度的时间。其涂层厚度为 7～50 mm,耐火极限可达到 0.5～3 h。因涂层较厚,又称厚型防火涂料。厚型防火涂料一般不燃、无毒、耐老化、耐久性较可靠,适用于永久性建筑。

钢结构防火涂料按涂层厚薄、成分、施工方法及性能特征不同进一步分类:

钢结构防火涂料 ⎰ 膨胀型(B类) ⎰ 普通型(涂层厚 7 mm 以下,标准梁耐火时间可达 1.5 h)
⎱　　　　　　⎱ 超薄型(涂层厚 3 mm 以下,标准梁耐火时间可达 1.5 h)
　　　　　　 ⎰ 非膨胀型(H类) ⎰ 湿法喷涂(以蛭石、珍珠岩为主要绝热骨料)
　　　　　　 ⎱　　　　　　　 ⎱ 干法喷涂(以矿物纤维为主要绝热骨料)

图 11-15　钢结构防火涂料分类

厚型防火涂料按施工方法分为湿法喷涂施工和干法喷涂施工。湿法喷涂施工以膨胀蛭石、膨胀珍珠岩等颗粒材料为骨料,而干法喷涂施工以矿物纤维为骨料。与前者相比,干法喷涂的涂层质量较轻,施工时容易散发细微纤维粉尘,容易造成施工环境污染和危害施工人员健康。

在我国,厚型防火涂料广泛应用于永久性钢结构建筑中,其施工工艺通常采用湿法喷涂。采用的涂料一般分为两种:一种以珍珠岩为骨料、水玻璃(或硅溶胶)为黏结剂的双组分包装涂料,施工采用喷涂的方式;另一种是以膨胀蛭石、珍珠岩为骨料,水泥为黏结剂的单组分包装涂料(又称水泥系防火涂料),可以直接在现场加水拌匀使用,施工时既能喷,又能抹。由于可以手工涂抹,易获得光滑、平整的涂层表面。在水泥系防火涂料中,容重较高的品种在耐水性和抗冻融性方面表现优异。

两种类型的厚型防火涂料性能比较见表 11-7。

表 11-7 各种类型涂料性能和应用

涂料类型	颗粒型(蛭石)	纤维型(矿棉)
主要原料	蛭石、珍珠岩、微珠等	石棉、矿棉、硅铝酸纤维
质量密度/(kg/m³)	350～450	250～350
抗震性	一般	良
吸声系数(0.5～2k)	≤0.5	≥0.7
导热系数/[W/(m·K)]	0.1 左右	≤0.06
施工工艺	湿法机喷或手抹	干法机喷
一次喷涂厚度/cm	0.5～1.2	2～3
外观	光滑、平整	粗糙
劳动条件	基本无粉尘	粉尘多
修补难易程度	易	难

钢结构喷涂非膨胀型防火涂料保护时,其防火保护构造宜按图 11-16 选用。有下列情况之一时,宜在涂层内设置与钢构件相连接的镀锌铁丝网或玻璃纤维布:

①构件承受冲击、振动荷载。

②防火涂料的黏结强度不大于 0.05 N/mm²。

③构件的腹板高度大于 500 mm 且涂层厚度不小于 30 mm。

④构件的腹板高度大于 500 mm 且涂层长期暴露在室外。

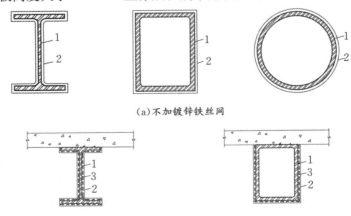

(a)不加镀锌铁丝网

(b)加镀锌铁丝网

1—钢构件;2—防火涂料;3—镀锌铁丝网。

图 11-16 防火涂料保护构造图

11.6.3 钢结构防火板保护(Steel Structure Fire Proof Board Protection)

建筑板材种类繁多,按其燃烧性能可分四类,即不燃材料(A级)、难燃材料(B级)、可燃材料(B2级)和易燃材料(B3级)。防火用板材基本应为不燃材料。按《建筑材料不燃性试验方法》(GB/T 5464—2010)进行不燃性试验,同时符合下列条件的,方可定为不燃材科。

①由材料燃烧引起炉内平均温升不超过50℃。

②试样平均持续燃烧时间不超过20 s。

③试样平均质量损失率不超过50%。

对于一些本身不会燃烧的无机板材,由于其材料在火灾的高温作用下不稳定,极其容易分解或炸裂,造成结构强度的丧失,甚至有的还会产生大量有毒气体。因此,不能将这类板材用作防火板材。

钢结构采用包覆防火板时,应符合下列规定:

①防火板应为不燃材料,且受火时不应出现炸裂和穿透裂缝等现象。

②防火板的包覆应根据构件形状和所处部位进行构造设计,并应采取确保安装牢固稳定的措施。

③用于固定防火板的龙骨及黏结剂应采用不燃材料。龙骨跟构件与防火板的连接施工应简易,黏结剂应保证在高温下不完全失效,应具备一定的强度,并且要能保证防火板完整的包敷。

钢结构防火板材分为防火薄板和防火厚板,前者密度大,强度高,后者密度较小。板材性能、品种分别简介如下:

①防火薄板。其特点是密度大(800~1800 kg/m³),强度高(抗折强度10~50 N/mm²),导热系数大[0.2~0.4 W/(m·K)],使用厚度大多为6~15 mm。由于这类板材的使用温度不大于600℃,因此不适合单独作为钢结构的防火保护,而常用作轻钢龙骨隔墙的面板、吊顶板(又统称为罩面板),以及钢梁、钢柱经厚型防火涂料涂覆后的装饰面板(或称罩面板)。

②防火厚板。其特点是密度小(小于500 kg/m³),导热系数低[0.08 W/(m·K)以下],其厚度可按耐火极限需要确定(20~50 mm)。由于本身具有优良耐火隔热性,可直接用于钢结构防火,提高结构耐火极限。这类板主要有轻质(或超轻质)硅酸钙防火板及膨胀蛭石防火板两种。

轻质硅酸钙防火板的主要成分是CaO和SiO_2,在高温高压条件下发生化学反应生成的硬硅钙晶体,再添加少量增强纤维等辅助材料经压制、干燥形成。膨胀蛭石防火板以特种膨胀蛭石为骨料,辅之以无机胶凝材料为主要成分,两者充分混合,通过压制、烘干形成。两种板材都具有优良的防火隔热性能。

用防火厚板作为钢结构防火材料有如下特点:

①质量轻。容重为400~500 kg/m³,仅为一般建筑薄板的1/4~1/2。

②强度较高。抗折强度为0.8~2.5 MPa。

③隔热性好。导热系数不大于0.08 W/(m·K),隔热性能要优于同等密度的隔热型厚型防火涂料。

④耐高温。使用温度在1 000℃以上。1 000℃加热3 h,线收缩率不大于2%。用这种板保护钢梁钢柱,耐火极限可达3 h。

⑤尺寸稳定。具有潮湿环境下可保持长期稳定、不发生变形的特性。

⑥耐久性好。物理化学性能稳定,不会老化,可长期使用。

⑦易加工。可任意锯、钉、刨、削。

⑧无毒无害。不含石棉,在高温或发生火灾时不产生有害气体。

⑨装饰性好。表面平整光滑,可直接在板材上进行涂装、裱糊等内装饰作业。

各种防火板主要技术性能指标如表 11-8 所示。

表 11-8　各种防火板主要技术性能指标

防火板类型	常用外形尺寸(长×宽×厚)/ mm	密度/(kg/m³)	最高使用温度/ ℃	导热系数/[W/(m·K)]
纸面石膏板	3 600×1 200×(9～18)	800	600	0.19 左右
TK 板	(1 200～3 000)×(800～1 200)×(4～8)	1 700	600	0.35
FC 板	3 000×1 200×(4～6)	1 800	600	0.35
纤维增强硅酸钙板	3 000×1 200×(5～20)	1 000	600	≤0.28
无机玻璃钢板	2 000×1 000×(2～12)	1 500～1 700	600	0.24～0.45
蛭石防火板	1 000×610×(20～65)	430	1 000	0.11 左右
超轻硅酸钙板(日本 KB 板)	1 000×610×(25～50)	400	1 000	0.06
超轻硅酸钙板(山东莱州 GF 板)	1 000×500×(20～30)	400	1 000	0.075

钢结构采用包覆防火板时,钢梁的防火板保护构造宜按图 11-17 选用,钢柱的防火板保护构造宜按图 11-18 选用。

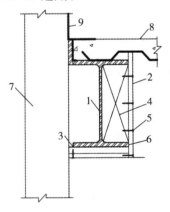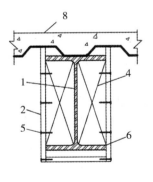

(a)靠墙的钢梁　　　　　　　　　　(b)一般位置的钢梁

1—钢梁;2—防火板;3—钢龙骨;4—垫块;5—自攻螺钉(射钉);6—高温黏贴剂;7—墙体;
8—楼板;9—金属防火板。

图 11-17　防火板保护钢梁的构造图

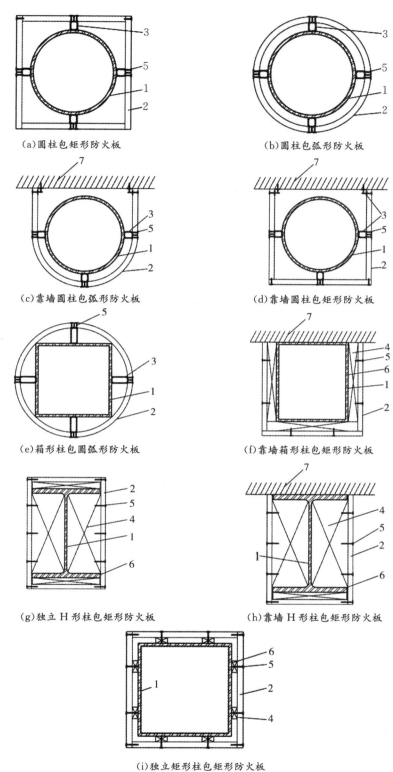

(a)圆柱包矩形防火板

(b)圆柱包弧形防火板

(c)靠墙圆柱包弧形防火板

(d)靠墙圆柱包矩形防火板

(e)箱形柱包圆弧形防火板

(f)靠墙箱形柱包矩形防火板

(g)独立 H 形柱包矩形防火板

(h)靠墙 H 形柱包矩形防火板

(i)独立矩形柱包矩形防火板

1—钢柱;2—防火板;3—钢龙骨;4—垫块;5—自攻螺钉(射钉);6—高温黏贴剂;7—墙体。

图 11-18 防火板保护钢柱的构造图

11.6.4 钢结构采用柔性毡状材料保护(Steel Structures Protected by Flexible Felt Material)

钢结构采用包覆柔性毡状隔热材料保护时,应符合下列规定:

①不应用于易受潮或受水的钢结构。

②在自重作用下,毡状材料不应发生压缩不均的现象。

钢结构采用包覆柔性毡状隔热材料保护时,其防火保护构造宜按图 11-19 选用。

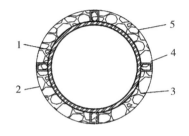

(a)用钢龙骨支持

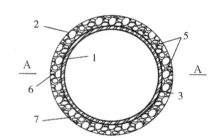

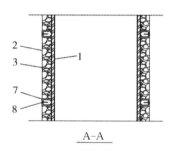

(b)用圆弧形防火板支撑

1—钢柱;2—金属保护板;3—柔性毡状隔热材料;4—钢龙骨;5—高温黏贴剂;6—支撑板;
7—弧形支撑板;8—自攻螺钉(射钉)。

图 11-19 柔性毡状隔热材料防火保护构造图

11.6.5 钢结构采用外包混凝土保护(Steel Structures Protected by Outsourced Concrete)

钢结构采用外包混凝土、金属网抹砂浆或砌筑砌体保护时,应符合下列规定:

①当采用外包混凝土时,混凝土的强度等级不宜低于 C20。

②当采用外包金属网抹砂浆时,砂浆的强度等级不宜低于 M5;金属丝网的网格不宜大于 20 mm,丝径不宜小于 0.6 mm;砂浆最小厚度不宜小于 25 mm。

③当采用砌筑砌体时,砌块的强度等级不宜低于 MU10。

钢结构采用外包混凝土或砌筑砌体保护时,其防火保护构造宜按图 11-20 选用,外包混凝土宜配构造钢筋。

11.6.6 钢结构采用复合保温混凝土保护(Protection of Steel Structures by Composite Insulation Concrete)

钢结构的防火保护可采用下列措施之一或其中几种的复(组)合:

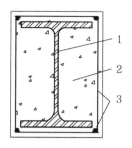 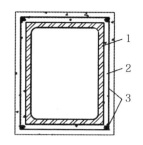 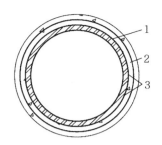

1—钢构件;2—混凝土;3—构造钢筋。

图 11-20 外包混凝土防火保护构造图

①喷涂(抹涂)防火涂料。

②包覆防火板。

③包覆柔性毡状隔热材料。

④外包混凝土、金属网抹砂浆或砌筑砌体。

钢结构采用复合防火保护时,钢柱的防火保护构造宜按图 11-21、图 11-22 选用,钢梁的防火保护构造宜按图 11-23 选用。

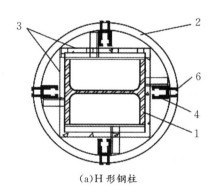

(a)H 形钢柱

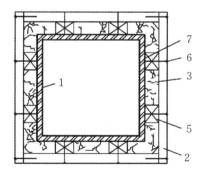

(b)一般位置的箱形柱

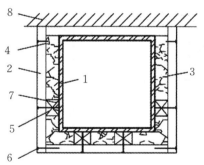

(c)靠墙的箱形柱

1—钢柱;2—防火板;3—柔性毡状隔热材料;4—钢龙骨;5—垫块;6—自攻螺钉(射钉);
7—高温黏贴剂;8—墙体。

图 11-21 钢柱采用柔性毡和防火板复合保护的构造图

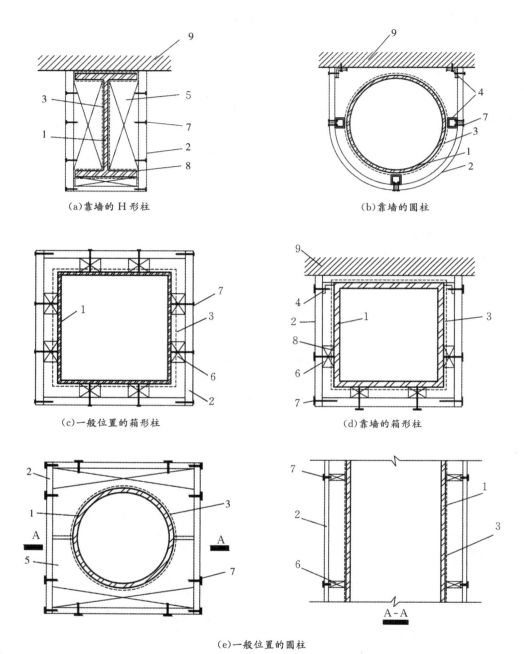

（a）靠墙的 H 形柱 （b）靠墙的圆柱

（c）一般位置的箱形柱 （d）靠墙的箱形柱

（e）一般位置的圆柱

1—钢柱；2—防火板；3—防火涂料；4钢龙骨；5—支撑板；6—垫块；7—自攻螺钉（射钉）；8—高温黏贴剂；9—墙体。

图 11-22 钢柱采用防火涂料和防火板复合保护的构造图

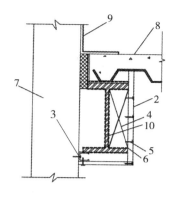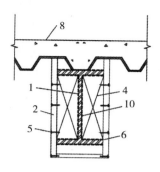

（a）靠墙的钢梁　　　　　　　　　　（b）一般位置的钢梁

1—钢梁；2—防火板；3—钢龙骨；4—垫块；5—自攻螺钉（射钉）；6—高温黏贴剂；
7—墙体；8—楼板；9—金属防火板；10—防火涂料。

图 11-23　钢梁采用防火涂料和防火板复合保护的构造图

11.6.7　钢结构防火保护层厚度计算方法（Calculation Methods of Fire Protection Layer Thickness of Steel Structures）

钢构件采用轻质防火保护层时，防火保护层的设计厚度可根据钢构件的临界温度按下列规定确定：

①对于膨胀型防火涂料，防火保护层的设计厚度宜根据防火保护材料的等效热阻经计算确定。等效热阻可根据临界温度按式（11-19）计算：

$$R_i = \frac{5 \times 10^{-5}}{\left(\dfrac{T_s - T_{s0}}{t} + 0.2\right)^2 - 0.044} \cdot \frac{F_i}{V} \tag{11-19}$$

②对于非膨胀型防火涂料、防火板，防火保护层的设计厚度宜根据防火保护材料的等效热传导系数按式（11-20）计算确定：

$$d_i = R_i \lambda_i \tag{11-20}$$

式中，R_i 为防火保护层的等效热阻（m²·℃/W）；T_s 为火灾发展到 t 时刻钢构件的内部温度；T_{s0} 为火灾前钢结构内部的温度，可取 20 ℃；t 为火灾持续时间，在非标准火灾下，计算采用轻质防火保护层的钢构件温度时，t 应采用《建筑钢结构防火技术规范》（GB 51249—2017）第 6.1.3 条确定的等效曝火时间 t_e；F_i 为有防火保护钢构件单位长度的受火表面积（m²），对于外边缘型防火保护，取单位长度钢构件的防火保护材料内表面积，对于非外边缘型防火保护，取沿单位长度钢构件所测得的可能的矩形包装的最小内表面积；V 为单位长度钢构件的体积（m³）；$\dfrac{F_i}{V}$ 为有防火保护钢构件的截面形状系数（m⁻¹）；d_i 为防火保护层的厚度（m）；λ_i 为防火保护材料的等效热传导系数[W/（m·℃）]。

钢构件采用非轻质防火保护层时，防火保护层的设计厚度应按《建筑钢结构防火技术规范》（GB 51249—2017）第 6.2.2 条的规定经计算确定。

例 11-1　构件基本情况：有一工字形截面简支梁，跨度为 5 m，无侧向支撑，钢号 Q235；其单位长度的表面积 $A = 1.189$ m²、体积 $V = 8.364 \times 10^{-3}$ m³，火灾下梁的受热面积为其表面积的 0.7，即 $F_i = 1.189 \times 0.7 = 0.832$ m²。梁上作用有沿强轴方向的均布荷载 q，绕强轴截面惯

性矩 $W=919\ cm^3$，常温下钢梁的整体稳定性系数 $\varphi_b=0.73$，防火保护层材料的热传导系数 λ_i $=0.093\ W/(m\cdot℃)$。(1)已知 $q=25\ kN/m$，耐火时间要求 $t=2\ h$，求防火保护层的厚度 d_i。(2)已知 $q=30\ kN/m$，钢梁的防火涂料厚度为 $d_i=0.020\ m$，求钢梁的耐火时间 t。(3)已知 q $=25\ kN/m$，钢梁的防火涂料厚度为 $d_i=0.020\ m$，耐火时间要求 $t=2.0\ h$，问钢梁是否满足抗火要求？

解 (1)计算临界温度 T_d

查《建筑钢结构防火技术规范》(GB 51249—2017)表 7.2.3 可得

$$R=\frac{M}{\varphi_b W f}=\frac{1}{8}\times\frac{25\times5^2\times10^6}{0.73\times919\times10^3\times215}=0.542$$

临界温度 $T_d=574.1\ ℃$。

计算防火涂料的厚度 d_i：

由式(11-19)、式(11-20)可知：

$$d_i=\frac{5\times10^{-5}\times\lambda_i}{\left(\dfrac{T_s-T_{s0}}{t}+0.2\right)^2-0.044}\cdot\frac{F_i}{V}$$

$$=\frac{5\times10^{-5}\times0.093}{\left(\dfrac{574.1-20}{2.0\times3\,600}+0.2\right)^2-0.044}\times\frac{0.832}{8.364\times10^{-3}}$$

$$=0.014\,1(m)$$

(2)计算临界温度 T_d

$$R=\frac{M}{\varphi_b W f}=\frac{1}{8}\times\frac{30\times5^2\times10^6}{0.73\times919\times10^3\times215}=0.650$$

查《建筑钢结构防火技术规范》(GB 51249—2017)表 7.2.3 可得，临界温度 $T_d=$ $530.8\ ℃$。

计算钢材的耐火时间 t：

由式(11-19)、式(11-20)推导可知：

$$t=\frac{T_s-T_{s0}}{-0.2+\sqrt{5\times10^{-5}\times\dfrac{\lambda_i}{d_i}\cdot\dfrac{F_i}{V}+0.044}}$$

$$=\frac{530.8-20}{-0.2+\sqrt{5\times10^{-5}\times\dfrac{0.093}{0.020}\times\dfrac{0.832}{8.364\times10^{-3}}+0.044}}$$

$$=8\,644(s)\approx2.40(h)$$

(3)临界温度法

①计算临界温度 T_d：

与(1)相同，即 $T_d=574.1\ ℃$。

计算钢梁受火 $t=2.0\ h$ 时刻的温度 T_s：

由式(11-19)和式(11-20)推导可知：

$$B=\frac{\lambda_i}{d_i}\cdot\frac{F_i}{V}=\frac{0.093}{0.020}\times\frac{0.832}{8.364\times10^{-3}}=462.6[W/(m^{-3}\cdot℃)]$$

$$T_s = (\sqrt{0.044 + 5 \times 10^{-5} \times B} - 0.2)t + T_{s0}$$
$$= (\sqrt{0.044 + 5 \times 10^{-5} \times 462.6} - 0.2) \times 2 \times 3\ 600 + 20$$
$$= 445.5(℃)$$

故有
$$T_s < T_d$$

满足抗火要求。

②高温极限承载力验算：

计算临界温度 T_d：

由(1)可知 $T_d = 574.1$ ℃。

计算钢梁温度 T_s 时的承载力：

由式(11-11)和式(11-17)可知,在温度 T_s 时的强度降低系数为
$$\eta_{sT} = \frac{f_{yT}}{f_y} = 1.24 \times 10^{-8} T_s^3 - 2.096 \times 10^{-5} T_s^2 + 9.228 \times 10^{-3} T_s - 0.216\ 8$$
$$= 1.24 \times 10^{-8} \times 574.1^3 - 2.096 \times 10^{-5} \times 574.1^2 + 9.228 \times 10^{-3} \times 574.1 - 0.216\ 8$$
$$= 0.519$$

由《建筑钢结构防火技术规范》(GB 51249—2017)表 7.1.4,并通过插值法计算可知:
$$\alpha_b = 1.097$$

$\alpha_b \varphi_b = 1.097 \times 0.73 = 0.801 > 0.6$,所以高温下的整体稳定性系数为
$$\varphi'_{bT} = 1.07 - \frac{0.282}{\alpha_b \varphi_b} = 1.07 - \frac{0.282}{0.801} = 0.718$$

则钢梁在温度 T_s 时的稳定承载力为
$$M_{crT} = \varphi'_{bT} W f_{yT} = \varphi'_{bT} W \eta_T \gamma_R f$$
$$= 0.718 \times 919 \times 10^3 \times 0.519 \times 1.1 \times 215 \times 10^{-6} = 80.99(kN \cdot m)$$

钢梁所承受的最大弯矩为
$$M = \frac{1}{8} q l^2 = \frac{1}{8} \times 25 \times 5^2 = 78.1(kN \cdot m)$$

故有
$$M_{crT} > M$$

因此钢梁满足抗火要求。

11.7 小结(Summary)

①钢结构构件的腐蚀主要是由于结构表面未进行保护或者保护不当,在氧、酸、浓碱、盐溶液等腐蚀性介质中受到侵蚀而出现锈蚀,从而导致构件截面减小、承载力降低,缩短结构的使用寿命。

②钢结构的防腐蚀方法一般包括涂层法、在金属表面用金属镀层保护、水下或地下钢结构可以采用阴极保护的方法和采用耐候钢四类方法。

③钢材表面锈蚀分成 A、B、C、D 四个等级,钢结构表面的除锈分为喷射清理、手工和动力工具清理以及火焰清理三种类型。

④目前,一般钢结构建筑中多采用涂层法进行防腐,防腐涂料一般由底漆、中间漆和面漆

组成。防腐涂料的施工通常有刷涂、辊涂和喷涂三种方法。

⑤建筑火灾安全与很多因素有关系,其中火灾特性、建筑材料和构件的高温性能、结构耐火性能、相应消防设施和延期控制以及人员的疏散设计都是重要的影响。

⑥结构抗火设计方法有三种,分别为基于试验的结构抗火设计方法、基于计算的结构抗火设计方法和性能化结构抗火设计方法。

⑦结构钢在高温下的物理特性包括热膨胀系数、热传导系数、比热容和密度,力学性能包括强度、应力-应变关系、蠕变、松弛、弹性模量。

⑧提高钢结构抗火性能的方法包括钢结构防火涂料保护、钢结构防火板保护、柔性毡状材料保护、外包混凝土保护和复合保温混凝土保护。

思考题(Questions)

11-1 钢结构防腐蚀的方法有哪些?

11-2 钢结构工程的防腐设计原则有哪些?

11-3 钢结构工程的防腐设计有哪些构造要求?

11-4 简述钢材表面的锈蚀等级及除锈等级。

11-5 常用的钢材表面除锈方法有哪些?

11-6 钢结构防腐涂料的施工常用的方法有哪些?

11-7 简述火灾对钢结构产生的危害。

11-8 建筑火灾的火灾升温曲线是什么? 为何定义升温曲线?

11-9 建筑的耐火等级和耐火极限分别是什么?

11-10 简述高温下钢的物理特性和力学性能。

11-11 高温下钢结构的防火隔热方法有哪些?

习　题(Exercises)

11-1 构件基本情况:有一工字形截面简支梁,跨度为 6 m,无侧向支撑,钢号 Q235;其单位长度表面积 $A=1.193$ m²,体积 $V=9.864×10^{-3}$ m³,火灾下梁的受热面积为其表面积的 0.8,即 $F_i=1.193×0.8=0.954$ m²。梁上作用有沿强轴方向的集中力 $F=25$ kN,绕强轴截面惯性矩 $W=962.0$ cm³,常温下钢梁的整体稳定性系数 $\varphi_b=0.60$,防火保护层材料的热传导系数 $\lambda_i=0.093$ W/(m・℃),耐火时间要求 $t=2$ h,求防火保护层的厚度 d_i。

11-2 分别利用临界温度法和高温承载力法,验算上题中的钢梁在 $F=30$ kN,$t=2.5$ h,$d_i=0.02$ m 的情况下是否满足抗火要求。

参考文献

[1]中华人民共和国住房和城乡建设部.建筑结构可靠性设计统一标准：GB 50068—2018[S].北京：中国建筑工业出版社,2018.

[2]中华人民共和国住房和城乡建设部.建筑结构荷载规范：GB 50009—2012[S].北京：中国建筑工业出版社,2012.

[3]中华人民共和国住房和城乡建设部.钢结构设计标准：GB 50017—2017[S].北京：中国建筑工业出版社,2017.

[4]中华人民共和国住房和城乡建设部.建筑设计防火规范：GB 50016—2014[S].北京：中国计划出版社,2014.

[5]中华人民共和国住房和城乡建设部.建筑钢结构防火技术规范：GB 51249—2017[S].北京：中国计划出版社,2017.

[6]中华人民共和国国家质量监督检验检疫总局.涂覆涂料前钢材表面处理 表面清洁度的目视评定：GB/T 8923—2008[S].北京：中国标准出版社,2008.

[7]EN 1993-1-1：Eurocode 3-Design of Steel Structures.Part 1-1：General Rules and Rules for Buildings [S].Brussels，Belgium：European Committee for Standardization，2005.

[8]陈绍蕃,顾强.钢结构（上册）：钢结构基础[M].4 版.北京：中国建筑工业出版社,2018.

[9]夏志斌,姚谏.钢结构：原理与设计[M].2 版.北京：中国建筑工业出版社,2011.

[10]何若全.钢结构基本原理[M].2 版.北京：中国建筑工业出版社,2018.

[11]沈祖炎,陈以一,陈扬骥,等.钢结构基本原理[M].3 版.北京：中国建筑工业出版社,2018.

[12]张耀春,周绪红.钢结构设计原理[M].2 版.北京：高等教育出版社,2020.

[13]戴国欣.钢结构 [M].武汉：武汉理工大学出版社,2007.

[14]孙强,马巍.钢结构基本原理 [M].武汉：武汉大学出版社,2014.

[15]胡习兵,张再华.钢结构设计原理 [M].北京：北京大学出版社,2012.

[16]张秀华,王秋萍.钢结构设计原理[M].北京：科学出版社,2009.

[17]丁阳.钢结构设计原理[M].天津：天津大学出版社,2011.

[18]李帼昌,张曰果,赵赤云.钢结构设计原理[M].北京：中国建筑工业出版社,2019.

[19]叶见曙,李国平.结构设计原理[M].4 版.北京：人民交通出版社,2018.

[20]杜咏,楼国彪,张海燕,等.结构工程防火[M].武汉：武汉大学出版社,2014.

[21]韩林海,宋天诣.钢-混凝土组合结构抗火设计原理[M].北京：科学出版社,2012.

[22]李国强,韩林海,楼国彪,等.钢结构及钢-混凝土组合结构抗火设计[M].北京：中国建筑工业出版社,2008.

[23]Li Guoqiang, Wang Peijun.Advanced analysis and design for fire safety of steel structures[M].杭州：浙江大学出版社,2012.

[24]邹浩,舒兴平.钢框架考虑二阶效应的顶点侧移限值取值研究[J].工业建筑,2015,45(4):156-160.

[25]李国强,李进军.基于整体承载极限状态的钢结构可靠度设计方法及其在门式钢刚架设计中的应用[J].建筑结构学报,2004,25(4):94-99.

[26]蒋友宝,杨伟军.不对称荷载下大跨空间结构体系可靠性设计研究[J].工程力学,2009,26(7):105-110.

[27]蒋友宝,杨伟军.可变荷载效应占高比重时荷载分项系数取值研究[J].建筑结构学报,2012,33(12):130-135.

[28]邱丽梅.钢筋 RPC 道砟槽板的抗弯承载力和疲劳试验研究[D].北京：北京交通大学,2012..

[29]冉铭哲.软硬交界地层重载铁路隧道施工关键技术研究[D].成都:西南交通大学,2015.

[30]胡宝琳.钢吊车梁的校核分析及预应力加固研究[D].武汉:武汉大学,2004.

[31]刘素鹏,刘熠.钢结构疲劳破坏影响因素的综述[J].中国房地产业,2013.

[32]郑冀东.钢结构事故发生的机理及原因[J].工程与建设,2014,28(006):740-742.

[33]许建勋,何欣.浅析钢结构脆性断裂和疲劳的防治措施[J].建筑,2011(15):65,71.

[34]牛津.平板网架螺栓球节点的可靠度及其疲劳寿命估算[D].太原:太原理工大学,2008.

[35]张建丽.网架结构焊接空心球节点钢管焊趾处常幅疲劳性能的试验及理论研究[D].太原:太原理工大学,2019.

[36]温杰.钢结构脆性破坏浅析[J].企业技术开发,2011,30(006):142,165.

[37]汪海波.岩巷掘进爆破地震效应及围岩稳定性影响研究[D].淮南:安徽理工大学,2008.

附　录

附录1　结构或构件的变形容许值（Allowing Values of Structure or Component）

1.1　受弯构件的挠度容许值

1.1.1　吊车梁、楼盖梁、屋盖梁、工作平台梁以及墙架构件的挠度不宜超过附表1-1所列的容许值。当墙面采用延性材料或与结构采用柔性连接时，墙架构件的支柱水平位移容许值可采用$l/300$，抗风桁架（作为连续支柱的支承时）水平位移容许值可采用$l/800$。

附表1-1　受弯构件的挠度容许值

项次	构件的类别	挠度容许值	
		$[\nu_T]$	$[\nu_Q]$
1	吊车梁和吊车桁架（按自重和起质量最大的一台吊车计算挠度） （1）手动起重机和单梁起重机（含悬挂起重机） （2）轻级工作制桥式起重机 （3）中级工作制桥式起重机 （4）重级工作制桥式起重机	 $l/500$ $l/750$ $l/900$ $l/1\,000$	
2	手动或电动葫芦的轨道梁	$l/400$	
3	有重轨（质量等于或大于38 kg/m）轨道的工作平面梁 有轻轨（质量等于或小于24 kg/m）轨道的工作平面梁	$l/600$ $l/400$	
4	楼(屋)盖梁或桁架、工作平台梁［第(3)项除外］和平台板 （1）主梁或桁架（包括设有悬挂起重设备的梁和桁架） （2）仅支承压型金属板屋面和冷弯型钢檩条 （3）除支承压型金属板屋面和冷弯型钢檩条外，尚有吊顶 （4）抹灰顶棚的次梁 （5）除第(1)款～第(4)款外的其他梁（包括楼梯梁） （6）屋面檩条 　支承压型金属板屋面者 　支承其他屋面材料者 　有吊顶 （7）平台板	 $l/400$ $l/180$ $l/240$ $l/250$ $l/250$ $l/150$ $l/200$ $l/240$ $l/150$	 $l/500$ $l/350$ $l/300$
5	墙架构件（风荷载不考虑阵风系数） （1）支柱（水平方向） （2）抗风桁架（作为连续支柱的支承时，水平位移） （3）砌体墙的横梁（水平方向） （4）支承压型金属板的横梁（水平方向） （5）支承其他墙面材料的横梁（水平方向） （6）带有玻璃窗的横梁（竖直和水平方向）	 $l/200$	 $l/400$ $l/1\,000$ $l/300$ $l/100$ $l/200$ $l/200$

注：1.l为受弯构件的跨度（对悬臂梁和伸臂梁为悬臂长度的2倍）。

2.$[\nu_T]$为永久和可变荷载标准值产生的挠度（如有起拱应减去拱度）的容许值，$[\nu_Q]$为可变荷载标准值产生的挠度的容许值。

3.当吊车梁或吊车桁架跨度大于12 m时，其挠度容许值$[\nu_T]$应乘以0.9的系数。

4.当墙面采用延性材料或与结构采用柔性连接时，墙架构件的支柱水平位移容许值可采用$l/300$，抗风桁架（作为连续支柱的支承时）水平位移容许值可采用$l/800$。

1.1.2 冶金厂房或类似车间中设有工作级别为 A7、A8 级起重机的车间，其跨间每侧吊车梁或吊车桁架的制动结构，由一台最大起重机横向水平荷载（按荷载规范取值）所产生的挠度不宜超过制动结构跨度的 1/2 200。

1.2 结构的位移容许值

1.2.1 单层钢结构水平位移限值宜符合下列规定：

（1）在风荷载标准值作用下，单层钢结构柱顶水平位移宜符合下列规定：

①单层钢结构柱顶水平位移不宜超过附表 1-2 的数值。

②无桥式起重机，当围护结构采用砌体墙，柱顶水平位移不应大于 $H/240$；当围护结构采用轻型钢墙板且房屋高度不超过 18 m，柱顶水平位移可放宽至 $H/60$。

③有桥式起重机，当房屋高度不超过 18 m，采用轻型屋盖，吊车起质量不大于 20 t，工作级别为 A1～A5 且吊车由地面控制时，柱顶水平位移可放宽至 $H/180$。

附表 1-2 风荷载作用下单层钢结构柱顶水平位移容许值

结构体系	吊车情况	柱顶水平位移
排架、框架	无桥式起重机	$H/150$
	有桥式起重机	$H/400$

注：H 为柱高度，当围护结构采用轻型钢墙板时，柱顶水平位移要求可适当放宽。

（2）在冶金厂房或类似车间中设有 A7、A8 级吊车的厂房柱和设有中级和重级工作制吊车的露天栈桥柱，在吊车梁或吊车桁架的顶面标高处，由一台最大吊车水平荷载（按荷载规范取值）所产生的计算变形值，不宜超过附表 1-3 所列的容许值。

附表 1-3 吊车水平荷载作用下柱水平位移（计算值）容许值

项次	位移的种类	按平面结构图形计算	按空间结构图形计算
1	厂房柱的横向位移	$H_c/1\ 250$	$H_c/2\ 000$
2	露天栈桥柱的横向位移	$H_c/2\ 500$	
3	厂房和露天栈桥柱的纵向位移	$H_c/4\ 000$	

注：1.H_c 为基础顶面至吊车梁或吊车桁架的顶面的高度。

2.计算厂房或露天栈桥柱的纵向位移时，可假定吊车的纵向水平制动力分配在温度区段内所有的柱间支撑或纵向框架上。

3.在设有 A8 级吊车的厂房中，厂房柱的水平位移（计算值）容许值不宜大于表中数值的 90%。

4.在设有 A6 级吊车的厂房柱的纵向位移宜符合表中的要求。

1.2.2 多层钢结构层间位移角限值宜符合下列规定：

①在风荷载标准值作用下，有桥式起重机，多层钢结构的弹性层间位移角不宜超过 1/400。

②在风荷载标准值作用下，无桥式起重机，多层钢结构的弹性层间位移角不宜超过附表 1-4 的数值。

结构体系			层间位移角
框架、框架-支撑			1/250
框-排架	侧向框-排架		1/250
	竖向框-排架	排架	1/150
		框架	1/250

注:1.对室内装修要求较高的建筑,层间位移角宜适当减小;无墙壁的建筑,层间位移角可适当放宽。

　　2.当围护结构可适应较大变形时,层间位移角可适当放宽。

　　3.在多遇地震作用下多层钢结构的弹性层间位移角不宜超过 1/250。

1.2.3　高层建筑钢结构在风荷载和多遇地震作用下弹性层间位移角不宜超过 1/250。

1.2.4　大跨度钢结构位移限值宜符合下列规定:

(1)在永久荷载与可变荷载的标准组合下,结构挠度宜符合下列规定:

①结构的最大挠度值不宜超过附表 1-5 中的容许挠度值。

②网架与桁架可预先起拱,起拱值可取不大于短向跨度的 1/300。当仅为改善外观条件时,结构挠度可取永久荷载与可变荷载标准值作用下的挠度计算值减去起拱值,但结构在可变荷载下的挠度不宜大于结构跨度的 1/400。

③对于设有悬挂起重设备的屋盖结构,其最大挠度值不宜大于结构跨度的 1/400,在可变荷载下的挠度不宜大于结构跨度的 1/500。

(2)在重力荷载代表值与多遇竖向地震作用标准值下的组合最大挠度值不宜超过附表 1-6 的限值。

附表 1-5　非抗震组合时大跨度钢结构容许挠度值

结构类型		跨中区域	悬挑结构
受弯为主的结构	桁架、网架、斜拉结构、张弦结构等	$L/250$(屋盖) $L/300$(楼盖)	$L/125$(屋盖) $L/150$(楼盖)
受压为主的结构	双层网壳	$L/250$	$L/125$
	拱架、单层网壳	$L/400$	
受拉为主的结构	单层单索屋盖	$L/200$	
	单层索网、双层索系以及横向加劲索系的屋盖、索穹顶屋盖	$L/250$	

注:1.表中 L 为短向跨度或者悬挑跨度。

　　2.索网结构的挠度为预应力之后的挠度。

附表 1-6　地震作用组合时大跨度钢结构容许挠度值

结构类型		跨中区域	悬挑结构
受弯为主的结构	桁架、网架、斜拉结构、张弦结构等	$L/250$(屋盖) $L/300$(楼盖)	$L/125$(屋盖) $L/150$(楼盖)
受压为主的结构	双层网壳、弦支穹顶	$L/300$	$L/150$
	拱架、单层网壳	$L/400$	

注:表中 L 为短向跨度或者悬挑跨度。

附录 2 钢材和连接的强度设计值（Design Values for Strength of Steel and Connection）

2.1 钢材的设计用强度指标

钢材的设计用强度指标，应根据钢材牌号、厚度或直径按表附表 2-1 取值。

附表 2-1 钢材的设计用强度指标

钢材牌号		钢材厚度或直径/mm	强度设计值/(N/mm²)			钢材强度/(N/mm²)	
			抗拉、抗压、抗弯 f	抗剪 f_v	端面承压（刨平顶紧） f_{ce}	屈服强度 f_y	抗拉强度 f_u
碳素结构钢	Q235	≤16	215	125	320	235	370
		>16,≤40	205	120		225	
		>40,≤100	200	115		215	
低合金高强度结构钢	Q345	≤16	305	175	400	345	470
		>16,≤40	295	170		335	
		>40,≤63	290	165		325	
		>63,≤80	280	160		315	
		>80,≤100	270	155		305	
	Q390	≤16	345	200	415	390	490
		>16,≤40	330	190		370	
		>40,≤63	310	180		350	
		>63,≤100	295	170		330	
	Q420	≤16	375	215	440	420	520
		>16,≤40	355	205		400	
		>40,≤63	320	185		380	
		>63,≤100	305	175		360	
	Q460	≤16	410	235	470	460	550
		>16,≤40	390	225		440	
		>40,≤63	355	205		420	
		>63,≤100	340	195		400	

注：1.表中直径指实芯棒材直径，厚度系指计算点的钢材或钢管壁厚度，对轴心受拉和轴心受压构件系指截面中较厚板件的厚度。

2.冷弯型材和冷弯钢管，其强度设计值应按《冷弯薄壁型钢结构技术规范》(GB 50018—2002)的规定采用。

2.2 建筑结构用钢板的设计用强度指标

建筑结构用钢板的设计用强度指标,可根据钢材牌号、厚度或直径按附表 2-2 取值。

附表 2-2　建筑结构用钢板的设计用强度指标

建筑结构用钢板	钢材厚度或直径/mm	强度设计值/(N/mm²)			钢材强度/(N/mm²)	
		抗拉、抗压、抗弯 f	抗剪 f_v	端面承压（刨平顶紧）f_{ce}	屈服强度 f_y	抗拉强度 f_u
Q345GJ	>16,≤35	310	180	415	345	490
	>35,≤50	290	170		335	
	>50,≤100	285	165		325	

2.3 结构用无缝钢管的强度指标

结构用无缝钢管的强度指标应按附表 2-3 取值。

附表 2-3　结构用无缝钢管的设计强度指标

钢管钢材牌号	壁厚/mm	强度设计值/(N/mm²)			钢管强度/(N/mm²)	
		抗拉、抗压和抗弯 f	抗剪 f_v	端面承压（刨平顶紧）f_{ce}	钢材屈服强度 f_y	抗拉强度 f_u
Q235	≤16	215	125	320	235	375
	>16,≤30	205	120		225	
	>30	195	115		215	
Q345	≤16	300	175	400	345	470
	>16,≤30	290	170		325	
	>30	260	150		295	
Q390	≤16	345	200	415	390	490
	>16,≤30	330	190		370	
	>30	310	180		350	
Q420	≤16	375	220	445	420	520
	>16,≤30	355	205		400	
	>30	340	195		380	
Q460	≤16	410	240	470	460	550
	>16,≤30	390	225		440	
	>30	355	205		420	

2.4 铸钢件的强度设计值

铸钢件的强度设计值应按附表 2-4 采用。

附表 2-4　铸钢件的强度设计值

类别	钢号	铸件厚度/mm	抗拉、抗压和抗弯 f/(N/mm²)	抗剪 f_v/(N/mm²)	端面承压（刨平顶紧）f_{ce}/(N/mm²)
非焊接结构用铸钢件	ZG230-450	≤100	180	105	290
	ZG270-500		210	120	325
	ZG310-570		240	140	370

续表

类别	钢号	铸件厚度/mm	抗拉、抗压和抗弯 f/(N/mm²)	抗剪 f_v/(N/mm²)	端面承压（刨平顶紧）f_{ce}/(N/mm²)
焊接结构用铸钢件	ZG230-450H	≤100	180	105	290
	ZG270-480H		210	120	310
	ZG300-500H		235	135	325
	ZG340-550H		265	150	355

注：表中强度设计值仅适用于本表规定的厚度。

2.5 焊缝的强度设计指标

焊缝的强度设计指标应按附表 2-5 取值。

附表 2-5　焊缝强度设计指标

焊接方法和焊条型号	构件钢材		对接焊缝强度设计值/(N/mm²)				角焊缝强度设计值/(N/mm²) 抗拉、抗压和抗剪 f_f^w	对接焊缝抗拉强度 f_u^w/(N/mm²)	角焊缝抗拉、抗压和抗剪强度 f_u^f/(N/mm²)
	牌号	厚度或直径/mm	抗压 f_c^w	焊缝质量为下列等级时，抗拉 f_t^w		抗剪 f_v^w			
				一级、二级	三级				
自动焊、半自动焊和 E43 型焊条手工焊	Q235	≤16	215	215	185	125	160	415	240
		>16,≤40	205	205	175	120			
		>40,≤100	200	200	170	115			
自动焊、半自动焊和 E50、E55 型焊条手工焊	Q345	≤16	305	305	260	175	200	480(E50) 540(E55)	280(E50) 315(E55)
		>16,≤40	295	295	250	170			
		>40,≤63	290	290	245	165			
		>63,≤80	280	280	240	160			
		>80,≤100	270	270	230	155			
	Q390	≤16	345	345	295	200	200(E50) 220(E55)		
		>16,≤40	330	330	280	190			
		>40,≤63	310	310	265	180			
		>63,≤100	295	295	250	170			
自动焊、半自动焊和 E55、E60 型焊条手工焊	Q420	≤16	375	375	320	215	220(E55) 240(E60)	540(E55) 590(E60)	315(E55) 340(E60)
		>16,≤40	355	355	300	205			
		>40,≤63	320	320	270	185			
		>63,≤100	305	305	260	175			
自动焊、半自动焊和 E55、E60 型焊条手工焊	Q460	≤16	410	410	350	235	220(E55) 240(E60)	540(E55) 590(E60)	315(E55) 340(E60)
		>16,≤40	390	390	330	225			
		>40,≤63	355	355	300	205			
		>63,≤100	340	340	290	195			

续表

焊接方法和焊条型号	构件钢材		对接焊缝强度设计值/(N/mm²)				角焊缝强度设计值/(N/mm²)	对接焊缝抗拉强度 f_u^w/(N/mm²)	角焊缝抗拉、抗压和抗剪强度 f_u^f/(N/mm²)
	牌号	厚度或直径/mm	抗压 f_c^w	焊缝质量为下列等级时，抗拉 f_t^w		抗剪 f_v^w	抗拉、抗压和抗剪 f_f^w		
				一级、二级	三级				
自动焊、半自动焊和E50、E55型焊条手工焊	Q345GJ	>16,≤35	310	310	265	180	200	480(E50) 540(E55)	280(E50) 315(E55)
		>35,≤50	290	290	245	170			
		>50,≤100	285	285	240	165			

注：1.手工焊用焊条、自动焊和半自动焊所采用的焊丝和焊剂，应保证其熔敷金属的力学性能不低于母材的性能。

2.焊缝质量等级应符合《钢结构焊接规范》(GB 50661—2011)的规定，其检验方法应符合《钢结构工程施工质量验收标准》(GB 50205—2020)的规定。其中厚度小于6 mm钢材的对接焊缝，不应采用超声波探伤确定焊缝质量等级。

3.对接焊缝在受压区的抗弯强度设计值取 f_c^w，在受拉区的抗弯强度设计值取 f_t^w。

4.表中厚度系指计算点的钢材厚度，对轴心受拉和轴心受压构件系指截面中较厚板件的厚度。

5.计算下列情况的连接时，本表规定的强度设计值应乘以相应的折减系数；几种情况同时存在时，其折减系数应连乘：

①施工条件较差的高空安装焊缝乘以系数0.9。

②进行无垫板的单面施焊对接焊缝的连接计算应乘折减系数0.85。

2.6 螺栓连接的强度指标

螺栓连接的强度指标应按附表2-6取值。

附表2-6 螺栓连接的强度指标

螺栓的性能等级、锚栓和构件钢材的牌号		强度设计值/(N/mm²)										高强度螺栓的抗拉强度最小值 f_u^b/(N/mm²)
		普通螺栓						锚栓	承压型连接或网架用高强度螺栓			
		C级螺栓			A级、B级螺栓							
		抗拉 f_t^b	抗剪 f_v^b	承压 f_c^b	抗拉 f_t^b	抗剪 f_v^b	承压 f_c^b	抗拉 f_t^a	抗拉 f_t^b	抗剪 f_v^b	承压 f_c^b	
普通螺栓	4.6级、4.8级	170	140									
	5.6级				210	190						
	8.8级				400	320						
锚栓	Q235							140				
	Q345							180				
	Q390							185				
承压型连接高强度螺栓	8.8级								400	250		830
	10.9级								500	310		1 040
螺栓球节点用高强度螺栓	9.8级								385			
	10.9级								430			

続表

螺栓的性能等级、锚栓和构件钢材的牌号	强度设计值/(N/mm²)										高强度螺栓的抗拉强度最小值 f_u^b/(N/mm²)
	普通螺栓						锚栓	承压型连接或网架用高强度螺栓			
	C级螺栓			A级、B级螺栓							
	抗拉 f_t^b	抗剪 f_v^b	承压 f_c^b	抗拉 f_t^b	抗剪 f_v^b	承压 f_c^b	抗拉 f_t^a	抗拉 f_t^b	抗剪 f_v^b	承压 f_c^b	
构件钢材牌号 Q235			305			405				470	
Q345			385			510				590	
Q390			400			530				615	
Q420			425			560				655	
Q460			450			595				695	
Q345GJ			400			530				615	

注:1.A级螺栓用于 $d \le 24$ mm 和 $L \le 10d$ 或 $L \le 150$ mm(按较小值)的螺栓;B级螺栓用于 $d > 24$ mm 和 $L > 10d$ 或 $L > 150$ mm(按较小值)的螺栓;d 为公称直径,L 为螺栓公称长度。

2.A、B级螺栓孔的精度和孔壁表面粗糙度,C级螺栓孔的允许偏差和孔壁表面粗糙度,均应符合《钢结构工程施工质量验收标准》(GB 50205—2020)的要求。

3.用于螺栓球节点网架的高强度螺栓,M12～M36 为 10.9 级,M39～M64 为 9.8 级。

2.7 铆钉连接的强度设计值

铆钉连接的强度设计值应按附表 2-7 取值。

附表 2-7 铆钉连接的强度设计值

铆钉钢号和构件钢材牌号		抗拉(钉头拉脱) f_t^r/(N/mm²)	抗剪 f_v^r/(N/mm²)		承压 f_c^r/(N/mm²)	
			Ⅰ类孔	Ⅱ类孔	Ⅰ类孔	Ⅱ类孔
铆钉	BL2 或 BL3	120	185	155		
构件钢材牌号	Q235				450	365
	Q345				565	460
	Q390				590	480

注:1.属于下列情况者为Ⅰ类孔:

①在装配好的构件上按设计孔径钻成的孔。

②在单个零件和构件上按设计孔径分别用钻模钻成的孔。

③在单个零件上先钻成或冲成较小的孔径,然后在装配好的构件上再扩钻至设计孔径的孔。

2.在单个零件上一次冲成或不用钻模钻成设计孔径的孔属于Ⅱ类孔。

3.上表规定的强度设计值应按下列规定乘以相应的折减系数:

①施工条件较差的铆钉连接乘以系数 0.9。

②沉头和半沉头铆钉连接乘以系数 0.8。

③几种情况同时存在时,其折减系数应连乘。

2.8 钢材和铸钢件的物理性能指标

钢材和铸钢件的物理性能指标应按附表 2-8 取值。

附表 2-8 钢材和铸钢件的物理性能指标

弹性模量 E /(N/mm²)	剪变模量 G /(N/mm²)	线膨胀系数 α (以每℃计)	质量密度 ρ /(kg/m³)
206×10^3	79×10^3	12×10^{-6}	7 850

附录 3 轴心受压构件的稳定系数（Stability Coefficient of Axial Compression Member）

附表 3-1　a 类截面轴心受压构件的稳定系数 φ

λ/ε_k	0	1	2	3	4	5	6	7	8	9
0	1.000	1.000	1.000	1.000	0.999	0.999	0.998	0.998	0.997	0.996
10	0.995	0.994	0.993	0.992	0.991	0.989	0.988	0.986	0.985	0.983
20	0.981	0.979	0.977	0.976	0.974	0.972	0.970	0.968	0.966	0.964
30	0.963	0.961	0.959	0.957	0.954	0.952	0.950	0.948	0.946	0.944
40	0.941	0.939	0.937	0.934	0.932	0.929	0.927	0.924	0.921	0.918
50	0.916	0.913	0.910	0.907	0.903	0.900	0.897	0.893	0.890	0.886
60	0.883	0.879	0.875	0.871	0.867	0.862	0.858	0.854	0.849	0.844
70	0.839	0.834	0.829	0.824	0.818	0.813	0.807	0.801	0.795	0.789
80	0.783	0.776	0.770	0.763	0.756	0.749	0.742	0.735	0.728	0.721
90	0.713	0.706	0.698	0.691	0.683	0.676	0.668	0.660	0.653	0.645
100	0.637	0.630	0.622	0.614	0.607	0.599	0.592	0.584	0.577	0.569
110	0.562	0.555	0.548	0.541	0.534	0.527	0.520	0.513	0.507	0.500
120	0.494	0.487	0.481	0.475	0.469	0.463	0.457	0.451	0.445	0.439
130	0.434	0.428	0.423	0.417	0.412	0.407	0.402	0.397	0.392	0.387
140	0.382	0.378	0.373	0.368	0.364	0.360	0.355	0.351	0.347	0.343
150	0.339	0.335	0.331	0.327	0.323	0.319	0.316	0.312	0.308	0.305
160	0.302	0.298	0.295	0.292	0.288	0.285	0.282	0.279	0.276	0.273
170	0.270	0.267	0.264	0.261	0.259	0.256	0.253	0.250	0.248	0.245
180	0.243	0.240	0.238	0.235	0.233	0.231	0.228	0.226	0.224	0.222
190	0.219	0.217	0.215	0.213	0.211	0.209	0.207	0.205	0.203	0.201
200	0.199	0.197	0.196	0.194	0.192	0.190	0.188	0.187	0.185	0.183
210	0.182	0.180	0.178	0.177	0.175	0.174	0.172	0.171	0.169	0.168
220	0.166	0.165	0.163	0.162	0.161	0.159	0.158	0.157	0.155	0.154
230	0.153	0.151	0.150	0.149	0.148	0.147	0.145	0.144	0.143	0.142
240	0.141	0.140	0.139	0.137	0.136	0.135	0.134	0.133	0.132	0.131
250	0.130									

注:表中值系按附表 3-4 注 1 公式算得。

附表 3-2 b 类截面轴心受压构件的稳定系数 φ

λ/ε_k	0	1	2	3	4	5	6	7	8	9
0	1.000	1.000	1.000	0.999	0.999	0.998	0.997	0.996	0.995	0.994
10	0.992	0.991	0.989	0.987	0.985	0.983	0.981	0.978	0.976	0.973
20	0.970	0.967	0.963	0.960	0.957	0.953	0.950	0.946	0.943	0.939
30	0.936	0.932	0.929	0.925	0.921	0.918	0.914	0.910	0.906	0.903
40	0.899	0.895	0.891	0.886	0.882	0.878	0.874	0.870	0.865	0.861
50	0.856	0.852	0.847	0.842	0.837	0.833	0.828	0.823	0.818	0.812
60	0.807	0.802	0.796	0.791	0.785	0.780	0.774	0.768	0.762	0.757
70	0.751	0.745	0.738	0.732	0.726	0.720	0.713	0.707	0.701	0.694
80	0.687	0.681	0.674	0.668	0.661	0.654	0.648	0.641	0.634	0.628
90	0.621	0.614	0.607	0.601	0.594	0.587	0.581	0.574	0.568	0.561
100	0.555	0.548	0.542	0.535	0.529	0.523	0.517	0.511	0.504	0.498
110	0.492	0.487	0.481	0.475	0.469	0.464	0.458	0.453	0.447	0.442
120	0.436	0.431	0.426	0.421	0.416	0.411	0.406	0.401	0.396	0.392
130	0.387	0.383	0.378	0.374	0.369	0.365	0.361	0.357	0.352	0.348
140	0.344	0.340	0.337	0.333	0.329	0.325	0.322	0.318	0.314	0.311
150	0.308	0.304	0.301	0.297	0.294	0.291	0.288	0.285	0.282	0.279
160	0.276	0.273	0.270	0.267	0.264	0.262	0.259	0.256	0.253	0.251
170	0.248	0.246	0.243	0.241	0.238	0.236	0.234	0.231	0.229	0.227
180	0.225	0.222	0.220	0.218	0.216	0.214	0.212	0.210	0.208	0.206
190	0.204	0.202	0.200	0.198	0.196	0.195	0.193	0.191	0.189	0.188
200	0.186	0.184	0.183	0.181	0.179	0.178	0.176	0.175	0.173	0.172
210	0.170	0.169	0.167	0.166	0.164	0.163	0.162	0.160	0.159	0.158
220	0.156	0.155	0.154	0.152	0.151	0.150	0.149	0.147	0.146	0.145
230	0.144	0.143	0.142	0.141	0.139	0.138	0.137	0.136	0.135	0.134
240	0.133	0.132	0.131	0.130	0.129	0.128	0.127	0.126	0.125	0.124
250	0.123									

注：表中值系按附表 3-4 注 1 公式算得。

附表 3-3　c 类截面轴心受压构件的稳定系数 φ

λ/ε_k	0	1	2	3	4	5	6	7	8	9
0	1.000	1.000	1.000	0.999	0.999	0.998	0.997	0.996	0.995	0.993
10	0.992	0.990	0.988	0.986	0.983	0.981	0.978	0.976	0.973	0.970
20	0.966	0.959	0.953	0.947	0.940	0.934	0.928	0.921	0.915	0.909
30	0.902	0.896	0.890	0.883	0.877	0.871	0.865	0.858	0.852	0.845
40	0.839	0.833	0.826	0.820	0.813	0.807	0.800	0.794	0.787	0.781
50	0.774	0.768	0.761	0.755	0.748	0.742	0.735	0.728	0.722	0.715
60	0.709	0.702	0.695	0.689	0.682	0.675	0.669	0.662	0.656	0.649
70	0.642	0.636	0.629	0.623	0.616	0.610	0.603	0.597	0.591	0.584
80	0.578	0.572	0.565	0.559	0.553	0.547	0.541	0.535	0.529	0.523
90	0.517	0.511	0.505	0.499	0.494	0.488	0.483	0.477	0.471	0.467
100	0.462	0.458	0.453	0.449	0.445	0.440	0.436	0.432	0.427	0.423
110	0.419	0.415	0.411	0.407	0.402	0.398	0.394	0.390	0.386	0.383
120	0.379	0.375	0.371	0.367	0.363	0.360	0.356	0.352	0.349	0.345
130	0.342	0.338	0.335	0.332	0.328	0.325	0.322	0.318	0.315	0.312
140	0.309	0.306	0.303	0.300	0.297	0.294	0.291	0.288	0.285	0.282
150	0.279	0.277	0.274	0.271	0.269	0.266	0.263	0.261	0.258	0.256
160	0.253	0.251	0.248	0.246	0.244	0.241	0.239	0.237	0.235	0.232
170	0.230	0.228	0.226	0.224	0.222	0.220	0.218	0.216	0.214	0.212
180	0.210	0.208	0.206	0.204	0.203	0.201	0.199	0.197	0.195	0.194
190	0.192	0.190	0.189	0.187	0.185	0.184	0.182	0.181	0.179	0.178
200	0.176	0.175	0.173	0.172	0.170	0.169	0.167	0.166	0.165	0.163
210	0.162	0.161	0.159	0.158	0.157	0.155	0.154	0.153	0.152	0.151
220	0.149	0.148	0.147	0.146	0.145	0.144	0.142	0.141	0.140	0.139
230	0.138	0.137	0.136	0.135	0.134	0.133	0.132	0.131	0.130	0.129
240	0.128	0.127	0.126	0.125	0.124	0.123	0.123	0.122	0.121	0.120
250	0.119									

注:表中值系按附表 3-4 注 1 公式算得。

λ/ε_k	0	1	2	3	4	5	6	7	8	9
0	1.000	1.000	0.999	0.999	0.998	0.996	0.994	0.992	0.990	0.987
10	0.984	0.981	0.978	0.974	0.969	0.965	0.960	0.955	0.949	0.944
20	0.937	0.927	0.918	0.909	0.900	0.891	0.883	0.874	0.865	0.857
30	0.848	0.840	0.831	0.823	0.815	0.807	0.798	0.790	0.782	0.774
40	0.766	0.758	0.751	0.743	0.735	0.727	0.720	0.712	0.705	0.697
50	0.690	0.682	0.675	0.668	0.660	0.653	0.646	0.639	0.632	0.625
60	0.618	0.611	0.605	0.598	0.591	0.585	0.578	0.571	0.565	0.559
70	0.552	0.546	0.540	0.534	0.528	0.521	0.516	0.510	0.504	0.498
80	0.492	0.487	0.481	0.476	0.470	0.465	0.459	0.454	0.449	0.444
90	0.439	0.434	0.429	0.424	0.419	0.414	0.409	0.405	0.401	0.397
100	0.393	0.390	0.386	0.383	0.380	0.376	0.373	0.369	0.366	0.363
110	0.359	0.356	0.353	0.350	0.346	0.343	0.340	0.337	0.334	0.331
120	0.328	0.325	0.322	0.319	0.316	0.313	0.310	0.307	0.304	0.301
130	0.298	0.296	0.293	0.290	0.288	0.285	0.282	0.280	0.277	0.275
140	0.272	0.270	0.267	0.265	0.262	0.260	0.257	0.255	0.253	0.250
150	0.248	0.246	0.244	0.242	0.239	0.237	0.235	0.233	0.231	0.229
160	0.227	0.225	0.223	0.221	0.219	0.217	0.215	0.213	0.211	0.210
170	0.208	0.206	0.204	0.202	0.201	0.199	0.197	0.196	0.194	0.192
180	0.191	0.189	0.187	0.186	0.184	0.183	0.181	0.180	0.178	0.177
190	0.175	0.174	0.173	0.171	0.170	0.168	0.167	0.166	0.164	0.163
200	0.162	—	—	—	—	—	—	—	—	—

注：1.附表 3-1 至附表 3-4 中的 φ 值按下列公式算得：

当 $\lambda_n = \dfrac{\lambda}{\pi}\sqrt{f_y/E} \leqslant 0.215$ 时：

$$\varphi = 1 - \alpha_1 \lambda_n^2$$

当 $\lambda_n > 0.215$ 时：

$$\varphi = \frac{1}{2\lambda_n^2}\left[(\alpha_2 + \alpha_3\lambda_n + \lambda_n^2) - \sqrt{(\alpha_2 + \alpha_3\lambda_n + \lambda_n^2) - 4\lambda_n^2}\right]$$

式中，α_1、α_2、α_3 为系数，应根据表 4-4 的截面分类，按附表 3-5 取值。

2.当构件的 λ/ε_k 值超出附表 3-1 至附表 3-4 的范围时，则 φ 值可按注 1 所列的公式计算。

附表 3-5　系数 α_1、α_2、α_3

截面类别		α_1	α_2	α_3
a 类		0.41	0.986	0.152
b 类		0.65	0.965	0.300
c 类	$\lambda_n \leqslant 1.05$	0.73	0.906	0.595
	$\lambda_n > 1.05$		1.216	0.302
d 类	$\lambda_n \leqslant 1.05$	1.35	0.868	0.915
	$\lambda_n > 1.05$		1.375	0.432

附录4　各种截面回转半径的近似值(Approximate Values of the Radius of Gyration for Various Sections)

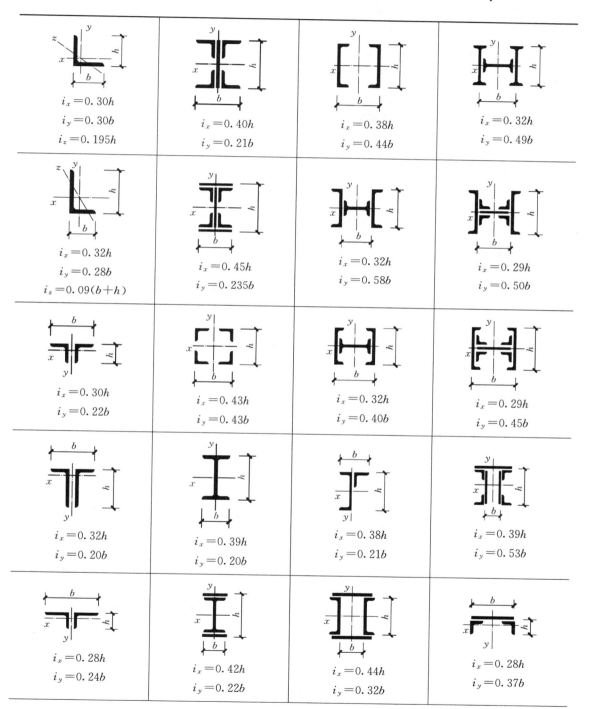

$i_x = 0.30h$ $i_y = 0.30b$ $i_z = 0.195h$	$i_x = 0.40h$ $i_y = 0.21b$	$i_x = 0.38h$ $i_y = 0.44b$	$i_x = 0.32h$ $i_y = 0.49b$
$i_x = 0.32h$ $i_y = 0.28b$ $i_z = 0.09(b+h)$	$i_x = 0.45h$ $i_y = 0.235b$	$i_x = 0.32h$ $i_y = 0.58b$	$i_x = 0.29h$ $i_y = 0.50b$
$i_x = 0.30h$ $i_y = 0.22b$	$i_x = 0.43h$ $i_y = 0.43b$	$i_x = 0.32h$ $i_y = 0.40b$	$i_x = 0.29h$ $i_y = 0.45b$
$i_x = 0.32h$ $i_y = 0.20b$	$i_x = 0.39h$ $i_y = 0.20b$	$i_x = 0.38h$ $i_y = 0.21b$	$i_x = 0.39h$ $i_y = 0.53b$
$i_x = 0.28h$ $i_y = 0.24b$	$i_x = 0.42h$ $i_y = 0.22b$	$i_x = 0.44h$ $i_y = 0.32b$	$i_x = 0.28h$ $i_y = 0.37b$

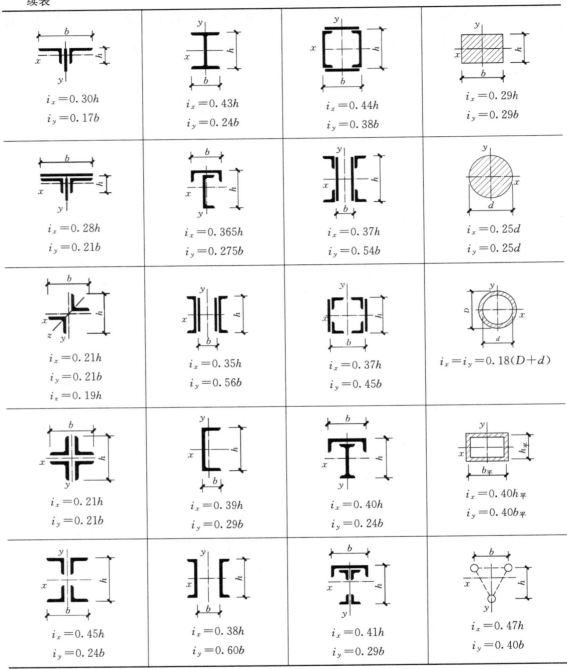

$i_x = 0.30h$
$i_y = 0.17b$

$i_x = 0.43h$
$i_y = 0.24b$

$i_x = 0.44h$
$i_y = 0.38b$

$i_x = 0.29h$
$i_y = 0.29b$

$i_x = 0.28h$
$i_y = 0.21b$

$i_x = 0.365h$
$i_y = 0.275b$

$i_x = 0.37h$
$i_y = 0.54b$

$i_x = 0.25d$
$i_y = 0.25d$

$i_x = 0.21h$
$i_y = 0.21b$
$i_z = 0.19h$

$i_x = 0.35h$
$i_y = 0.56b$

$i_x = 0.37h$
$i_y = 0.45b$

$i_x = i_y = 0.18(D+d)$

$i_x = 0.21h$
$i_y = 0.21b$

$i_x = 0.39h$
$i_y = 0.29b$

$i_x = 0.40h$
$i_y = 0.24b$

$i_x = 0.40h_乎$
$i_y = 0.40b_乎$

$i_x = 0.45h$
$i_y = 0.24b$

$i_x = 0.38h$
$i_y = 0.60b$

$i_x = 0.41h$
$i_y = 0.29b$

$i_x = 0.47h$
$i_y = 0.40b$

附录 5　梁的整体稳定系数 (Overall Stability Coefficient of Flexural Members)

5.1　等截面焊接工字形和轧制 H 型钢(附图 5-1)简支梁
整体稳定系数 φ_b 应按下列公式计算:

$$\varphi_b = \beta_b \frac{4\,320}{\lambda_y^2} \cdot \frac{Ah}{W_x} \left[\sqrt{1 + \left(\frac{\lambda_y t_1}{4.4h}\right)^2} + \eta_b \right] \varepsilon_k^2 \qquad (附 5\text{-}1)$$

$$\lambda_y = \frac{l_1}{i_y} \qquad (附 5\text{-}2)$$

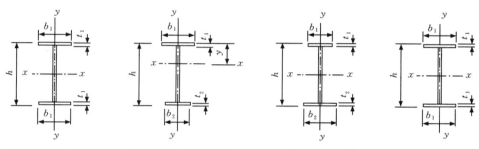

(a)双轴对称焊接工字形截面　(b)加强受压翼缘的单轴　(c)加强受拉翼缘的单轴对称　(d)轧制 H 型钢截面
　　　　　　　　　　　　　　对称焊接工字形截面　　焊接工字形截面

附图 5-1　焊接工字形和轧制 H 型钢

截面不对称影响系数应按下列公式计算:
对双轴对称截面[附图 5-1(a)(d)]:

$$\eta_b = 0 \qquad (附 5\text{-}3)$$

对单轴对称工字形截面[附图 5-1(b)(c)]:
加强受压翼缘

$$\eta_b = 0.8(2\alpha_b - 1) \qquad (附 5\text{-}4)$$

加强受拉翼缘

$$\eta_b = 2\alpha_b - 1 \qquad (附 5\text{-}5)$$

$$\alpha_b = \frac{I_1}{I_1 + I_2} \qquad (附 5\text{-}6)$$

当按式(附 5-1)算得的 φ_b 值大于 0.6 时,应用式(附 5-7)计算的 φ_b' 代替 φ_b 值:

$$\varphi_b' = 1.07 - \frac{0.282}{\varphi_b} \leqslant 1.0 \qquad (附 5\text{-}7)$$

式中,β_b 为梁整体稳定的等效弯矩系数,应按附表 5-1 取值;λ_y 为梁在侧向支承点间对截面弱轴 $y\text{-}y$ 轴的长细比;A 为梁的毛截面面积;h,t_1 为梁截面的全高和受压翼缘厚度,等截面铆接(或高强度螺栓连接)简支梁,其受压翼缘厚度 t_1 包括翼缘角钢厚度在内;l_1 为梁受压翼缘侧向支承点之间的距离;i_y 为梁毛截面对 y 轴的回转半径;I_1、I_2 为分别为受压翼缘和受拉翼缘对 y 轴的惯性矩。

附表 5-1　H 型钢和等截面工字形简支梁的系数 β_b

项次	侧向支承	荷载		$\xi \leqslant 2.0$	$\xi > 2.0$	适用范围
1	跨中无侧向支承	均布荷载作用在	上翼缘	$0.69+0.13\xi$	0.95	附图 5-1（a）（b）（d）的截面
2			下翼缘	$1.73-0.20\xi$	1.33	
3		集中荷载作用在	上翼缘	$0.73+0.18\xi$	1.09	
4			下翼缘	$2.23-0.28\xi$	1.67	
5	跨度中点有一个侧向支承点	均布荷载作用在	上翼缘	1.15		附图 5-1 中的所有截面
6			下翼缘	1.40		
7		集中荷载作用在截面高度的任意位置		1.75		
8	跨度有不少于两个等距离侧向支承点	任意荷载作用在	上翼缘	1.20		
9			下翼缘	1.40		
10	梁端有弯矩，但跨中无荷载作用			$1.75-1.05\left(\dfrac{M_2}{M_1}\right)+0.3\left(\dfrac{M_2}{M_1}\right)^2$ 但小于或等于 2.3		

注：1.ξ 为参数，$\xi=\dfrac{l_1 t_1}{b_1 h}$，其中 b_1 为受压翼缘的宽度。

2.M_1 和 M_2 为梁的端弯矩，使梁产生同向曲率时 M_1 和 M_2 取同号，产生反向曲率时取异号，$|M_1| \geqslant |M_2|$。

3.表中项次 3、4 和 7 的集中荷载是指一个或少数几个集中荷载位于跨中点附近的情况，对其他情况的集中荷载，应按表中项次 1、2、5、6 取值。

4.表中项次 8、9 的 β_b，当集中荷载作用在侧向支承点处时，取 $\beta_b=1.20$。

5.荷载作用在上翼缘系指荷载作用点在翼缘表面，方向指向截面形心；荷载作用在下翼缘系指荷载作用点在翼缘表面，方向背向截面形心。

6.对 $\alpha_b > 0.8$ 的加强受压翼缘工字形截面，下列情况的 β_b 值应乘以相应的系数：

①项次 1：当 $\xi \leqslant 1.0$ 时，乘以 0.95。

②项次 3：当 $\xi \leqslant 0.5$ 时，乘以 0.90；当 $0.5 < \xi \leqslant 1.0$ 时，乘以 0.95。

5.2　轧制普通工字形简支梁

整体稳定系数 φ_b 应按附表 5-2 取值，当所得的 φ_b 值大于 0.6 时，应按本附录式（附 5-7）算得其代替值。

附表 5-2　轧制普通工字钢简支梁的 φ_b

项次	荷载情况			工字钢型号	自由长度 l_1/m								
					2	3	4	5	6	7	8	9	10
1	跨中无侧向支承点的梁	集中荷载作用于	上翼缘	10～20	2.00	1.30	0.99	0.80	0.68	0.58	0.53	0.48	0.43
				22～32	2.40	1.48	1.09	0.86	0.72	0.62	0.54	0.49	0.45
				36～63	2.80	1.60	1.07	0.83	0.68	0.56	0.50	0.45	0.40
2			下翼缘	10～20	3.10	1.95	1.34	1.01	0.82	0.69	0.63	0.57	0.52
				22～40	5.50	2.80	1.84	1.37	1.07	0.86	0.73	0.64	0.56
				45～63	7.30	3.60	2.30	1.62	1.20	0.96	0.80	0.69	0.60

项次	荷载情况			工字钢型号	自由长度 l_1/m								
					2	3	4	5	6	7	8	9	10
3	跨中无侧向支承点的梁	均布荷载作用于	上翼缘	10~20	1.70	1.12	0.84	0.68	0.57	0.50	0.45	0.41	0.37
				22~40	2.10	1.30	0.93	0.73	0.60	0.51	0.45	0.40	0.36
				45~63	2.60	1.45	0.97	0.73	0.59	0.50	0.44	0.38	0.35
4			下翼缘	10~20	2.50	1.55	1.08	0.83	0.68	0.56	0.52	0.47	0.42
				22~40	4.00	2.20	1.45	1.10	0.85	0.70	0.60	0.52	0.46
				45~63	5.60	2.80	1.80	1.25	0.95	0.78	0.65	0.55	0.49
5	跨中有侧向支承点的梁(不论荷载作用点在截面高度上的位置)			10~20	2.20	1.39	1.01	0.79	0.66	0.57	0.52	0.47	0.42
				22~40	3.00	1.80	1.24	0.96	0.76	0.65	0.56	0.49	0.43
				45~63	4.00	2.20	1.38	1.01	0.80	0.66	0.56	0.49	0.43

注:1.同附表 5-1 的注 3、5。

2.表中的 φ_b 适用于 Q235 钢。对其他钢号,表中数值应乘以 ε_k^2。

5.3 轧制槽钢简支梁

不论荷载的形式和荷载作用点在截面高度上的位置,整体稳定系数均可按下式计算:

$$\varphi_b = \frac{570bt}{l_1 h} \varepsilon_k^2 \qquad \text{(附 5-8)}$$

式中,h、b、t 分别为槽钢截面的高度、翼缘宽度和平均厚度。

当按式(附 5-8)算得的 φ_b 值大于 0.6 时,应按本附录式(附 5-7)算得相应的 φ_b' 代替 φ_b 值。

5.4 双轴对称工字形等截面悬臂梁

整体稳定系数可按本附录式(附 5-1)计算,但式中系数 β_b 应按附表 5-3 查得,当按本附录式(附 5-2)计算长细比 λ_y 时,l_1 为悬臂梁的悬伸长度。当求得的 φ_b 值大于 0.6 时,应按本附录式(附 5-7)算得的 φ_b' 代替 φ_b 值。

附表 5-3　双轴对称工字形等截面悬臂梁的系数 β_b

项次	荷载形式		$0.60 \leqslant \xi \leqslant 1.24$	$1.24 < \xi \leqslant 1.96$	$1.96 < \xi \leqslant 3.10$
1	自由端一个集中荷载作用在	上翼缘	$0.21 + 0.67\xi$	$0.72 + 0.26\xi$	$1.17 + 0.03\xi$
2		下翼缘	$2.94 - 0.65\xi$	$2.64 - 0.40\xi$	$2.15 - 0.15\xi$
3	均布荷载作用在上翼缘		$0.62 + 0.82\xi$	$1.25 + 0.31\xi$	$1.66 + 0.10\xi$

注:1.本表是按支承端为固定的情况确定的,当用于由邻跨延伸出来的伸臂梁时,应在构造上采取措施加强支承处的抗扭能力。

2.表中 ξ 见附表 5-1 注 1。

5.5 均匀弯曲的受弯构件

当 $\lambda_y \leqslant 120\varepsilon_k$ 时,其整体稳定系数 φ_b 可按下列近似公式计算:

5.5.1 工字形截面

双轴对称:

$$\varphi_b = 1.07 - \frac{\lambda_y^2}{44\,000\varepsilon_k^2} \qquad \text{(附 5-9)}$$

单轴对称：

$$\varphi_b = 1.07 - \frac{W_x}{(2\alpha_b + 0.1)Ah} \cdot \frac{\lambda_y^2}{14\,000\varepsilon_k^2} \qquad \text{（附 5-10）}$$

5.5.2 弯矩作用在对称轴平面,绕 x 轴的 T 形截面

①弯矩使翼缘受压时：

双角钢 T 型截面：

$$\varphi_b = 1 - \frac{0.001\,7\lambda_y}{\varepsilon_k} \qquad \text{（附 5-11）}$$

剖分 T 形钢和两板组合 T 形截面：

$$\varphi_b = 1 - \frac{0.002\,2\lambda_y}{\varepsilon_k} \qquad \text{（附 5-12）}$$

②弯矩使翼缘受拉且腹板宽厚比不大于 $18\varepsilon_k$ 时：

$$\varphi_b = 1 - \frac{0.000\,5\lambda_y}{\varepsilon_k} \qquad \text{（附 5-13）}$$

当按式(附 5-9)和式(附 5-10)算得的 φ_b 值大于 1.0 时,取 $\varphi_b = 1.0$。

附录6 受弯和压弯构件的截面板件宽厚比等级及限值(Grade and Limit of Width-thickness Ratio of Cross Section Plate for Flexural Members and Members Under Combined Axial Force and Bending)

附表6-1 受弯和压弯构件的截面板件宽厚比等级及限值

构件	截面板件宽厚比等级		S1 级	S2 级	S3 级	S4 级	S5 级
压弯构件 (框架柱)	H 形 截面	翼缘 b/t	$9\varepsilon_k$	$11\varepsilon_k$	$13\varepsilon_k$	$15\varepsilon_k$	20
		腹板 h_0/t_w	$(33+13\alpha_0^{1.3})\varepsilon_k$	$(38+13\alpha_0^{1.39})\varepsilon_k$	$(40+18\alpha_0^{1.5})\varepsilon_k$	$(45+25\alpha_0^{1.66})\varepsilon_k$	250
	箱形 截面	壁板 (腹板) 间翼缘 b_0/t	$30\varepsilon_k$	$35\varepsilon_k$	$40\varepsilon_k$	$45\varepsilon_k$	
	圆钢管 截面	径厚比 D/t	$50\varepsilon_k^2$	$70\varepsilon_k^2$	$90\varepsilon_k^2$	$100\varepsilon_k^2$	
受弯构件(梁)	工字形 截面	翼缘 b/t	$9\varepsilon_k$	$11\varepsilon_k$	$13\varepsilon_k$	$15\varepsilon_k$	20
		腹板 h_0/t_w	$65\varepsilon_k$	$72\varepsilon_k$	$93\varepsilon_k$	$124\varepsilon_k$	250
	箱形 截面	壁板 (腹板) 间翼缘 b_0/t	$25\varepsilon_k$	$32\varepsilon_k$	$37\varepsilon_k$	$42\varepsilon_k$	

注：1.ε_k 为钢号修正系数，其值为 235 与钢材牌号中屈服点数值的比值的平方根。

2.b 为工字形、H 形截面的翼缘外伸宽度，t、h_0、t_w 分别是翼缘厚度、腹板净高和腹板厚度。对轧制型截面，腹板净高不包括翼缘腹板过渡处圆弧段；对于箱形截面，b_0、t 分别为壁板间的距离和壁板厚度；D 为圆管截面外径。

3.箱形截面梁及单向受弯的箱形截面柱，其腹板限值可根据 H 形截面腹板采用。

4.腹板的宽厚比，可通过设置加劲肋减小。

5.当按《建筑抗震设计规范》(GB 50011—2010)(2016 年版)第 9.2.14 条第 2 款的规定设计，且 S5 级截面的板件宽厚比小于 S4 级经 ε_σ 修正的板件宽厚比时，可归属为 S4 级截面；ε_σ 为应力修正因子，$\varepsilon_\sigma = \sqrt{f_y/\sigma_{max}}$ 。

附录 7 框架柱的计算长度系数 (Effective Length Factors of Frame Column)

7.1 无侧移框架柱的计算长度系数

无侧移框架柱的计算长度系数 μ 应按附表 7-1 取值,同时符合下列规定:

①当横梁与柱铰接时,取横梁线刚度为零。

②对低层框架柱,当柱与基础铰接时,应取 $K_2=0$;当柱与基础刚接时,应取 $K_2=10$;平板支座可取 $K_2=0.1$。

③当与柱刚接的横梁所受轴心压力 N_b 较大时,横梁线刚度折减系数 α_N 应按下式计算:

横梁远端与柱刚接和横梁远端与柱铰接时:

$$\alpha_N = 1 - \frac{N_b}{N_{Eb}} \qquad (\text{附 } 7\text{-}1)$$

横梁远端嵌固时:

$$\alpha_N = 1 - \frac{N_b}{2N_{Eb}} \qquad (\text{附 } 7\text{-}2)$$

$$N_{Eb} = \frac{\pi^2 E I_b}{l^2} \qquad (\text{附 } 7\text{-}3)$$

式中,I_b 为横梁截面惯性矩(mm^4);l 为横梁长度(mm)。

附表 7-1　无侧移框架柱的计算长度系数 μ

		K_1												
		0	0.05	0.1	0.2	0.3	0.4	0.5	1	2	3	4	5	$\geqslant 10$
	0	1.000	0.990	0.981	0.964	0.949	0.935	0.922	0.875	0.820	0.791	0.773	0.760	0.732
	0.05	0.990	0.981	0.971	0.955	0.940	0.926	0.914	0.867	0.814	0.784	0.766	0.754	0.726
	0.1	0.981	0.971	0.962	0.946	0.931	0.918	0.906	0.86	0.807	0.778	0.760	0.748	0.721
	0.2	0.964	0.955	0.946	0.930	0.916	0.903	0.891	0.846	0.795	0.767	0.749	0.737	0.711
	0.3	0.949	0.940	0.931	0.916	0.902	0.889	0.878	0.834	0.784	0.756	0.739	0.728	0.701
	0.4	0.935	0.926	0.918	0.903	0.889	0.877	0.866	0.823	0.774	0.747	0.730	0.719	0.693
K_2	0.5	0.922	0.914	0.906	0.891	0.878	0.866	0.855	0.813	0.765	0.738	0.721	0.710	0.685
	1	0.875	0.867	0.860	0.846	0.834	0.823	0.813	0.774	0.729	0.704	0.688	0.677	0.654
	2	0.820	0.814	0.807	0.795	0.784	0.774	0.765	0.729	0.686	0.663	0.648	0.638	0.615
	3	0.791	0.784	0.778	0.767	0.756	0.747	0.738	0.704	0.663	0.640	0.625	0.616	0.593
	4	0.773	0.766	0.760	0.749	0.739	0.730	0.721	0.688	0.648	0.625	0.611	0.601	0.580
	5	0.760	0.754	0.748	0.737	0.728	0.719	0.710	0.677	0.638	0.616	0.601	0.592	0.570
	$\geqslant 10$	0.732	0.726	0.721	0.711	0.701	0.693	0.685	0.654	0.615	0.593	0.580	0.570	0.549

注:表中的计算长度系数 μ 按下式计算得出。

$$\left[\left(\frac{\pi}{\mu}\right)^2 + 2(K_1+K_2) - 4K_1K_2\right]\frac{\pi}{\mu}\sin\frac{\pi}{\mu} - 2\left[(K_1+K_2)\left(\frac{\pi}{\mu}\right)^2 + 4K_1K_2\right]\cos\frac{\pi}{\mu} + 8K_1K_2 = 0$$

式中,K_1、K_2 分别为相交于柱上端、柱下端的横梁线刚度之和与柱线刚度之和的比值。当横梁远端为铰接时,应将横梁线刚度乘以 1.5;当横梁远端为嵌固时,则将横梁线刚度乘以 2。

7.2 有侧移框架柱的计算长度系数

有侧移框架柱的计算长度系数 μ 应按附表7-2取值,同时符合下列规定:

①当横梁与柱铰接时,取横梁线刚度为零。

②对低层框架柱,当柱与基础铰接时,应取 $K_2=0$;当柱与基础刚接时,应取 $K_2=10$;平板支座可取 $K_2=0.1$。

③当与柱刚接的横梁所受轴心压力 N_b 较大时,横梁线刚度折减系数 α_N 应按下式计算:

横梁远端与柱刚接时:

$$\alpha_N=1-\frac{N_b}{4N_{Eb}} \tag{附 7-4}$$

横梁远端与柱铰接时:

$$\alpha_N=1-\frac{N_b}{N_{Eb}} \tag{附 7-5}$$

横梁远端嵌固时:

$$\alpha_N=1-\frac{N_b}{2N_{Eb}} \tag{附 7-6}$$

附表 7-2 有侧移框架柱的计算长度系数 μ

		K_1												
		0	0.05	0.1	0.2	0.3	0.4	0.5	1	2	3	4	5	≥10
K_2	0	∞	6.02	4.46	3.42	3.01	2.78	2.64	2.33	2.17	2.11	2.08	2.07	2.03
	0.05	6.02	4.16	3.47	2.86	2.58	2.42	2.31	2.07	1.94	1.90	1.87	1.86	1.83
	0.1	4.46	3.47	3.01	2.56	2.33	2.20	2.11	1.90	1.79	1.75	1.73	1.72	1.70
	0.2	3.42	2.86	2.56	2.23	2.05	1.94	1.87	1.70	1.60	1.57	1.55	1.54	1.52
	0.3	3.01	2.58	2.33	2.05	1.90	1.80	1.74	1.58	1.49	1.46	1.45	1.44	1.42
	0.4	2.78	2.42	2.20	1.94	1.80	1.71	1.65	1.50	1.42	1.39	1.37	1.37	1.35
	0.5	2.64	2.31	2.11	1.87	1.74	1.65	1.59	1.45	1.37	1.34	1.32	1.32	1.30
	1	2.33	2.07	1.90	1.70	1.58	1.50	1.45	1.32	1.24	1.21	1.20	1.19	1.17
	2	2.17	1.94	1.79	1.60	1.49	1.42	1.37	1.24	1.16	1.14	1.12	1.12	1.10
	3	2.11	1.90	1.75	1.57	1.46	1.39	1.34	1.21	1.14	1.11	1.10	1.09	1.07
	4	2.08	1.87	1.73	1.55	1.45	1.37	1.32	1.20	1.12	1.10	1.08	1.08	1.06
	5	2.07	1.86	1.72	1.54	1.44	1.37	1.32	1.19	1.12	1.09	1.08	1.07	1.05
	≥10	2.03	1.83	1.70	1.52	1.42	1.35	1.30	1.17	1.10	1.07	1.06	1.05	1.03

注:表中的计算长度系数 μ 按下式计算得出。

$$\left[36K_1K_2-\left(\frac{\pi}{\mu}\right)^2\right]\sin\frac{\pi}{\mu}+6(K_1+K_2)\left(\frac{\pi}{\mu}\right)\cos\frac{\pi}{\mu}=0$$

式中,K_1、K_2 分别为相交于柱上端、柱下端的横梁线刚度之和与柱线刚度之和的比值。当横梁远端为铰接时,应将横梁线刚度乘以 0.5;当横梁远端为嵌固时,则将横梁线刚度乘以 2/3。

附录 8 疲劳计算的构件和连接分类（Component and Connection Classification for Fati-Gue Calculation）

8.1 非焊接的构件和连接分类（附表 8-1）

附表 8-1 非焊接的构件和连接分类

项次	构造细节	说　明	类别
1		● 无连接处的母材 轧制型钢	Z1
2		● 无连接处的母材 钢板 (1) 两边为轧制或刨边 (2) 两侧为自动、半自动切割边[切割质量标准应符合《钢结构工程施工质量验收标准》（GB 50205—2020）]	Z1 Z2
3		● 连接螺栓和虚孔处的母材 应力以净截面面积计算	Z4
4		● 螺栓连接处的母材 高强度螺栓摩擦型连接应力以毛截面面积计算；其他螺栓连接应力以净截面面积计算 ● 铆钉连接处的母材 连接应力以净截面面积计算	Z2 Z4
5		● 受拉螺栓的螺纹处母材 连接板件应有足够的刚度，保证不产生撬力。否则受拉正应力应考虑撬力及其他因素产生的全部附加应力 对于直径大于 30 mm 的螺栓，需要考虑尺寸效应对容许应力幅进行修正，修正系数 $\gamma_t = \left(\dfrac{30}{d}\right)^{0.25}$，$d$ 为螺栓直径(mm)	Z11

注：箭头表示计算应力幅的位置和方向。

8.2 纵向传力焊缝的构件和连接分类(附表 8-2)

附表 8-2　纵向传力焊缝的构件和连接分类

项次	构造细节	说　明	类别
1	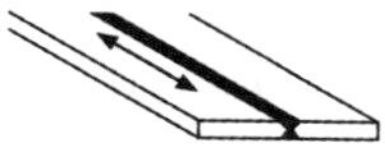	● 无垫板的纵向对接焊缝附近的母材 焊缝符合二级焊缝标准	Z2
2	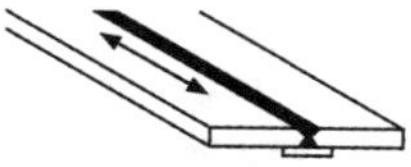	● 有连续垫板的纵向自动对接焊缝附近的母材 (1)无起弧、灭弧 (2)有起弧、灭弧	Z4 Z5
3	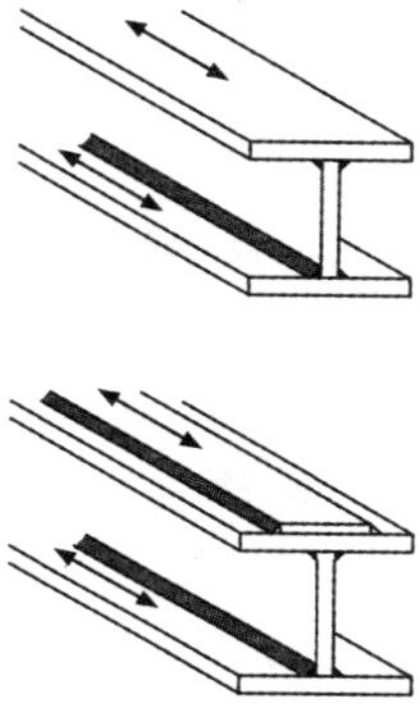	● 翼缘连接焊缝附近的母材 (1)翼缘板与腹板的连接焊缝 自动焊,二级 T 形对接与角接组合焊缝 自动焊,角焊缝,外观质量标准符合二级 手工焊,角焊缝,外观质量标准符合二级 (2)双层翼缘板之间的连接焊缝 自动焊,角焊缝,外观质量标准符合二级 手工焊,角焊缝,外观质量标准符合二级	 Z2 Z4 Z5 Z4 Z5
4	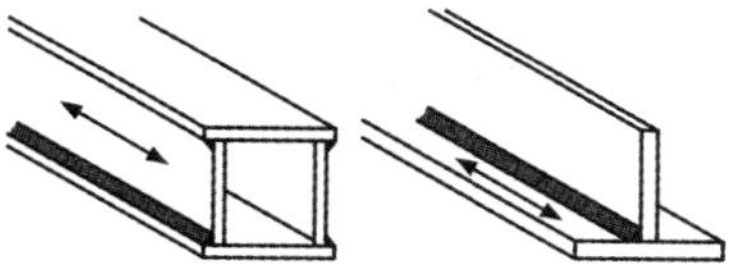	● 仅单侧施焊的手工或自动对接焊缝附近的母材,焊缝符合二级焊缝标准,翼缘与腹板很好贴合	Z5
5	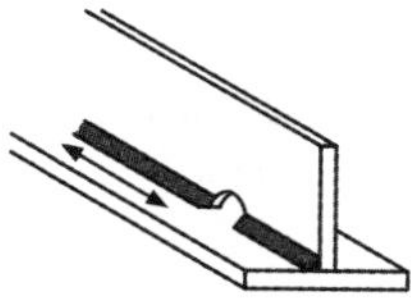	● 开工艺孔处焊缝符合二级焊缝标准的对接焊缝、焊缝外观质量符合二级焊缝标准的角焊缝等附近的母材	Z8
6	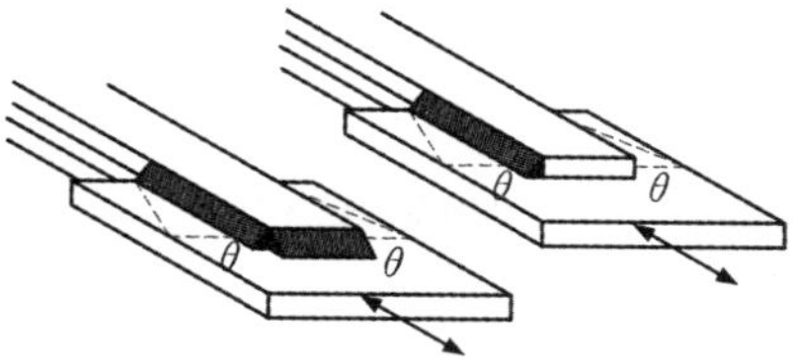	● 节点板搭接的两侧面角焊缝端部的母材 ● 节点板搭接的三面围焊时两侧角焊缝端部的母材 ● 三面围焊或两侧面角焊缝的节点板母材(节点板计算宽度按应力扩散角 θ 等于 30°考虑)	Z10 Z8 Z8

注:箭头表示计算应力幅的位置和方向。

299

8.3 横向传力焊缝的构件和连接分类(附表 8-3)

附表 8-3 横向传力焊缝的构件和连接分类

项次	构造细节	说　明	类别
1		● 横向对接焊缝附近的母材,轧制梁对接焊缝附近的母材 (1)符合《钢结构工程施工质量验收标准》(GB 50205—2020)的一级焊缝,且经加工、磨平 (2)符合《钢结构工程施工质量验收标准》(GB 50205—2020)的一级焊缝	Z2 Z4
2	坡度≤1/4	● 不同厚度(或宽度)横向对接焊缝附近的母材 (1)符合《钢结构工程施工质量验收标准》(GB 50205—2020)的一级焊缝,且经加工、磨平 (2)符合《钢结构工程施工质量验收标准》(GB 50205—2020)的一级焊缝	Z2 Z4
3		● 有工艺孔的轧制梁对接焊缝附近的母材,焊缝加工成平滑过渡并符合一级焊缝标准	Z6
4	d	● 带垫板的横向对接焊缝附近的母材 垫板端部超出母板距离 d (1)$d \geqslant 10$ mm (2)$d < 10$ mm	Z8 Z11
5		● 节点板搭接的端面角焊缝的母材	Z7
6	$t_2 \leqslant t_1$　坡度≤1/2	● 不同厚度直接横向对接焊缝附近的母材,焊缝等级为一级,无偏心	Z8

项次	构造细节	说　明	类别
7		● 翼缘盖板中断处的母材（板端有横向端焊缝）	Z8
8		● 十字形连接、T形连接 (1)K形坡口、T形对接与角接组合焊缝处的母材，十字形连接两侧轴线偏离距离小于 $0.15t$，焊缝为二级，焊趾角 $\alpha \leqslant 45°$ (2)角焊缝处的母材,十字形连接两侧轴线偏离距离小于 $0.15t$	Z6 Z8
9		● 法兰焊缝连接附近的母材 (1) 采用对接焊缝，焊缝为一级 (2) 采用角焊缝	Z8 Z13

注:箭头表示计算应力幅的位置和方向。

8.4　非传力焊缝的构件和连接分类(附表 8-4)

附表 8-4　非传力焊缝的构件和连接分类

项次	构造细节	说　明	类别
1		● 横向加劲肋端部附近的母材 (1)肋端焊缝不断弧(采用回焊) (2)肋端焊缝断弧	Z5 Z6
2		● 横向焊接附件附近的母材 (1)$t \leqslant 50$ mm (2)50 mm$< t \leqslant 80$ mm t 为焊接附件的板厚	Z7 Z8

项次	构造细节	说　明	类别
3		● 矩形节点板焊接于构件翼缘或腹板处的母材（节点板焊缝方向的长度 $L>150$ mm）	Z8
4		● 带圆弧的梯形节点板用对接焊缝焊于梁翼缘、腹板以及桁架构件处的母材,圆弧过渡处在焊后铲平、磨光、圆滑过渡,不得有焊接起弧、灭弧缺陷	Z6
5		● 焊接剪力栓钉附近的钢板母材	Z7

注:箭头表示计算应力幅的位置和方向。

8.5　钢管截面的构件和连接分类(附表 8-5)

附表 8-5　钢管截面的构件和连接分类

项次	构造细节	说　明	类别
1		● 钢管纵向自动焊缝的母材 (1) 无焊接起弧、灭弧点 (2) 有焊接起弧、灭弧点	Z3 Z6
2		● 圆管端部对接焊缝附近的母材,焊缝平滑过渡并符合《钢结构工程施工质量验收标准》(GB 50205—2020)的一级焊缝标准,余高不大于焊缝宽度的 10% (1) 圆管壁厚 8 mm$<t\leqslant$12.5 mm (2) 圆管壁厚 $t\leqslant$8 mm	 Z6 Z8
3		● 矩形管端部对接焊缝附近的母材,焊缝平滑过渡并符合一级焊缝标准,余高不大于焊缝宽度的 10% (1) 方管壁厚 8 mm$<t\leqslant$12.5 mm (2) 方管壁厚 $t\leqslant$8 mm	 Z8 Z10

项次	构造细节	说　明	类别
4		● 焊有矩形管或圆管的构件,连接角焊缝附近的母材,角焊缝为非承载焊缝,其外观质量标准符合二级,矩形管宽度或圆管直径不大于 100 mm	Z8
5		● 通过端板采用对接焊缝拼接的圆管母材,焊缝符合一级质量标准 (1)圆管壁厚 8 mm$<t\leqslant$12.5 mm (2)圆管壁厚 $t\leqslant$8 mm	Z10 Z11
6		● 通过端板采用对接焊缝拼接的矩形管母材,焊缝符合一级质量标准 (1)方管壁厚 8 mm$<t\leqslant$12.5 mm (2)方管壁厚 $t\leqslant$8 mm	Z11 Z12
7		● 通过端板采用角焊缝拼接的圆管母材,焊缝外观质量标准符合二级,管壁厚度 $t\leqslant$8 mm	Z13
8		● 通过端板采用角焊缝拼接的矩形管母材,焊缝外观质量标准符合二级,管壁厚度 $t\leqslant$8 mm	Z14
9		● 钢管端部压偏与钢板对接焊缝连接(仅适用于直径小于 200 mm 的钢管),计算时采用钢管的应力幅	Z8

303

项次	构造细节	说　明	类别
10		● 钢管端部开设槽口与钢板角焊缝连接,槽口端部为圆弧,计算时采用钢管的应力幅 (1) 倾斜角 $\alpha \leqslant 45°$ (2) 倾斜角 $\alpha > 45°$	Z8 Z9

注:箭头表示计算应力幅的位置和方向。

8.6 剪应力作用下的构件和连接分类(附表 8-6)

附表 8-6　剪应力作用下的构件和连接分类

项次	构造细节	说　明	类别
1		● 各类受剪角焊缝 剪应力按有效截面计算	J1
2		● 受剪力的普通螺栓 采用螺杆截面的剪应力	J2
3		● 焊接剪力栓钉 采用栓钉名义截面的剪应力	J3

注:箭头表示计算应力幅的位置和方向。

附录 9　常用型钢规格及截面特性(Specifications and Section Characteristics of Common Shaped Steel)

附表 9-1　热轧等边角钢截面特性表

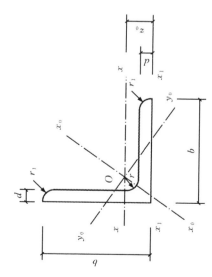

b—边宽度;I—截面惯性矩;z_0—重心距离;
d—边厚度;W—截面抵抗矩;r_1—边端圆弧半径;
r—内圆弧半径;i—回转半径。

型号	截面尺寸/mm			截面面积/cm²	理论质量/(kg/m)	外表面积/(m²/m)	惯性矩/cm⁴				惯性半径/cm			截面模数/cm³			重心距离/cm
	b	d	r				I_x	I_{x1}	I_{x0}	I_{y0}	i_x	i_{x0}	i_{y0}	W_x	W_{x0}	W_{y0}	z_0
2	20	3	3.5	1.132	0.89	0.078	0.40	0.81	0.63	0.17	0.59	0.75	0.39	0.29	0.45	0.20	0.60
		4		1.459	1.15	0.077	0.50	1.09	0.78	0.22	0.58	0.73	0.38	0.36	0.55	0.24	0.64
2.5	25	3		1.432	1.12	0.098	0.82	1.57	1.29	0.34	0.76	0.95	0.49	0.46	0.73	0.33	0.73
		4		1.859	1.46	0.097	1.03	2.11	1.62	0.43	0.74	0.93	0.48	0.59	0.92	0.40	0.76
3.0	30	3	4.5	1.749	1.37	0.117	1.46	2.71	2.31	0.61	0.91	1.15	0.59	0.68	1.09	0.51	0.85
		4		2.276	1.79	0.117	1.84	3.63	2.92	0.77	0.90	1.13	0.58	0.87	1.37	0.62	0.89
3.6	36	3		2.109	1.66	0.141	2.58	4.68	4.09	1.07	1.11	1.39	0.71	0.99	1.61	0.76	1.00
		4		2.756	2.16	0.141	3.29	6.25	5.22	1.37	1.09	1.38	0.70	1.28	2.05	0.93	1.04
		5		3.382	2.65	0.141	3.95	7.84	6.24	1.65	1.08	1.36	0.7	1.56	2.45	1.00	1.07
4	40	3	5	2.359	1.85	0.157	3.59	6.41	5.69	1.49	1.23	1.55	0.79	1.23	2.01	0.96	1.09
		4		3.086	2.42	0.157	4.60	8.56	7.29	1.91	1.22	1.54	0.79	1.60	2.58	1.19	1.13
		5		3.792	2.98	0.156	5.53	10.7	8.76	2.30	1.21	1.52	0.78	1.96	3.10	1.39	1.17

续表1

型号	截面尺寸/mm			截面面积/cm²	理论质量/(kg/m)	外表面积/(m²/m)	惯性矩/cm⁴				惯性半径/cm			截面模数/cm³			重心距离/cm
	b	d	r				I_x	I_{x1}	I_{x0}	I_{y0}	i_x	i_{x0}	i_{y0}	W_x	W_{x0}	W_{y0}	z_0
4.5	45	3	5	2.659	2.09	0.177	5.17	9.12	8.20	2.14	1.40	1.76	0.89	1.58	2.58	1.24	1.22
		4		3.486	2.74	0.177	6.65	12.2	10.6	2.75	1.38	1.74	0.89	2.05	3.32	1.54	1.26
		5		4.292	3.37	0.176	8.04	15.2	12.7	3.33	1.37	1.72	0.88	2.51	4.00	1.81	1.30
		6		5.077	3.99	0.176	9.33	18.4	14.8	3.89	1.36	1.70	0.80	2.95	4.64	2.06	1.33
5	50	3	5.5	2.971	2.33	0.197	7.18	12.5	11.4	2.98	1.55	1.96	1.00	1.96	3.22	1.57	1.34
		4		3.897	3.06	0.197	9.26	16.7	14.7	3.82	1.54	1.94	0.99	2.56	4.16	1.96	1.38
		5		4.803	3.77	0.196	11.2	20.9	17.8	4.64	1.53	1.92	0.98	3.13	5.03	2.31	1.42
		6		5.688	4.46	0.196	13.1	25.1	20.7	5.42	1.52	1.91	0.98	3.68	5.85	2.63	1.46
5.6	56	3	6	3.343	2.62	0.221	10.2	17.6	16.1	4.24	1.75	2.20	1.13	2.48	4.08	2.02	1.48
		4		4.39	3.45	0.220	13.2	23.4	20.9	5.46	17.3	2.18	1.11	3.24	5.28	2.52	1.53
		5		5.415	4.25	0.220	16.0	29.3	25.4	6.61	1.72	2.17	1.10	3.97	6.42	2.98	1.57
		6		6.42	5.04	0.220	18.7	35.3	29.7	7.73	1.71	2.15	1.10	4.68	7.49	3.40	1.61
		7		7.404	5.81	0.219	21.2	41.2	33.6	8.82	1.69	2.13	1.09	5.36	8.49	3.80	1.64
		8		8.367	6.57	0.219	23.6	47.2	37.4	9.89	1.68	2.11	1.09	6.03	9.44	4.16	1.68
6	60	5	6.5	5.829	4.58	0.236	19.9	36.1	31.6	8.21	1.85	2.33	1.19	4.59	7.44	3.48	1.67
		6		6.914	5.43	0.235	23.4	43.3	36.9	9.60	1.83	2.31	1.18	5.41	8.70	3.98	1.70
		7		7.977	6.26	0.235	26.4	50.7	41.9	11.0	1.82	2.29	1.17	6.21	9.88	4.45	1.74
		8		9.02	7.08	0.235	29.5	58.0	46.7	12.3	1.81	2.27	1.17	6.98	11.0	4.88	1.78
6.3	63	4	7	4.978	3.91	0.248	19.0	33.4	30.2	7.89	1.96	2.46	1.26	4.13	6.78	3.29	1.70
		5		6.143	4.82	0.248	23.2	41.7	36.8	9.57	1.94	2.45	1.25	5.08	8.25	3.90	1.74
		6		7.288	5.72	0.247	27.1	50.1	43.0	11.2	1.93	2.43	1.24	6.00	9.66	4.46	1.78
		7		8.412	6.60	0.247	30.9	58.6	49.0	12.8	1.92	2.41	1.23	6.88	11.0	4.98	1.82
		8		9.515	7.47	0.247	34.5	67.1	54.6	14.3	1.90	2.40	1.23	7.75	12.3	5.47	1.85
		10		11.66	9.15	0.246	41.1	84.3	64.9	17.3	1.88	2.36	1.22	9.39	14.6	6.36	1.93

续表2

型号	截面尺寸/mm			截面面积/cm²	理论质量/(kg/m)	外表面积/(m²/m)	惯性矩/cm⁴				惯性半径/cm			截面模数/cm³			重心距离/cm
	b	d	r				I_x	I_{x1}	I_{x0}	I_{y0}	i_x	i_{x0}	i_{y0}	W_x	W_{x0}	W_{y0}	z_0
7	70	4	8	5.570	4.57	0.275	26.4	45.7	41.8	11.0	2.18	2.74	1.40	5.14	8.44	4.17	1.86
		5		6.876	5.40	0.275	32.2	57.2	51.1	13.3	2.16	2.73	1.39	6.32	10.3	4.95	1.91
		6		8.160	6.41	0.275	37.8	68.7	59.9	15.6	2.15	2.71	1.38	7.48	12.1	5.67	1.95
		7		9.424	7.40	0.275	43.1	80.3	68.4	17.8	2.14	2.69	1.38	8.59	13.8	6.34	1.99
		8		10.67	8.37	0.274	48.2	91.9	76.4	20.0	2.12	2.68	1.37	9.68	15.4	6.98	2.03
7.5	75	5	9	7.412	5.82	0.295	40.0	70.6	63.3	16.6	2.33	2.92	1.50	7.32	11.9	5.77	2.04
		6		8.797	6.91	0.294	47.0	84.6	74.4	19.5	2.31	2.90	1.49	8.64	14.0	6.67	2.07
		7		10.16	7.98	0.294	53.6	98.7	85.0	22.2	2.30	2.89	1.48	9.93	16.0	7.44	2.11
		8		11.50	9.03	0.294	60.0	113	95.1	24.9	2.28	2.88	1.47	11.2	17.9	8.19	2.15
		9		12.83	10.1	0.294	66.1	127	105	27.5	2.27	2.86	1.46	12.4	19.8	8.89	2.18
		10		14.13	11.1	0.293	72.0	142	114	30.1	2.26	2.84	1.46	13.6	21.5	9.56	2.22
8	80	5	9	7.912	6.21	0.315	48.8	85.4	77.3	20.3	2.48	3.13	1.60	8.34	13.7	6.66	2.15
		6		9.397	7.38	0.314	57.4	103	91.0	23.7	2.47	3.11	1.59	9.87	16.1	7.65	2.19
		7		10.86	8.53	0.314	61.6	120	104	27.1	2.46	3.10	1.58	11.4	18.4	8.58	2.23
		8		12.30	9.66	0.314	73.5	137	117	30.4	2.44	3.08	1.57	12.8	20.6	9.46	2.27
		9		13.73	10.8	0.314	81.1	134	129	33.6	2.43	3.06	1.56	14.3	22.7	10.3	2.31
		10		15.13	11.9	0.313	88.4	172	140	36.8	2.42	3.04	1.56	15.6	24.8	11.1	2.35
9	90	6	10	10.64	8.35	0.354	82.8	146	131	34.3	2.79	3.51	1.80	12.6	20.6	9.95	2.44
		7		12.30	9.66	0.354	94.8	170	150	39.2	2.78	3.50	1.78	14.5	23.6	11.2	2.48
		8		13.94	10.9	0.353	106	195	169	44.0	2.76	3.48	17.8	16.4	26.6	12.4	2.52
		9		15.57	12.2	0.353	118	219	187	48.7	2.75	3.46	1.77	18.3	29.4	13.5	2.56
		10		17.17	13.5	0.353	129	244	204	53.3	2.74	3.45	1.76	20.1	32.0	1.45	2.59
		12		20.31	15.9	0.352	149	294	236	62.2	2.71	3.41	1.75	23.6	37.1	16.5	2.67

续表3

型号	截面尺寸/mm			截面面积/cm²	理论质量/(kg/m)	外表面积/(m²/m)	惯性矩/cm⁴				惯性半径/cm			截面模数/cm³			重心距离/cm
	b	d	r				I_x	I_{x1}	I_{x0}	I_{y0}	i_x	i_{x0}	i_{y0}	W_x	W_{x0}	W_{y0}	z_0
10	100	6	12	11.93	9.37	0.393	115	200	182	47.9	3.10	3.90	2.00	15.7	25.7	12.7	2.67
		7		13.80	10.8	0.393	132	234	209	54.7	3.09	3.89	1.99	18.1	29.6	14.3	2.71
		8		15.64	12.3	0.393	148	267	235	61.4	3.08	3.88	1.98	20.5	33.2	15.8	2.76
		9		17.46	13.7	0.392	164	300	260	68.0	3.07	3.86	1.97	22.8	36.8	17.2	2.80
		10		19.26	15.1	0.392	180	334	285	74.4	3.05	3.84	1.96	25.1	40.3	18.5	2.84
		12		22.80	17.9	0.391	209	402	331	86.8	3.03	3.81	1.95	29.5	46.8	21.1	2.91
		14		26.26	20.6	0.391	237	471	374	99.0	3.00	3.77	1.94	33.7	52.9	23.4	2.99
		16		29.63	23.3	0.390	263	540	414	111	2.98	3.74	1.94	37.8	58.6	25.6	3.06
11	110	7	12	15.20	11.9	0.433	177	311	281	73.4	3.41	4.30	2.20	22.1	36.1	17.5	2.96
		8		17.24	13.5	0.433	199	355	316	82.4	3.40	4.28	2.19	25.0	40.7	19.4	3.01
		10		21.26	16.7	0.432	242	445	384	100	3.38	4.25	2.17	30.6	49.4	22.9	3.09
		12		25.20	19.8	0.431	283	535	448	117	3.35	4.22	2.15	36.1	57.6	26.2	3.16
		14		29.06	22.8	0.431	321	625	508	133	3.32	4.18	2.14	41.3	65.3	29.1	3.24
12.5	125	8	14	19.75	15.5	0.492	297	521	471	123	3.88	4.88	2.50	32.5	53.3	25.9	3.37
		10		24.37	19.1	0.491	362	652	574	149	3.85	4.85	2.48	40.0	64.9	30.6	3.45
		12		28.91	22.7	0.491	423	783	671	175	3.83	4.82	2.46	41.2	76.0	35.0	3.53
		14		33.37	26.2	0.490	482	916	764	200	3.80	4.78	2.45	54.2	86.4	39.1	3.61
		16		37.74	29.6	0.489	537	1 050	851	224	3.77	4.75	2.43	60.9	96.3	43.0	3.68
14	140	10	14	27.37	21.5	0.551	515	915	817	212	4.34	5.46	2.78	50.6	82.6	39.2	3.82
		12		31.51	25.5	0.551	604	1 100	959	249	4.31	5.43	2.76	59.8	96.9	45.0	3.90
		14		37.57	29.5	0.550	689	1 280	1 090	284	4.28	5.40	2.75	68.8	110	50.5	3.98
		16		42.54	33.4	0.549	770	1 470	1 220	319	4.26	5.36	2.74	77.5	123	55.6	4.06

续表4

型号	截面尺寸/mm			截面面积/cm²	理论质量/(kg/m)	外表面积/(m²/m)	惯性矩/cm⁴				惯性半径/cm			截面模数/cm³			重心距离/cm
	b	d	r				I_x	I_{x1}	I_{x0}	I_{y0}	i_x	i_{x0}	i_{y0}	W_x	W_{x0}	W_{y0}	z_0
15	150	8	14	23.75	18.6	0.592	521	900	827	215	4.69	5.90	3.01	47.4	78.0	38.1	3.99
		10		29.37	23.1	0.591	638	1 130	1 010	262	4.66	5.87	2.99	58.4	95.5	45.5	4.08
		12		34.91	27.4	0.591	749	1 350	1 190	308	4.63	5.84	2.97	69.0	112	52.4	4.15
		14		40.37	31.7	0.590	856	1 580	1 360	352	4.60	5.80	2.95	79.5	128	58.8	4.23
		15		43.06	33.8	0.590	907	1 690	1 440	374	4.59	5.78	2.95	84.6	136	61.9	4.27
		16		45.74	35.9	0.589	958	1 810	1 520	395	4.58	5.77	2.94	89.6	143	64.9	4.31
16	160	10	16	31.50	24.7	0.630	780	1 370	1 240	322	4.98	6.27	3.20	66.7	109	52.8	4.31
		12		37.44	29.4	0.630	917	1 640	1 460	377	4.95	6.24	3.18	79.0	129	60.7	4.39
		14		43.30	34.0	0.629	1 050	1 910	1 670	432	4.92	6.20	3.16	91.0	147	68.2	4.47
		16		49.07	38.5	0.629	1 180	2 190	1 870	485	4.89	6.17	3.14	103	165	75.3	4.55
18	180	12	16	42.24	33.2	0.710	1 320	2 330	2 100	543	5.59	7.05	3.58	101	165	78.4	4.89
		14		48.90	38.4	0.709	1 510	2 720	2 410	622	5.56	7.02	3.56	116	189	88.4	4.97
		16		55.47	43.5	0.709	1 700	3 120	2 700	699	5.54	6.98	3.55	131	212	97.8	5.05
		18		61.96	48.6	0.708	1 880	3 500	2 990	762	5.50	6.94	3.51	146	235	105	5.13
20	200	14	18	54.64	42.9	0.788	2 100	3 730	3 340	864	6.20	7.82	3.98	145	236	112	5.46
		16		62.01	48.7	0.788	2 370	4 270	3 760	971	6.18	7.79	3.96	164	266	124	5.54
		18		69.30	54.4	0.787	2 620	4 810	4 160	1 080	6.15	7.75	3.94	182	294	136	5.62
		20		76.51	60.1	0.787	2 870	5 350	4 530	1 180	6.12	7.72	3.93	200	322	147	5.69
		24		90.66	71.2	0.785	3 340	6 460	5 290	1 380	6.07	7.64	3.90	236	374	167	5.87

续表5

型号	截面尺寸/mm			截面面积/cm²	理论质量/(kg/m)	外表面积/(m²/m)	惯性矩/cm⁴				惯性半径/cm			截面模数/cm³			重心距离/cm
	b	d	r				I_x	I_{x1}	I_{x0}	I_{y0}	i_x	i_{x0}	i_{y0}	W_x	W_{x0}	W_{y0}	z_0
22	220	16	21	68.67	53.9	0.866	3 190	5 680	5 060	1 310	6.81	8.59	4.37	200	326	154	6.03
		18		76.75	60.3	0.866	3 549	6 400	5 620	1 450	6.79	8.55	4.35	223	361	168	6.11
		20		84.76	66.5	0.865	3 870	7 110	6 150	1 590	6.76	8.52	4.34	245	395	182	6.18
		22		92.68	72.8	0.865	4 200	7 830	6 670	1 730	6.73	8.48	4.32	267	429	195	6.26
		24		100.5	78.9	0.864	4 520	8 550	7 170	1 870	6.71	8.45	4.31	289	461	208	6.33
		26		108.3	85.0	0.864	4 830	9 280	7 690	2 000	6.68	8.41	4.30	310	492	221	6.41
25	250	18	24	87.84	69.0	0.985	5 270	9 380	8 370	2 170	7.75	9.76	4.97	290	473	224	6.84
		20		97.05	76.2	0.984	5 780	10 400	9 180	2 380	7.72	9.73	4.95	320	519	243	6.92
		22		106.2	83.3	0.983	6 280	11 500	9 970	2 580	7.69	9.69	4.93	349	564	261	7.00
		24		115.2	90.4	0.983	6 770	12 500	10 700	2 790	7.67	9.66	4.92	378	608	278	7.07
		26		124.2	97.5	0.982	7 240	13 600	11 500	2 980	7.64	9.62	4.90	406	650	295	7.15
		28		133.0	104	0.982	7 700	14 600	12 200	3 180	7.61	9.58	4.89	433	691	311	7.22
		30		141.8	111	0.981	8 160	15 700	12 900	3 380	7.58	9.55	4.88	461	731	327	7.30
		32		150.5	118	0.981	8 600	16 800	13 600	3 570	7.56	9.51	4.87	488	770	342	7.37
		35		163.4	128	0.980	9 240	18 400	14 600	3 850	7.52	9.46	4.86	527	827	364	7.48

注：截面图中的 $r_1 = 1/3d$ 及表中 r 的数据用于孔型设计，不作交货条件。

310

附表 9-2 热轧不等边角钢截面特性表

B—长边宽度；I—截面惯性矩；x_0、y_0—重心距离；
b—短边宽度；W—截面抵抗矩；r—内圆弧半径；
d—边厚度；i—回转半径；r_1—边端圆弧半径。

型号	截面尺寸/mm				截面面积/cm²	理论质量/(kg/m)	外表面积/(m²/m)	惯性矩/cm⁴					惯性半径/cm			截面模数/cm³			tan α	重心距离/cm	
	B	b	d	r				I_x	I_{x1}	I_y	I_{y1}	I_0	i_x	i_y	i_0	W_x	W_y	W_0		x_0	y_0
2.5/1.6	25	16	3	3.5	1.162	0.91	0.080	0.70	1.56	0.22	0.43	0.14	0.78	0.44	0.34	0.43	0.19	0.16	0.392	0.42	0.86
			4		1.499	1.18	0.079	0.88	2.09	0.27	0.59	0.17	0.77	0.43	0.34	0.55	0.24	0.20	0.381	0.46	0.90
3.2/2	32	20	3	3.5	1.492	1.17	0.102	1.53	3.27	0.46	0.82	0.28	1.01	0.55	0.43	0.72	0.30	0.25	0.382	0.49	1.08
			4		1.939	1.52	0.101	1.93	4.37	0.57	1.12	0.35	1.00	0.54	0.42	0.93	0.39	0.32	0.374	0.53	1.12
4/2.5	40	25	3	4	1.890	1.48	0.127	3.08	5.39	0.93	1.59	0.56	1.28	0.70	0.54	1.15	0.49	0.40	0.385	0.59	1.32
			4		2.467	1.94	0.127	3.93	8.53	1.18	2.14	0.71	1.36	0.69	0.54	1.49	0.63	0.52	0.381	0.63	1.37
4.5/2.8	45	28	3	5	2.149	1.69	0.143	4.45	9.10	1.34	2.23	0.80	1.44	0.79	0.61	1.47	0.62	0.51	0.383	0.64	1.47
			4		2.806	2.20	0.143	5.69	12.1	1.70	3.00	1.02	1.42	0.78	0.60	1.91	0.80	0.66	0.380	0.68	1.51
5/3.2	50	32	3	5.5	2.431	1.91	0.461	6.24	12.5	2.02	3.31	1.20	1.60	0.91	0.70	1.84	0.82	0.68	0.404	0.73	1.60
			4		3.177	2.49	0.160	8.02	16.7	2.58	4.45	1.53	1.59	0.90	0.69	2.39	1.06	0.87	0.402	0.77	1.65

311

型号	截面尺寸/mm				截面面积/cm²	理论质量/(kg/m)	外表面积/(m²/m)	惯性矩/cm⁴					惯性半径/cm			截面模数/cm³			$\tan \alpha$	重心距离/cm	
	B	b	d	r				I_x	I_{x1}	I_y	I_{y1}	I_0	i_x	i_y	i_0	W_x	W_y	W_0		x_0	y_0
5.6/3.6	56	36	3	6	2.743	2.15	0.181	8.88	17.5	2.92	4.7	1.73	1.80	1.03	0.79	2.32	1.05	0.87	0.408	0.80	1.78
			4		3.590	2.82	0.180	11.5	23.4	3.76	6.33	2.23	1.79	1.02	0.79	3.03	1.37	1.13	0.408	0.85	1.82
			5		4.415	3.47	0.180	13.9	29.3	4.49	7.94	2.67	1.77	1.01	0.78	3.71	1.65	1.36	0.404	0.88	1.87
6.3/4	63	40	4	7	4.058	3.19	0.202	16.5	33.3	5.23	8.63	3.12	2.02	1.14	0.88	3.87	1.70	1.40	0.398	0.92	2.04
			5		4.993	3.92	0.202	20.0	41.6	6.31	10.9	3.76	2.00	1.12	0.87	4.74	2.07	1.71	0.396	0.95	2.08
			6		5.908	4.64	0.201	23.4	50.0	7.29	13.1	4.34	1.96	1.11	0.86	5.59	2.43	1.99	0.393	0.99	2.12
			7		6.802	5.34	0.201	26.5	58.1	8.24	15.5	4.97	1.98	1.10	0.86	6.40	2.78	2.29	0.389	1.03	2.15
7/4.5	70	45	4	7.5	4.553	3.57	0.226	23.2	45.9	7.55	12.3	4.40	2.26	1.29	0.98	4.86	2.17	1.77	0.410	1.02	2.24
			5		5.609	4.40	0.225	28.0	57.1	9.13	15.4	5.40	2.23	1.28	0.98	5.92	12.65	2.19	0.407	1.06	2.28
			6		6.644	5.22	0.225	32.5	68.4	10.6	18.6	6.35	2.21	1.26	0.98	6.95	3.12	2.59	0.404	1.09	2.32
			7		7.658	6.01	0.225	37.2	80.0	12.0	21.8	7.16	2.20	1.25	0.97	8.03	3.57	2.94	0.402	1.13	2.36
7.5/5	75	50	5	8	6.126	4.81	0.245	34.9	70.0	12.6	21.0	7.41	2.39	1.44	1.10	6.83	3.3	2.74	0.435	1.17	2.40
			6		7.260	5.70	0.245	41.1	84.3	14.7	25.4	8.54	2.38	1.42	1.08	8.12	3.88	3.19	0.435	1.21	2.44
			8		9.467	7.43	0.244	52.4	113	18.5	34.2	10.9	2.35	1.40	1.07	10.5	4.99	4.10	0.429	1.29	2.52
			10		11.59	9.10	0.244	62.7	141	22.0	43.4	13.1	2.33	1.38	1.06	12.8	6.04	4.99	0.423	1.36	2.60
8/5	80	50	5	8	6.376	5.00	0.255	42.0	85.2	12.8	21.1	7.66	2.56	1.42	1.10	7.78	3.32	2.74	0.388	1.14	2.60
			6		7.560	5.93	0.255	49.5	103	15.0	25.4	8.85	2.56	1.41	1.08	9.25	3.91	3.20	0.387	1.18	2.65
			7		8.724	6.85	0.255	56.2	119	17.0	29.8	10.2	2.54	1.39	1.08	10.6	4.48	3.70	0.384	1.21	2.69
			8		9.867	7.75	0.254	62.8	136	18.9	34.3	11.4	2.52	1.38	1.07	11.9	5.03	4.16	0.381	1.25	2.73

续表2

型号	截面尺寸/mm				截面面积/cm²	理论质量/(kg/m)	外表面积/(m²/m)	惯性矩/cm⁴					惯性半径/cm			截面模数/cm³			tan α	重心距离/cm	
	B	b	d	r				I_x	I_{x1}	I_y	I_{y1}	I_0	i_x	i_y	i_0	W_x	W_y	W_0		x_0	y_0
9/5.6	90	56	5	9	7.212	5.66	0.287	60.5	121	18.3	29.5	11.0	2.90	1.59	1.23	9.92	4.21	3.40	0.385	1.25	2.91
			6		8.557	6.72	0.286	71.0	146	21.4	35.6	12.9	2.88	1.58	1.23	11.7	4.96	4.13	0.384	1.29	2.95
			7		9.881	7.76	0.286	81.0	170	24.4	41.7	14.7	2.86	1.57	1.22	13.5	5.70	4.72	0.382	1.33	3.00
			8		11.18	8.78	0.288	91.0	194	27.2	47.9	16.3	2.85	1.56	1.21	15.3	6.41	5.29	0.380	1.36	3.04
10/6.3	100	63	6	10	9.618	7.55	0.320	99.1	200	30.9	50.5	18.4	3.21	1.79	1.38	14.6	6.35	5.25	0.394	1.43	3.24
			7		11.11	8.72	0.320	113	233	35.3	59.1	21.0	3.20	1.78	1.38	16.9	7.29	6.02	0.394	1.47	3.28
			8		12.58	9.88	0.319	127	266	39.4	67.9	23.5	3.18	1.77	1.37	19.1	8.21	6.78	0.391	1.50	3.32
			10		15.47	12.1	0.319	154	333	47.1	85.7	28.3	3.15	1.74	1.35	23.3	9.98	8.24	0.387	1.58	3.40
10/8	100	80	6	10	10.64	8.35	0.354	107	200	61.2	103	31.7	3.17	2.40	1.72	15.2	10.2	8.37	0.627	1.97	2.95
			7		12.30	9.66	0.354	123	233	70.1	120	36.2	3.16	2.39	1.72	17.5	11.7	9.60	0.626	2.01	3.00
			8		13.94	10.9	0.353	138	267	78.6	137	40.6	3.14	2.37	1.71	19.8	13.2	10.8	0.625	2.05	3.04
			10		17.17	13.5	0.353	167	334	94.7	172	49.1	3.12	2.35	1.69	24.2	16.1	13.1	0.622	2.13	3.12
11/7	110	70	6	10	10.64	8.35	0.354	133	266	42.9	69.1	25.4	3.54	2.01	1.54	17.9	7.90	6.53	0.403	1.57	3.53
			7		12.30	9.66	0.354	153	310	49.0	80.8	29.0	3.53	2.00	1.53	20.6	9.09	7.50	0.402	1.61	3.57
			8		13.94	10.9	0.353	172	354	54.9	92.7	32.5	3.51	1.98	1.53	23.3	10.3	8.45	0.401	1.65	3.62
			10		17.17	13.5	0.353	208	443	65.9	117	39.2	3.48	1.96	1.51	28.5	12.5	10.3	0.397	1.72	3.70
12.5/8	125	80	7	11	14.10	11.1	0.403	228	455	74.4	120	43.8	4.02	2.30	1.76	26.9	12.0	9.92	0.408	1.80	4.01
			8		15.99	12.6	0.403	257	520	83.5	138	49.2	4.01	2.28	1.75	30.4	13.6	11.2	0.407	1.84	4.06
			10		19.71	15.5	0.402	312	650	101	173	59.5	3.98	2.26	1.74	37.3	16.6	13.6	0.404	1.92	4.14
			12		23.35	18.3	0.402	364	780	117	210	69.4	3.95	2.24	1.72	44.0	19.4	16.0	0.400	2.00	4.22

续表3

型号	截面尺寸/mm				截面面积/cm²	理论质量/(kg/m)	外表面积/(m²/m)	惯性矩/cm⁴					惯性半径/cm			截面模数/cm³			tan α	重心距离/cm	
	B	b	d	r				I_x	I_{x1}	I_y	I_{y1}	I_0	i_x	i_y	i_0	W_x	W_y	W_0		x_0	y_0
14/9	140	90	8	12	18.04	14.2	0.453	366	731	121	196	70.8	4.50	2.59	1.98	38.5	17.3	14.3	0.411	2.04	4.50
			10		22.26	17.5	0.452	446	913	140	246	85.8	4.47	2.56	1.96	47.3	21.2	17.5	0.409	2.12	4.58
			12		26.40	20.7	0.451	522	1 100	170	297	100	4.44	1.54	1.95	55.9	25.0	20.5	0.406	2.19	4.66
			14		30.46	23.9	0.451	594	1 280	192	349	114	4.42	251	1.94	64.2	28.5	23.5	0.403	2.27	4.74
15/9	150	90	8	12	18.84	14.8	0.473	442	898	123	196	74.1	4.84	2.55	1.98	43.9	17.5	14.5	0.364	1.97	4.92
			10		23.26	18.3	0.472	539	1 120	149	246	89.9	4.81	2.53	1.97	54.0	21.4	17.1	0.362	2.05	5.01
			12		27.60	21.7	0.471	632	1 350	173	297	105	4.79	2.50	1.95	63.8	25.1	20.8	0.359	2.12	5.09
			14		31.86	25.0	0.471	721	1 570	196	350	120	4.76	2.48	1.94	73.3	28.8	23.8	0.356	2.20	5.17
			15		33.95	26.7	0.471	764	1 680	207	376	127	4.74	2.47	1.93	78.0	30.5	25.3	0.354	2.24	5.21
			16		36.03	28.3	0.470	806	1 800	217	403	134	4.73	2.45	1.93	82.6	32.3	26.8	0.352	2.27	5.25
16/10	160	100	10	13	25.32	19.9	0.512	669	1 360	205	337	122	5.14	2.85	2.19	62.1	26.6	21.9	0.390	2.28	5.24
			12		30.05	23.6	0. 511	785	1 640	239	406	142	5.11	2.82	2.17	73.5	31.3	25.8	0.388	2.36	5.32
			14		34.71	27.2	0.510	896	1 910	271	476	162	5.08	2.80	2.16	84.6	35.8	29.6	0.385	2.43	5.40
			16		39.28	30.8	0.510	1 000	2 180	302	548	183	5.05	2.77	2.16	95.3	40.2	33.4	0.382	2.51	5.48
18/11	180	110	10	14	28.37	22.3	0.571	956	1 940	278	447	167	5.80	3.13	2.42	79.0	32.5	26.9	0.376	2.44	5.89
			12		33.71	26.5	0.571	1 120	2 330	325	539	195	5.78	3.10	2.40	93.5	38.3	31.7	0.374	2.52	5.98
			14		38.97	30.6	0.570	1 290	2 720	370	632	222	5.75	3.08	2.39	108	44.0	36.3	0.372	2.59	6.06
			16		44.14	34.6	0.569	1 440	3 110	412	726	249	5.72	3.06	2.38	122	49.4	40.9	0.369	2.67	6.14
20/12.5	200	125	12	14	37.91	29.8	0.641	1 570	3 190	483	788	286	6.44	3.57	2.74	117	50.0	41.2	0.392	2.83	6.54
			14		43.87	34.4	0.640	1 800	3 730	551	922	327	6.41	3.54	2.73	135	57.4	47.3	0.390	2.91	6.62
			16		49.74	39.0	0.639	2 020	4 260	615	1 060	366	6.38	3.52	2.71	152	64.9	53.3	0.388	2.99	6.70
			18		55.53	43.6	0.639	2 240	4 790	677	1 200	405	6.35	3.49	2.70	169	71.7	59.2	0.385	3.06	6.78

注：截面图中的 $r_1 = 1/3d$ 及表中 r 的数据用于孔型设计，不作交货条件。

附表 9-3 热轧等边角钢组合截面特性表

y-y 轴截面特性
a 为角钢肢背之间的距离（mm）

角钢型号	两个角钢的截面面积/cm²	两个角钢的理论质量/(kg/m)	a=0 mm W_y/cm³	a=0 mm i_y/cm	a=4 mm W_y/cm³	a=4 mm i_y/cm	a=6 mm W_y/cm³	a=6 mm i_y/cm	a=8 mm W_y/cm³	a=8 mm i_y/cm	a=10 mm W_y/cm³	a=10 mm i_y/cm	a=12 mm W_y/cm³	a=12 mm i_y/cm	a=14 mm W_y/cm³	a=14 mm i_y/cm	a=16 mm W_y/cm³	a=16 mm i_y/cm
2∟20×3	2.26	1.78	0.81	0.85	1.03	1.00	1.15	1.08	1.28	1.17	1.42	1.25	1.57	1.34	1.72	1.43	1.88	1.52
4	2.92	2.29	1.09	0.87	1.38	1.02	1.55	1.11	1.73	1.19	1.91	1.28	2.10	1.37	2.30	1.46	2.51	1.55
2∟25×3	2.86	2.25	1.26	1.05	1.52	1.20	1.66	1.27	1.82	1.36	1.98	1.44	2.15	1.53	2.33	1.61	2.52	1.70
4	3.72	2.92	1.69	1.07	2.04	1.22	2.21	1.30	2.44	1.38	2.66	1.47	2.89	1.55	3.13	1.64	3.38	1.73
2∟30×3	3.50	2.75	1.81	1.25	2.11	1.39	2.28	1.47	2.46	1.55	2.65	1.63	2.84	1.71	3.05	1.80	3.26	1.88
4	4.55	3.57	2.42	1.26	2.83	1.41	3.06	1.49	3.30	1.57	3.55	1.65	3.82	1.74	4.09	1.82	4.38	1.91
2∟36×3	4.22	3.31	2.60	1.49	2.95	1.63	3.14	1.70	3.35	1.78	3.56	1.86	3.79	1.94	4.02	2.03	4.27	2.11
4	5.51	4.33	3.47	1.51	3.95	1.65	4.21	1.73	4.49	1.80	4.78	1.89	5.08	1.97	5.39	2.05	5.72	2.14
5	6.76	5.31	4.36	1.52	4.96	1.67	5.30	1.75	5.64	1.83	6.01	1.91	6.39	1.99	6.78	2.08	7.19	2.16
2∟40×3	4.72	3.70	3.20	1.65	3.59	1.79	3.80	1.86	4.02	1.94	4.26	2.01	4.50	2.09	4.76	2.18	5.02	2.26
4	6.17	4.85	4.28	1.67	4.80	1.81	5.09	1.88	5.39	1.96	5.70	2.04	6.03	2.12	6.37	2.20	6.72	2.29
5	7.58	5.95	5.37	1.68	6.03	1.83	6.39	1.90	6.77	1.98	7.17	2.06	7.58	2.14	8.01	2.23	8.45	2.31
2∟45×3	5.32	4.18	4.05	1.85	4.48	1.99	4.71	2.06	4.95	2.14	5.21	2.21	3.47	2.29	5.75	2.37	6.04	2.45
4	6.97	5.47	5.41	1.87	5.99	2.01	6.30	2.08	6.63	2.16	6.97	2.24	7.33	2.32	7.70	2.40	8.09	2.48
5	8.58	6.74	6.78	1.89	7.51	2.03	7.91	2.10	8.32	2.18	8.76	2.26	9.21	2.34	9.67	2.42	10.15	2.50
6	10.15	7.97	8.16	1.90	9.05	2.05	9.53	2.12	10.04	2.20	10.56	2.28	11.10	2.36	11.66	2.44	12.24	2.53

续表1

角钢型号	两个角钢的截面积/cm²	两个角钢的理论质量/(kg/m)	y-y 轴截面特性 a 为角钢肢背之间的距离(mm)															
			$a=0$ mm		$a=4$ mm		$a=6$ mm		$a=8$ mm		$a=10$ mm		$a=12$ mm		$a=14$ mm		$a=16$ mm	
			W_y/cm³	i_y/cm	W_y/cm³	i_y/cm	W_y/cm³	i_y/cm	W_y/cm³	i_y/cm	W_y/cm³	i_y/cm	W_y/cm³	i_y/cm	W_y/cm³	i_y/cm	W_y/cm³	i_y/cm
2∟ 50×3	5.94	4.66	5.00	2.05	5.47	2.19	5.72	2.26	5.98	2.33	6.26	2.41	6.55	2.48	6.85	2.56	7.16	2.64
4	7.79	6.12	6.68	2.07	7.31	2.21	7.65	2.28	8.01	2.36	8.38	2.43	8.77	2.51	9.17	2.59	9.58	2.67
5	9.61	7.54	8.36	2.09	9.16	2.23	9.59	2.30	10.05	2.38	10.52	2.45	11.00	2.53	11.51	2.61	12.03	2.70
6	11.38	8.93	10.06	2.10	11.03	2.25	11.56	2.32	12.10	2.40	12.67	2.48	13.26	2.56	13.87	2.64	14.50	2.72
2∟ 56×3	6.69	5.25	6.27	2.29	6.79	2.43	7.06	2.50	7.35	2.57	7.66	2.64	7.97	2.72	8.30	2.80	8.64	2.88
4	7.78	6.89	8.37	2.31	9.07	2.45	9.44	2.52	9.83	2.59	10.24	2.67	10.66	2.74	11.10	2.82	11.55	2.90
5	10.83	8.50	10.47	2.33	11.36	2.47	11.83	2.54	12.33	2.61	12.84	2.69	13.38	2.77	13.93	2.85	14.49	2.93
6	12.84	10.08	12.62	2.35	13.70	2.49	14.27	2.56	14.88	2.64	15.50	2.71	16.14	2.79	16.81	2.87	17.49	2.95
7	14.81	11.62	14.69	2.36	15.96	2.50	16.64	2.58	17.35	2.65	18.08	2.73	18.83	2.81	19.61	2.89	20.41	2.97
8	16.73	13.14	16.87	2.38	18.34	2.52	19.13	2.60	19.94	2.67	20.78	2.75	21.65	2.83	22.55	2.91	23.46	3.00
2∟ 60×5	11.66	9.15	12.05	2.49	12.99	2.63	13.50	2.70	14.02	2.77	14.57	2.85	15.13	2.93	15.71	3.00	16.31	3.08
6	13.83	10.85	14.41	2.50	15.55	2.64	16.16	2.71	16.79	2.79	17.45	2.86	18.13	2.94	18.83	3.02	19.55	3.10
7	15.95	12.52	16.86	2.52	18.21	2.66	18.93	2.73	19.68	2.81	20.45	2.89	21.25	2.96	22.07	3.04	22.91	3.13
8	18.04	14.16	19.35	2.54	20.91	2.68	21.74	2.76	22.61	2.83	23.50	2.91	24.41	2.99	25.36	3.07	26.33	3.15
2∟ 63×4	9.96	7.81	10.59	2.59	11.36	2.72	11.78	2.79	12.21	2.87	12.66	2.94	13.12	3.02	13.60	3.09	14.10	3.17
5	12.29	9.64	13.25	2.61	14.23	2.74	14.75	2.82	15.30	2.89	15.86	2.96	16.45	3.04	17.05	3.12	17.67	3.20

续表 2

y-y 轴截面特性
a 为角钢肢背之间的距离（mm）

角钢型号	两个角钢的截面积/cm²	两个角钢的理论质量/(kg/m)	a＝0 mm		a＝4 mm		a＝6 mm		a＝8 mm		a＝10 mm		a＝12 mm		a＝14 mm		a＝16 mm	
			W_y/cm³	i_y/cm	W_y/cm³	i_y/cm	W_y/cm³	i_y/cm	W_y/cm³	i_y/cm	W_y/cm³	i_y/cm	W_y/cm³	i_y/cm	W_y/cm³	i_y/cm
2∟63×6	14.58	11.44	15.92	2.62	17.11	2.76	17.75	2.83	18.41	2.91	19.09	2.98	19.80	3.06	20.53	3.14	21.28	3.22
7	16.82	13.21	18.65	2.64	20.06	2.78	20.81	2.86	21.59	2.93	22.40	3.01	23.23	3.09	24.08	3.17	24.96	3.25
8	19.03	14.94	21.31	2.66	22.94	2.80	23.80	2.87	24.70	2.95	25.62	3.03	26.58	3.10	27.56	3.18	28.57	3.26
10	23.31	18.30	26.77	2.69	28.85	2.84	29.95	2.91	31.09	2.99	32.26	3.07	33.46	3.15	34.70	3.23	35.97	3.31
2∟70×4	11.14	8.74	13.07	2.87	13.92	3.00	14.37	3.07	14.85	3.14	15.34	3.21	15.84	3.29	16.36	3.36	16.90	3.44
5	13.75	10.79	16.35	2.88	17.43	3.02	18.00	3.09	18.60	3.16	19.21	3.24	19.85	3.31	20.50	3.39	21.18	3.47
6	16.32	12.81	19.64	2.90	20.95	3.04	21.64	3.11	22.36	3.18	23.11	3.26	23.88	3.33	24.67	3.41	25.48	3.49
7	18.85	14.80	22.94	2.92	24.49	3.06	25.31	3.13	26.16	3.20	27.03	3.28	27.94	3.36	28.86	3.43	29.82	3.51
8	21.33	16.75	26.26	2.94	28.05	3.08	29.00	3.15	29.97	3.22	30.98	3.30	32.02	3.38	33.09	3.46	34.18	3.54
2∟75×5	14.82	11.64	18.88	3.09	20.04	3.23	20.66	3.30	21.29	3.37	21.95	3.44	22.62	3.52	23.32	3.59	24.04	3.67
6	17.59	13.81	22.57	3.10	23.97	3.24	24.71	3.31	25.47	3.38	26.26	3.46	27.08	3.53	27.91	3.61	28.77	3.68
7	20.32	15.95	26.32	3.12	27.97	3.26	28.84	3.33	29.74	3.40	30.67	3.47	31.62	3.55	32.60	3.63	33.61	3.71
8	23.01	18.06	30.13	3.13	32.03	3.27	33.03	3.35	34.07	3.42	35.13	3.50	36.23	3.57	37.36	3.65	38.52	3.73
9	25.65	20.14	33.88	3.15	36.04	3.29	37.17	3.36	38.35	3.44	39.55	3.51	40.74	3.59	42.07	3.67	43.37	3.75
10	28.25	22.18	37.79	3.17	40.22	3.31	41.49	3.38	42.81	3.46	44.16	3.54	45.55	3.61	46.97	3.69	48.43	3.77
2∟80×5	15.82	12.42	21.34	3.28	22.56	3.42	23.20	3.49	23.86	3.56	24.55	3.63	25.26	3.71	25.99	3.78	26.74	3.86

y-y 轴截面特性　a 为角钢肢背之间的距离（mm）

角钢型号	两个角钢的截面积/cm²	两个角钢的理论质量/(kg/m)	$a=0$ mm W_y/cm³	$a=0$ mm i_y/cm	$a=4$ mm W_y/cm³	$a=4$ mm i_y/cm	$a=6$ mm W_y/cm³	$a=6$ mm i_y/cm	$a=8$ mm W_y/cm³	$a=8$ mm i_y/cm	$a=10$ mm W_y/cm³	$a=10$ mm i_y/cm	$a=12$ mm W_y/cm³	$a=12$ mm i_y/cm	$a=14$ mm W_y/cm³	$a=14$ mm i_y/cm	$a=16$ mm W_y/cm³	$a=16$ mm i_y/cm
2∟80×6	18.79	14.75	25.63	3.30	27.10	3.44	27.88	3.51	28.69	3.58	29.52	3.65	30.37	3.73	31.25	3.80	32.15	3.88
7	21.72	17.05	29.93	3.32	31.67	3.46	32.59	3.53	33.53	3.60	34.51	3.67	35.31	3.75	36.54	3.83	37.60	3.90
8	24.61	19.32	34.24	3.34	36.25	3.48	37.31	3.55	38.40	3.62	39.53	3.70	40.68	3.77	41.87	3.85	43.08	3.93
9	27.45	21.55	38.59	3.35	40.87	3.49	42.07	3.57	43.31	3.64	44.58	3.72	45.89	3.79	47.23	3.87	48.60	3.95
10	30.25	23.75	42.93	3.37	45.50	3.51	46.84	3.58	48.23	3.66	49.65	3.74	51.11	3.81	52.61	3.89	54.14	3.97
2∟90×6	21.27	16.70	32.41	3.70	34.06	3.84	34.92	3.91	35.81	3.98	36.72	4.05	37.66	4.12	38.63	4.20	39.62	4.27
7	24.60	19.31	37.84	3.72	39.78	3.86	40.79	3.93	41.84	4.00	42.91	4.07	44.02	4.14	45.15	4.22	46.31	4.30
8	27.89	21.89	43.29	3.74	45.52	3.88	46.69	3.95	47.90	4.02	49.13	4.09	50.40	4.17	51.71	4.24	53.04	4.32
9	31.13	24.44	48.83	3.76	51.37	3.90	52.70	3.97	54.06	4.04	55.47	4.11	56.91	4.19	58.38	4.27	59.89	4.34
10	34.33	26.95	54.24	3.77	57.08	3.91	58.57	3.98	60.09	4.06	61.66	4.13	63.27	4.21	64.91	4.28	66.59	4.36
12	40.61	31.88	65.28	3.80	68.75	3.95	70.56	4.02	72.42	4.09	74.32	4.17	76.27	4.25	78.26	4.32	80.30	4.40
2∟100×6	23.86	18.73	40.01	4.09	41.82	4.23	42.77	4.30	43.75	4.37	44.75	4.44	45.78	4.51	46.83	4.58	47.91	4.66
7	27.59	21.66	46.71	4.11	48.84	4.25	49.95	4.32	51.10	4.39	52.27	4.46	53.48	4.53	54.72	4.61	55.98	4.68
8	31.28	24.55	53.42	4.13	55.87	4.27	57.16	4.34	58.48	4.41	59.83	4.48	61.22	4.55	62.64	4.63	64.09	4.70
9	34.92	27.42	60.20	4.15	63.00	4.29	64.45	4.36	65.95	4.43	67.48	4.50	69.05	4.58	70.66	4.65	72.30	4.73
10	38.52	30.24	66.90	4.17	70.02	4.31	71.65	4.38	73.32	4.45	75.03	4.52	76.79	4.60	78.58	4.67	80.41	4.75

续表4

y-y 轴截面特性
a 为角钢肢背之间的距离（mm）

角钢型号	两个角钢的截面面积/cm²	两个角钢的理论质量/(kg/m)	a=0 mm Wy/cm³	a=0 mm iy/cm	a=4 mm Wy/cm³	a=4 mm iy/cm	a=6 mm Wy/cm³	a=6 mm iy/cm	a=8 mm Wy/cm³	a=8 mm iy/cm	a=10 mm Wy/cm³	a=10 mm iy/cm	a=12 mm Wy/cm³	a=12 mm iy/cm	a=14 mm Wy/cm³	a=14 mm iy/cm	a=16 mm Wy/cm³	a=16 mm iy/cm
2∟100×12	45.60	35.80	80.47	4.20	84.28	4.34	86.26	4.41	88.29	4.49	90.37	4.56	92.50	4.64	94.67	4.71	96.89	4.79
14	52.51	41.22	94.15	4.23	98.66	4.38	101.00	4.45	103.40	4.53	105.85	4.60	108.36	4.61	110.92	4.75	113.52	4.83
16	59.25	46.51	107.96	4.27	113.16	4.41	115.89	4.49	118.66	4.56	121.49	4.64	124.31	4.72	127.33	4.80	130.33	4.87
2∟110×7	30.39	23.86	56.48	4.52	58.80	4.65	60.01	4.72	61.25	4.79	62.52	4.86	63.82	4.94	65.15	5.01	66.51	5.08
8	34.48	27.07	64.66	4.54	67.34	4.68	68.73	4.75	70.16	4.82	71.62	4.89	73.12	4.96	74.65	5.03	76.22	5.11
10	42.52	33.38	80.84	4.57	84.24	4.71	86.00	4.78	87.81	4.85	89.66	4.92	91.56	5.00	93.49	5.07	95.46	5.15
12	50.40	39.56	97.20	4.61	101.34	4.75	103.48	4.82	105.68	4.89	107.93	4.96	110.22	5.04	112.57	5.11	114.96	5.19
14	58.11	45.62	113.67	4.64	118.56	4.78	121.10	4.85	123.69	4.93	126.34	5.00	129.05	5.08	131.81	5.15	134.62	5.23
2∟125×8	39.50	31.01	83.36	5.14	86.36	5.27	87.92	5.34	89.52	5.41	91.15	5.48	92.81	5.55	94.52	5.62	96.25	5.69
10	48.75	38.27	104.31	5.17	108.12	5.31	110.09	5.38	112.11	5.45	114.17	5.52	116.28	5.59	118.43	5.66	120.62	5.74
12	57.82	45.39	125.35	5.21	129.98	5.34	132.38	5.41	134.84	5.48	137.34	5.56	139.89	5.63	143.49	5.70	145.15	5.78
14	66.73	52.39	146.50	5.24	151.98	5.38	154.82	5.45	157.71	5.52	160.66	5.59	163.67	5.67	166.73	5.74	169.85	5.82
16	75.48	59.25	167.74	5.27	174.09	5.41	177.36	5.48	180.70	5.56	184.11	5.63	187.58	5.71	191.11	5.78	194.70	5.86
2∟140×10	54.75	42.98	130.73	5.78	134.94	5.92	137.12	5.98	139.34	6.05	141.61	6.12	143.92	6.20	146.27	6.27	148.67	6.34
12	65.02	51.04	157.04	5.81	162.16	5.95	164.81	6.02	167.50	6.09	170.25	6.16	173.06	6.23	175.91	6.31	178.81	6.38
14	75.13	58.98	183.46	5.85	189.51	5.98	192.63	6.06	195.82	6.13	199.06	6.20	202.36	6.27	205.72	6.34	209.13	6.42

续表5

y-y轴截面特性
a为角钢肢背之间的距离(mm)

角钢型号	两个角钢的截面面积/cm²	两个角钢的理论质量/(kg/m)	a=0 mm		a=4 mm		a=6 mm		a=8 mm		a=10 mm		a=12 mm		a=14 mm		a=16 mm	
			W_y/cm³	i_y/cm	W_y/cm³	i_y/cm	W_y/cm³	i_y/cm	W_y/cm³	i_y/cm	W_y/cm³	i_y/cm	W_y/cm³	i_y/cm	W_y/cm³	i_y/cm	W_y/cm³	i_y/cm
2∟140×16	85.08	66.79	210.01	5.88	217.01	6.02	220.62	6.09	224.29	6.16	228.03	6.23	231.84	6.31	235.71	6.38	239.64	6.46
2∟150×8	47.50	37.29	119.93	6.15	123.46	6.29	125.29	6.35	127.15	6.42	129.05	6.49	130.99	6.56	132.97	6.63	134.97	6.70
10	58.75	46.12	150.19	6.19	154.68	6.33	156.99	6.39	159.35	6.46	161.76	6.53	164.21	6.60	166.70	6.67	169.24	6.75
12	69.82	54.81	180.02	6.22	185.46	6.35	188.26	6.42	191.12	6.49	194.03	6.56	196.99	6.63	200.01	6.71	203.07	6.78
14	80.73	63.38	210.39	6.25	216.82	6.39	220.13	6.46	223.50	6.53	226.94	6.60	230.43	6.67	233.98	6.75	237.59	6.82
15	86.13	67.61	225.67	6.27	232.61	6.41	236.18	6.48	239.81	6.55	243.51	6.62	247.27	6.69	251.09	6.77	254.98	6.84
16	91.48	71.81	241.03	6.29	248.48	6.43	252.30	6.50	256.20	6.57	260.17	6.64	264.20	6.71	268.30	6.79	272.46	6.86
2∟160×10	63.00	49.46	170.67	6.58	175.42	6.72	177.87	6.78	180.37	6.85	182.91	6.92	185.50	6.99	188.14	7.06	190.81	7.13
12	74.88	58.78	204.95	6.62	210.43	6.75	213.70	6.82	216.73	6.89	219.81	6.96	222.95	7.03	226.14	7.10	229.38	7.17
14	86.59	67.97	239.33	6.65	246.10	6.79	249.67	6.86	253.24	6.93	256.87	7.00	260.56	7.07	264.32	7.14	268.13	7.21
16	98.13	77.04	273.85	6.68	281.74	6.82	285.79	6.89	289.91	6.96	294.10	7.03	298.36	7.10	302.68	7.18	307.07	7.25
2∟180×12	84.48	66.32	259.20	7.43	265.62	7.56	268.92	7.63	272.27	7.70	275.68	7.77	279.14	7.84	282.66	7.91	286.23	7.98
14	97.79	76.77	302.61	7.46	310.19	7.60	314.07	7.67	318.02	7.74	322.04	7.81	326.11	7.88	330.25	7.95	334.45	8.02
16	110.93	87.08	346.14	7.49	354.90	7.63	359.38	7.70	363.94	7.77	368.57	7.84	373.27	7.91	378.03	7.98	382.86	8.06
18	123.91	97.27	319.82	7.53	399.77	7.66	404.86	7.73	410.04	7.80	415.29	7.87	420.62	7.95	426.02	8.02	431.50	8.09
2∟200×14	109.28	85.79	373.41	8.27	381.75	8.40	386.02	8.47	390.36	8.54	394.76	8.61	399.22	8.67	403.75	8.75	408.33	8.82

续表6

y-y 轴截面特性
a 为角钢肢背之间的距离（mm）

角钢型号	两个角钢的截面面积/cm²	两个角钢的理论质量/(kg/m)	a=0 mm W_y/cm³	a=0 mm i_y/cm	a=4 mm W_y/cm³	a=4 mm i_y/cm	a=6 mm W_y/cm³	a=6 mm i_y/cm	a=8 mm W_y/cm³	a=8 mm i_y/cm	a=10 mm W_y/cm³	a=10 mm i_y/cm	a=12 mm W_y/cm³	a=12 mm i_y/cm	a=14 mm W_y/cm³	a=14 mm i_y/cm	a=16 mm W_y/cm³	a=16 mm i_y/cm
2∟200×16	124.03	97.36	427.04	8.30	436.67	8.43	441.59	8.50	446.59	8.57	451.66	8.64	456.80	8.71	462.02	8.78	467.30	8.85
18	138.60	108.80	480.81	8.33	491.75	8.47	497.34	8.53	503.01	8.60	508.76	8.67	514.59	8.75	520.50	8.82	526.48	8.89
20	153.01	120.11	534.75	8.36	547.01	8.50	553.28	8.57	559.63	8.64	566.07	8.71	572.60	8.78	579.21	8.85	585.91	8.92
24	181.32	142.34	643.20	8.42	658.16	8.56	665.80	8.63	673.55	8.71	681.39	8.78	689.34	8.85	697.38	8.92	705.52	9.00
2∟220×16	137.33	107.80	516.73	9.10	527.24	9.23	532.61	9.30	558.06	9.37	543.58	9.44	549.17	9.51	554.83	9.58	560.57	9.65
18	153.50	120.50	581.78	9.13	593.72	9.27	599.81	9.33	605.99	9.40	612.24	9.47	618.58	9.54	625.00	9.61	631.50	9.68
20	169.51	133.07	646.23	9.16	659.59	9.29	666.41	9.36	673.31	9.43	680.31	9.50	687.40	9.57	694.57	9.64	701.83	9.72
22	185.35	145.50	711.91	9.19	726.73	9.33	734.30	9.40	741.96	9.47	749.72	9.54	757.57	9.61	765.52	6.68	773.56	9.75
24	201.02	157.80	776.84	9.22	793.13	9.36	801.44	9.43	809.85	9.50	818.36	9.57	826.98	9.64	835.70	9.71	844.52	9.79
26	216.53	169.97	843.27	9.26	861.07	9.40	870.14	9.47	879.33	9.54	888.62	9.61	898.03	9.68	907.54	9.75	917.16	9.83
2∟250×18	175.68	137.91	750.24	10.33	763.64	10.47	770.46	10.53	777.38	10.60	784.37	10.67	791.45	10.74	798.61	10.81	805.85	10.88
20	194.09	152.36	834.12	10.37	849.13	10.50	856.77	10.57	864.51	10.64	872.34	10.71	880.26	10.78	888.26	10.85	896.36	10.92
24	230.40	180.87	1 001.78	10.43	1 020.05	10.56	1 029.35	10.63	1 038.76	10.70	1 048.28	10.77	1 057.90	10.84	1 067.62	10.91	1 077.45	10.98
26	248.31	194.92	1 086.81	10.46	1 106.76	10.60	1 116.91	10.67	1 127.18	10.74	1 137.56	10.81	1 148.05	10.88	1 158.66	10.95	1 169.37	11.02
28	266.04	208.84	1 170.79	10.49	1 192.41	10.63	1 203.40	10.70	1 214.52	10.77	1 225.76	10.84	1 237.13	10.91	1 248.61	10.98	1 260.20	11.05
30	283.61	222.64	1 256.70	10.52	1 280.04	10.66	1 291.90	10.74	1 303.90	10.81	1 316.03	10.88	1 328.28	10.95	1 340.66	11.02	1 353.16	11.09

续表7

角钢型号	两个角钢的截面面积/cm²	两个角钢的理论质量/(kg/m)	y-y 轴截面特性　a 为角钢肢背之间的距离（mm）															
			a=0 mm		a=4 mm		a=6 mm		a=8 mm		a=10 mm		a=12 mm		a=14 mm		a=16 mm	
			W_y /cm³	i_y /cm	W_y /cm³	i_y /cm	W_y /cm³	i_y /cm	W_y /cm³	i_y /cm	W_y /cm³	i_y /cm	W_y /cm³	i_y /cm	W_y /cm³	i_y /cm	W_y /cm³	i_y /cm
2∟250×32	301.02	236.30	1 341.37	10.55	1 366.42	10.70	1 379.15	10.77	1 392.02	10.84	1 405.02	10.91	1 418.16	10.98	1 431.43	11.05	1 444.83	11.13
35	326.80	256.54	1 469.99	10.60	1 497.64	10.75	1 511.69	10.82	1 525.89	10.89	1 540.23	10.96	1 554.72	11.04	1 569.34	11.11	1 584.11	11.18

附表 9-4 热轧不等边角钢组合截面特性表

角钢型号	两角钢的截面面积/cm²	两角钢的理论质量/(kg/m)	长肢相连时绕 y-y 轴回转半径 i_y/cm								短肢相连时绕 y-y 轴回转半径 i_y/cm							
			a=0 mm	a=4 mm	a=6 mm	a=8 mm	a=10 mm	a=12 mm	a=14 mm	a=16 mm	a=0 mm	a=4 mm	a=6 mm	a=8 mm	a=10 mm	a=12 mm	a=14 mm	a=16 mm
2∟25×16×3	2.32	1.82	0.61	0.76	0.84	0.93	1.02	1.11	1.20	1.30	1.16	1.32	1.40	1.48	1.57	1.66	1.74	1.83
4	3.00	2.35	0.63	0.78	0.87	0.96	1.05	1.14	1.23	1.33	1.18	1.34	1.42	1.51	1.60	1.68	1.77	1.86
2∟32×20×3	2.98	2.24	0.74	0.89	0.97	1.05	1.14	1.23	1.32	1.41	1.48	1.63	1.71	1.79	1.88	1.96	2.05	2.14
4	3.88	3.04	0.76	0.91	0.99	1.08	1.16	1.25	1.34	1.44	1.50	1.66	1.74	1.82	1.90	1.99	2.08	2.17
2∟40×25×3	3.78	2.97	0.92	1.06	1.13	1.21	1.30	1.38	1.47	1.56	1.84	1.99	2.07	2.14	2.23	2.31	2.39	2.48
4	4.93	3.87	0.93	1.08	1.16	1.24	1.32	1.41	1.50	1.58	1.86	2.01	2.09	2.17	2.25	2.34	2.42	2.51
2∟45×28×3	4.30	3.37	1.02	1.15	1.23	1.31	1.39	1.47	1.56	1.64	2.06	2.21	2.28	2.36	2.44	2.52	2.60	2.69
4	5.61	4.41	1.03	1.18	1.25	1.33	1.41	1.50	1.59	1.67	2.08	2.23	2.31	2.39	2.47	2.55	2.63	2.72
2∟50×32×3	4.86	3.82	1.17	1.30	1.37	1.45	1.53	1.61	1.69	1.78	2.27	2.41	2.49	2.56	2.64	2.72	2.81	2.89
4	6.35	4.99	1.18	1.32	1.40	1.47	1.55	1.64	1.72	1.81	2.29	2.44	2.51	2.59	2.67	2.75	2.84	2.92
2∟56×36×3	5.49	4.41	1.31	1.44	1.51	1.59	1.66	1.74	1.83	1.91	2.53	2.67	2.75	2.82	2.90	2.98	3.06	3.14
4	7.18	5.64	1.33	1.46	1.53	1.61	1.69	1.77	1.85	1.94	2.55	2.70	2.77	2.85	2.93	3.01	3.09	3.17
5	8.83	6.93	1.34	1.48	1.56	1.63	1.71	1.79	1.88	1.96	2.57	2.72	2.80	2.88	2.96	3.04	3.12	3.20
2∟63×40×4	8.12	6.37	1.46	1.59	1.66	1.74	1.81	1.89	1.97	2.06	2.86	3.01	3.09	3.16	3.24	3.32	3.40	3.48
5	9.99	7.84	1.47	1.61	1.68	1.76	1.84	1.92	2.00	2.08	2.89	3.03	3.11	3.19	3.27	3.35	3.43	3.51
6	11.82	9.28	1.49	1.63	1.71	1.78	1.86	1.94	2.03	2.11	2.91	3.06	3.13	3.21	3.29	3.37	3.45	3.53
7	13.60	10.68	1.51	1.65	1.73	1.81	1.89	1.97	2.05	2.14	2.93	3.08	3.16	3.24	3.32	3.40	3.48	3.56
2∟70×45×4	9.09	7.14	1.64	1.77	1.84	1.91	1.99	2.07	2.15	2.23	3.17	3.31	3.39	3.46	3.54	3.62	3.69	3.77
5	11.22	8.81	1.66	1.79	1.86	1.94	2.01	2.09	2.17	2.25	3.19	3.34	3.41	3.49	3.57	3.64	3.72	3.80
6	13.29	10.43	1.67	1.81	1.88	1.96	2.04	2.11	2.20	2.28	3.21	3.36	3.44	3.51	3.59	3.67	3.75	3.83
7	15.31	12.02	1.69	1.83	1.90	1.98	2.06	2.14	2.22	2.30	3.23	3.38	3.46	3.54	3.61	3.69	3.77	3.86

续表1

角钢型号	两角钢的截面面积/cm²	两角钢的理论质量/(kg/m)	长肢相连时绕y-y轴回转半径 i_y/cm								短肢相连时绕y-y轴回转半径 i_y/cm							
			a=0 mm	a=4 mm	a=6 mm	a=8 mm	a=10 mm	a=12 mm	a=14 mm	a=16 mm	a=0 mm	a=4 mm	a=6 mm	a=8 mm	a=10 mm	a=12 mm	a=14 mm	a=16 mm
2∟75×50×5	12.25	9.62	1.85	1.99	2.06	2.13	2.20	2.28	2.36	2.44	3.39	3.53	3.60	3.68	3.76	3.83	3.91	3.99
6	14.52	11.40	1.87	2.00	2.08	2.15	2.23	2.30	2.38	2.46	3.41	3.55	3.63	3.70	3.78	3.86	3.94	4.02
8	18.93	14.86	1.90	2.04	2.12	2.19	2.27	2.35	2.43	2.51	3.45	3.60	3.67	3.75	3.83	3.91	3.99	4.07
10	23.18	18.20	1.94	2.08	2.16	2.24	2.31	2.40	2.48	2.56	3.49	3.64	3.71	3.79	3.87	3.95	4.03	4.12
2∟80×50×5	12.75	10.01	1.82	1.95	2.02	2.09	2.17	2.24	2.32	2.40	3.66	3.80	3.88	3.95	4.03	4.10	4.18	4.26
6	15.12	11.87	1.83	1.97	2.04	2.11	2.19	2.27	2.34	2.43	3.68	3.82	3.90	3.98	4.05	4.13	4.21	4.29
7	17.45	13.70	1.85	1.99	2.06	2.13	2.21	2.29	2.37	2.45	3.70	3.85	3.92	4.00	4.08	4.16	4.23	4.32
8	19.73	15.49	1.86	2.00	2.08	2.15	2.23	2.31	2.39	2.47	3.72	3.87	3.94	4.02	4.10	4.18	4.26	4.34
2∟90×56×5	14.42	11.32	2.02	2.15	2.22	2.29	2.36	2.44	2.52	2.59	4.10	4.25	4.32	4.39	4.47	4.55	4.62	4.70
6	17.11	13.43	2.04	2.17	2.24	2.31	2.39	2.46	2.54	2.62	4.12	4.27	4.34	4.42	4.50	4.57	4.65	4.73
7	19.76	15.51	2.05	2.19	2.26	2.33	2.41	2.48	2.56	2.64	4.15	4.29	4.37	4.44	4.52	4.60	4.68	4.76
8	22.37	17.56	2.07	2.21	2.28	2.35	2.43	2.51	2.59	2.67	4.17	4.31	4.39	4.47	4.54	4.62	4.70	4.78
2∟100×63×6	19.23	15.10	2.29	2.42	2.49	2.56	2.63	2.71	2.78	2.86	4.56	4.70	4.77	4.85	4.92	5.00	5.08	5.16
7	22.22	17.44	2.31	2.44	2.51	2.58	2.65	2.73	2.80	2.88	4.58	4.72	4.80	4.87	4.95	5.03	5.10	5.18
8	25.07	19.76	2.32	2.46	2.53	2.60	2.67	2.75	2.83	2.91	4.60	4.75	4.82	4.90	4.97	5.05	5.13	5.21
10	30.93	24.28	2.35	2.49	2.57	2.64	2.72	2.79	2.87	2.95	4.64	4.79	4.86	4.94	5.02	5.10	5.18	5.26
2∟100×80×6	21.27	16.70	3.11	3.24	3.31	3.38	3.45	3.52	3.59	3.67	4.33	4.47	4.54	4.62	4.69	4.76	4.84	4.91
7	24.60	19.31	3.12	3.26	3.32	3.39	3.47	3.54	3.61	3.69	4.35	4.49	4.57	4.64	4.71	4.79	4.86	4.94
8	27.89	21.89	3.14	3.27	3.34	3.41	3.49	3.56	3.64	3.71	4.37	4.51	4.59	4.66	4.73	4.81	4.88	4.96
10	34.33	26.95	3.17	3.31	3.38	3.45	3.53	3.60	3.68	3.75	4.41	4.55	4.63	4.70	4.78	4.85	4.93	5.01

续表 2

角钢型号	两角钢的截面面积/cm²	两角钢的理论质量/(kg/m)	长肢相连时绕 y-y 轴回转半径 i_y/cm								短肢相连时绕 y-y 轴回转半径 i_y/cm							
			$a=$ 0 mm	$a=$ 4 mm	$a=$ 6 mm	$a=$ 8 mm	$a=$ 10 mm	$a=$ 12 mm	$a=$ 14 mm	$a=$ 16 mm	$a=$ 0 mm	$a=$ 4 mm	$a=$ 6 mm	$a=$ 8 mm	$a=$ 10 mm	$a=$ 12 mm	$a=$ 14 mm	$a=$ 16 mm
2∟110×70×6	21.27	16.70	2.55	2.68	2.74	2.81	2.88	2.96	3.03	3.11	5.00	5.14	5.21	5.29	5.36	5.44	5.51	5.59
7	24.60	19.31	2.56	2.69	2.76	2.83	2.90	2.98	3.05	3.13	5.02	5.16	5.24	5.31	5.39	5.46	5.53	5.62
8	27.89	21.89	2.58	2.71	2.78	2.85	2.92	3.00	3.07	3.15	5.04	5.19	5.26	5.34	5.41	5.49	5.56	5.64
10	34.33	26.95	2.61	2.74	2.82	2.89	2.96	3.04	3.12	3.19	5.08	5.23	5.30	5.38	5.46	5.53	5.61	5.69
2∟125×80×7	28.19	22.13	2.92	3.05	3.13	3.18	3.25	3.33	3.40	3.47	5.68	5.82	5.90	5.97	6.04	6.12	6.20	6.27
8	31.98	25.10	2.94	3.07	3.15	3.20	3.27	3.35	3.42	3.49	5.70	5.85	5.92	5.99	6.07	6.14	6.22	6.30
10	39.42	30.95	2.97	3.10	3.17	3.24	3.31	3.39	3.46	3.54	5.74	5.89	5.96	6.04	6.11	6.19	6.27	6.34
12	46.70	36.66	3.00	3.13	3.20	3.28	3.35	3.43	3.50	3.58	5.78	5.93	6.00	6.08	6.16	6.23	6.31	6.39
2∟140×90×8	36.08	28.32	3.29	3.42	3.49	3.56	3.63	3.70	3.77	3.84	6.36	6.51	6.58	6.65	6.73	6.80	6.88	6.95
10	44.52	34.95	3.32	3.45	3.52	3.59	3.66	3.73	3.81	3.88	6.40	6.55	6.62	6.70	6.77	6.85	6.92	7.00
12	52.80	41.45	3.35	3.49	3.56	3.63	3.70	3.77	3.85	3.92	6.44	6.59	6.66	6.74	6.81	6.89	6.97	7.04
14	60.91	47.82	3.38	3.52	3.59	3.66	3.74	3.81	3.89	3.97	6.48	6.63	6.70	6.78	6.86	6.93	7.01	7.09
2∟150×90×8	37.68	29.58	3.22	3.35	3.42	3.48	3.55	3.62	3.69	3.77	6.90	7.05	7.12	7.19	7.27	7.34	7.42	7.50
10	46.52	36.52	3.25	3.38	3.45	3.52	3.59	3.66	3.74	3.81	6.95	7.09	7.17	7.24	7.32	7.39	7.47	7.55
12	55.20	43.33	3.28	3.41	3.48	3.55	3.62	3.70	3.77	3.85	6.99	7.13	7.21	7.28	7.36	7.43	7.51	7.59
14	63.71	50.01	3.31	3.45	3.52	3.59	3.66	3.74	3.81	3.89	7.03	7.17	7.25	7.32	7.40	7.48	7.56	7.63
15	67.90	53.30	3.33	3.47	3.54	3.61	3.69	3.76	3.84	3.91	7.05	7.19	7.27	7.35	7.42	7.50	7.58	7.66
16	72.05	56.56	3.34	3.48	3.55	3.63	3.70	3.78	3.85	3.93	7.07	7.22	7.29	7.37	7.44	7.52	7.60	7.68

续表 3

角钢型号	两角钢的截面面积/cm²	两角钢的理论质量/(kg/m)	长肢相连时绕 y-y 轴回转半径 i_y/cm								短肢相连时绕 y-y 轴回转半径 i_y/cm							
			$a=$ 0 mm	$a=$ 4 mm	$a=$ 6 mm	$a=$ 8 mm	$a=$ 10 mm	$a=$ 12 mm	$a=$ 14 mm	$a=$ 16 mm	$a=$ 0 mm	$a=$ 4 mm	$a=$ 6 mm	$a=$ 8 mm	$a=$ 10 mm	$a=$ 12 mm	$a=$ 14 mm	$a=$ 16 mm
2∟160×100×10	50.63	39.74	3.65	3.77	3.84	3.91	3.98	4.05	4.12	4.19	7.34	7.48	7.55	7.63	7.70	7.78	7.85	7.93
12	60.11	47.18	3.68	3.81	3.87	3.94	4.01	4.09	4.16	4.23	7.38	7.52	7.60	7.67	7.75	7.82	7.90	7.97
14	69.42	54.49	3.70	3.84	3.91	3.98	4.05	4.12	4.20	4.27	7.42	7.56	7.64	7.71	7.79	7.86	7.94	8.02
16	78.56	61.67	3.74	3.87	3.94	4.02	4.09	4.16	4.24	4.31	7.45	7.60	7.68	7.75	7.83	7.90	7.98	8.06
2∟180×110×10	56.75	44.55	3.97	4.10	4.16	4.23	4.30	4.36	4.44	4.51	8.27	8.41	8.49	8.56	8.63	8.71	8.78	8.86
12	67.42	52.93	4.00	4.13	4.19	4.26	4.33	4.40	4.47	4.54	8.31	8.46	8.53	8.60	8.68	8.75	8.83	8.90
14	77.93	61.18	4.03	4.16	4.23	4.30	4.37	4.44	4.51	4.58	8.35	8.50	8.57	8.64	8.72	8.79	8.87	8.95
16	88.28	69.30	4.06	4.19	4.26	4.33	4.40	4.47	4.55	4.62	8.39	8.53	8.61	8.68	8.76	8.84	8.91	8.99
2∟200×125×12	75.82	59.52	4.56	4.69	4.75	4.82	4.88	4.95	5.02	5.09	9.18	9.32	9.39	9.47	9.54	9.62	9.69	9.76
14	87.37	68.87	4.59	4.72	4.78	4.85	4.92	4.99	5.06	5.13	9.22	9.36	9.43	9.51	9.58	9.66	9.73	9.81
16	99.48	78.09	4.61	4.75	4.81	4.88	4.95	5.02	5.09	5.17	9.25	9.40	9.47	9.55	9.62	9.70	9.77	9.85
18	111.05	87.18	4.64	4.78	4.85	4.92	4.99	5.06	5.13	5.21	9.29	9.44	9.51	9.59	9.66	9.74	9.81	9.89

附表 **9-5** 热轧普通工字钢规格及截面特性表

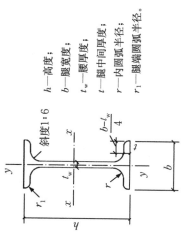

斜度1:6
h—高度;
b—腿宽度;
t_w—腰厚度;
t—腿中间厚度;
r—内圆弧半径;
r_1—腿端圆弧半径。

$\dfrac{b-t_w}{4}$

型号	截面尺寸/mm						截面面积/cm²	理论质量/(kg/m)	外表面积/(m²/m)	惯性矩/cm⁴		惯性半径/cm		截面模数/cm³	
	h	b	t_w	t	r	r_1				I_x	I_y	i_x	i_y	W_x	W_y
10	100	68	4.5	7.6	6.5	3.3	14.33	11.3	0.432	245	33.0	4.14	1.52	49.0	9.72
12	120	74	5.0	8.4	7.0	3.5	17.80	14.0	0.493	436	46.9	4.95	1.62	72.7	12.7
12.6	126	74	5.0	8.4	7.0	3.5	18.10	14.2	0.505	488	46.9	5.20	1.61	77.5	12.7
14	140	80	5.5	9.1	7.5	3.8	21.50	16.9	0.553	712	64.4	5.76	1.73	102	16.1
16	160	88	6.0	9.9	8.0	4.0	26.11	20.5	0.621	1 130	93.1	6.58	1.89	141	21.2
18	180	94	6.5	10.7	8.5	4.3	30.74	24.1	0.681	1 660	122	7.36	2.00	185	26.0
20a	200	100	7.0	11.4	9.0	4.5	35.55	27.9	0.742	2 370	158	8.15	2.12	237	31.5
20b	200	102	9.0	11.4	9.0	4.5	39.55	31.1	0.746	2 500	169	7.96	2.06	250	33.1
22a	220	110	7.5	12.3	9.5	4.8	42.10	33.1	0.817	3 400	225	8.99	2.31	309	40.9
22b	220	112	9.5	12.3	9.5	4.8	46.50	36.5	0.821	3 570	239	8.78	2.27	325	42.7

续表 1

型号	截面尺寸/mm						截面面积/cm²	理论质量/(kg/m)	外表面积/(m²/m)	惯性矩/cm⁴		惯性半径/cm		截面模数/cm³	
	h	b	t_w	t	r	r_1				I_x	I_y	i_x	i_y	W_x	W_y
24a	240	116	8.0	13.0	10.5	5.0	47.71	37.5	0.878	4 570	280	9.77	2.42	381	48.4
24b		118	10.0				52.51	41.2	0.882	4 800	297	9.57	2.38	400	50.4
25a	250	116	8.0				48.51	38.1	0.898	5 020	280	10.2	2.40	402	48.3
25b		118	10.0				53.51	42.0	0.902	5 280	309	9.94	2.40	423	52.4
27a	270	122	8.5	13.7	10.5	5.3	54.52	42.8	0.958	6 550	345	10.9	2.51	485	56.6
27b		124	10.5				59.92	47.0	0.962	6 870	366	10.7	2.47	509	58.9
28a	280	122	8.5				55.37	43.5	0.978	7 110	345	11.3	2.50	508	56.6
28b		124	10.5				60.97	47.9	0.982	7 480	379	11.1	2.49	534	61.2
30a	300	126	9.0	14.4	11.0	5.5	61.22	48.1	1.031	8 950	400	12.1	2.55	597	63.5
30b		128	11.0				67.22	52.8	1.035	9 400	422	11.8	2.50	627	65.9
30c		130	13.0				73.22	57.5	1.039	9 850	445	11.6	2.46	657	68.5
32a	320	130	9.5	15.0	11.5	5.8	67.12	52.7	1.084	11 100	460	12.8	2.62	692	70.8
32b		132	11.5				73.52	57.7	1.088	11 600	502	12.6	2.61	726	76.0
32c		134	13.5				79.92	62.7	1.092	12 200	544	12.3	2.61	760	81.2
36a	360	136	10.0	15.8	12.0	6.0	76.44	60.0	1.185	15 800	552	14.4	2.69	875	81.2
36b		138	12.0				83.64	65.7	1.189	16 500	582	14.1	2.64	919	84.3
36c		140	14.0				90.84	71.3	1.193	17 300	612	13.8	2.60	962	87.4
40a	400	142	10.5	16.5	12.5	6.3	86.07	67.6	1.285	21 700	660	15.9	2.77	1 090	93.2
40b		144	12.5				94.07	73.8	1.289	22 800	692	15.6	2.71	1 140	96.2
40c		146	14.5				102.1	80.1	1.293	23 900	727	15.2	2.65	1 190	99.6

续表2

型号	截面尺寸/mm						截面面积/cm²	理论质量/(kg/m)	外表面积/(m²/m)	惯性矩/cm⁴		惯性半径/cm		截面模数/cm³	
	h	b	t_w	t	r	r_1				I_x	I_y	i_x	i_y	W_x	W_y
45a	450	150	11.5	18.0	13.5	6.8	102.4	80.4	1.411	32 200	855	17.7	2.89	1 430	114
45b		152	13.5	18.0			111.4	87.4	1.415	33 800	894	17.4	2.84	1 500	118
45c		154	15.5				120.4	94.5	1.419	35 300	938	17.1	2.79	1 570	122
50a	500	158	12.0	20.0	14.0	7.0	119.2	93.6	1.539	46 500	1 120	19.7	3.07	1 860	142
50b		160	14.0				129.2	101	1.543	48 600	1 170	19.4	3.01	1 940	146
50c		162	16.0				139.2	109	1.547	50 600	1 220	19.0	2.96	2 080	151
55a	550	166	12.5	21.0	14.5	7.3	134.1	105	1.667	62 900	1 370	21.6	3.19	2 290	164
55b		168	14.5				145.1	114	1.671	65 600	1 420	21.2	3.14	2 390	170
55c		170	16.5				156.1	123	1.675	68 400	1 480	20.9	3.08	2 490	175
56a	560	166	12.5				135.4	106	1.687	65 600	1 370	22.0	3.18	2 340	165
56b		168	14.5				146.6	115	1.691	68 500	1 490	21.6	3.16	2 450	174
56c		170	16.5				157.8	124	1.695	71 400	1 560	21.3	3.16	2 550	183
63a	630	176	13.0	22.0	15.0	7.5	154.6	121	1.862	93 900	1 700	24.5	3.31	2 980	193
63b		178	15.0				167.2	131	1.866	98 100	1 810	24.2	3.29	3 160	204
63c		180	17.0				179.8	141	1.870	102 000	1 920	23.8	3.27	3 300	214

注:表中 r、r_1 的数据用于孔型设计,不作交货条件。

329

附表 9-6 热轧轻型工字钢规格及截面特性表

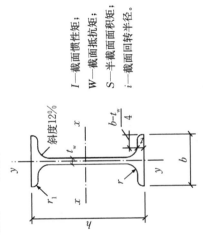

I—截面惯性矩；
W—截面抵抗矩；
S—半截面面积矩；
i—截面回转半径。

| 型号 | 尺寸/mm | | | | | | 截面面积 A/cm² | 每米质量 /(kg/m) | 截面特性 | | | | | | |
| | h | b | t_w | t | r | r_1 | | | x-x 轴 | | | | y-y 轴 | | |
									I_x /cm⁴	W_x /cm³	S_x /cm³	i_x /cm	I_y /cm⁴	W_y /cm³	i_y /cm
工 10	100	55	4.5	7.2	7.0	2.5	12.05	9.46	198	39.7	23.0	4.06	17.9	6.5	1.22
工 12	120	64	4.8	7.3	7.5	3.0	14.71	11.55	351	58.4	33.7	4.88	27.9	8.7	1.38
工 14	140	73	4.9	7.5	8.0	3.0	17.43	13.68	572	81.7	46.8	5.73	41.9	11.5	1.55
工 16	160	81	5.0	7.8	8.5	3.5	20.24	15.89	873	109.2	62.3	6.57	58.6	14.5	1.70
工 18	180	90	5.1	8.1	9.0	3.5	23.38	18.35	1 288	143.1	81.4	7.42	82.6	18.4	1.88
工 18a	180	100	5.1	8.3	9.0	3.5	25.38	19.92	1 431	159.0	89.8	7.51	114.2	22.8	2.12
工 20	200	100	5.2	8.4	9.5	4.0	26.81	21.04	1 840	184.0	104.2	8.28	115.4	23.1	2.08
工 20a	200	110	5.2	8.6	9.5	4.0	28.91	22.69	2 027	202.7	114.1	8.37	154.9	28.2	2.32
工 22	220	110	5.4	8.7	10.0	4.0	30.62	24.04	2 554	232.1	131.2	9.13	157.4	28.6	2.27
工 22a	220	120	5.4	8.9	10.0	4.0	32.82	25.76	2 792	253.8	142.7	9.22	205.9	34.3	2.50
工 24	240	115	5.6	9.5	10.5	4.0	34.83	27.35	3 465	288.7	163.1	9.97	198.5	34.5	2.39

续表

型号	尺寸/mm						截面面积 A/cm²	每米质量 /(kg/m)	截面特性						
	h	b	t_w	t	r	r_1			x-x轴				y-y轴		
									I_x /cm⁴	W_x /cm³	S_x /cm³	i_x /cm	I_y /cm⁴	W_y /cm³	i_y /cm
I 24a	240	125	5.6	9.8	10.5	4.0	37.45	29.40	3 801	316.7	177.9	10.07	260.0	41.6	2.63
I 27	270	125	6.0	9.8	11.0	4.5	40.17	31.54	5 011	371.2	210.0	11.17	259.6	41.5	2.54
I 27a	270	135	6.0	10.2	11.0	4.5	43.17	33.89	5 500	407.4	229.1	11.29	337.5	50.0	2.80
I 30	300	135	6.5	10.2	12.0	5.0	46.48	36.49	7 084	472.3	267.8	12.35	337.0	49.9	2.69
I 30a	300	145	6.5	10.7	12.0	5.0	49.91	39.18	7 776	518.4	292.1	12.48	435.8	60.1	2.95
I 33	330	140	7.0	11.2	13.0	5.0	53.82	42.25	9 845	596.6	339.2	13.52	419.4	59.9	2.79
I 36	360	145	7.5	12.3	14.0	6.0	61.86	48.56	13 377	743.2	423.3	14.71	515.8	71.2	2.89
I 40	400	155	8.0	13.0	15.0	6.0	71.44	56.08	18 932	946.6	540.1	16.28	666.3	86.0	3.05
I 45	450	160	8.6	14.2	16.0	7.0	83.03	65.18	27 446	1 219.8	699.0	18.18	806.9	100.9	3.12
I 50	500	170	9.5	15.2	17.0	7.0	97.84	76.81	39 295	1 571.8	905.0	20.04	1 041.8	122.6	3.26
I 55	550	180	10.3	16.5	18.0	7.0	114.43	89.83	55 155	2 005.6	1 157.7	21.95	1 353.0	150.3	3.44
I 60	600	190	11.1	17.8	20.0	8.0	132.46	103.98	75 456	2 515.2	1 455.0	23.07	1 720.1	181.1	3.60
I 65	650	200	12.0	19.2	22.0	9.0	152.80	119.94	101 412	3 120.4	1 809.4	25.76	2 170.1	217.0	3.77
I 70	700	210	13.0	20.8	24.0	10.0	176.03	138.18	134 609	3 846.0	2 235.1	27.65	2 733.3	260.3	3.94
I 70a	700	210	15.0	24.0	24.0	10.0	201.67	158.31	152 706	4 363.0	2 547.5	27.52	3 243.5	308.9	4.01
I 70b	700	210	17.5	28.2	24.0	10.0	234.14	183.80	175 374	5 010.7	2 941.6	27.37	3 914.7	372.8	4.09

注：轻型工字钢的通常长度工 10～工 18 为 5～19 m，工 20～工 70 为 6～19 m。

附表 9-7 热轧普通槽钢规格及截面特性表

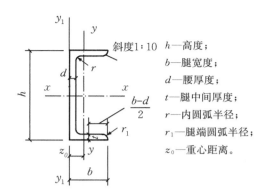

斜度1:10

h—高度；
b—腿宽度；
d—腰厚度；
t—腿中间厚度；
r—内圆弧半径；
r_1—腿端圆弧半径；
z_0—重心距离。

型号	截面尺寸/mm						截面面积/cm^2	理论质量/(kg/m)	外表面积/(m^2/m)	惯性矩/cm^4			惯性半径/cm		截面模数/cm^3		重心距离/cm
	h	b	d	t	r	r_1				I_x	I_y	I_{y1}	i_x	i_y	W_x	W_{ymin}	z_0
5	50	37	4.5	7.0	7.0	3.5	6.925	5.44	0.226	26.0	8.30	20.9	1.94	1.10	10.4	3.55	1.35
6.3	63	40	4.8	7.5	7.5	3.8	8.446	6.63	0.262	50.8	11.9	28.4	2.45	1.19	16.1	4.50	1.36
6.5	65	40	4.3	7.5	7.5	3.8	8.292	6.51	0.267	55.2	12.0	28.3	2.54	1.19	17.0	4.59	1.38
8	80	43	5.0	8.0	8.0	4.0	10.24	8.04	0.307	101	16.6	37.4	3.15	1.27	25.3	5.79	1.43
10	100	48	5.3	8.5	8.5	4.2	12.74	10.0	0.365	198	25.6	54.9	3.95	1.41	39.7	7.80	1.52
12	120	53	5.5	9.0	9.0	4.5	15.36	12.1	0.423	346	37.4	77.7	4.75	1.56	57.7	10.2	1.62
12.6	126	53	5.5	9.0	9.0	4.5	15.69	12.3	0.435	391	38.0	77.1	4.95	1.57	62.1	10.2	1.59
14a	140	58	6.0	9.5	9.5	4.8	18.51	14.5	0.480	564	53.2	107	5.52	1.70	80.5	13.0	1.71
14b	140	60	8.0	9.5	9.5	4.8	21.31	16.7	0.484	609	61.1	121	5.35	1.69	87.1	14.1	1.67
16a	160	63	6.5	10.0	10.0	5.0	21.95	17.2	0.538	866	73.3	144	6.28	1.83	108	16.3	1.80
16b	160	65	8.5	10.0	10.0	5.0	25.15	19.8	0.542	935	83.4	161	6.10	1.82	117	17.6	1.75
18a	180	68	7.0	10.5	10.5	5.2	25.69	20.2	0.596	1 270	98.6	190	7.04	1.96	141	20.0	1.88
18b	180	70	9.0	10.5	10.5	5.2	29.29	23.0	0.600	1 370	111	210	6.84	1.95	152	21.5	1.84
20a	200	73	7.0	11.0	11.0	5.5	28.83	22.6	0.654	1 780	128	244	7.86	2.11	178	24.2	2.01
20b	200	75	9.0	11.0	11.0	5.5	32.83	25.8	0.658	1 910	144	268	7.64	2.09	191	25.9	1.95
22a	220	77	7.0	11.5	11.5	5.8	31.83	25.0	0.709	2 390	158	298	8.67	2.23	218	28.2	2.10
22b	220	79	9.0	11.5	11.5	5.8	36.23	28.5	0.713	2 570	176	326	8.42	2.21	234	30.1	2.03
24a	240	78	7.0	12.0	12.0	6.0	34.21	26.9	0.752	3 050	174	325	9.45	2.25	254	30.5	2.10
24b	240	80	9.0	12.0	12.0	6.0	39.01	30.6	0.756	3 280	194	355	9.17	2.23	274	32.5	2.03
24c	240	82	11.0	12.0	12.0	6.0	43.81	34.4	0.760	3 510	213	388	8.96	2.21	293	34.4	2.00
25a	250	78	7.0	12.0	12.0	6.0	34.91	27.1	0.722	3 370	176	322	9.82	2.24	270	30.6	2.07
25b	250	80	9.0	12.0	12.0	6.0	39.91	31.3	0.776	3 530	196	353	9.41	2.22	282	32.7	1.98
25c	250	82	11.0	12.0	12.0	6.0	44.91	35.3	0.780	3 690	218	384	9.07	2.21	295	35.9	1.92

续表

型号	截面尺寸/mm						截面面积/cm²	理论质量/(kg/m)	外表面积/(m²/m)	惯性矩/cm⁴			惯性半径/cm		截面模数/cm³		重心距离/cm
	h	b	d	t	r	r_1				I_x	I_y	I_{y1}	i_x	i_y	W_x	W_{ymin}	z_0
27a		82	7.5				39.27	30.8	0.826	4 360	216	393	10.5	2.34	323	35.5	2.13
27b	270	84	9.5				44.67	35.1	0.830	4 690	239	428	10.3	2.31	347	37.7	2.06
27c		86	11.5	12.5	12.5	6.2	50.07	39.3	0.834	5 020	261	467	10.1	2.28	372	39.8	2.03
28a		82	7.5				40.02	31.4	0.846	4 760	218	388	10.9	2.33	340	35.7	2.10
28b	280	84	9.5				45.62	35.8	0.850	5 130	242	428	10.6	2.30	366	37.9	2.02
28c		86	11.5				51.22	40.2	0.854	5 500	268	463	10.4	2.29	393	40.3	1.95
30a		85	7.5				43.89	34.5	0.897	6 050	260	467	11.7	2.43	403	41.1	2.17
30b	300	87	9.5	13.5	13.5	6.8	49.89	39.2	0.901	6 500	289	515	11.4	2.41	433	44.0	2.13
30c		89	11.5				55.89	43.9	0.905	6 950	316	560	11.2	2.38	463	46.4	2.09
32a		88	8.0				48.50	38.1	0.947	7 600	305	552	12.5	2.50	475	46.5	2.24
32b	320	90	10.0	14.0	14.0	7.0	54.90	43.1	0.951	8 140	336	593	12.2	2.47	509	49.2	2.16
32c		92	12.0				61.30	48.1	0.955	8 690	374	643	11.9	2.47	543	52.6	2.09
36a		96	9.0				60.89	47.8	1.053	11 900	455	818	14.0	2.73	660	63.5	2.44
36b	360	98	11.0	16.0	16.0	8.0	68.09	53.5	1.057	12 700	497	880	13.6	2.70	703	66.9	2.37
36c		100	13.0				75.29	59.1	1.061	13 400	536	948	13.4	2.67	746	70.0	2.34
40a		100	10.5				75.04	58.9	1.144	17 600	592	1 070	15.3	2.81	879	78.8	2.49
40b	400	102	12.5	18.0	18.0	9.0	83.04	65.2	1.148	18 600	640	1 140	15.0	2.78	932	82.5	2.44
40c		104	14.5				91.04	71.5	1.152	19 700	688	1 220	14.7	2.75	986	86.2	2.42

注:表中 r、r_1 的数据用于孔型设计,不作交货条件。

附表 9-8 热轧轻型槽钢规格及截面特性表

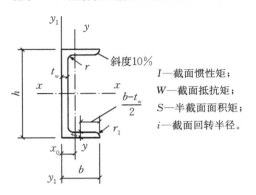

I—截面惯性矩；
W—截面抵抗矩；
S—半截面面积矩；
i—截面回转半径。

型号	尺寸/mm						截面面积 A/cm²	每米质量/(kg/m)	截面特性									
									x_0/cm	x-x 轴				y-y 轴				y_1-y_1轴
	h	b	t_w	t	r	r_1				I_x/cm⁴	W_x/cm³	S_x/cm³	i_x/cm	I_y/cm⁴	W_{ymax}/cm³	W_{ymin}/cm³	i_y/cm	I_{y1}/cm⁴
[5	50	32	4.4	7.0	6.0	2.5	6.16	4.84	1.16	22.8	9.1	5.6	1.92	5.6	4.8	2.8	0.95	13.9
[6.5	65	36	4.4	7.2	6.0	2.5	7.51	5.70	1.24	48.6	15.0	9.0	2.54	8.7	7.0	3.7	1.08	20.2
[8	80	40	4.5	7.4	6.5	2.5	8.98	7.05	1.31	89.4	22.4	13.3	3.16	12.8	9.8	4.8	1.19	28.2
[10	100	46	4.5	7.6	7.0	3.0	10.94	8.59	1.44	173.9	34.8	20.4	3.99	20.4	14.2	6.5	1.37	43.0
[12	120	52	4.8	7.8	7.5	3.0	13.28	10.43	1.54	303.9	50.6	29.6	4.78	31.2	20.2	8.5	1.53	62.8
[14	140	58	4.9	8.1	8.0	3.0	15.65	12.28	1.67	491.1	70.2	40.8	5.60	45.4	27.1	11.0	1.70	89.2
[14a	140	62	4.9	8.7	8.0	3.0	16.98	13.33	1.87	544.8	77.8	45.1	5.66	57.5	30.7	13.3	1.84	116.9
[16	160	64	5.0	8.4	8.5	3.5	18.12	14.22	1.80	747.0	93.4	54.1	6.42	63.3	35.1	13.8	1.87	122.2
[16a	160	68	5.0	9.0	8.5	3.5	19.54	15.34	2.00	823.3	102.9	59.4	6.49	78.8	39.4	16.4	2.01	157.1
[18	180	70	5.1	8.7	9.0	3.5	20.71	16.25	1.94	1 086.3	120.7	69.8	7.24	86.0	44.4	17.0	2.04	163.6
[18a	180	74	5.1	9.3	9.0	3.5	22.23	17.45	2.14	1 190.7	132.3	76.1	7.32	105.4	49.4	20.0	2.18	206.7
[20	200	76	5.2	9.0	9.5	4.0	23.40	18.37	2.07	1 522.0	152.2	87.8	8.07	113.4	54.9	20.5	2.20	213.3
[20a	200	80	5.2	9.7	9.5	4.0	25.16	19.75	2.28	1 672.4	167.2	95.9	8.15	138.6	60.8	24.2	2.35	269.3
[22	220	82	5.4	9.5	10.0	4.0	26.72	20.97	2.21	2 109.5	191.8	110.4	8.89	150.6	68.0	25.1	2.37	281.4
[22a	220	87	5.4	10.2	10.0	4.0	28.81	22.62	2.46	2 327.3	211.6	121.1	8.99	187.1	76.1	30.0	2.55	361.3
[24	240	90	5.6	10.0	10.5	4.0	30.64	24.05	2.42	2 901.1	241.8	138.8	9.73	207.6	87.5	31.6	2.60	387.4
[24a	240	95	5.6	10.7	10.5	4.0	32.89	25.82	2.67	3 181.2	265.1	151.3	9.83	253.6	95.0	37.2	2.78	488.5
[27	270	95	6.0	10.5	11.0	4.5	35.23	27.66	2.47	4 163.3	308.4	177.6	10.87	261.8	105.8	37.3	2.73	477.5
[30	300	100	6.5	11.0	12.0	5.0	40.47	31.77	2.52	5 808.3	387.2	224.0	11.98	326.6	129.8	43.6	2.84	582.9
[33	330	105	7.0	11.7	13.0	5.0	46.52	36.52	2.59	7 984.1	483.9	280.9	13.10	410.1	158.3	51.8	2.97	722.2
[36	360	110	7.5	12.6	14.0	6.0	53.37	41.90	2.68	10 815.5	600.9	349.6	14.24	513.5	191.3	61.8	3.10	898.2
[40	400	115	8.0	13.5	15.0	6.0	61.53	48.30	2.75	15 219.6	761.0	444.3	15.73	642.3	233.1	73.4	3.23	1 109.2

注:轻型槽钢的通常长度[5~[8 为 5~12 m,[10~[18 为 5~19 m,[20~[40 为 6~19 m。

附表 9-9　宽、中、窄翼缘 H 型钢规格及截面特性表

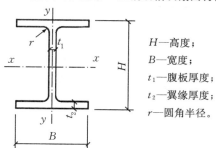

H—高度；
B—宽度；
t_1—腹板厚度；
t_2—翼缘厚度；
r—圆角半径。

类别	型号 (高度×宽度)/(mm×mm)	截面尺寸/mm					截面面积/cm²	理论质量/(kg/m)	外表面积/(m²/m)	惯性矩/cm⁴		惯性半径/cm		截面模数/cm³	
		H	B	t_1	t_2	r				I_x	I_y	i_x	i_y	W_x	W_y
HW	100×100	100	100	6	8	8	21.58	16.9	0.574	378	134	4.18	2.48	75.6	26.7
	125×125	125	125	6.5	9	8	30.00	23.6	0.723	839	293	5.28	3.12	134	46.9
	150×150	150	150	7	10	8	39.64	31.1	0.871	1 620	563	6.39	3.76	216	75.1
	175×175	175	175	7.5	11	13	51.42	40.4	1.01	2 900	984	7.50	4.37	331	112
	200×200	200	200	8	12	13	63.53	49.9	1.16	4 720	1 600	8.61	5.02	472	160
		＊200	204	12	12	13	71.53	56.2	1.17	4 980	1 700	8.34	4.87	498	167
	250×250	＊244	252	11	11	13	81.31	63.8	1.45	8 700	2 940	10.3	6.01	713	233
		250	250	9	14	13	91.43	71.8	1.46	10 700	3 650	10.8	6.31	860	292
		＊250	255	14	14	13	103.9	81.6	1.47	11 400	3 880	10.5	6.10	912	304
	300×300	＊294	302	12	12	13	106.3	83.5	1.75	16 600	5 510	12.5	7.20	1 130	365
		300	300	10	15	13	118.5	93.0	1.76	20 200	6 750	13.1	7.55	1 350	450
		＊300	305	15	15	13	133.5	105	1.77	21 300	7 100	12.6	7.29	1 420	466
	350×350	＊338	351	13	13	13	133.3	105	2.03	27 700	9 380	14.4	8.38	1 640	534
		＊344	348	10	16	13	144.0	113	2.04	32 800	11 200	15.1	8.83	1 910	646
		＊344	354	16	16	13	164.7	129	2.05	34 900	11 800	14.6	8.48	2 030	669
		350	350	12	19	13	171.9	135	2.05	39 800	13 600	15.2	8.88	2 280	776
		＊350	357	19	19	13	196.4	154	2.07	42 300	14 400	14.7	8.57	2 420	808
	400×400	＊388	402	15	15	22	178.5	140	2.32	49 000	16 300	16.6	9.54	2 520	809
		＊394	398	11	18	22	186.8	147	2.32	56 100	18 900	17.3	10.1	2 850	951
		＊394	405	18	18	22	214.4	168	2.33	59 700	20 000	16.7	9.64	3 030	985
		400	400	13	21	22	218.7	172	2.34	66 600	22 400	17.5	10.1	3 330	1 120
		＊400	408	21	21	22	250.7	197	2.35	70 900	23 800	16.8	9.74	3 540	1 170
		＊414	405	18	28	22	295.4	232	2.37	92 800	31 000	17.7	10.2	4 410	1 530
		＊428	407	20	35	22	360.7	283	2.41	119 000	39 400	18.2	10.4	5 570	1 930
		＊458	417	30	50	22	528.6	415	2.49	187 000	60 500	18.8	10.7	8 170	2 900
		＊498	432	45	70	22	770.1	604	2.60	298 000	94 400	19.7	11.1	12 000	4 370

续表 1

类别	型号(高度×宽度)/(mm×mm)	截面尺寸/mm					截面面积/cm^2	理论质量/(kg/m)	外表面积/(m^2/m)	惯性矩/cm^4		惯性半径/cm		截面模数/cm^3	
		H	B	t_1	t_2	r				I_x	I_y	i_x	i_y	W_x	W_y
HW	500×500	*492	465	15	20	22	258.0	202	2.78	117 000	33 500	21.3	11.4	4 770	1 440
		*502	465	15	25	22	304.5	239	2.80	146 000	41 900	21.9	11.7	5 810	1 800
		*502	470	20	25	22	329.6	259	2.81	151 000	43 300	21.4	11.5	6 020	1 840
HM	150×100	148	100	6	9	8	26.34	20.7	0.670	1 000	150	6.16	2.38	135	30.1
	200×150	194	150	6	9	8	38.10	29.9	0.962	2 630	507	8.30	3.64	271	67.6
	250×175	244	175	7	11	13	55.49	43.6	1.15	6 040	984	10.4	4.21	495	112
	300×200	294	200	8	12	13	71.05	55.8	1.35	11 100	1 600	12.5	4.74	756	160
		*298	201	9	14	13	82.03	64.4	1.36	13 100	1 900	12.6	4.80	878	189
	350×250	340	250	9	14	13	99.53	78.1	1.64	21 200	3 650	14.6	6.05	1 250	292
	400×300	390	300	10	16	13	133.3	105	1.94	37 900	7 200	16.9	7.35	1 940	480
	450×300	440	300	11	18	13	153.9	121	2.04	54 700	8 110	18.9	7.25	2 490	540
	500×300	*482	300	11	15	13	141.2	111	2.12	58 300	6 760	20.3	6.91	2 420	450
		488	300	11	18	13	159.2	125	2.13	68 900	8 110	20.8	7.13	2 820	540
	550×300	*544	300	11	15	13	148.0	116	2.24	76 400	6 760	22.7	6.75	2 810	450
		*550	300	11	18	13	166.0	130	2.26	89 800	8 110	23.3	6.98	3 270	540
	600×300	*582	300	12	17	13	169.2	133	2.32	98 900	7 660	24.2	6.72	3 400	511
		588	300	12	20	13	187.2	147	2.33	114 000	9 010	24.7	6.93	3 890	601
		*594	302	14	23	13	217.1	170	2.35	134 000	10 600	24.8	6.97	4 500	700
HN	*100×50	100	50	5	7	8	11.84	9.30	0.376	187	14.8	3.97	1.11	37.5	5.91
	*125×60	125	60	6	8	8	16.68	13.1	0.464	409	29.1	4.95	1.32	65.4	9.71
	150×75	150	75	5	7	8	17.84	14.0	0.576	666	49.5	6.10	1.66	88.8	13.2
	175×90	175	90	5	8	8	22.89	18.0	0.686	1 210	97.5	7.25	2.06	138	21.7
	200×100	*198	99	4.5	7	8	22.68	17.8	0.769	1 540	113	8.24	2.23	156	22.9
		200	100	5.5	8	8	26.66	20.9	0.775	1 810	134	8.22	2.23	181	26.7
	250×125	*248	124	5	8	8	31.98	25.1	0.968	3 450	255	10.4	2.82	278	41.1
		250	125	6	9	8	36.96	29.0	0.974	3 960	294	10.4	2.81	317	47.0
	300×150	*298	149	5.5	8	13	40.80	32.0	1.16	6 320	442	12.4	3.29	424	59.3
		300	150	6.5	9	13	46.78	36.7	1.16	7 210	508	12.4	3.29	481	67.7
	350×175	*346	174	6	9	13	52.45	41.2	1.33	11 000	791	14.5	3.88	638	91.0
		350	175	7	11	13	62.91	49.4	1.36	13 500	984	14.6	3.95	771	112
	400×150	400	150	8	13	13	70.37	55.2	1.36	18 600	734	16.3	3.22	929	97.8
	400×200	*396	199	7	11	13	71.41	56.1	1.55	19 800	1 450	16.6	4.50	999	145
		400	200	8	13	13	83.37	65.4	1.56	23 500	1 740	16.8	4.56	1 170	174

类别	型号 (高度×宽度)/(mm×mm)	截面尺寸/mm					截面面积/cm²	理论质量/(kg/m)	外表面积/(m²/m)	惯性矩/cm⁴		惯性半径/cm		截面模数/cm³	
		H	B	t_1	t_2	r				I_x	I_y	i_x	i_y	W_x	W_y
HN	450×150	*446	150	7	12	13	66.99	52.6	1.46	22 000	677	18.1	3.17	985	90.3
		450	151	8	14	13	77.49	60.8	1.47	25 700	806	18.2	3.22	1 140	107
	450×200	*446	199	8	12	13	82.97	65.1	1.65	28 100	1 580	18.4	4.36	1 260	159
		450	200	9	14	13	95.43	74.9	1.66	32 900	1 870	18.6	4.42	1 460	187
	475×150	*470	150	7	13	13	71.53	56.2	1.50	26 200	733	19.1	3.20	1 110	97.8
		*475	151.5	8.5	15.5	13	86.15	67.6	1.52	31 700	901	19.2	3.23	1 330	119
		482	153.5	10.5	19	13	106.4	83.5	1.53	39 600	1 150	19.3	3.28	1 640	150
	500×150	*492	150	7	12	13	70.21	55.1	1.55	27 500	677	19.8	3.10	1 120	90.3
		*500	152	9	16	13	92.21	72.4	1.57	37 000	940	20.0	3.19	1 480	124
		504	153	10	18	13	103.3	81.1	1.58	41 900	1 080	20.1	3.23	1 660	141
	500×200	*496	199	9	14	13	99.29	77.9	1.75	40 800	1 840	20.3	4.30	1 650	185
		500	200	10	16	13	112.3	88.1	1.76	46 800	2 140	20.4	4.36	1 870	214
		*506	201	11	19	13	129.3	102	1.77	55 500	2 580	20.7	4.46	2 190	257
	550×200	*546	199	9	14	13	103.8	81.5	1.85	50 800	1 840	22.1	4.21	1 860	185
		550	200	10	16	13	117.3	92.0	1.86	58 200	2 140	22.3	4.27	2 120	214
	600×200	*596	199	10	15	13	117.8	92.4	1.95	66 600	1 980	23.8	4.09	2 240	199
		600	200	11	17	13	131.7	103	1.96	75 600	2 270	24.0	4.15	2 520	227
		*606	201	12	20	13	149.8	118	1.97	88 300	2 720	24.3	4.25	2 910	270
	625×200	*625	198.5	13.5	17.5	13	150.6	118	1.99	88 500	2 300	24.2	3.90	2 830	231
		630	200	15	20	13	170.0	133	2.01	101 000	2 690	24.4	3.97	3 220	268
		*638	202	17	24	13	198.7	156	2.03	122 000	3 320	24.8	4.09	3 820	329
	650×300	*646	299	12	18	13	183.6	144	2.43	131 000	8 030	26.7	6.61	4 080	537
		*650	300	13	20	18	202.1	159	2.44	146 000	9 010	26.9	6.67	4 500	601
		*654	301	14	22	18	220.6	173	2.45	161 000	10 000	27.4	6.81	4 930	666
	700×300	*692	300	13	20	18	207.5	163	2.53	168 000	9 020	28.5	6.59	4 870	601
		700	300	13	24	18	231.5	182	2.54	197 000	10 800	29.2	6.83	5 640	721
	750×300	*734	299	12	16	18	182.7	143	2.61	161 000	7 140	29.7	6.25	4 390	478
		*742	300	13	20	18	214.0	168	2.63	197 000	9 020	30.4	6.49	5 320	601
		*750	300	13	24	18	238.0	187	2.64	231 000	10 800	31.1	6.74	6 150	721
		*758	303	16	28	18	284.8	224	2.67	276 000	13 000	31.1	6.75	7 270	859
	800×300	*792	300	14	22	18	239.5	188	2.73	248 000	9 920	32.2	6.43	6 270	661
		800	300	14	26	18	263.5	207	2.74	286 000	11 700	33.0	6.66	7 160	781

类别	型号 (高度×宽度)/(mm×mm)	截面尺寸/mm					截面面积/cm²	理论质量/(kg/m)	外表面积/(m²/m)	惯性矩/cm⁴		惯性半径/cm		截面模数/cm³	
		H	B	t_1	t_2	r				I_x	I_y	i_x	i_y	W_x	W_y
HN	850×300	*834	298	14	19	18	227.5	179	2.80	251 000	8 400	33.2	6.07	6 020	564
		*842	299	15	23	18	259.7	204	2.82	298 000	10 300	33.9	6.28	7 080	687
		*850	300	16	27	18	292.1	229	2.84	346 000	12 200	34.4	6.45	8 140	812
		*858	301	17	31	18	324.7	255	2.86	395 000	14 100	34.9	6.59	9 210	939
	900×300	*890	299	15	23	18	266.9	210	2.92	339 000	10 300	35.6	6.20	7 610	687
		900	300	16	28	18	305.8	240	2.94	404 000	12 600	36.4	6.42	8 990	842
		*912	302	18	34	18	360.1	283	2.97	491 000	15 700	36.9	6.59	10 800	1 040
	1 000×300	*970	297	16	21	18	276.0	217	3.07	393 000	9 210	37.8	5.77	8 110	620
		*980	298	17	26	18	315.5	248	3.09	472 000	11 500	38.7	6.04	9 630	772
		*990	298	17	31	18	345.3	271	3.11	544 000	13 700	39.7	6.30	11 000	921
		*1 000	300	19	36	18	395.1	310	3.13	634 000	16 300	40.1	6.41	12 700	1 080
		*1 008	302	21	40	18	439.3	345	3.15	712 000	18 400	40.3	6.47	14 100	1 220
HT	100×50	95	48	3.2	4.5	8	7.620	5.98	0.362	115	8.39	3.88	1.04	24.2	3.49
		97	49	4	5.5	8	9.370	7.36	0.368	143	10.9	3.91	1.07	29.6	4.45
	100×100	96	99	4.5	6	8	16.20	12.7	0.565	272	97.2	4.09	2.44	56.7	19.6
	125×60	118	58	3.2	4.5	8	9.250	7.26	0.448	218	14.7	4.85	1.26	37.0	5.08
		120	59	4	5.5	8	11.39	8.94	0.454	271	19.0	4.87	1.29	45.2	6.43
	125×125	119	123	4.5	6	8	20.12	15.8	0.707	532	186	5.14	3.04	89.5	30.3
	150×75	145	73	3.2	4.5	8	11.47	9.00	0.562	416	29.3	6.01	1.59	57.3	8.02
		147	74	4	5.5	8	14.12	11.1	0.568	516	37.3	6.04	1.62	70.2	10.1
	150×100	139	97	3.2	4.5	8	13.43	10.6	0.646	476	68.6	5.94	2.25	68.4	14.1
		142	99	4.5	6	8	18.27	14.3	0.657	654	97.2	5.98	2.30	92.1	19.6
	150×150	144	148	5	7	8	27.76	21.8	0.856	1 090	378	6.25	3.69	151	51.1
		147	149	6	8.5	8	33.67	26.4	0.864	1 350	469	6.32	3.73	183	63.0
	175×90	168	88	3.2	4.5	8	13.55	10.6	0.668	670	51.2	7.02	1.94	79.7	11.6
		171	89	4	6	8	17.58	13.8	0.676	894	70.7	7.13	2.00	105	15.9
	175×175	167	173	5	7	13	33.32	26.2	0.994	1 780	605	7.30	4.26	213	69.9
		172	175	6.5	9.5	13	44.64	35.0	1.01	2 470	850	7.43	4.36	287	97.1
	200×100	193	98	3.2	4.5	8	15.25	12.0	0.758	994	70.7	8.07	2.15	103	14.4
		196	99	4	6	8	19.78	15.5	0.766	1 320	97.2	8.18	2.21	135	19.6
	200×150	188	149	4.5	6	8	26.34	20.7	0.949	1 730	331	8.09	3.54	184	44.4
	200×200	192	198	6	8	13	43.69	34.3	1.14	3 060	1 040	8.37	4.86	319	105
	250×125	244	124	4.5	6	8	25.86	20.3	0.961	2 650	191	10.1	2.71	217	30.8

续表4

类别	型号 (高度×宽度)/(mm ×mm)	截面尺寸/mm					截面面积/ cm²	理论质量/ (kg/m)	外表面积/ (m²/ m)	惯性矩/ cm⁴		惯性半径/ cm		截面模数/ cm³	
		H	B	t_1	t_2	r				I_x	I_y	i_x	i_y	W_x	W_y
HT	250×175	238	173	4.5	8	13	39.12	30.7	1.14	4 240	691	10.4	4.20	356	79.9
	300×150	294	148	4.5	6	13	31.90	25.0	1.15	4 800	325	12.3	3.19	327	43.9
	300×200	286	198	6	8	13	49.33	38.7	1.33	7 360	1 040	12.2	4.58	515	105
	350×175	340	173	4.5	6	13	36.97	29.0	1.34	7 490	518	14.2	3.74	441	59.9
	400×150	390	148	6	8	13	47.57	37.3	1.34	11 700	434	15.7	3.01	602	58.6
	400×200	390	198	6	8	13	55.57	43.6	1.54	14 700	1 040	16.2	4.31	752	105

注：1.表中同一型号的产品,其内侧尺寸高度一致。

2.表中截面面积计算公式为 $t_1(H-2t_2)+2Bt_2+0.858r^2$。

3.表中"＊"表示的规格为市场非常用规格。

附表 9-10　宽、中、窄翼缘剖分 T 型钢规格及截面特性表

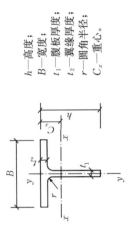

h—高度;
B—宽度;
t_1—腹板厚度;
t_2—翼缘厚度;
r—圆角半径;
C_x—重心。

类别	型号(高度×宽度)/(mm×mm)	截面尺寸/mm h	B	t_1	t_2	r	截面面积/cm²	理论质量/(kg/m)	外表面积/(m²/m)	惯性矩/cm⁴ I_x	I_y	惯性半径/cm i_x	i_y	截面模数/cm³ W_x	W_y	重心 C_x/cm	对应 H 型钢系列型号/(mm×mm)
TW	50×100	50	100	6	8	8	10.79	8.47	0.293	16.1	66.8	1.22	2.48	4.02	13.4	1.00	100×100
	62.5×125	62.5	125	6.5	9	8	15.00	11.8	0.368	35.0	147	1.52	3.12	6.91	23.5	1.19	125×125
	75×150	75	150	7	10	8	19.82	15.6	0.443	66.4	282	1.82	3.76	10.8	37.5	1.37	150×150
	87.5×175	87.5	175	7.5	11	13	25.71	20.2	0.514	115	492	2.11	4.37	15.9	56.2	1.55	175×175
	100×200	100	200	8	12	13	31.76	24.9	0.589	184	801	2.40	5.02	22.3	80.1	1.73	200×200
		100	204	12	12	13	35.76	28.1	0.597	256	851	2.67	4.87	32.4	83.4	2.09	
	125×250	125	250	9	14	13	45.71	35.9	0.739	412	1 820	3.00	6.31	39.5	146	2.08	250×250
		125	255	14	14	13	51.96	40.8	0.749	589	1 940	3.36	6.10	59.4	152	2.58	
	150×300	147	302	12	12	13	53.16	41.7	0.887	857	2 760	4.01	7.20	72.3	183	2.85	300×300
		150	300	10	15	13	59.22	46.5	0.889	798	3 380	3.67	7.55	63.7	225	2.47	
		150	305	15	15	13	66.72	52.4	0.899	1 110	3 550	4.07	7.29	92.5	233	3.04	
	175×350	172	348	10	16	13	72.00	56.5	1.03	1 230	5 620	4.13	8.83	84.7	323	2.67	350×350
		175	350	12	19	13	85.94	67.5	1.04	1 520	6 790	4.20	8.88	104	388	2.87	
	200×400	194	402	15	15	22	89.22	70.0	1.17	2 480	8 130	5.27	9.54	158	404	3.70	400×400
		197	398	11	18	22	93.40	73.3	1.17	2 050	9 460	4.67	10.1	123	475	3.01	

续表 1

类别	型号（高度×宽度）/(mm×mm)	截面尺寸/mm					截面面积/cm²	理论质量/(kg/m)	外表面积/(m²/m)	惯性矩/cm⁴		惯性半径/cm		截面模数/cm³		重心 C_x/cm	对应 H 型钢系列型号/(mm×mm)
		h	B	t_1	t_2	r				I_x	I_y	i_x	i_y	W_x	W_y		
TW	200×400	200	400	13	21	22	109.3	85.8	1.18	2 480	11 200	4.75	10.1	147	560	3.21	400×400
		200	408	21	21	22	125.3	98.4	1.2	3 650	11 900	5.39	9.74	229	587	4.07	
		207	405	18	28	22	147.7	116	1.21	3 620	15 500	4.95	10.2	213	766	3.68	
		214	407	20	35	22	180.3	142	1.22	4 380	19 700	4.92	10.4	250	967	3.90	
TM	75×100	74	100	6	9	8	13.17	10.3	0.341	51.7	75.2	1.98	2.38	8.84	15.0	1.56	150×100
	100×150	97	150	6	9	8	19.05	15.0	0.487	124	253	2.55	3.64	15.8	33.8	1.80	200×150
	125×175	122	175	7	11	13	27.74	21.8	0.583	288	492	3.22	4.21	29.1	56.2	2.28	250×175
	150×200	147	200	8	12	13	35.52	27.9	0.683	571	801	4.00	4.74	48.2	80.1	2.85	300×200
		149	201	9	14	13	41.01	32.2	0.689	661	949	4.01	4.80	55.2	94.4	2.92	
	175×250	170	250	9	14	13	49.76	39.1	0.829	1 020	1 820	4.51	6.05	73.2	146	3.11	350×250
	200×300	195	300	10	16	13	66.62	52.3	0.979	1 730	3 600	5.09	7.35	108	240	3.43	400×300
	225×300	220	300	11	18	13	76.94	60.4	1.03	2 680	4 050	5.89	7.25	150	270	4.09	450×300
	250×300	241	300	11	15	13	70.58	55.4	1.07	3 400	3 380	6.93	6.91	178	225	5.00	500×300
		244	300	11	18	13	79.58	62.5	1.08	3 610	4 050	6.73	7.13	184	270	4.72	
	275×300	272	300	11	15	13	73.99	58.1	1.13	4 790	3 380	8.04	6.75	225	225	5.96	550×300
		275	300	11	18	13	82.99	65.2	1.14	5 090	4 050	7.82	6.98	232	270	5.59	
	300×300	291	300	12	17	13	84.60	66.4	1.17	6 320	3 830	8.64	6.72	280	255	6.51	600×300
		294	300	12	20	13	93.60	73.5	1.18	6 680	4 500	8.44	6.93	288	300	6.17	
		297	302	14	23	13	108.5	85.2	1.19	7 890	5 290	8.52	6.97	339	350	6.41	
TN	50×50	50	50	5	7	8	5.920	4.65	0.193	11.8	7.39	1.41	1.11	3.18	2.950	1.28	100×50

续表2

类别	型号(高度×宽度)/(mm×mm)	截面尺寸/mm					截面面积/cm²	理论质量/(kg/m)	外表面积/(m²/m)	惯性矩/cm⁴		惯性半径/cm		截面模数/cm³		重心 C_x/cm	对应 H 型钢系列型号/(mm×mm)
		h	B	t_1	t_2	r				I_x	I_y	i_x	i_y	W_x	W_y		
TN	62.5×60	62.5	60	6	8	8	8.340	6.55	0.238	27.5	14.6	1.81	1.32	5.96	4.85	1.64	125×60
	75×75	75	75	5	7	8	8.920	7.00	0.293	42.6	24.7	2.18	1.66	7.46	6.59	1.79	150×75
	87.5×90	85.5	89	4	6	8	8.790	6.90	0.342	53.7	35.3	2.47	2.00	8.02	7.94	1.86	175×90
		87.5	90	5	8	8	11.44	8.98	0.348	70.6	48.7	2.48	2.06	10.4	10.8	1.93	
	100×100	99	99	4.5	7	8	11.34	8.90	0.389	93.5	56.7	2.87	2.23	12.1	11.5	2.17	200×100
		100	100	5.5	8	8	13.33	10.5	0.393	114	66.9	2.92	2.23	14.8	13.4	2.31	
	125×125	124	124	5	8	8	15.99	12.6	0.489	207	127	3.59	2.82	21.3	20.5	2.66	250×125
		125	125	6	9	8	18.48	14.5	0.493	248	147	3.66	2.81	25.6	23.5	2.81	
	150×150	149	149	5.5	8	13	20.40	16.0	0.585	393	221	4.39	3.29	33.8	29.7	3.26	300×150
		150	150	6.5	9	13	23.39	18.4	0.589	464	254	4.45	3.29	40.0	33.8	3.41	
	175×175	173	174	6	9	13	26.22	20.6	0.683	679	396	5.08	3.88	50.0	45.5	37.2	350×175
		175	175	7	11	13	31.45	24.7	0.689	814	492	5.08	3.95	59.3	56.2	3.76	
	200×200	198	199	7	11	13	35.70	28.0	0.783	1 190	723	5.77	4.50	76.4	72.7	4.20	400×150
		200	200	8	13	13	41.68	32.7	0.789	1 390	868	5.78	4.56	88.6	86.8	4.26	
	225×150	223	150	7	12	13	33.49	26.3	0.735	1 570	338	6.84	3.17	93.7	45.1	5.54	450×150
		225	151	8	14	13	38.74	30.4	0.741	1 830	403	6.87	3.22	108	53.4	5.62	
	225×200	223	199	8	12	13	41.48	32.6	0.833	1 870	789	6.71	4.36	109	79.3	5.15	450×200
		225	200	9	14	13	47.71	37.5	0.839	2 150	935	6.71	4.42	124	93.5	5.19	
	237.5×150	235	150	7	13	13	35.76	28.1	0.759	1 850	367	7.18	3.20	104	48.9	7.50	475×150
		237.5	151.5	8.5	15.5	13	43.07	33.8	0.767	2 270	451	7.25	3.23	128	59.5	7.57	

续表3

类别	型号 (高度×宽度)/(mm×mm)	截面尺寸/mm					截面面积/cm²	理论质量/(kg/m)	外表面积/(m²/m)	惯性矩/cm⁴		惯性半径/cm		截面模数/cm³		重心 C_x/cm	对应H型钢系列型号/(mm×mm)
		h	B	t_1	t_2	r				I_x	I_y	i_x	i_y	W_x	W_y		
TN	237.5×150	241	153.5	10.5	19	13	53.20	41.8	0.778	2 860	575	7.33	3.28	160	75.0	7.67	475×150
	250×150	246	150	7	12	13	35.10	27.6	0.781	2 060	339	7.66	3.10	113	45.1	6.36	500×150
		250	152	9	16	13	46.10	36.2	0.793	2 750	470	7.71	3.19	149	61.9	6.53	500×150
		252	153	10	18	13	51.66	40.6	0.799	3 100	540	7.74	3.23	167	70.5	6.62	500×150
	250×200	248	199	9	14	13	49.64	39.0	0.883	2 820	921	7.54	4.30	150	92.6	5.97	500×200
		250	200	10	16	13	56.12	44.1	0.889	3 200	1 070	7.54	4.36	169	107	6.03	500×200
		253	201	11	19	13	64.65	50.8	0.897	3 660	1 290	7.52	4.46	189	128	6.00	500×200
	275×200	273	199	9	14	13	51.89	40.7	0.933	3 690	921	8.43	4.21	180	92.6	6.85	550×200
		275	200	10	16	13	58.62	46.0	0.939	4 180	1 070	8.44	4.27	203	107	6.89	550×200
	300×200	298	199	10	15	13	58.87	46.2	0.983	5 150	988	9.35	4.09	235	99.3	7.92	600×200
		300	200	11	17	13	65.85	51.7	0.989	5 770	1 140	9.35	4.15	262	114	7.95	600×200
		303	201	12	20	13	74.88	58.8	0.997	6 530	1 360	9.33	4.25	291	135	7.88	600×200
	312.5×200	312.5	198.5	13.5	17.5	13	75.28	59.1	1.01	7 460	1 150	9.95	3.90	338	116	9.15	625×200
		315	200	15	20	13	84.97	66.7	1.02	8 470	1 340	9.98	3.97	380	134	9.21	625×200
		319	202	17	24	13	99.35	78.0	1.03	9 960	1 160	10.0	4.08	440	165	9.26	625×200
	325×300	323	299	12	18	18	91.81	72.1	1.23	8 570	4 020	9.66	6.61	344	269	7.36	650×300
		325	300	13	20	18	101.0	79.3	1.23	9 430	4 510	9.66	6.67	376	300	7.40	650×300
		327	301	14	22	18	110.3	86.59	1.24	10 300	5 010	9.66	6.73	408	333	7.45	650×300
	350×300	346	300	13	20	18	103.8	81.5	1.28	11 300	4 510	10.4	6.59	424	301	8.09	700×300
		350	300	13	24	18	115.8	90.9	1.28	12 000	5 410	10.2	6.83	438	361	7.63	700×300

续表4

类别	型号（高度×宽度）/(mm×mm)	截面尺寸/mm					截面面积/cm²	理论质量/(kg/m)	外表面积/(m²/m)	惯性矩/cm⁴		惯性半径/cm		截面模数/cm³		重心C_x/cm	对应H型钢系列型号/(mm×mm)
		h	B	t_1	t_2	r				I_x	I_y	i_x	i_y	W_x	W_y		
TN	400×300	396	300	14	22	18	119.8	94.0	1.38	17 600	4 960	12.1	6.43	592	331	9.78	800×300
		400	300	14	26	18	131.8	103	1.38	18 700	5 860	11.9	6.66	610	391	9.27	
	450×300	445	299	15	23	18	133.5	105	1.47	25 900	5 140	13.9	6.20	789	344	11.7	900×300
		450	300	16	28	18	152.9	120	1.48	29 100	6 320	13.8	6.42	865	421	11.4	
		456	302	18	34	18	180.0	141	1.50	34 100	7 830	13.8	6.59	997	518	11.3	

附表 9-11　常用的热轧无缝钢管规格及截面特性表

I—截面惯性矩；

W—截面抵抗矩；

i—截面回转半径。

尺寸/mm		截面面积 A /cm²	每米质量/ (kg/m)	截面特性			尺寸/mm		截面面积 A /cm²	每米质量/ (kg/m)	截面特性		
d	t			I/cm⁴	W/cm³	i/cm	d	t			I/cm⁴	W/cm³	i/cm
32	2.5	2.32	1.82	2.54	1.59	1.05	57	3.0	5.09	4.00	18.61	6.53	1.91
	3.0	2.73	2.15	2.90	1.82	1.03		3.5	5.88	4.62	21.14	7.42	1.90
	3.5	3.13	2.46	3.23	2.02	1.02		4.0	6.66	5.23	23.52	8.25	1.88
	4.0	3.52	2.76	3.52	2.20	1.00		4.5	7.42	5.83	25.76	9.04	1.86
38	2.5	2.79	2.19	4.41	2.32	1.26		5.0	8.17	6.41	27.86	9.78	1.85
	3.0	3.30	2.59	5.09	2.68	1.24		5.5	8.90	6.99	29.84	10.47	1.83
	3.5	3.79	2.98	5.70	3.00	1.23		6.0	9.61	7.55	31.69	11.12	1.82
	4.0	4.27	3.35	6.26	3.29	1.21	60	3.0	5.37	4.22	21.88	7.29	2.02
42	2.5	3.10	2.44	6.07	2.89	1.40		3.5	6.21	4.88	24.88	8.29	2.00
	3.0	3.68	2.89	7.03	3.35	1.38		4.0	7.04	5.52	27.73	9.24	1.98
	3.5	4.23	3.32	7.91	3.77	1.37		4.5	7.85	6.16	30.41	10.14	1.97
	4.0	4.78	3.75	8.71	4.15	1.35		5.0	8.64	6.78	32.94	10.98	1.95
45	2.5	3.34	2.62	7.56	3.36	1.51		5.5	9.42	7.39	35.32	11.77	1.94
	3.0	3.96	3.11	8.77	3.90	1.49		6.0	10.18	7.99	37.56	12.52	1.92
	3.5	4.56	3.58	9.89	4.40	1.47	63.5	3.0	5.70	4.48	26.15	8.24	2.14
	4.0	5.15	4.04	10.93	4.86	1.46		3.5	6.60	5.18	29.79	9.38	2.12
50	2.5	3.73	2.93	10.55	4.22	1.68		4.0	7.48	5.87	33.24	10.47	2.11
	3.0	4.43	3.48	12.28	4.91	1.67		4.5	8.34	6.55	36.50	11.50	2.09
	3.5	5.11	4.01	13.90	5.56	1.65		5.0	9.19	7.21	39.60	12.47	2.08
	4.0	5.78	4.54	15.41	6.16	1.63		5.5	10.02	7.87	42.52	13.39	2.06
	4.5	6.43	5.05	16.81	6.72	1.62		6.0	10.84	8.51	45.28	14.26	2.04
	5.0	7.07	5.55	18.11	7.25	1.60	68	3.0	6.13	4.81	32.42	9.54	2.30
54	3.0	4.81	3.77	15.68	5.81	1.81		3.5	7.09	5.57	36.99	10.88	2.28
	3.5	5.55	4.36	17.79	6.59	1.79		4.0	8.04	6.31	41.34	12.16	2.27
	4.0	6.28	4.93	19.76	7.32	1.77		4.5	8.98	7.05	45.47	13.37	2.25
	4.5	7.00	5.49	21.61	8.00	1.76		5.0	9.90	7.77	49.41	14.53	2.23
	5.0	7.70	6.04	23.34	8.64	1.74		5.5	10.80	8.48	53.14	15.63	2.22
	5.5	8.38	6.58	24.96	9.24	1.73		6.0	11.69	9.17	56.68	16.67	2.20
	6.0	9.05	7.10	26.46	9.80	1.71							

续表1

尺寸/mm		截面面积 A /cm²	每米质量/(kg/m)	截面特性			尺寸/mm		截面面积 A /cm²	每米质量/(kg/m)	截面特性		
d	t			I/cm⁴	W/cm³	i/cm	d	t			I/cm⁴	W/cm³	i/cm
70	3.0	6.31	4.96	35.50	10.14	2.37	95	3.5	10.06	7.90	105.45	22.20	3.24
	3.5	7.31	5.74	40.53	11.58	2.35		4.0	11.44	8.98	118.60	24.97	3.22
	4.0	8.29	6.51	45.33	12.95	2.34		4.5	12.79	10.04	131.31	27.64	3.20
	4.5	9.26	7.27	49.89	14.26	2.32		5.0	14.14	11.10	143.58	30.23	3.19
	5.0	10.21	8.01	54.24	15.50	2.30		5.5	15.46	12.14	155.43	32.72	3.17
	5.5	11.14	8.75	58.38	16.68	2.29		6.0	16.78	13.17	166.86	35.13	3.15
	6.0	12.06	9.47	62.31	17.80	2.27		6.5	18.07	14.19	177.89	37.45	3.14
73	3.0	6.60	5.18	40.48	11.09	2.48		7.0	19.35	15.19	188.51	39.69	3.12
	3.5	7.64	6.00	46.26	12.67	2.46	102	3.5	10.83	8.50	131.52	25.79	3.48
	4.0	8.67	6.81	51.78	14.19	2.44		4.0	12.32	9.67	148.09	29.04	3.47
	4.5	9.68	7.60	57.04	15.63	2.43		4.5	13.78	10.82	164.14	32.18	3.45
	5.0	10.68	8.38	62.07	17.01	2.41		5.0	15.24	11.96	179.68	35.23	3.43
	5.5	11.66	9.16	66.87	18.32	2.39		5.5	16.67	13.09	194.72	38.18	3.42
	6.0	12.63	9.91	71.43	19.57	2.38		6.0	18.10	14.21	209.28	41.03	3.40
76	3.0	6.88	5.40	45.91	12.08	2.58		6.5	19.50	15.31	223.35	43.79	3.38
	3.5	7.97	6.26	52.50	13.82	2.57		7.0	20.89	16.40	236.96	46.46	3.37
	4.0	9.05	7.10	58.81	15.48	2.55	114	4.0	13.82	10.85	209.35	36.73	3.89
	4.5	10.11	7.93	64.85	17.07	2.53		4.5	15.48	12.15	232.41	40.77	3.87
	5.0	11.15	8.75	70.62	18.59	2.52		5.0	17.12	13.44	254.81	44.70	3.86
	5.5	12.18	9.56	76.14	20.04	2.50		5.5	18.75	14.72	276.58	48.52	3.84
	6.0	13.19	10.36	81.41	21.42	2.48		6.0	20.36	15.98	297.73	52.23	3.82
83	3.5	8.74	6.86	69.19	16.67	2.81		6.5	21.95	17.23	318.26	55.84	3.81
	4.0	9.93	7.79	77.64	18.71	2.80		7.0	23.53	18.47	338.19	59.33	3.79
	4.5	11.10	8.71	85.76	20.67	2.78		7.5	25.09	19.70	357.58	62.73	3.77
	5.0	12.25	9.62	93.56	22.54	2.76		8.0	26.64	20.91	376.30	66.02	3.76
	5.5	13.39	10.51	101.04	24.35	2.75	121	4.0	14.70	11.54	251.87	41.63	4.14
	6.0	14.51	11.39	108.22	26.08	2.73		4.5	16.47	12.93	279.83	46.25	4.12
	6.5	15.62	12.26	115.10	27.74	2.71		5.0	18.22	14.30	307.05	50.75	4.11
	7.0	16.71	13.12	121.69	29.32	2.70		5.5	19.96	15.67	333.54	55.13	4.09
89	3.5	9.40	7.38	86.05	19.34	3.03		6.0	21.68	17.02	359.32	59.39	4.07
	4.0	10.68	8.38	96.68	21.73	3.01		6.5	23.38	18.35	384.40	63.54	4.05
	4.5	11.95	9.38	106.92	24.03	2.99		7.0	25.07	19.68	408.80	67.57	4.04
	5.0	13.19	10.36	116.79	26.24	2.98		7.5	26.74	20.99	432.51	71.49	4.02
	5.5	14.43	11.33	126.29	28.38	2.96		8.0	28.40	22.29	455.57	75.30	4.01
	6.0	15.65	12.28	135.43	30.43	2.94							
	6.5	16.85	13.22	144.22	32.41	2.93							
	7.0	18.03	14.16	152.67	34.31	2.91							

续表 2

左半部分

尺寸/mm d	尺寸/mm t	截面面积 A /cm²	每米质量/ (kg/m)	截面特性 I/cm⁴	截面特性 W/cm³	截面特性 i/cm
127	4.0	15.46	12.13	292.61	46.08	4.35
	4.5	17.32	13.59	325.29	51.23	4.33
	5.0	19.16	15.04	357.14	56.24	4.32
	5.5	20.99	16.48	388.19	61.13	4.30
	6.0	22.81	17.90	418.44	65.90	4.28
	6.5	24.61	19.32	447.92	70.54	4.27
	7.0	26.39	20.72	476.63	75.06	4.25
	7.5	28.16	22.10	504.58	79.46	4.23
	8.0	29.91	23.48	531.80	83.75	4.22
133	4.0	16.21	12.73	337.53	50.76	4.56
	4.5	18.17	14.26	375.42	56.45	4.55
	5.0	20.11	15.78	412.40	62.02	4.53
	5.5	22.03	17.29	448.50	67.44	4.51
	6.0	23.94	18.79	483.72	72.74	4.50
	6.5	25.83	20.28	518.07	77.91	4.48
	7.0	27.71	21.75	551.58	82.94	4.46
	7.5	29.57	23.21	584.25	87.86	4.45
	8.0	31.42	24.66	616.11	92.65	4.43
140	4.5	19.16	15.04	440.12	62.87	4.79
	5.0	21.21	16.65	483.76	69.11	4.78
	5.5	23.24	18.24	526.40	75.20	4.76
	6.0	25.26	19.83	568.06	81.15	4.74
	6.5	27.26	21.40	608.76	86.97	4.73
	7.0	29.25	22.96	648.51	92.64	4.71
	7.5	31.22	24.51	687.32	98.19	4.69
	8.0	33.18	26.04	725.21	103.60	4.68
	9.0	37.04	29.08	798.29	114.04	4.64
	10	40.84	32.06	867.86	123.98	4.61
146	4.5	20.00	15.70	501.16	68.65	5.01
	5.0	22.15	17.39	551.10	75.49	4.99
	5.5	24.28	19.06	599.95	82.19	4.97
	6.0	26.39	20.72	647.73	88.73	4.95
	6.5	28.49	22.36	694.44	95.13	4.94
	7.0	30.57	24.00	740.12	101.39	4.92
	7.5	32.63	25.62	784.77	107.50	4.90
	8.0	34.68	27.23	828.41	113.48	4.89
	9.0	38.74	30.41	912.71	125.03	4.85
	10	42.73	33.54	993.16	136.05	4.82

右半部分

尺寸/mm d	尺寸/mm t	截面面积 A /cm²	每米质量/ (kg/m)	截面特性 I/cm⁴	截面特性 W/cm³	截面特性 i/cm
152	4.5	20.85	16.37	567.61	74.69	5.22
	5.0	23.09	18.13	624.43	82.16	5.20
	5.5	25.31	19.87	680.06	89.48	5.18
	6.0	27.52	21.60	734.52	96.65	5.17
	6.5	29.71	23.32	787.82	103.66	5.15
	7.0	31.89	25.03	839.99	110.52	5.13
	7.5	34.05	26.73	891.03	117.24	5.12
	8.0	36.19	28.41	940.97	123.81	5.10
	9.0	40.43	31.74	1 037.59	136.53	5.07
	10	44.61	35.02	1 129.99	148.68	5.03
159	4.5	21.84	17.15	652.27	82.05	5.46
	5.0	24.19	18.99	717.88	90.30	5.45
	5.5	26.52	20.82	782.18	98.39	5.43
	6.0	28.84	22.64	845.19	106.31	5.41
	6.5	31.14	24.45	906.92	114.08	5.40
	7.0	33.43	26.24	967.41	121.69	5.38
	7.5	35.70	28.02	1 026.65	129.14	5.36
	8.0	37.95	29.79	1 084.67	136.44	5.35
	9.0	42.41	33.29	1 197.12	150.58	5.31
	10	46.81	36.75	1 304.88	164.14	5.28
168	4.5	23.11	18.14	772.96	92.02	5.78
	5.0	25.60	20.10	851.14	101.33	5.77
	5.5	28.08	22.04	927.85	110.46	5.75
	6.0	30.54	23.97	1 003.12	119.42	5.73
	6.5	32.98	25.89	1 076.95	128.21	5.71
	7.0	35.41	27.79	1 149.36	136.83	5.70
	7.5	37.82	29.69	1 220.38	145.28	5.68
	8.0	40.21	31.57	1 290.01	153.57	5.66
	9.0	44.96	35.29	1 425.22	169.67	5.63
	10	49.64	38.97	1 555.13	185.13	5.60
180	5.0	27.49	21.58	1 053.17	117.02	6.19
	5.5	30.15	23.67	1 148.79	127.64	6.17
	6.0	32.80	25.75	1 242.72	138.08	6.16
	6.5	35.43	27.81	1 335.00	148.33	6.14
	7.0	38.04	29.87	1 425.63	158.40	6.12
	7.5	40.64	31.91	1 514.64	168.29	6.10
	8.0	43.23	33.93	1 602.04	178.00	6.09
	9.0	48.35	37.95	1 772.12	196.90	6.05
	10	53.41	41.92	1 936.01	215.11	6.02
	12	63.33	49.72	2 245.84	249.54	5.95

续表3

尺寸/mm		截面面积 A /cm²	每米质量/ (kg/m)	截面特性			尺寸/mm		截面面积 A /cm²	每米质量/ (kg/m)	截面特性		
d	t			I/cm⁴	W/cm³	i/cm	d	t			I/cm⁴	W/cm³	i/cm
194	5.0	29.69	23.31	1 326.54	136.76	6.68	245	9.0	66.73	52.38	4 652.32	379.78	8.35
	5.5	32.57	25.57	1 447.86	149.26	6.67		10	73.83	57.95	5 105.63	416.79	8.32
	6.0	35.44	27.82	1 567.21	161.57	6.65		12	87.84	68.95	5 976.67	487.89	8.25
	6.5	38.29	30.06	1 684.61	173.67	6.63		14	101.60	79.76	6 801.68	555.24	8.18
	7.0	41.12	32.28	1 800.08	185.57	6.62		16	115.11	90.36	7 582.30	618.96	8.12
	7.5	43.94	34.50	1 913.64	197.28	6.60	273	6.5	54.42	42.72	4 834.18	354.15	9.42
	8.0	46.75	36.70	2 025.31	208.79	6.58		7.0	58.50	45.92	5 177.30	379.29	9.41
	9.0	52.31	41.06	2 243.08	231.25	6.55		7.5	62.56	49.11	5 516.47	404.14	9.39
	10	57.81	45.38	2 453.55	252.94	6.51		8.0	66.60	52.28	5 851.71	428.70	9.37
	12	68.61	53.86	2 853.25	294.15	6.45		9.0	74.64	58.60	6 510.56	476.96	9.34
203	6.0	37.13	29.15	1 803.07	177.64	6.97		10	82.62	64.86	7 154.09	524.11	9.31
	6.5	40.13	31.50	1 938.81	191.02	6.95		12	98.39	77.24	8 396.14	615.10	9.24
	7.0	43.10	33.84	2 072.43	204.18	6.93		14	113.91	89.42	9 579.75	701.81	9.17
	7.5	46.06	36.16	2 203.94	217.14	6.92		16	129.18	101.41	10 706.79	784.38	9.10
	8.0	49.01	38.47	2 333.37	229.89	6.90	299	7.5	68.68	53.92	7 300.02	488.30	10.31
	9.0	54.85	43.06	2 586.08	254.79	6.87		8.0	73.14	57.41	7 747.42	518.22	10.29
	10	60.63	47.60	2 830.72	278.89	6.83		9.0	82.00	64.37	8 628.09	577.13	10.26
	12	72.01	56.52	3 296.49	324.78	6.77		10	90.79	71.27	9 490.15	634.79	10.22
	14	83.13	65.25	3 732.07	367.69	6.70		12	108.20	84.93	11 159.52	746.46	10.16
	16	94.00	73.79	4 138.78	407.76	6.64		14	125.35	98.40	12 757.61	853.35	10.09
219	6.0	40.15	31.52	2 278.74	208.10	7.53		16	142.25	111.67	14 286.48	955.62	10.02
	6.5	43.39	34.06	2 451.64	223.89	7.52	325	7.5	74.81	58.73	9 431.80	580.42	11.23
	7.0	46.62	36.60	2 622.04	239.46	7.50		8.0	79.67	62.54	10 013.92	616.24	11.21
	7.5	49.83	39.12	2 789.96	254.79	7.48		9.0	89.35	70.14	11 161.33	686.85	11.18
	8.0	53.03	41.63	2 955.43	269.90	7.47		10	98.96	77.68	12 286.52	756.09	11.14
	9.0	59.38	46.61	3 279.12	299.46	7.43		12	118.00	92.63	14 471.45	890.55	11.07
	10	65.66	51.54	3 593.29	328.15	7.40		14	136.78	107.38	16 570.98	1 019.75	11.01
	12	78.04	61.26	4 193.81	383.00	7.33		16	155.32	121.93	18 587.38	1 143.84	10.94
	14	90.16	70.78	4 758.50	434.57	7.26	351	8.0	86.21	67.67	12 684.36	722.76	12.13
	16	102.04	80.10	5 288.81	483.00	7.20		9.0	96.70	75.91	14 147.55	806.13	12.10
245	6.5	48.70	38.23	3 465.46	282.89	8.44		10	107.13	84.10	15 584.62	888.01	12.06
	7.0	52.34	41.08	3 709.06	302.78	8.45		12	127.80	100.32	18 381.63	1 047.39	11.99
	7.5	55.96	43.93	3 949.52	322.41	8.40		14	148.22	116.35	21 077.86	1 201.02	11.93
	8.0	59.56	46.76	4 186.87	341.79	8.38		16	168.39	132.19	23 675.75	1 349.05	11.86

注:热轧无缝钢管的通常长度为3～12 m。

附表 9-12　常用的电焊钢管规格及截面特性表

I—截面惯性矩；

W—截面抵抗矩；

i—截面回转半径。

尺寸/mm		截面面积 A /cm²	每米质量/ (kg/m)	截面特性			尺寸/mm		截面面积 A /cm²	每米质量/ (kg/m)	截面特性		
d	t			I/cm⁴	W/cm³	i/cm	d	t			I/cm⁴	W/cm³	i/cm
33.7	2.0	1.992	1.564	2.512	1.491	1.123	88.9	2.0	5.460	4.286	51.568	11.601	3.073
	2.3	2.269	1.781	2.811	1.668	1.113		2.3	6.257	4.912	58.701	13.206	3.063
	2.6	2.540	1.994	3.093	1.835	1.103		2.6	7.049	5.534	65.684	14.777	3.053
	2.9	2.806	2.203	3.357	1.992	1.094		2.9	7.835	6.151	72.518	16.315	3.042
42.4	2.0	2.538	1.993	5.192	2.449	1.430		3.2	8.615	6.763	79.206	17.819	3.032
	2.3	2.897	2.275	5.843	2.756	1.420		3.6	9.647	7.573	87.899	19.775	3.018
	2.6	3.251	2.552	6.464	3.049	1.410		4.0	10.669	8.375	96.340	21.674	3.005
	2.9	3.599	2.825	7.056	3.328	1.400		4.5	11.932	9.366	106.545	23.970	2.988
	3.2	3.941	3.094	7.620	3.594	1.391		5.0	13.179	10.345	116.374	26.181	2.972
	3.6	4.388	3.445	8.329	3.929	1.378	114.3	2.0	7.056	5.539	111.267	19.469	3.971
48.3	2.0	2.909	2.284	7.810	3.234	1.638		2.3	8.093	6.353	126.948	22.213	3.961
	2.3	3.324	2.609	8.813	3.649	1.628		2.6	9.124	7.162	142.373	24.912	3.950
	2.6	3.733	2.930	9.777	4.048	1.618		2.9	10.149	7.967	157.546	27.567	3.940
	2.9	4.136	3.247	10.700	4.431	1.608		3.2	11.169	8.768	172.469	30.178	3.930
	3.2	4.534	3.559	11.586	4.797	1.599		3.6	12.520	9.828	191.984	33.593	3.916
	3.6	5.055	3.969	12.708	5.262	1.586		4.0	13.861	10.881	211.065	36.932	3.902
60.3	2.0	3.663	2.876	15.581	5.168	2.062		4.5	15.523	12.185	234.319	41.001	3.885
	2.3	4.191	3.290	17.650	5.854	2.052		5.0	17.169	13.478	256.920	44.955	3.868
	2.6	4.713	3.700	19.654	6.519	2.042	139.7	2.0	8.652	6.792	205.108	29.364	4.869
	2.9	5.229	4.105	21.592	7.162	2.032		2.3	9.928	7.794	234.352	33.551	4.859
	3.2	5.740	4.506	23.468	7.784	2.022		2.6	11.199	8.791	263.209	37.682	4.848
	3.6	6.413	5.034	25.874	8.582	2.009		2.9	12.463	9.784	291.683	41.758	4.838
	4.0	7.075	5.554	28.173	9.344	1.996		3.2	13.722	10.772	319.776	45.780	4.827
	4.5	7.889	6.193	30.902	10.249	1.979		3.6	15.393	12.083	356.648	51.059	4.814
76.1	2.0	4.656	3.655	31.979	8.404	2.621		4.0	17.053	13.386	392.859	56.243	4.800
	2.3	5.333	4.186	36.339	9.550	2.610		4.5	19.113	15.004	437.203	62.592	4.783
	2.6	6.004	4.713	40.592	10.668	2.600		5.0	21.159	16.610	480.541	68.796	4.766
	2.9	6.669	5.235	44.738	11.758	2.590		5.4	22.783	17.885	514.497	73.657	4.752
	3.2	7.329	5.753	48.778	12.820	2.580		5.6	23.592	18.520	531.240	76.054	4.745
	3.6	8.200	6.437	54.006	14.194	2.566		6.3	26.403	20.726	588.620	84.269	4.722
	4.0	9.060	7.112	59.055	15.520	2.553							
	4.5	10.122	7.946	65.121	17.115	2.536							
	5.0	11.168	8.767	70.922	18.639	2.520							

尺寸/mm		截面面积 A /cm²	每米质量/ (kg/m)	截面特性			尺寸/mm		截面面积 A /cm²	每米质量/ (kg/m)	截面特性		
d	t			I/cm⁴	W/cm³	i/cm	d	t			I/cm⁴	W/cm³	i/cm
168.3	2.0	10.449	8.202	361.268	42.931	5.880	323.9	3.2	32.240	25.309	4 145.239	255.958	11.339
	2.3	11.995	9.416	413.233	49.107	5.870		3.6	36.225	28.437	4 646.091	286.884	11.325
	2.6	13.535	10.625	464.630	55.215	5.859		4.0	40.200	31.557	5 143.161	317.577	11.311
	2.9	15.069	11.829	515.463	61.255	5.849		4.5	45.154	35.446	5 759.211	355.617	11.294
	3.2	16.598	13.029	565.736	67.229	5.838		5.0	50.093	39.323	6 369.419	393.295	11.276
	3.6	18.627	14.622	631.903	75.092	5.824		5.4	54.032	42.415	6 853.405	423.180	11.262
	4.0	20.647	16.208	697.091	82.839	5.811		5.6	55.998	43.959	7 094.011	438.037	11.255
	4.5	23.157	18.178	777.215	92.361	5.793		6.3	62.859	49.345	7 928.890	489.589	11.231
	5.0	25.651	20.136	855.845	101.705	5.776		7.1	70.663	55.471	8 869.343	547.659	11.203
	5.4	27.635	21.694	917.685	109.053	5.763		8.0	79.394	62.325	9 910.072	611.922	11.172
	5.6	28.624	22.470	948.253	112.686	5.756		8.8	87.113	68.383	10 819.969	668.105	11.145
	6.3	32.063	25.170	1 053.420	125.184	5.732		10	98.615	77.412	12 158.332	750.746	11.104
219.1	2.0	13.641	10.708	803.722	73.366	7.676	355.6	3.6	39.810	31.251	6 166.453	346.820	12.446
	2.3	15.665	12.297	920.479	84.024	7.665		4.0	44.183	34.684	6 828.453	384.052	12.432
	2.6	17.684	13.882	1 036.261	94.593	7.655		4.5	49.636	38.964	7 649.549	430.233	12.414
	2.9	19.697	15.462	1 151.073	105.073	7.645		5.0	55.072	43.232	8 463.570	476.016	12.397
	3.2	21.705	17.038	1 264.919	115.465	7.634		5.4	59.410	46.637	9 109.718	512.358	12.383
	3.6	24.372	19.132	1 415.223	129.185	7.620		5.6	61.575	48.337	9 431.111	530.434	12.376
	4.0	27.030	21.219	1 563.835	142.751	7.606		6.3	69.134	54.270	10 547.197	593.206	12.352
	4.5	30.338	23.816	1 747.238	159.492	7.589		7.1	77.734	61.021	11 806.099	664.010	12.324
	5.0	33.631	26.400	1 928.041	175.996	7.572		8.0	87.361	68.579	13 201.363	742.484	12.293
	5.4	36.253	28.459	2 070.828	189.030	7.558		8.8	95.876	75.263	14 423.113	811.199	12.265
	5.6	37.561	29.485	2 141.607	195.491	7.551		10	108.573	85.230	16 223.486	912.457	12.224
	6.3	42.117	33.062	2 386.137	217.813	7.527		11	119.085	93.482	17 694.583	995.196	12.190
273.1	2.9	24.617	19.324	2 246.796	164.540	9.554		12.5	134.735	105.767	19 852.159	1 116.544	12.138
	3.2	27.133	21.300	2 471.037	180.962	9.543	406.4	4.0	50.567	39.695	10 236.143	503.747	14.228
	3.6	30.480	23.927	2 767.680	202.686	9.529		4.5	56.817	44.602	11 473.092	564.621	14.210
	4.0	33.816	26.546	3 061.657	224.215	9.515		5.0	63.052	49.496	12 700.739	625.036	14.193
	4.5	37.972	29.808	3 425.405	250.854	9.498		5.4	68.028	53.402	13 676.191	673.041	14.179
	5.0	42.113	33.059	3 785.045	277.191	9.480		5.6	70.512	55.352	14 161.702	696.934	14.172
	5.4	45.414	35.650	4 069.819	298.046	9.467		6.3	79.188	62.163	15 849.420	779.991	14.147
	5.6	47.061	36.943	4 211.232	308.402	9.460		7.1	89.065	69.916	17 756.325	873.835	14.120
	6.3	52.805	41.452	4 701.102	344.277	9.435		8.0	100.129	78.601	19 873.876	978.045	14.088
	7.1	59.332	46.576	5 251.363	384.574	9.408		8.8	109.920	86.288	21 731.715	1 069.474	14.061
	8.0	66.627	52.302	5 858.332	429.025	9.377		10	124.533	97.758	24 475.792	1 204.517	14.019

续表2

尺寸/mm		截面面积A /cm²	每米质量/ (kg/m)	截面特性			尺寸/mm		截面面积A /cm²	每米质量/ (kg/m)	截面特性		
d	t			I/cm⁴	W/cm³	i/cm	d	t			I/cm⁴	W/cm³	i/cm
406.4	11	136.640	107.263	26 723.799	1 315.148	13.985	508	8.8	138.009	108.337	43 003.208	1 693.040	17.652
	12.5	154.684	121.427	30 030.641	1 477.886	13.933		10	156.451	122.814	48 520.205	1 910.244	17.611
	14.2	174.963	137.346	33 685.234	1 657.738	13.875		11	171.751	134.824	53 055.946	2 088.817	17.576
457	4.5	63.971	50.217	16 374.601	716.613	15.999		12.5	194.582	152.747	59 755.352	2 352.573	17.524
	5.0	71.000	55.735	18 134.182	793.618	15.982		14.2	220.287	172.925	67 198.582	2 645.613	17.466
	5.4	76.612	60.141	19 533.370	854.852	15.968		16	247.306	194.135	74 908.977	2 949.172	17.404
	5.6	79.414	62.340	20 230.147	885.346	15.961		17.5	269.666	211.688	81 202.064	3 196.932	17.353
	6.3	89.203	70.024	22 654.141	991.428	15.936		20	306.619	240.696	91 427.708	3 599.516	17.268
	7.1	100.351	78.776	25 396.507	1 111.445	15.908	610	5.6	106.332	83.470	48 557.710	1 592.056	21.370
	8.0	112.846	88.584	28 446.339	1 244.916	15.877		6.3	119.484	93.795	54 439.094	1 784.888	21.345
	8.8	123.909	97.269	31 126.131	1 362.194	15.849		7.1	134.479	105.566	61 110.234	2 003.614	21.317
	10	140.429	110.237	35 091.294	1 535.724	15.808		8.0	151.299	118.770	68 551.296	2 247.583	21.286
	11	154.126	120.989	38 346.072	1 678.165	15.773		8.8	166.208	130.473	75 109.029	2 462.591	21.258
	12.5	174.555	137.025	43 144.768	1 888.174	15.722		10	188.495	147.969	84 846.492	2 781.852	21.216
	14.2	197.536	155.066	48 463.759	2 120.952	15.663		11	206.999	162.495	92 870.783	3 044.944	21.181
	16	221.671	174.012	53 959.332	2 361.459	15.602		12.5	234.638	184.191	104 754.647	3 434.579	21.129
508	5.0	79.011	62.024	24 990.583	983.881	17.785		14.2	265.790	208.645	118 003.798	3 868.977	21.071
	5.4	85.264	66.932	26 925.939	1 060.076	17.771		16	298.577	234.383	131 781.311	4 320.699	21.009
	5.6	88.387	69.384	27 890.121	1 098.036	17.764		17.5	325.744	255.709	143 067.613	4 690.741	20.957
	6.3	99.297	77.948	31 246.462	1 230.176	17.739		20	370.708	291.006	161 489.507	5 294.738	20.872
	7.1	111.727	87.706	35 047.594	1 379.827	17.711		22.2	409.951	321.812	177 304.714	5 813.269	20.797
	8.0	125.664	98.646	39 279.928	1 546.454	17.680		25	459.458	360.674	196 906.271	6 455.943	20.702

附表 9-13 冷弯薄壁焊接圆钢管规格及截面特性表

尺寸/mm		截面面积	每米质量	I/cm^4	i/cm	W/cm^3
d	t	$/\text{cm}^2$	$/(\text{kg/m})$			
25	1.5	1.11	0.87	0.77	0.83	0.61
30	1.5	1.34	1.05	1.37	1.01	0.91
30	2.0	1.76	1.38	1.73	0.99	1.16
40	1.5	1.81	1.42	3.37	1.36	1.68
40	2.0	2.39	1.88	4.32	1.35	2.16
51	2.0	3.08	2.42	9.26	1.73	3.63
57	2.0	3.46	2.71	13.08	1.95	4.59
60	2.0	3.64	2.86	15.34	2.05	5.10
70	2.0	4.27	3.35	24.72	2.41	7.06
76	2.0	4.65	3.65	31.85	2.62	8.38
83	2.0	5.09	4.00	41.76	2.87	10.06
83	2.5	6.32	4.96	51.26	2.85	12.35
89	2.0	5.47	4.29	51.74	3.08	11.63
89	2.5	6.79	5.33	63.59	3.06	14.29
95	2.0	5.84	4.59	63.20	3.29	13.31
95	2.5	7.26	5.70	77.76	3.27	16.37
102	2.0	6.28	4.93	78.55	3.54	15.40
102	2.5	7.81	6.14	96.76	3.52	18.97
102	3.0	9.33	7.33	114.40	3.50	22.43
108	2.0	6.66	5.23	93.6	3.75	17.33
108	2.5	8.29	6.51	115.4	3.73	21.37
108	3.0	9.90	7.77	136.5	3.72	25.28
114	2.0	7.04	5.52	110.4	3.96	19.37
114	2.5	8.76	6.87	136.2	3.94	23.89
114	3.0	10.46	8.21	161.3	3.93	28.30
121	2.0	7.48	5.87	132.4	4.21	21.88
121	2.5	9.31	7.31	163.5	4.19	27.02
121	3.0	11.12	8.73	193.7	4.17	32.02
127	2.0	7.85	6.17	153.4	4.42	24.16
127	2.5	9.78	7.68	189.5	4.40	29.84

续表

尺寸/mm		截面面积 /cm²	每米质量 /(kg/m)	I/cm⁴	i/cm	W/cm³
d	t					
127	3.0	11.69	9.18	224.7	4.39	35.39
133	2.5	10.25	8.05	218.2	4.62	32.81
133	3.0	12.25	9.62	259.0	4.60	38.95
133	3.5	14.24	11.18	298.7	4.58	44.92
140	2.5	10.80	8.48	255.3	4.86	36.47
140	3.0	12.91	10.13	303.1	4.85	43.29
140	3.5	15.01	11.78	349.8	4.83	49.97
152	3.0	14.04	11.02	389.9	5.27	51.30
152	3.5	16.33	12.82	450.3	5.25	59.25
152	4.0	18.60	14.60	509.6	5.24	67.05
159	3.0	14.70	11.54	447.4	5.52	56.27
159	3.5	17.10	13.42	517.0	5.50	65.02
159	4.0	19.48	15.29	585.3	5.48	73.62
168	3.0	15.55	12.21	529.4	5.84	63.02
168	3.5	18.09	14.20	612.1	5.82	72.87
168	4.0	20.61	16.18	693.3	5.80	82.53
180	3.0	16.68	13.09	653.5	6.26	72.61
180	3.5	19.41	15.24	756.0	6.24	84.00
180	4.0	22.12	17.36	856.8	6.22	95.20
194	3.0	18.00	14.13	821.1	6.75	84.64
194	3.5	20.95	16.45	950.5	6.74	97.99
194	4.0	23.88	18.75	1 078	6.72	111.1
203	3.0	18.85	15.00	943	7.07	92.87
203	3.5	21.94	17.22	1 092	7.06	107.55
203	4.0	25.01	19.63	1 238	7.04	122.01
219	3.0	20.36	15.98	1 187	7.64	108.44
219	3.5	23.70	18.61	1 376	7.62	125.65
219	4.0	27.02	21.81	1 562	7.60	142.62
245	3.0	22.81	17.91	1 670	8.56	136.3
245	3.5	26.55	20.84	1 936	8.54	158.1
245	4.0	30.28	23.77	2 199	8.52	179.5

附表 9-14　冷弯薄壁方钢管规格及截面特性表

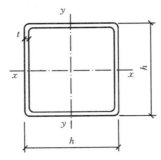

尺寸/mm		截面面积 /cm²	每米质量 /(kg/m)	I_x/cm⁴	i_x/cm	W_x/cm³
h	t					
25	1.5	1.31	1.03	1.16	0.94	0.92
30	1.5	1.61	1.27	2.11	1.14	1.40
40	1.5	2.21	1.74	5.33	1.55	2.67
40	2.0	2.87	2.25	6.66	1.52	3.33
50	1.5	2.81	2.21	10.82	1.96	4.33
50	2.0	3.67	2.88	13.71	1.93	5.48
60	2.0	4.47	3.51	24.51	2.34	8.17
60	2.5	5.48	4.30	29.36	2.31	9.79
80	2.0	6.07	4.76	60.58	3.16	15.15
80	2.5	7.48	5.87	73.40	3.13	18.35
100	2.5	9.48	7.44	147.91	3.05	29.58
100	3.0	11.25	8.83	173.12	3.92	34.62
120	2.5	11.48	9.01	260.88	4.77	43.48
120	3.0	13.65	10.72	306.71	4.74	51.12
140	3.0	16.05	12.60	495.68	5.56	70.81
140	3.5	18.58	14.59	568.22	5.53	81.17
140	4.0	21.07	16.44	637.97	5.50	91.14
160	3.0	18.45	14.49	749.64	6.37	93.71
160	3.5	21.38	16.77	861.34	6.35	107.67
160	4.0	24.27	19.05	969.35	6.32	121.17
160	4.5	27.12	21.05	1 073.66	6.29	134.21
160	5.0	29.93	23.35	1 174.44	6.26	146.81

附表 9-15　冷弯薄壁矩形钢管规格及截面特性表

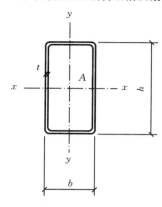

尺寸/mm			截面面积 /cm²	每米质量 /(kg/m)	x-x			y-y		
h	b	t			I_x/cm⁴	i_x/cm	W_x/cm³	I_y/cm⁴	i_y/cm	W_y/cm³
30	15	1.5	1.20	0.95	1.28	1.02	0.85	0.42	0.59	0.57
40	20	1.6	1.75	1.37	3.43	1.40	1.72	1.15	0.81	1.15
40	20	2.0	2.14	1.68	4.05	1.38	2.02	1.34	0.79	1.34
50	30	1.6	2.39	1.88	7.96	1.82	3.18	3.60	1.23	2.40
50	30	2.0	2.94	2.31	9.54	1.80	3.81	4.29	1.21	2.86
60	30	2.5	4.09	3.21	17.93	2.09	5.80	6.00	1.21	4.00
60	30	3.0	4.81	3.77	20.50	2.06	6.83	6.79	1.19	4.53
60	40	2.0	3.74	2.94	18.41	2.22	6.14	9.83	1.62	4.92
60	40	3.0	5.41	4.25	25.37	2.17	8.46	13.44	1.58	6.72
70	50	2.5	5.59	4.20	38.01	2.61	10.86	22.59	2.01	9.04
70	50	3.0	6.61	5.19	44.05	2.58	12.58	26.10	1.99	10.44
80	40	2.0	4.54	3.56	37.36	2.87	9.34	12.72	1.67	6.36
80	40	3.0	6.61	5.19	52.25	2.81	13.06	17.55	1.63	8.78
90	40	2.5	6.09	4.79	60.69	3.16	13.49	17.02	1.67	8.51
90	50	2.0	5.34	4.19	57.88	3.29	12.86	23.37	2.09	9.35
90	50	3.0	7.81	6.13	81.85	2.24	18.19	32.74	2.05	13.09
100	50	3.0	8.41	6.60	106.45	3.56	21.29	36.05	2.07	14.42
100	60	2.6	7.88	6.19	106.66	3.68	21.33	48.47	2.48	16.16
120	60	2.0	6.94	5.45	131.92	4.36	21.99	45.33	2.56	15.11
120	60	3.2	10.85	8.52	199.88	4.29	33.31	67.94	2.50	22.65
120	60	4.0	13.35	10.48	240.72	4.25	40.12	81.24	2.47	27.08

尺寸/mm			截面面积 /cm²	每米质量 /(kg/m)	x-x			y-y		
h	b	t			I_x/cm⁴	i_x/cm	W_x/cm³	I_y/cm⁴	i_y/cm	W_y/cm³
120	80	3.2	12.13	9.53	243.54	4.48	40.59	130.48	3.28	32.62
120	80	4.0	14.96	11.73	294.57	4.44	49.09	157.28	3.24	39.32
120	80	5.0	18.36	14.41	353.11	4.39	58.85	187.75	3.20	46.94
120	80	6.0	21.63	16.98	406.00	4.33	67.67	214.98	3.15	53.74
140	90	3.2	14.05	11.04	384.01	5.23	54.86	194.80	3.72	43.29
140	90	4.0	17.35	13.63	466.59	5.19	66.66	235.92	3.69	52.43
140	90	5.0	21.36	16.78	562.61	5.13	80.37	283.32	3.64	62.96
150	100	3.2	15.33	12.04	488.18	5.64	65.09	262.26	4.14	52.45

附表 9-16 冷弯薄壁卷边槽钢规格及截面特性表

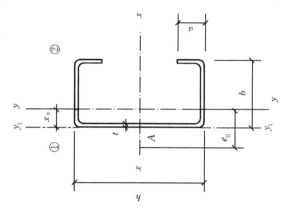

尺寸/mm				截面面积/cm²	每米质量/(kg/m)	x_0/cm	x-x			y-y				y_1-y_1	e_0/cm	I_1/cm⁴	I_ω/cm⁶	k/cm⁻¹	$W_{\omega1}$/cm⁴	$W_{\omega2}$/cm⁴
h	b	a	t				I_x/cm⁴	i_x/cm	W_x/cm³	I_y/cm⁴	i_y/cm	$W_{y\max}$/cm³	$W_{y\min}$/cm³	I_{yt}/cm⁴						
80	40	15	2.0	3.47	2.72	1.452	34.16	3.14	8.54	7.79	1.50	5.36	3.06	15.10	3.36	0.046 2	112.9	0.012 6	16.03	15.74
100	50	15	2.5	5.23	4.11	1.706	81.34	3.94	16.27	17.19	1.81	10.08	5.22	32.41	3.94	0.109 0	352.8	0.010 9	34.47	29.41
120	50	20	2.5	5.98	4.70	1.706	129.40	4.65	21.57	20.96	1.87	12.28	6.36	38.36	4.03	0.124 6	660.9	0.008 5	51.04	48.36
120	60	20	3.0	7.65	6.01	2.106	170.68	4.72	28.45	37.36	2.21	17.74	9.59	71.31	4.87	0.229 6	1 153.2	0.008 7	75.68	68.84
140	50	20	2.0	5.27	4.14	1.590	154.03	5.41	22.00	18.56	1.88	11.68	5.44	31.86	3.87	0.070 3	794.79	0.005 8	51.44	52.22
140	50	20	2.2	5.76	4.52	1.590	167.40	5.39	23.91	20.03	1.87	12.62	5.87	34.53	3.84	0.092 9	852.46	0.006 5	55.98	56.84
140	50	20	2.5	6.48	5.09	1.580	186.78	5.39	26.68	22.11	1.85	13.96	6.47	38.38	3.80	0.135 1	931.89	0.007 5	62.56	63.56
140	60	20	3.0	8.25	6.48	1.964	245.42	5.45	35.06	39.49	2.19	20.11	9.79	71.33	4.61	0.247 6	1 589.8	0.007 8	92.69	79.00

续表

h	b	a	t	截面面积/cm²	每米质量/(kg/m)	x_0/cm	I_x/cm⁴	i_x/cm	W_x/cm³	I_y/cm⁴	i_y/cm	$W_{y\max}$/cm³	$W_{y\min}$/cm³	I_{y1}/cm⁴	e_0/cm	I_1/cm⁴	I_ω/cm⁶	k/cm⁻¹	$W_{\omega1}$/cm⁴	$W_{\omega2}$/cm⁴
160	60	20	2.0	6.07	4.76	1.850	236.59	6.24	29.57	29.99	2.22	16.19	7.23	50.83	4.52	0.080 9	1 596.28	0.004 4	76.92	71.30
160	60	20	2.2	6.64	5.21	1.850	257.57	6.23	32.20	32.45	2.21	17.53	7.82	55.19	4.50	0.107 1	1 717.82	0.004 9	83.82	77.55
160	60	20	2.5	7.48	5.87	1.850	288.13	6.21	36.02	35.96	2.19	19.47	8.66	61.49	4.45	0.155 9	1 887.71	0.005 6	93.87	86.63
160	70	20	3.0	9.45	7.42	2.224	373.64	6.29	46.71	60.42	2.53	27.17	12.65	107.20	5.25	0.283 6	3 070.5	0.006 0	135.49	109.92
180	70	20	2.0	6.87	5.39	2.110	343.93	7.08	38.21	45.18	2.57	21.37	9.25	75.87	5.17	0.091 6	2 934.34	0.003 5	109.50	95.22
180	70	20	2.2	7.52	5.90	2.110	374.90	7.06	41.66	48.97	2.55	23.19	10.02	82.49	5.14	0.121 3	3 165.62	0.003 8	119.44	103.58
180	70	20	2.5	8.48	6.66	2.110	420.20	7.04	46.69	54.42	2.53	25.82	11.12	92.08	5.10	0.176 7	3 492.15	0.004 4	133.99	115.73
200	70	20	2.0	7.27	5.71	2.000	440.04	7.78	44.00	46.71	2.54	23.32	9.35	75.88	4.96	0.096 9	3 672.33	0.003 2	126.74	106.15
200	70	20	2.2	7.96	6.25	2.000	479.87	7.77	47.99	50.64	2.52	25.31	10.13	82.49	4.93	0.128 4	3 963.82	0.003 5	138.26	115.74
200	70	20	2.5	8.98	7.05	2.000	538.21	7.74	53.82	56.27	2.50	28.18	11.25	92.09	4.89	0.187 1	4 376.18	0.004 1	155.14	129.75
220	75	20	2.0	7.87	6.18	2.080	574.45	8.54	52.22	56.88	2.69	27.35	10.50	90.93	5.18	0.104 9	5 313.52	0.002 8	158.43	127.32
220	75	20	2.2	8.62	6.77	2.080	626.85	8.53	56.99	61.71	2.68	29.70	11.38	98.91	5.15	0.139 1	5 742.07	0.003 1	172.92	138.93
220	75	20	2.5	9.73	7.64	2.070	703.76	8.50	63.98	68.66	2.66	33.11	12.65	110.51	5.11	0.202 8	6 351.05	0.003 5	194.18	155.94

尺寸/mm 中 x-x，y-y，$y1$-$y1$

附表 9-17 冷弯薄壁卷边 Z 形钢规格及截面特性表

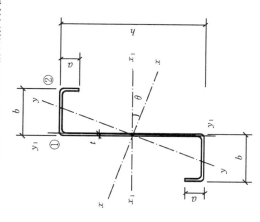

尺寸/mm h	b	a	t	截面面积/cm²	每米质量/(kg/m)	θ	x_1-x_1 I_{x1}/cm⁴	i_{x1}/cm	W_{x1}/cm³	y_1-y_1 I_{y1}/cm⁴	i_{y1}/cm	W_{y1}/cm³	x-x I_x/cm⁴	i_x/cm	W_{x1}/cm³	W_{x2}/cm³	y-y I_y/cm⁴	i_y/cm	W_{y1}/cm³	W_{y2}/cm³	I_{x1y1}/cm⁴	I_1/cm⁴	I_ω/cm⁶	k/cm⁻¹	$W_{\omega1}$/cm⁴	$W_{\omega2}$/cm⁴
100	40	20	2.0	4.07	3.19	24°1′	60.04	8.84	12.01	17.02	2.05	4.36	70.70	4.17	15.93	11.94	6.36	1.25	3.36	4.42	23.93	0.054 2	325.0	0.008 1	49.97	29.16
100	40	20	2.5	4.98	3.91	23°46′	72.10	3.80	14.42	20.02	2.00	5.17	84.63	4.12	19.18	14.47	7.49	1.23	4.07	5.28	28.45	0.103 8	381.9	0.010 2	62.25	35.03
120	40	20	2.0	4.87	3.82	24°3′	106.97	4.69	17.83	30.23	2.49	6.17	126.06	5.09	23.55	17.40	11.14	1.51	4.83	5.74	42.77	0.069	785.2	0.005 7	84.05	43.96
120	50	20	2.5	5.98	4.70	23°50′	129.39	4.65	21.57	35.91	2.45	7.37	152.05	5.04	28.55	21.21	13.25	1.49	5.89	6.89	51.30	0.124 6	930.9	0.007 2	104.68	52.94
120	50	20	3.0	7.05	5.54	23°36′	150.14	4.61	25.02	40.88	2.41	8.43	175.92	4.99	33.18	24.80	15.11	1.46	6.89	7.92	58.99	0.211 6	1 058.9	0.008 7	125.37	61.22
140	50	20	2.5	6.48	5.09	19°25′	186.77	5.37	26.68	35.91	2.35	7.37	209.19	5.67	32.55	26.34	14.48	1.49	6.69	6.78	60.75	0.135 0	1 289.0	0.006 4	137.04	60.03
140	50	20	3.0	7.65	6.01	19°12′	217.26	5.33	31.04	40.83	2.31	8.43	241.62	5.62	37.76	30.70	16.52	1.47	7.84	7.81	69.93	0.229 6	1 468.2	0.007 7	164.94	69.51
160	60	20	2.5	7.48	5.87	19°59′	288.12	6.21	36.01	58.15	2.79	9.90	323.13	6.57	44.00	34.95	23.14	1.76	9.00	8.71	96.32	0.155 9	2 634.3	0.004 8	205.98	86.28
160	60	20	3.0	8.85	6.95	19°47′	336.66	6.17	42.08	66.66	2.74	11.39	376.76	6.52	51.48	41.08	26.56	1.73	10.58	10.07	111.51	0.265 6	3 019.4	0.005 8	247.41	100.15
160	70	20	2.5	7.98	6.27	23°46′	319.13	6.32	39.89	87.74	3.32	12.76	374.76	6.85	52.35	38.23	32.11	2.01	10.53	10.86	126.37	0.166 3	3 793.3	0.004 1	238.87	106.91

续表

尺寸/mm				截面面积/cm²	每米质量/(kg/m)	θ	x_1-x_1			y_1-y_1			x-x				y-y				I_{x1y1}/cm⁴	I_1/cm⁴	I_ω/cm⁶	k/cm⁻¹	$W_{\omega1}$/cm⁴	$W_{\omega2}$/cm⁴
h	b	a	t				I_{x1}/cm⁴	i_{x1}/cm	W_{x1}/cm³	I_{y1}/cm⁴	i_{y1}/cm	W_{y1}/cm³	I_x/cm⁴	i_x/cm	W_{x1}/cm³	W_{x2}/cm³	I_y/cm⁴	i_y/cm	W_{y1}/cm³	W_{y2}/cm³						
160	70	20	3.0	9.45	7.42	23°34′	373.64	6.29	46.71	101.10	3.27	14.76	437.72	6.80	61.33	45.01	37.03	1.98	12.39	12.58	146.86	0.283 6	4 365.0	0.005 0	285.78	124.26
180	70	20	2.5	8.48	6.66	20°22′	420.18	7.04	46.69	187.74	3.22	12.76	473.34	7.47	57.27	44.88	34.58	2.02	11.66	10.86	143.18	0.176 7	4 907.9	0.003 7	294.53	119.41
180	70	20	3.0	10.05	7.89	20°11′	492.61	7.00	54.73	101.11	3.17	14.76	553.83	7.42	67.22	52.89	39.89	1.99	13.72	12.59	166.47	0.301 6	5 652.2	0.004 5	353.32	138.92

附表 9-18 冷弯薄壁斜卷边 Z 形钢规格及截面特性表

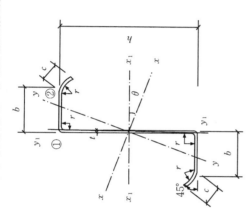

尺寸/mm h	b	a	t	截面面积 /cm²	每米质量 /(kg/m)	θ/°	x_1-x_1 I_{x1} /cm⁴	i_{x1} /cm	W_{x1} /cm³	y_1-y_1 I_{y1} /cm⁴	i_{y1} /cm	W_{y1} /cm³	x-x I_x /cm⁴	i_x /cm	W_{x1} /cm³	W_{x2} /cm³	y-y I_y /cm⁴	i_y /cm	W_{y1} /cm³	W_{y2} /cm³	I_{x1y1} /cm⁴	I_1 /cm⁴	I_w /cm⁶	k /cm⁻¹	W_{w1} /cm⁴	W_{w2} /cm⁴
140	50	20	2.0	5.392	4.233	21.986	162.065	5.482	23.152	39.363	2.702	6.234	185.962	5.872	30.377	22.470	15.466	1.694	6.107	8.067	59.189	0.071 9	1 298.621	0.004 6	118.281	59.185
140	50	20	2.2	5.909	4.638	21.998	176.813	5.470	25.259	42.928	2.695	6.809	202.926	5.860	33.352	24.544	16.814	1.687	6.659	8.823	64.638	0.095 3	1 407.575	0.005 1	130.014	64.382
140	50	20	2.5	6.676	5.240	22.018	198.446	5.452	28.349	48.154	2.686	7.657	227.828	5.842	37.792	27.598	18.771	1.667	7.468	9.941	72.659	0.139 1	1 563.520	0.005 8	147.558	71.926
160	60	20	2.0	6.192	4.861	22.104	246.830	6.313	30.854	60.271	3.120	8.240	283.680	6.768	40.271	29.603	23.422	1.945	8.018	9.554	90.733	0.082 6	2 559.036	0.003 5	175.940	82.223
160	60	20	2.2	6.789	5.329	22.113	269.592	6.302	33.699	65.802	3.113	9.009	309.891	6.756	44.225	32.267	25.503	1.938	8.753	10.450	99.179	0.109 5	2 779.796	0.003 9	193.430	89.569
160	60	20	2.5	7.676	6.025	22.128	303.090	6.284	37.886	73.935	3.104	10.143	348.487	6.738	50.132	36.445	28.537	1.928	9.834	11.775	111.642	0.159 9	3 098.400	0.004 4	219.605	100.26
180	70	20	2.0	6.992	5.489	22.185	356.620	7.141	39.624	87.417	3.536	10.514	410.315	7.660	51.502	37.679	33.722	2.196	10.191	11.289	131.674	0.093 2	4 643.994	0.002 8	249.609	111.10
180	70	20	2.2	7.669	6.020	21.193	389.835	7.130	43.315	95.518	3.529	11.502	448.592	7.648	56.570	41.226	36.761	2.189	11.136	12.351	144.034	0.123 7	5 052.769	0.003 1	274.455	121.13
180	70	20	2.5	8.676	6.810	22.205	438.835	7.112	48.759	107.460	3.519	12.964	505.087	7.630	61.143	46.471	41.208	2.179	12.528	13.923	162.307	0.180 7	5 654.157	0.003 5	311.061	135.81
200	70	20	2.0	7.392	5.803	19.305	455.430	7.849	45.543	87.418	3.439	10.514	506.903	8.281	56.094	43.435	35.944	2.205	11.109	11.339	146.944	0.098 6	5 882.294	0.002 5	302.430	123.44

续表

尺寸/mm				截面面积 /cm²	每米质量 /(kg/m)	θ/°	x_1-x_1			y_1-y_1			x-x				y-y				I_{x1y1} /cm⁴	I_1 /cm⁴	I_w /cm⁶	k /cm⁻¹	W_{w1} /cm⁴	W_{w2} /cm⁴
h	b	a	t				I_{x1} /cm⁴	i_{x1} /cm	W_{x1} /cm³	I_{y1} /cm⁴	i_{y1} /cm	W_{y1} /cm³	I_x /cm⁴	i_x /cm	W_{x1} /cm³	W_{x2} /cm³	I_y /cm⁴	i_y /cm	W_{y1} /cm³	W_{y2} /cm³						
200	70	20	2.2	8.109	6.365	19.309	498.023	7.837	49.802	95.520	3.432	11.503	554.346	8.268	61.618	47.533	39.197	2.200	12.138	12.419	160.756	0.130 8	6 403.010	0.002 8	332.826	134.66
200	70	20	2.5	9.176	7.203	19.314	560.921	7.819	56.092	107.462	3.422	12.964	624.421	8.249	69.876	53.596	43.962	2.189	13.654	14.021	181.182	0.191 2	7 160.113	0.003 2	378.452	151.08
220	75	20	2.0	7.992	6.274	18.300	592.787	8.612	53.890	103.580	3.600	11.751	652.866	9.038	65.085	51.328	43.500	2.333	12.829	12.343	181.661	0.106 6	8 483.845	0.002 2	383.110	148.38
220	75	20	2.2	8.769	6.884	18.302	648.520	8.600	58.956	113.220	3.593	12.860	714.276	9.025	71.501	56.190	47.465	2.327	14.023	13.524	198.803	0.141 5	9 242.136	0.002 4	421.750	161.95
220	75	20	2.5	9.926	7.792	18.305	730.926	8.581	66.448	127.443	3.583	14.500	805.086	9.006	81.096	63.392	53.283	2.317	15.783	15.278	224.175	0.206 8	10 347.65	0.002 8	479.804	181.87
250	75	20	2.0	8.592	6.745	15.389	799.640	9.647	63.791	103.580	3.472	11.752	856.690	9.985	71.976	61.841	46.532	2.327	14.553	12.090	207.280	0.114 6	11 298.92	0.002 0	485.919	169.98
250	75	20	2.2	9.429	7.402	15.387	875.145	9.634	70.012	113.223	3.465	12.860	937.579	9.972	78.870	67.773	50.789	2.321	15.946	14.211	226.864	0.152 1	12 314.34	0.002 2	535.491	184.53
250	75	20	2.5	10.676	8.380	15.385	986.898	9.615	78.952	127.447	3.455	14.500	1 057.30	9.952	89.108	76.584	57.044	2.312	18.014	16.169	255.870	0.222 4	13 797.02	0.002 5	610.188	207.38

附录 10　锚栓和螺栓规格 (Specifications of Anchor Bolts and Bolts)

附表 10-1　Q235 钢 (Q345 钢) 锚栓规格

锚栓直径 d/mm	锚栓截面有效面积 A/cm²	连接尺寸 单螺母 a/mm	单螺母 b/mm	双螺母 a/mm	双螺母 b/mm	I型 C15	I型 C20	II型 C15	II型 C20	III型 C15	III型 C20	锚板尺寸 c/mm	t/mm	每个锚栓的受拉承载力设计值 N_t^a/kN
20	2.448	45	75	60	90	500(600)	400(500)							34.3(44.1)
22	3.034	45	75	65	95	550(660)	440(550)							42.5(54.6)
24	3.525	50	80	70	100	600(720)	480(600)							49.4(63.5)
27	4.594	50	80	75	105	675(810)	540(675)							64.3(82.7)
30	5.606	55	85	80	110	750(900)	600(750)							78.5(100.9)
33	6.936	55	90	85	120	825(990)	660(625)							97.1(124.8)
36	8.167	60	95	90	125	900(1 080)	720(900)							114.3(147.0)
39	9.758	65	100	95	130	1 000(1 170)	780(1 000)							136.6(175.6)
42	11.21	70	105	100	135			1 050(1 260)	840(1 050)	630(755)	505(630)	140	20	156.9(201.8)
45	13.06	75	110	105	140			1 125(1 350)	900(1 125)	675(810)	540(675)	140	20	182.8(235.1)
48	14.73	80	120	110	150			1 200(1 400)	960(1 200)	720(865)	575(720)	200	20	206.2(265.1)

续表

锚栓直径 d/mm	锚栓截面有效面积 A/cm²	连接尺寸 单螺母 a/mm	单螺母 b/mm	双螺母 a/mm	双螺母 b/mm	I型 C15	I型 C20	II型 C15	II型 C20	III型 C15	III型 C20	锚板尺寸 c/mm	t/mm	每个锚栓的受拉承载力设计值 N_t^a/kN
52	17.58	85	125	120	160			1 300(1 560)	1 040(1 300)	780(935)	625(780)	200	20	246.1(316.4)
56	20.30	90	130	130	170			1 400(1 680)	1 120(1 400)	840(1 010)	670(840)	200	20	284.2(365.4)
60	23.62	95	135	140	180			1 500(1 800)	1 200(1 500)	900(1 080)	720(900)	240	25	330.7(425.2)
64	26.76	100	145	150	195			1 600(1 920)	1 280(1 600)	960(1 150)	770(960)	240	25	374.6(481.7)
68	30.55	105	150	160	205			1 700(2 040)	1 360(1 700)	1 020(1 225)	815(1 020)	280	30	427.7(549.9)
72	34.60	110	155	170	215			1 800(2 160)	1 440(1 800)	1 080(1 300)	865(1 080)	280	30	484.4(622.8)
76	38.89	115	160	180	225			1 900(2 280)	1 520(1 900)	1 140(1 370)	910(1 140)	320	30	544.5(700.0)
80	43.44	120	165	190	235			2 000(2 400)	1 600(2 000)	1 200(1 440)	960(1 200)	330	40	608.2(781.9)
85	49.48	130	180	200	250			2 125(2 550)	1 700(2 125)	1 275(1 530)	1 020(1 275)	350	40	692.7(890.6)
90	55.91	140	190	210	260			2 250(2 700)	1 800(2 250)	1 350(1 620)	1 080(1 350)	400	40	782.7(1 006)
95	62.73	150	200	220	270			2 375(2 850)	1 900(2 375)	1 425(1 710)	1 140(1 425)	450	45	878.2(1 129)
100	69.95	160	210	230	280			2 500(3 000)	2 000(2 500)	1 500(1 800)	1 200(1 500)	500	45	979.3(1 259)

注:Q345 钢锚栓规格按括号内的数值选取。

附表 10-2　普通螺栓规格

公称直径 d/mm	12	14	16	18	20	22	24	27	30
螺距 t/mm	1.75	2.0	2.0	2.5	2.5	2.5	3.0	3.0	3.5
中径 d_2/mm	10.863	12.701	14.701	16.376	18.376	20.376	22.052	25.052	27.727
内径 d_1/mm	10.106	11.835	13.835	15.294	17.294	19.294	20.752	23.752	26.211
计算净截面积 A_n/cm²	0.84	1.15	1.57	1.92	2.45	3.03	3.53	4.59	5.61

注：净截面积按 $A_n = \dfrac{\pi}{4}\left(\dfrac{d_2+d_3}{2}\right)^2$ 计算，式中 $d_3 = d_1 - 0.144\,4t$。

附录 11 型钢螺栓线距表(Table of Bolts' Line Distance of Shaped Steel

附表 11-1 热轧角钢的规线距离

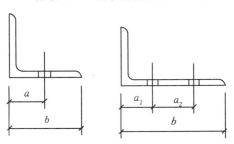

边宽 b/mm	单行排列			交错排列			双行排列		
	a/mm	孔的最大直径/mm		a_1/mm	a_2/mm	孔的最大直径/mm	a_1/mm	a_2/mm	孔的最大直径/mm
45	25	11							
50	30	13							
56	30	15							
63	35	17							
70	40	19							
75	45	21.5							
80	45	21.5							
90	50	23.5							
100	55	23.5							
110	60	25.5							
125	70	25.5		55	35	23.5			
140				60	45	23.5	55	60	19
150				60	65	25.5	60	65	21.5
160				60	65	25.5	60	70	23.5
180							65	80	25.5
200							80	80	25.5

附表 11-2　热轧工字钢的规线距离

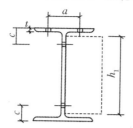

t—翼缘在规划处的厚度；
h_1—连接件的最大高度。

普通工字钢						轻型工字钢					
	翼缘			腹板			翼缘			腹板	
型号	a/mm	t/mm	最大孔径/mm	c/mm	h_1/mm	最大孔径/mm	型号	a/mm	t/mm	最大孔径/mm	c/mm	h_1/mm	最大孔径/mm
10	36	7.6	11	35	63	9	10	32	7.1	9	35	70	9
12	42	8.2	11	35	88	11	12	36	7.2	11	35	88	11
12.6	42	8.2	11	35	89	11							
14	44	9.2	13	40	103	13	14	40	7.4	13	40	107	13
16	44	10.2	15	45	119	15	16	46	7.7	13	40	125	15
18	50	10.7	17	50	137	17	18	50	8.0	15	45	143	15
20a 20b	54	11.5	17	50	155	17	18a	54	8.2	17	45	142	15
22a 22b	54	12.8	19	50	171	19	20	54	8.3	17	50	161	17
24a 24b	64	13.0	21.5	60	187	21.5	20a	60	8.5	19	50	160	17
25a 25b	64	13.0	21.5	60	197	21.5	22	60	8.6	19	55	178	21.5
27a 27b	64	13.9	21.5	60	216	21.5	22a	64	8.8	21.5	55	178	21.5
28a 28b	64	13.9	21.5	60	226	21.5	24	60	9.5	19	55	196	21.5
							24a	70	9.5	21.5	55	195	21.5
30a 30b 30c	68	14.6	21.5	65	243	21.5	27	70	9.5	21.5	60	224	21.5
							27a	70	9.9	23.5	60	222	23.5
32a 32b 32c	70	15.3	21.5	65	260	21.5	30	70	9.9	23.5	65	251	23.5
							30a	80	10.4	23.5	65	248	23.5
36a 36b 36c	74	16.1	23.5	65	298	23.5	33	80	10.8	23.5	65	277	23.5
							36	80	12.1	23.5	65	302	23.5
40a 40b 40c	80	16.5	23.5	70	336	23.5	40	80	12.8	23.5	70	339	25.5

普通工字钢							轻型工字钢					
	翼缘			腹板				翼缘			腹板	
型号	a/mm	t/mm	最大孔径/mm	c/mm	h_1/mm	最大孔径/mm	型号	a/mm	t/mm	最大孔径/mm	c/mm	h_1/mm	最大孔径/mm
45a 45b 45c	84	18.1	25.5	75	380	25.5	45	90	13.9	23.5	70	384	25.5
							50	100	14.9	25.5	75	430	25.5
50a 50b 50e	94	19.6	25.5	75	424	25.5	55	100	16.2	28.5	80	475	28.5
55a 55b 55 c	104	20.1	25.5	80	470	25.5	60	110	17.2	28.5	80	518	28.5
							65	110	19.0	28.5	85	561	28.5
56a 56b 56c	104	20.1	25.5	80	480	25.5	70	120	20.2	28.5	90	604	28.5
63a 63b 63c	110	21.0	25.5	80	546	25.5	70a	120	23.5	28.5	100	598	28.5
							70b	120	27.8	28.5	100	591	28.5

附表 11-3　热轧槽钢的规线距离

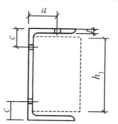

t—翼缘在规线处的厚度；
h_1—连接件的最大高度。

普通槽钢 型号	翼缘 a/mm	翼缘 t/mm	翼缘 最大孔径/mm	腹板 c/mm	腹板 h_1/mm	腹板 最大孔径/mm	轻型槽钢 型号	翼缘 a/mm	翼缘 t/mm	翼缘 最大孔径/mm	腹板 c/mm	腹板 h_1/mm	腹板 最大孔径/mm
5	20	7.1	11		26		5	20	6.8	9		22	
6.3	22	7.5	11		32								
6.5	22	7.5	11		34		6.5	20	7.2	11		37	
8	25	7.9	13		47								
10	28	8.4	13	35	63	11	8	25	7.1	11		50	
12	30	8.9	17	45	79	13	10	30	7.1	13	30	68	9
12.6	30	8.9	17	45	85	13							
14a 14b	35	9.4	17	45	99	17	12	30	7.6	17	40	86	13
16a 16b	35	10.1	21.5	50	117	21.5	14	35	7.7	17	45	104	15
18a 18b	40	10.5	21.5	55	135	21.5	14a	35	8.5	17	45	102	15
20a 20b	45	10.7	21.5	55	153	21.5	16	40	7.8	19	45	122	17
22a 22b	45	11.4	21.5	60	171	21,5	16a	40	8.6	19	45	120	17
24a 24b 24c	50	11.7	21.5	60	187	21.5	18	40	8.0	21.5	50	140	19
25a 25b 25c	50	11.7	21.5	60	197	21.5	18a	45	8.8	23.5	50	138	19
27a 27b 27c	50	12.4	25.5	65	215	25.5	20	45	8.6	23.5	55	158	21.5
							20a	50	9.0	23.5	5	156	21.5
28a 28b 28c	50	12.4	25.5	65	225	25.5	22	50	9.9	25.5	60	175	23.5
							22a	50	9.8	25.5	60	173	23.5

普通槽钢							轻型槽钢						
型号	翼缘			腹板			型号	翼缘			腹板		
	a/mm	t/mm	最大孔径/mm	c/mm	h_1/mm	最大孔径/mm		a/mm	t/mm	最大孔径/mm	c/mm	h_1/mm	最大孔径/mm
30a 30b 30c	50	13.4	25.5	70	242	25.5	24	50	9.8	25.5	65	192	25.5
							24a	60	9.7	25.5	65	190	25.5
32a 32b 32c	50	14.2	25.5	70	260	25.5	27	60	9.6	25.5	65	220	25.5
							30	60	10.3	25.5	65	247	25.5
36a 36b 36c	60	15.7	25.5	75	291	25.5	33	60	11.3	25.5	70	273	25.5
40a 40b 40c	60	17.9	25.5	75	323	25.5	36	70	11.5	25.5	70	300	25.5
							40	70	12.7	25.5	75	335	25.5